POWER ELECTRONICS
APPLIED TECHNOLOGY

电力电子应用技术的MATLAB仿真

林飞　杜欣　编著

内 容 提 要

为了满足电力电子专业及其相关领域人员对计算机仿真知识的需求，使其掌握当前先进的计算机仿真工具，特编写本书。本书首先介绍了 MATLAB 软件及其图形仿真界面 Simulink 的基础应用知识，详细介绍了用于电力电子仿真的 SimPowerSystems 中的各模块库，然后列举了 DC-DC 变换、DC-AC 变换、AC-DC 变换、直流调速、交流调速等方面的应用。全书通过大量实例介绍了电力电子应用技术的仿真方法和技巧。

本书适用于高等学校电力电子专业及其相关专业的教材，也可供相关专业的工程技术人员学习和参考。

图书在版编目（CIP）数据

电力电子应用技术的MATLAB仿真／林飞，杜欣编著．—北京：中国电力出版社，2009.1 (2022.12重印)
ISBN 978-7-5083-7953-1

I. ①电… Ⅱ. ①林… ②杜… Ⅲ. 电力电子学－系统仿真－软件包，MATLAB Ⅳ. TM1

中国版本图书馆 CIP 数据核字（2008）第 153247 号

责任编辑：孙　芳
责任校对：王开云
责任印制：郭华清

书　　名：电力电子应用技术的 MATLAB 仿真
主　　编：林飞　杜欣
出版发行：中国电力出版社
地址：北京市东城区北京站西街 19 号　邮政编码：100005
电话：（010）68362602　传真：（010）68316497
印　　刷：北京雁林吉兆印刷有限公司
开本尺寸：185mm × 260mm　印　张：19　字　数：476 千字
书　　号：ISBN 978-7-5083-7953-1
版　　次：2009 年 1 月北京第 1 版
印　　次：2022 年 12 月第 14 次印刷
印　　数：24001—25000 册
定　　价：76.00 元

Preface
前　言

电力电子应用技术综合了微电子、电路、电机学、自动控制等多学科知识，是电能变换与控制的核心技术，在工业、能源、交通、国防等各个领域发挥着越来越重要的作用。

然而，由于电力电子器件所固有的非线性特性，使得对电力电子电路及系统的分析十分困难。现代计算机仿真技术通过在计算机平台上模拟实际的物理系统，为电力电子电路及系统的分析提供了有效的方法，大大简化了电力电子和传动系统的分析与设计过程，成为相关专业学生和工程技术人员学习、研究电力电子应用技术的重要手段。计算机仿真需要用数学模型代替实际的电力电子装置，通过数值方法求解数学方程，获得电力电子电路及系统中各状态变量的运动规律。但是，复杂的数学建模、数值计算及编程过程仍然需要耗费巨大的工作量，阻碍了计算机仿真技术在工程中的应用。

为此，出现了 PSPICE、SABER、MATLAB 等适用于电力电子电路及系统仿真的专用仿真软件。这些软件将各种功能子程序模块化，提供了完善的部件模型，用户只需简单的操作便可完成给定系统的仿真模型，成为广大学生和工程技术人员在学习、科研和开发过程中的必备工具。

早期的 MATLAB 软件主要用于数值计算及控制系统的仿真和分析，经过多年不断地扩展，目前涉及通信、信号处理、电气工程、人工智能等诸多领域，已经成为风靡全球的科学计算软件。MATLAB 中提供的“SimPowerSystems”，是进行电力电子系统仿真的理想工具，与 PSPICE 和 SABER 等仿真软件进行器件级别的仿真分析不同，SimPowerSystems 中的模型更加关注器件的外特性，易于与控制系统相连接。SimPowerSystems 模型库中包含常用的电源模块、电力电子器件模块、电机模型以及相应的驱动模块、控制和测量模块，使用这些模块进行电力电子电路系统、电力系统、电力传动等的仿真，能够简化编程工作，以直观易用的图形方式对电气系统进行模型描述。本书正是基于该软件，向读者详细介绍电力电子应用技术的仿真方法和技巧。

本书可以分为两大部分：前三章属于基础知识部分，介绍了 MATLAB、Simulink 及 SimPowerSystems 的基本使用方法；后六章属于应用部分，分别从 DC-DC、DC-AC、AC-DC、直流调速、交流调速及其他应用等六个方面介绍了相关的基础理论及仿真方法。本书力求浅显易懂，通过实例介绍仿真软件的使用方法，引导读者灵活应用书中的知识，从而进一步实现自己的应用目标。

本书体现了如下特点：

（1）内容新颖，结合目前最新版本的 MATLAB R2008a 进行介绍。

（2）编排合理，简单介绍电力电子应用技术的基础理论，并在此基础上详细描述了仿真模型的建立、设置、运行及分析过程。

（3）通过大量实例使读者易于掌握仿真软件的使用方法。

本书编写过程中，林飞、杜欣确定了本书的编写大纲。第 1、2、6、7 章由杜欣、黄少芳撰写；第 3、4 章由冉旺、林飞撰写；第 5、8、9 章由林飞撰写。林飞负责全书的统校和审定工作。感谢研究生马亮、赵坤、盛彩飞、黄泳均、李明娟等同学，为本书提供了相关的仿真实例。

编写过程中，本书参阅了许多国内外论文、论著，主要的都已列举于参考文献部分，在此向所有作者们表示深深的谢意！

北京交通大学电气工程学院暨电力电子研究所为本书的出版给予了极大的支持，作者的家人、朋友和同事都以不同的方式为本书的出版给予了关怀与帮助，在此一并表示感谢！

由于本书涉及范围广，作者学识有限，加之时间仓促，难免会有疏漏或不当之处，恳请读者批评指正。

编　者

2008 年 8 月于北京交通大学

Contents

目　录

第 1 章

MATLAB 基础知识

MATLAB 软件语言系统是当今流行的第四代计算机语言，由于它在科学计算、数据分析、系统建模与仿真、图形图像处理、网络控制、自动控制、通信系统、DSP 处理系统、航天航空、生物医学、财务、电子商务等不同领域的广泛应用以及自身的独特优势，目前 MATLAB 受到各研究领域的推崇和关注。

学习一种软件，首先需要了解它的特点、使用环境、最基本的使用方法和重要的操作技巧。本章的目的在于使 MATLAB 软件的初学者，能够借助本章的学习，为深入理解后续章节的内容，奠定必要的知识与方法基础。

1.1 MATLAB 简介

1980 年，美国的 Cleve Moler 博士在新墨西哥大学讲授线性代数课程时，发现采用高级语言编程极为不便，于是建立了 MATLAB（Matrix Laboratory 的缩写），即矩阵实验室，早期开发 MATLAB 软件是为了帮助学校的老师和学生更好地授课和学习。1984 年，由美国 Math Works 公司推出了商业版，经过二十余年的不断升级，目前 MATLAB 最新版本为 MATLAB R2008a。

由于使用 MATLAB 编程运算与进行科学计算的思路和表达方式完全一致，所以不像学习 Basic、Fortran 和 C 语言等其他高级语言那样难以掌握，用 MATLAB 编写程序犹如在演算纸上排列出公式与求解问题。在这个环境下，对所要求解的问题，用户只需简单地列出数学表达式，其结果便会由 MATLAB 以数值或图形方式显示出来。从 MATLAB 诞生开始，由于其高度的集成性和应用的方便性，以及它能非常快捷地实现科研人员的设想并节省科研时间，在高校中得到了广泛的应用与推广。它可以很方便地进行图形化输入输出，同时还具有丰富的函数库（工具箱），极易实现各种不同专业的科学计算功能。另外，MATLAB 和其他高级语言也具有良好的接口，可以方便地与其他语言实现混合编程，这都进一步拓宽了它的应用范围和使用领域。

在各大高等院校，MATLAB 软件正在成为对数值、线性代数以及其他一些高等应用数学课程进行辅助教学的有力工具；在工程技术界，MATLAB 软件也被用来构建与分析一些实际课题的数学模型，其典型的应用包括数值计算、算法预设计与验证，以及一些特殊矩阵的计算应用，如统计、图像处理、自动控制理论、数字信号处理、系统识别和神经网络等。它包括了被称作工具箱（Toolbox）的各类应用问题的求解工具。工具箱实际上是对 MATLAB 软件进行扩展应用的一系列 MATLAB 函数（称为 M 函数文件），它可用来求解许多学科门类的数据处理与分析问题。

1.2 MATLAB 环境

MATLAB 既是一种语言，又是一个编程环境。这一节将集中介绍 MATLAB 提供的编程环境。作为一个编程环境，MATLAB 提供了很多便于用户管理变量、输入输出数据以及生成和管理 M 文件的工具。所谓 M 文件，就是用 MATLAB 语言编写的、可在 MATLAB 中运行的程序。单击 MATLAB 的桌面快捷方式（见图 1-1），可以直接启动 MATALB 软件，启动后的 MATALB 操作界面默认情况（Default Desktop Layout）如图 1-2 所示。由图 1-2 可知，MATLAB 最常用的窗口有命令窗口（Command Window）、历史命令窗口（Command History）、工作空间（Workspace）、当前目录浏览器（Current Directory）、内存数组编辑器（Array Editor），M 文件编辑/调试器（Editor/Debugger）、帮助导航系统（Help Navigator/Browser）和开始按钮（Start）。

图 1-1　MATLAB 桌面快捷方式

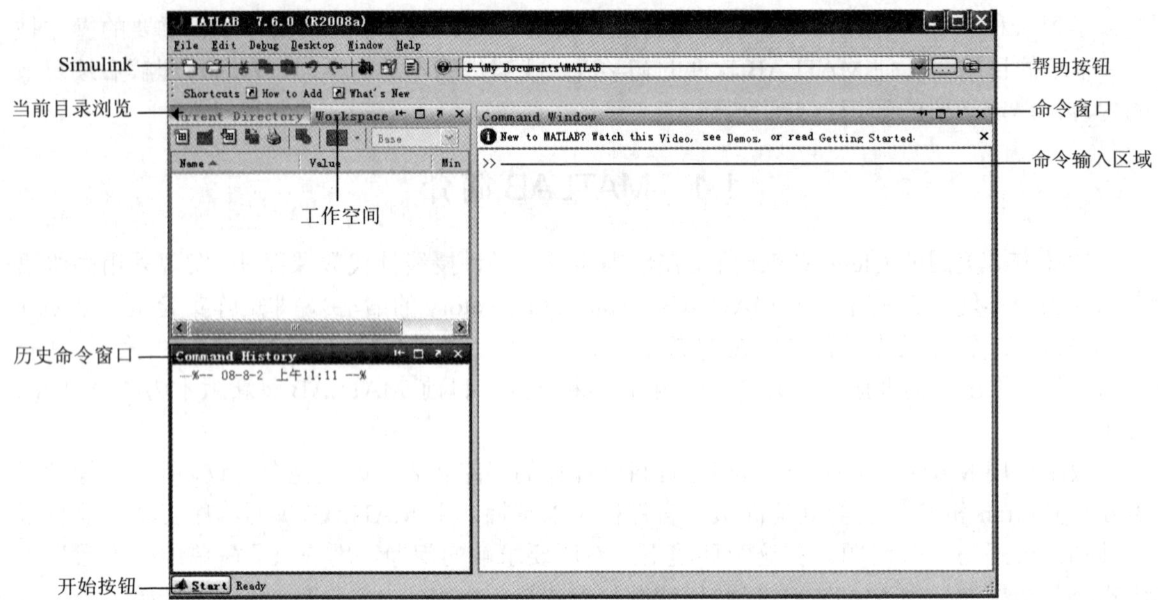

图 1-2　MATLAB 的操作界面窗口说明

1. 命令窗口（Command Window）

命令窗口是用户与 MATLAB 进行交互的主要场所。命令窗口可以独立显示，如图 1-3 所示。通过切换按钮可进行独立窗口和嵌入窗口的切换。

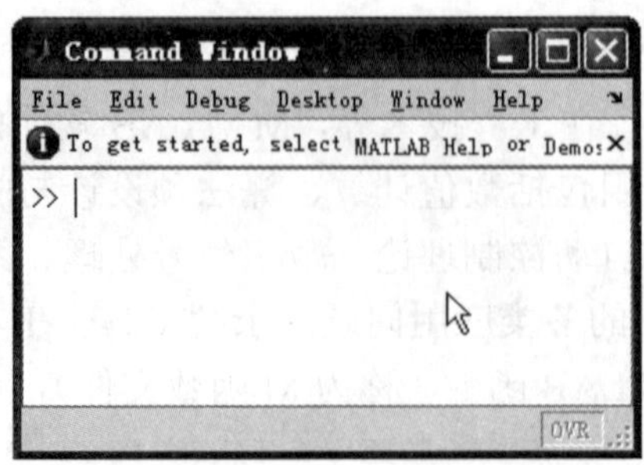

图 1-3　命令窗口

命令窗口的空白区域，用于输入和显示计算结果。可以在该区域键入各种 MATLFB 命令进行各种操作，或直接键入数学表达式进行计算。例如，当键入变量赋值命令：x=4.25 并回车，将在命令行的下面显示

```
x=
  4.25
```

再输入 pi*x 的三角余弦函数值的表达式 y=cos(pi*x)并回车，将显示

```
y=
  0.7071
```

注意

若在表达式后面跟分号“;”，将不显示结果，这对有大量输出数据的程序特别有用，因为在文中进行修改将花费大量系统资源来进行十进制和二进制之间的转换，用分号关掉不必要的输出将会使程序运行速度成倍的提高。

例如键入

```
x=6;
z=9;
2*x+y-3*z
```

输出

```
ans=
  -15
```

在 MATLAB 里，有很多控制键和方向键可用于命令行的编辑。

例如，当漏敲命令 a=(1+sqrt(5))/2 的字符“t”时，将会给出错误信息：

```
Undefined function or variable 'sqr'.
```

这时你不用重新键入整行命令，而只需按“↑”键，就会再显示刚才键入的命令行，在相应的位置键入“t”，接着按回车即可正常运行。反复使用“↑”键，可以回调以前键入的所有命令行。表 1-1 给出了 MATLAB 的控制键及其作用。

表 1-1　命令窗口的控制键功能

键	相应快捷键	功　能
↑	Ctrl + p	重调前一行
↓	Ctrl + n	重调下一行
←	Ctrl + b	向左移一个字符
→	Ctrl + f	向右移一个字符
Ctrl→	Ctrl + r	向右移一个字
Ctrl←	Ctrl + l	向左移一个字
Home 键	Ctrl + a	移动到行首
End 键	Ctrl + e	移动到行尾
Esc 键	Ctrl + u	清除一行
Delete 键		删除光标处的字符
Alt backspace		恢复上一次的删除

在命令窗口中可以直接键入 MATLAB 的系统命令并执行。MATLAB 的主要系统命令如表 1-2 所示。

表 1-2 重要的 MATLAB 的系统命令

命　令	说　明	命　令	说　明
help	帮助	echo	命令回显
helpwin	在线帮助窗口	cd	改变当前的工作目录
helpdesk	在线帮助工作台	pwd	显示当前的工作目录
demo	运行演示程序	dir	指定目录的文件清单
ver	版本信息	unix	执行 unix 命令
readme	显示 Readme 文件	dos	执行 dos 命令
who	显示当前变量	!	执行操作系统命令
whos	显示当前变量的详细信息	computer	显示计算机类型
clear	清空内存变量	what	显示指定的 MATLAB 文件
pack	整理工作空间的内存	lookfor	在 help 里搜索关键字
load	把文件变量调入到工作空间	which	定位函数或文件
save	把变量存入文件中	path	获取或设置搜索路径
quit/exit	推出 MATLAB	clc	清空命令窗口中显示的内容
clf	清除图形窗	open	打开文件
md	创建目录	more	使显示内容分页显示
edit	打开 M 文件编辑器	type	显示 M 文件的内容
format	设定输出格式	disp	显示一字符串

2. 历史命令窗口（Command History）

该窗口记录用户在 MATLAB 命令窗口输入过的所有命令行。历史命令窗口可以用于单行或多行命令的复制和运行、生成 M 文件等。使用方法简述如下：

选中单行（鼠标左键）或多行命令（Ctrl 或 Shift+鼠标左键），鼠标右键激活菜单项，菜单项中包含有复制（Copy）、运行（Evaluate Selection）、生成 M 文件（Create M File）和删除等命令语句。历史命令窗口也可以切换成独立窗口或嵌入窗口，如图 1-4 所示，切换方法与切换命令窗口的方法一样。

3. 工作空间（Workspace）

工作空间（Workspace）是指接受 MATLAB 命令的内存区域，存储着命令窗口输入的命令和创建的所有变量值。

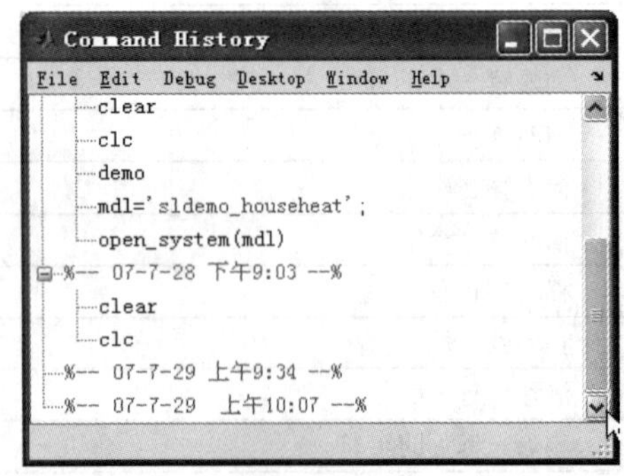

图 1-4 历史命令窗口

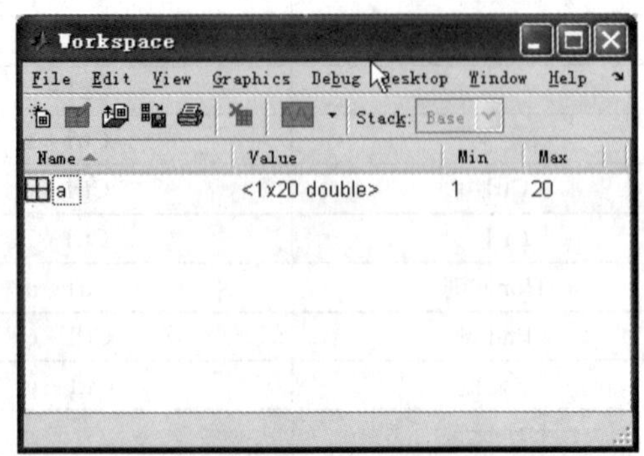

图 1-5 工作空间

每打开一次MATLAB，都会自动建立一个工作空间，如图1-5所示。刚打开的MATLAB工作中只有MATLAB提供的几个常量，如pi（3.1415926…）虚数单位i等。运行MATLAB的程序或命令时，产生的所有变量被加入到工作空间里。除非用特殊的命令删除某变量，否则该变量在关闭MATLAB之前一直保存在工作空间。工作空间在MATLAB运行期间一直存在，关闭MATLAB后，工作空间自动消除。

可以随时查看工作空间中的变量名及变量的值。

（1）who或whos显示当前工作空间中的所有变量；

（2）clear清除工作空间中的所有变量；

（3）clear（变量名）清除指定的工作空间变量。

工作空间中的所有变量可以保存到一个文件中，便于以后使用。

（1）save（文件名）将当前工作空间的变量储存在一个MAT-文件中；

（2）load（文件名）调出一个MAT-文件；

（3）quit或单击右上角的按钮☒，退出工作空间。

4. 当前目录浏览器（Current Directory）

单击图1-2中的标签“Current Directory”即可在前台看见当前目录浏览器，如图1-6所示。选中当前目录浏览器中的文件，右键激活菜单项，可以完成打开或运行M文件、装载数据文件（MAT文件）等操作。

5. 内存数组编辑器（Array Editor）

利用内存数组编辑器可以输入大数组。首先在命令窗口创建新变量，然后在工作空间中双击该变量，在内存数组编辑器（Array Editor）中打开变量，如图1-7所示。在Numeric format中选择适当的数据类型，在size中输入行列数，即可得到一个大规模数组。修改数组元素值，直到得到所需数组。这对于要将变量数据调出来，用其他软件绘制图形时，特别有用。需要说明的是，变量有可能是行向量，有可能是列向量，这取决于读者在使用MATLAB软件时，对该变量的定义或者赋值的具体内容。

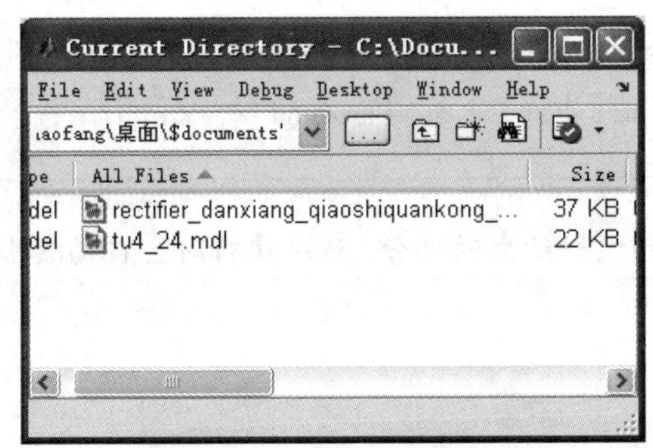

图1-6　当前目录浏览器

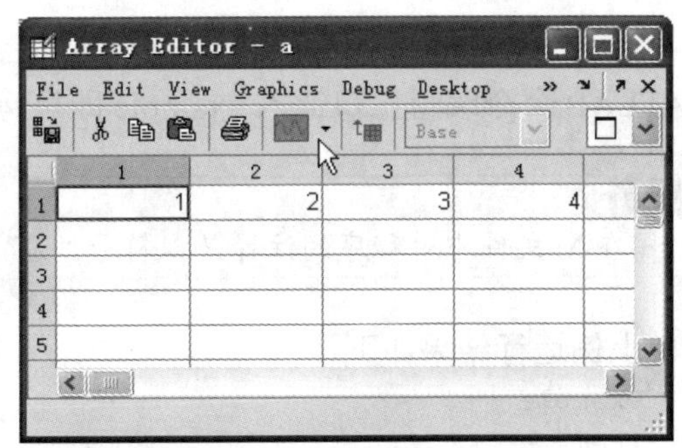

图1-7　内存数组编辑器

6. M文件编辑/调试器（Editor/Debugger）

命令窗口只能输入一些简单的命令和表达式，对于复杂的问题，就需要编写M文件来解决。MATLAB提供了一个内置的具有编辑和调试功能的M文件编辑/调试器（Editor/Debugger）。编辑器窗口也有菜单栏和工具栏，使编辑和调试程序非常方便。

（1）M文件的建立。

1）进入程序编辑器（MATLAB Editor）：从“File”菜单中选择“New”及“M-file”或

单击 New M-file 按钮。打开的 M 文件编辑器如图 1-8 所示。

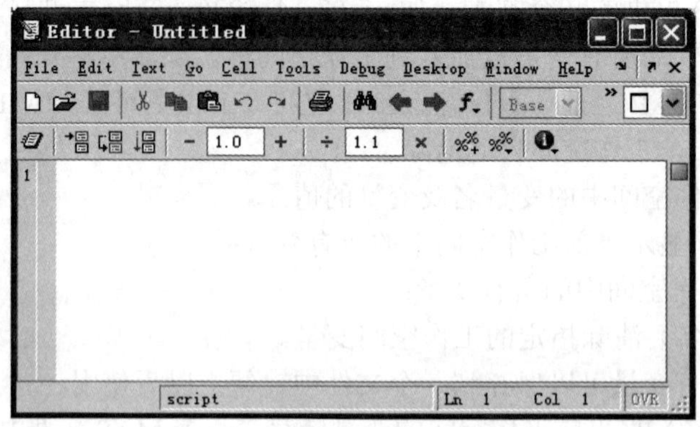

图 1-8 M 文件编辑/调试器

2）输入程序：在“MATLAB Editor”窗口输入 MATLAB 程序；

3）保存程序：单击“save”按钮，出现一个对话框，在文件名一栏中键入一个文件名，单击“保存(s)”按钮。一个 M 文件便保存在磁盘上了，便于修改、调用、运行和今后访问。

（2）命令 M 文件及其运行。

在 M 文件编辑器中的“Debug”菜单中单击“Run”命令，或在命令窗口中键入 M 文件的名称，即可执行该文件。M 文件中的命令可以访问 MATLAB 工作空间中的所有变量，而且其中的所有变量也成为工作空间的一部分。文件运行结束，所产生的变量保留在工作空间，直至关闭 MATLAB 或用命令删除，下面是一个命令文件运行的例子。

```
%文件名 example.m
x=3;  y=5;  z=8;
items=x+y+z
cost=x*20+y*12+z*9
average_cost=cost/items
```

当这个文件在程序编辑窗口输入并以名为 example.m 的 M 文件存磁盘后，只需简单地在 MATLAB 命令编辑窗口键入 example 即可运行，并显示同命令窗口输入命令一样的结果。

注意

在 M 文件中对程序的注释是以符号“%”开始直到该行结束的部分，程序执行时会自动忽略。

上例运行结果如下：

```
example
items =
16
cost  =
192
average_cost =
12
```

用户可以重复打开 example.m 文件，改变 x，y，z 的值，保存文件并让 MATLAB 重新执行文件中的命令。若你把 example.m 文件放在自己的工作目录下，那么在运行 example.m 之前，应该先使该目录处于 MATLAB 的搜索路径上。可以选择“File”菜单下的“Set Path”项，打开路径浏览器把该目录永久地保存在 MATLAB 的搜索路径上，也可在运行该程序前临时让 MATLAB 搜索该目录，键入 path（path c:\mypath）（假定 example.m 保存在 c 盘 mypath 目录下）。

（3）函数 M 文件及其调用。

在 MATLAB 编辑窗口中还可以建立函数 M 文件，我们可以根据需要建立自己的函数文件，它们能够像库函数一样方便地调用，从而可扩展 MATLAB 的功能。如果对于一类特殊的问题，建立起许多函数 M 文件，就能形成工具箱。函数 M 文件的第一行有特殊的要求，其形式必须为

```
function [输出变量列表] =函数名（输入变量列表）
函数体语句;
```

注意

函数 M 文件的文件名必须与其函数名相同。

举一个例子加以说明：试计算 n 的阶乘（一个简单的递归调用示例）。

在 MATLAB 编辑器中，编辑 M 函数文件，并保存为 Product.m：

```
Function f=Product(n)
%编辑 n 的阶乘的 M 函数文件：f=n!
%参数 n 为任意自然数
if n= =0
   f=1;
else
   f=n*Product(n-1);
end
```

直接在 MATLAB 的命令窗口中键入以下命令语句：

```
>>clc, clear, close;
>>n=100;
>>f_n=Product(n)
```

本例的执行结果为：f_n=9.3326e+157。

注意

1）输出变量如果多于 1 个，则应该用方括号‘[ ]’括起来；输入变量应该用逗号隔开。当函数无输出参数时，输出参数项空缺或者用空的中括号表示，如：

```
function printresults (x) 或 function [ ]=printresults (x)
```

2）函数 M 文件不能访问工作空间中的变量，它的所有变量均为局部变量。只有输入、输出变量才保留在工作空间中。

提示

在编辑器窗口的“View”菜单里有两个很有用的命令：“Evaluate Selection”和“Auto Indent Selection”。当选定编辑器里的文件的一部分后，再选择“Evaluate Selection”项，MATLAB 会计算所选部分的值，并在命令窗口里显示结果。当选定文件的一部分后，再选择“Auto Indent Selection”项，程序编辑器会根据程序的逻辑关系自动编排格式，这样程序看起来就更清楚明了。

（4）文件管理。

如表 1-3 所示为文件管理命令。

表 1-3 文件管理命令

what	返回当前目录下 M，MAT，MEX，文件的列表
dir	列出当前目录下的所有文件
cd	显示当前的工作目录
type test	在命令窗口下显示 test.m 的内容
delete test	删除 M 文件 test.m
which test	显示 M 文件 test.m 所在的目录

7. 帮助导航系统（Help Navigator/Browser）

MATLAB 提供了丰富的帮助信息，对于大家学习和掌握 MATLAB 的使用提供了便捷途径。有以下几种方法获得帮助：帮助命令、帮助窗口，MATLAB 帮助台、在线帮助页或直接链接到 Math Works 公司（对于已联网的用户）。

（1）帮助命令。

帮助命令是查询函数语法的最基本方法，查询信息直接显示在命令窗口。

help 函数名：可寻求关于某函数的帮助。

例如，键入

```
>>help sqrt
```

显示

```
SQRT square root.…
```

注意

帮助文本中的函数名 SQRT 是大写的，以突出函数名，但在使用函数时，应用小写 sqrt。

MATLAB 按照函数的不同用途分别将其存放于不同的子目录下。

help 子目录标题：可显示某一类的所有函数或命令。

例如，键入

```
>> help grph2d
```

将显示

```
Two dimensional graphs.
    Elementary X-Y graphs.
    plot       - Linear plot.
    loglog     - Log-log scale plot.
    semilogx   - Semi-log scale plot.
    ……
```

命令 help：显示帮助的所有子目录标题。

lookfor 为关键词。它是通过搜索所有 MATLAB 下的 help 子目录标题与 MATLAB 搜索路径中 M 文件的第一行，返回包含所指定关键词的那些项。最重要的是关键词不一定为命令。

例如，键入

```
>>lookfor complex
```

显示

```
ctranspose.m: %'   Complex conjugate transpose.
   COMPLEX Construct complex result from real and imaginary parts.
CONJ   Complex conjugate.
CPLXPAIR Sort numbers into complex conjugate pairs.
……
```

demo：可测览例子和演示。

help demos：将给出所有的演示题目。

（2）帮助窗口。

帮助窗口给出的信息与帮助命令给出的信息内容一样，但在帮助窗口给出的信息按目录编排，比较系统，更容易浏览与之相关的其他函数。在 MATLAB 命令窗口中有三种方法进入帮助窗口：

1）双击图 1-2 中菜单条上的问号——帮助按钮；

2）键入 helpwin 命令；

3）选取帮助菜单里的“MATLAB Help”项。

8. 开始按钮（Start）

开始按钮是 MATLAB6.5 版本后新增加的快捷功能，单击该按钮，可以打开前面提到的所有窗口，如图 1-9 所示。

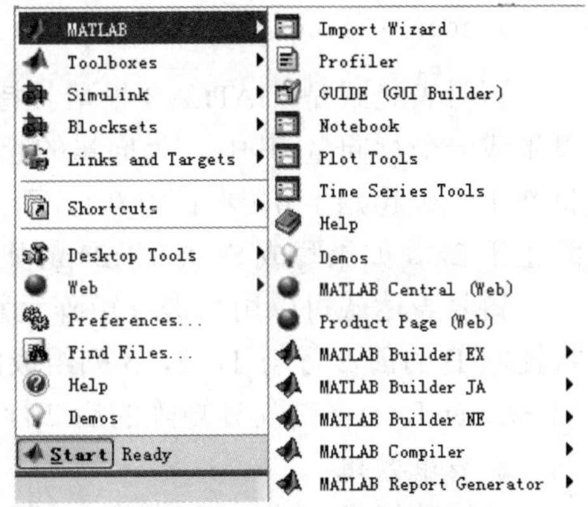

图 1-9 开始按钮

1.3 MATLAB 基本应用

1.3.1 数据结构

MATLAB 语言的赋值语句有两种：

（1）变量名=运算表达式。

（2）[返回变量列表]=函数名（输入变量列表）。

MATLAB 支持变量和常量，其中 pi 为圆周率π，更重要的是，MATLAB 支持 IEEE 标准的运算符号，如 Inf 表示无穷大，NaN (Not a Number)为 0/0、0*Inf 或 Inf/Inf 等运算结果。MATLAB 变量名应该由字母引导，后面可以跟数字、字母或下划线等符号。MATLAB 是区分变量名字母大小写的。

1. 矩阵

MATLAB 最基本的数据结构是复数矩阵。输入一个复数矩阵是很简单的事。例如可以给出下面的语句：

```
>>B=[1+9i, 2+8i, 3+7j; 4+6j, 5+5i, 6+4i; 7+3i, 8+2j, 1i]
```

其中“>>”为 MATLAB 的提示符。矩阵各行元素由分号分隔，而同行不同元素由逗号或空格分隔。给出了上面的命令，则可以给出下面的结果。

```
B =
   1.0000 + 9.0000i   2.0000 + 8.0000i   3.0000 + 7.0000i
```

```
4.0000 + 6.0000i   5.0000 + 5.0000i   6.0000 + 4.0000i
7.0000 + 3.0000i   8.0000 + 2.0000i        0 + 1.0000i
```

其中，元素1+9i表示复数项。有这样的表述方法，实矩阵、向量或标量均可以更容易地输入了。如果赋值表达式末尾有分号，则其结构将不显示，否则将显示出全部结果。

MATLAB和其他语言不同，它无需事先声明矩阵的维数。下面的语句可以建立一个更大的矩阵。

```
>>B(2, 5)=1
1.0000 + 9.0000i   2.0000 + 8.0000i   3.0000 + 7.0000i      0        0
4.0000 + 6.0000i   5.0000 + 5.0000i   6.0000 + 4.0000i      0      1.0000
7.0000 + 3.0000i   8.0000 + 2.0000i        0 + 1.0000i      0        0
```

冒号表达式是MATLAB里最具特色的表示方法。其调用格式为a=s1:s2:s3；这一语句可以生成一个行向量，其中s1为向量的起始值，s2为步长，而s3为向量的终止值。例如S=0: 1:2*pi;将产生一个起始于0，步长为0.1，而终止于6.2的向量（pi为MATLAB保留常量π），而不是终止于2π。如果写成S=0:-0.1:2*pi;则不出现错误，而返回一个空向量。

冒号表达式可以用来提取矩阵元素，例如B(: ，1)将提取B矩阵的第1列而B(1:2，1:3)将提取B的前2行与1，2，3列组成的子矩阵。在矩阵提取时还可以采用end这样的算符。如B(2: end，:)将提取B矩阵的后2行构成的子矩阵。

2. 多维数组

多维数组是MATLAB在其5.0版本开始提供的。假设有2个3×3矩阵A1，A2，则可以由下面的命令建立起一个3×3×2的数组：A=cat(3，A1，A2)。试验A1=cat(2，A1，A2)和A2=cat(1，A1A2)将得到什么结果。

对矩阵或多维数组A可以使用size(A)来测其大小，也可以使用reshape()函数重新按列排列。对向量来说，还可以用length(A)来测其长度。

不论原数组A是多少维的，A(:)将返回列向量。

3. 字符串与字符串矩阵

MATLAB的字符串是由单引号括起来的，如可以使用下面的命令赋值：

```
>> strA=' This is a string.'
```

多个字符串可以用 str2mat()函数构造出字符串矩阵。如 B=str2mat(strA，'ksasaj'，'aa');字符串变量可以由表1-4中的命令进行操作。

表1-4　字符串变量操作命令

命　令	意　义
strcmp(A，B)	比较A和B字符串是否相同
strrep(A，s1，s2)	在A中用s2替换s1
deblank(A)	删除A字符串尾部的空格
findstr(A，B)	测试A是否为B的子字符串，或反过来
length(A)	字符串A的长度
double(A)	字符串转换双精度数据

4. 单元数据结构

用类似矩阵的记号将复杂的数据结构纳入一个变量之下。和矩阵中的圆括号表示下标类似，单元数组由大括号表示下标。

```
>>B={1, 'Alan Shearer', 180, [100, 80, 75;77, 60, 92;67, 28, 90;100, 89, 78]}
B =
    [1]    'Alan Shearer'    [180]    [4x3 double]
```

访问单元数组应该由大括号进行，如第 4 单元中的元素可以由下面的语句得出：

```
>>B{4}
ans =
   100    80    75
    77    60    92
    67    28    90
   100    89    78
```

5. 结构体

MATLAB 的结构体有点像 C 语言的结构体数据结构。每个成员变量用点号表示，如 A.p 表示 A 变量的 p 成员变量。获得该成员比 C 更直观，仍用 A.p 访问，而不用 A→p。用下面的语句可以建立一个小型的数据库。

```
>>student_rec.number=1;
student_rec.name='AlanShearer';
student_rec.height=180;
student_rec.test=[100, 80, 75;77, 60, 92;67, 28, 90;100, 89, 78];
>>student_rec
student_rec =
    number: 1
      name: 'Alan Shearer'
    height: 180
      test: [4x3 double]
```

其中 test 成员为单元型数据。删除成员变量可以由 rmfield()函数进行，添加成员变量可以直接由赋值语句即可。另外数据读取还可以由 setfield 和 getfield 函数完成。

6. 类与对象

类与对象是 MATLAB5.*开始引入的数据结构。在 MATLAB 手册中定义了一个很好的类——多项式类。该例子值得细读，去体会类和对象的定义，重载函数编写等信息。事实上，在实际工具箱设计中，用到了很多的类，例如在控制系统工具箱中定义了 LTI（线性时不变系统）类，并在此基础上定义了其子类：传递函数类 TF、状态方程类 SS、零极点类 ZPK 和频率响应类 FR。

举例：我们将通过一个例子来介绍类的构造。假设我们想为多项式建立一个单独的类，重新定义加、减、乘及乘方等运算，并定义其显示方式。那么建立一个类至少应该执行下面的步骤（这个例子更详细的情况请参考 MATLAB 手册）：

（1）应该选定一个恰当的名字，例如这里的多项式类可选择为 polynom。

（2）以这个名字建立一个子目录，目录的名字前加@。对本例来说，即应该在当前的工作目录下建立@polynom 子目录，而这个目录无需在 MATLAB 路径下再指定。

（3）编写一个引导函数，函数名应该和类同名。定义类的使用方法如下：

```
function p = polynom(a)
if nargin ==0
p.c=[]; p=class(p, 'polynom');
```

```
elseifisa(a, 'polynom'), p=a;
else,
p.c=a(:).';p=class(p, 'polynom');
end
```

可以看出，本函数分三种情况加以考虑：

1）如果不给输入变量，则建立一个空的多项式。

2）如果输入变量 a 已经为多项式类，则将它直接传送给输出变量 p。

3）如果 a 为向量，则将此向量变换成行向量，再构造成一个多项式对象。

4）如果想正确地显示新定义的类，则必须首先定义 display()函数，并对新定义的类重新定义其基本运算。对多项式来说，我们可以如下定义有关的函数：

```
function display(p)
disp('  '); disp([inputname(1), ' = '])
disp('  '); disp( ['  '  char(p) ] );  disp('  ');
```

5）要改变显示函数的定义，则需在此目录下重新建立一个新函数 display()。这种重新定义函数的方法又称为函数的重载。显示函数可以有如下重载定义。

注意

这里应该定义的是 display()而不是 disp()。

从上面的定义可见，显示函数要求重载定义 char()函数，用于把多项式转换成可显示的字符串。该函数的定义为

```
function s = char(p)
if all ( p.c == 0 ), s='0';
else
d=length(p.c)-1;s=[];
for a= p.c ;
if a~=0;
if ~isempty(s)
    if a>0, s=[s, '+'];
    else, s=[s, '-'];a=-a;end
end
if a~=1|d==0, s=[s, num2str(a)];
if d>0, s=[s, '*']; end
end
if d>=2, s=[s, 'x^', int2str(d)];
    elseif  d==1, s=[s'x']; end
end
d=d-1;
end, end
```

仔细研究此函数，可以发现，该函数能自动地按照多项式显示的格式构造字符串。比如，多项式各项用加减号连接，系数与算子之间用乘号连接，而算子的指数由^表示。再配以显示函数，则可以将此多项式以字符串的形式显示出来。

1）双精度处理：双精度转换函数的重载定义是很简单的。

```
function c=double(p)
```

```
c=p.c;
```

2）加运算：两个多项式相加，只需将其对应项系数相加即可。这样，加法运算的重载定义可由下面的函数实现。注意，这里要对 plus()函数进行重载定义。

```
function p=plus(a, b)
a=polynom(a); b=polynom(b);
k=length(b.c)-length(a.c);
p=polynom([zeros(1, k)  a.c] + [zeros(1, -k)  b.c]);
```

同理，还可以重载定义多项式的减法运算。

```
function p =minus(a, b)
a=polynom(a); b=polynom(b);
k=length(b.c)-length(a.c);
p=polynom([zeros(1, k)  a.c]-[zeros(1, -k)  b.c]);
```

3）乘法运算：多项式的乘法实际上可以表示为系数向量的卷积，可以由 conv()函数直接获得，故可以如下重载定义多项式的乘法运算。

```
function p =mtimes(a, b)
a=polynom(a);b=polynom(b); p=polynom(conv(a.c, b.c));
```

4）乘方运算：多项式的乘方运算只限于正整数乘方的运算，其 n 次方相当于将该多项式自乘 n 次。若 n=0，则结果为 1。这样我们就可以重载定义多项式的乘方运算为：

```
function p=mpower(a, n)
if  n>=0, n=floor(n);  a=polynom(a);  p=1;
if  n>=1,
    for  i=1:n, p=p*a;  end
    end
else, error('Power should be a non-negative integer.')
end
```

5）多项式求值问题：可以对多项式求值函数 polyval()进行重载定义。

```
function y = polyval(a, x)
a=polynom(a);  y=polyval(a.c, x);
```

定义了此类之后，我们就可以方便地进行多项式处理了。例如我们可以建立两个多项式对象 P(s)=x^3+4x^2-7 和 Q(s)=5x^4+3x^3-1.5x^2+7x+8，其相应的 MATLAB 语句为

```
>>P=polynom([1, 4, 0, -7]), Q=polynom([5, 3, -1.5, 7, 8])
P=
    x^3+4*x^2-7
Q=
    5*x^4+3*x^3-1.5*x^2+7*x+8
```

然后调用下面函数就可以得出相应的计算结果。

```
>>P+Q
ans=
    5*x^4+4*x^3+2.5*x^2+7*x+1
>>P-Q
ans=
```

```
    -5*x^4-2*x^3+5.5*x^2-7*x-15
>>P*Q
ans=
    5*x^7+23*x^6+10.5*x^5-34*x^4+15*x^3+42.5*x^2-49*x-56
>>X=P^3
X=
    x^9+12*x^8+48*x^7+43*x^6-168*x^5-336*x^4+147*x^3+588*x^2-343
>>y=polyval(X, [123456])
y=
    -8491317561617715611036023243986977
```

由于前面的重载定义，下面的表达式也能得出期望的结果。

```
>>P+[123]
ans=
    x^3+5*x^2+2*x-4
```

6）使用 methods()函数可以列出一个新的类已经定义的方法函数名。

```
>>methods('polynom')
Methods for class polynom:
char double mpower plus polyval
display minus mtimes polynom
```

1.3.2 数值运算

MATLAB 的计算主要是数组和矩阵的计算，并且定义的数值元素是复数，这是 MATLAB 的重要特点。函数是计算中必不可少的，MATLAB 函数的变量不需要事先定义，它以在命令语句中首次出现而自然定义，这在使用中很方便。使用 MATLAB/SIMULINK 进行仿真，MATLAB 的计算大部分已经模块化了，但是掌握一些必要的计算知识和定义还是很有必要的。

1. 数值、变量和表达式

（1）数值。

在 MATLAB 中，数值多采用十进制表示法，在 MATLAB 的命令窗口中或者编辑器窗口中可以直接输入它们，这与其他高级软件一样。但类似于-3.7×10^{-8}、6.02×10^{11} 形式时，需要按照以下形式输入：–3.7e–8、6.02e11。

举例：在命令窗口中键入

```
>>sqrt(-1)  %对-1 开根号
```

其运行结果为：ans=0+1.0000i。

复数可由下面的语句生成

```
>>z=a+b*i  %a 和 b 均为已知常数。
```

或用下面的语句生成

```
>>z=r*exp(i*θ)  % r 为复数的模， θ为复数辐角的弧度数，均为已知常数。
```

举例：在命令窗口中键入

```
>>A=[ 1 2 3; 4 5 6; 7 8 9 ] 或者>> A=[ 1, 2, 3; 4, 5, 6; 7, 8, 9 ]
```

其运行结果为

```
A =
```

```
    1      2      3
    4      5      6
    7      8      9
```

举例：在命令窗口中键入

```
B=[ 1 2; 3 4 ]+i*[5 6; 7 8 ]
```

其运行结果为

```
B =
   1.0000 + 5.0000i   2.0000 + 6.0000i
   3.0000 + 7.0000i   4.0000 + 8.0000i
```

说明

矩阵生成可用纯数字（包括复数），也可用变量或一个表达式。矩阵元素直接排列在方括号内，行与行之间用分号隔开，每行内的元素使用空格或逗号隔开。大的矩阵可以分行输入，回车键代表分号。

（2）语句与变量。

语句的常用格式为：变量=表达式；或者简化为表达式。通过等于号“=”将表达式的值赋给变量。如果语句以分号“；”结束，则将屏蔽显示结果；如果没有分号“；”，窗口自动显示出语句执行的结果。

变量命名规则：变量名以英文字母开始；变量可由英文字母、数字和下划线组成，MATLAB 能区分字母的大小写；变量名长度不超过 63 个字符。

若在变量名前添加了关键词“global”，该变量就成为全局变量，它在主程序和调用的子程序和函数中都起作用。定义全局变量必须在主程序的首行，这是惯例。

MATLAB 中有一些预定义变量，如表 1-5 所示。用户在编写命令和程序时，应尽量避免使用这些预定义变量。

表 1-5　预定义变量

预定义变量	说　明	预定义变量	说　明
ANS 或 ans	计算结果的缺省变量名	NaN 或 nan	非数，如 0/0
i 或 j	虚数单位	realmax	最大的正实数
pi	圆周率 π	realmin	最小的正实数
eps	浮点数的相对误差	nargin	函数实际输入的参数个数
Inf 或 inf	无穷大	nargout	函数实际输出的参数个数

（3）运算符。

MATLAB 的算术运算符见表 1-6。

表 1-6　MATLAB 的算术运算符

算术运算符	说　明	算术运算符	说　明
+	加	\	左除，2\4=2
−	减	.\	数组左除
*	乘	/	右除，4/2=2
.*	数组乘	./	数组右除
^	乘方	`	矩阵转置
.^	数组乘方	.`	数组转置

（4）特殊运算符。

MATLAB 中有一些特殊运算符在命令和计算中使用，见表 1-7。要特别指出的是，这些特殊运算符在英文状态下输入有效，在中文状态下输入无效。

表 1-7　MATLAB 的特殊运算符

特殊运算符	说　明
:	冒号，输入行矢量，从矢量、数组、矩阵中取指定元素、行和列，大矩阵中取小矩阵
;	分号，用于分割行
,	逗号，用于分割列
()	圆括号，用于表示数学运算中的先后次序
[]	小括号，用于构成矢量和矩阵
{}	大括号，用于构成单元数组
.	小数点或域访问符
..	父目录
...	用于语句末端，表示该行结束
%	用于注释
!	用于调用操作系统命令
=	等号，用于赋值

2. 基本函数汇集

MATLAB 的函数极为丰富，现将经常遇到的典型函数小结如下，以便读者查用。

（1）三角函数和双曲函数，见表 1-8。

表 1-8　三角函数和双曲函数

名　称	说　明	名　称	说　明
sin	正弦	sinh	双曲正弦
cos	余弦	cosh	双曲余弦
tan	正切	tanh	双曲正切
cot	余切	coth	双曲余切
asin	反正弦	asinh	反双曲正弦
acos	反余弦	acosh	反双曲余弦
atan	反正切	atanh	反双曲正切
acot	反余切	acoth	反双曲余切
sec	正割	sech	双曲正割
csc	余割	csch	双曲余割
asec	反正割	asech	反双曲正割
acsc	反余割	acsch	反双曲余割

（2）指数和对数函数，见表 1-9。

表 1-9　指数和对数函数

名　称	说　明	名　称	说　明
exp	以 e 为底的指数	log10	以 10 为底的指数
log	自然对数	pow2	2 的幂
log2	以 2 为底的指数	sqrt	求平方根

（3）复数函数，见表 1-10。

表 1-10　复数函数

名　　称	说　　明	名　　称	说　　明
abs	绝对值或复数模	imag	虚部
angle	相角	conj	共轭复数
real	实部	unwrap	去掉相角突变

（4）取整函数，见表 1-11。

表 1-11　取整函数

名　　称	说　　明	名　　称	说　　明
ceil	向+∞取整	sign	符号函数
floor	向－∞取整	rem(a,b)	a/b 求余数
fix	向 0 取整	mod(x,m)	模除求余
round	四舍五入		

（5）矩阵变换函数，见表 1-12。

表 1-12　矩阵变换函数

名　　称	说　　明	名　　称	说　　明
inv	求逆矩阵	diag	产生或提取对角阵
fliplr	矩阵左右翻转	tril	产生下三角
flipud	矩阵上下翻转	triu	产生上三角
flipdim	矩阵特定维翻转	rot90	矩阵反时针翻转 90°

（6）向量常用函数，见表 1-13。

表 1-13　向量常用函数

名　　称	说　　明	名　　称	说　　明
min	最小值	max	最大值
mean	平均值	median	中位数
std	标准差	diff	相邻元素的差
sort	排序	length	个数
norm	欧氏(Euclidean）长度	sum	求和
prod	总乘积	dot	内积
cumsum	累计元素总和	cumprod	累计元素总乘积
cross	外积		

1.3.3　程序设计基础

前面介绍了 M 文件的概念和组成，看到了一些用 MATLAB 语言编写的简单程序。要想实现更强的功能，就需要用到循环控制。几乎所有实用的程序都包含循环，熟练使用 MATLAB 的循环结构的选择结构是编程的基本要求。MATLAB 提供四种循环和选择控制结构，它们是 for 循环、while 循环、if-else-end 结构和 switch-case-end 结构，这些经常出现在 M 文件中。

1. 运算符

MATLAB 的运算符可分为三类：算术运算符、关系运算符和逻辑运算符，其中算术运算符的优先级最高，其次是关系运算符，再其次是逻辑运算符。算术运算符在前面已经介绍过，这里只介绍关系运算符和逻辑运算符。

（1）关系运算符。

关系运算符对于程序的流程控制非常有用。MATLAB 共有六个关系运算符，见表 1-14。

表 1-14　MATLAB 的关系运算符

关系运算符	说　明	关系运算符	说　明
<	小于	>	大于
<=	小于等于	>=	大于或等于
==	等于	~=	不等于

关系运算符可以比较同型矩阵，此时将生成一个 0－1 矩阵，当相应元素经关系运算为真时，对应位置上生成 1，否则为 0；关系运算符也可以比较标量和矩阵，此时是标量与矩阵的每个元素分别比较，生成一个 0－1 矩阵。

（2）逻辑运算符。

MATLAB 共有三个逻辑运算符：与（&）、或（|）和非（~）。

对于数值矩阵，当元素为 0 时，逻辑上为假；当元素为非 0 时，逻辑上为真。同关系运算符一样，逻辑运算符两端的运算数可以是同型矩阵，对两矩阵的相应元素分别运算，结果为一个 0－1 矩阵。当逻辑表达式的值为真时，赋值 1，否则为 0。同样，其中一个矩阵也可以是标量。

与（&）运算：两个运算数都为真时，结果为真，其他情况下（一真一假或两个都假）结果为假。

或（|）运算：两个运算数都为假时，结果为假，其他情况下（一真一假或两个都真）为真。

非（～）运算：只有一个运算数。当该运算数为真时，结果为假，否则，结果为真。

2. for 循环

for 循环允许一组命令以固定的和预定的次数重复。for 循环的一般形式为

```
  for   x=表达式 1：表达式 2：表达式 3
    语句体
end
```

其中表达式 1 的值为循环的初值，表达式 2 的值为步长，表达式 3 的值为循环的终值。如果省略表达式 2，则默认步长为 1。该循环体的执行过程如下：

（1）将表达式 1 的值赋给 x；

（2）对于正的步长，当 x 的值大于表达式 3 的值时，结束循环；对于负的步长，当 x 的值小于表达式 3 的值时结束循环。否则，执行 for 和 end 之间的语句体，然后执行下面的第（3）步；

（3）x 加上一个步长后，返回第（2）步继续执行。

例如，程序：

```
for k=1:4
    x(k)=1/k;
end
```

```
format rat    %设置输出格式为有理数
x(1,:)
```

将输出

```
       ans =
1    1/2    1/3    1/4
```

3. while循环

while循环一般用于事先不能确定循环次数的情况，其流程图如图1-10所示。while循环的一般形式为

```
While 表达式
  语句体
end
```

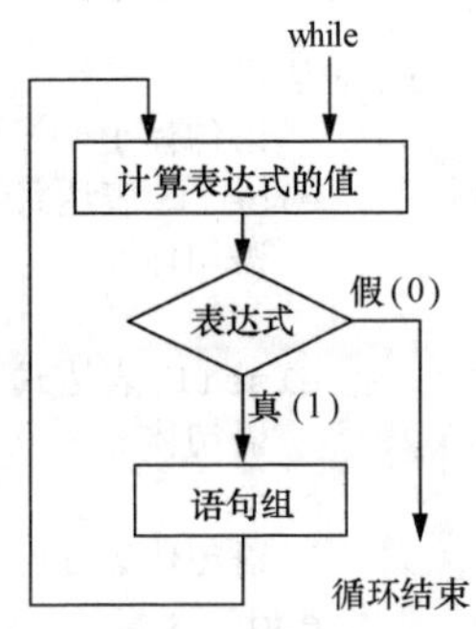

图1-10 while语句流程图

只要表达式的值为1(真)，就执行while与end之间的语句体，直到表达式的值为0（假）时终止该循环。通常，表达式的值为标量，但对数组值也同样有效，此时，数组的所有元素都为真，才执行while与end之间的语句体。

程序：

```
n=0;  EPS=1;
  while(1+EPS) > 1
      EPS=EPS/2;  n=n+1;
  end
n, EPS=EPS * 2
```

运行结果：

```
n=
      53
EPS=
       2.2204 e-016
```

这个例子给出了计算MATLAB的特殊变量eps的一种方法，eps是一个可以加到1，在计算机的有限精度下，而使结果大于1的最小数值。这里我们用大写EPS，以便与eps相区别。EPS从1开始，不断被2除，直到EPS+l不大于1。因为MATLAB用16位数来表示数据，因此，当EPS接近10^{-16}时，它会认为EPS+1不大于1，于是while循环结束。

4. if-else-end结构

在很多情况下，语句序列必须有条件地执行。在编程语言里，这种逻辑由某种if-else-end结构来完成。if语句共有三种形式，如图1-11所示，其最简单的形式为

```
if 表达式
  语句体
end
```

如果表达式的值为真，则执行if与end之间的语句体，否则，执行end的后续命令。

```
if 结构的另一种形式
if 表达式
  语句体 1
```

```
else
  语句体 2
end
```

如果表达式的值为真，则执行语句体 1，然后跳出该选择结构，执行 end 的后续语句；如果表达式的值为假，则执行语句体 2。之后，执行 end 的后续语句。

当有三个或更多的选择时，可采用 if 结构的下列形式：

```
if 表达式 1
       语句体 1
    elseif 表达式 2
       语句体 2
       ...
    elseif 表达式 n
       语句体 n
    else
       语句体 n+1
    end
```

如果表达式 j（j=1，2，…，n）为真，则执行语句体 j，然后执行 end 的后续语句。否则，当 if 和 elseif 后的所有表达式的值都为假时，执行语句体 n+l，然后执行 end 的后续语句。例如，可用以下程序得到符号函数。

```
function y=SIGN（x）
if      x<0
        y=-1;
elseif   x=0
        y=0;
else
        y=1;
end
```

可用 if 和 break 语句来跳出 for 循环和 while 循环。例如，

```
EPS=l;
for n=1: 1000
    EPS=EPS/2;
    if（1+EPS）<=l;
    EPS=EPS*2; break
    end
end
n, EPS
```

其运行结果同前面一样，n=53，EPS=2．2204e–016。

在此例中，当执行 break 语句时，MATLAB 跳到循环外的下一个语句。如果一个 break 语句出现在一个嵌套的 for 循环或 while 循环里，那么只跳出 break 所在的那个循环，不跳出整个嵌套结构。

5. switch-case-end 结构

switch 语句根据表达式的值来执行相应的语句，一般形式为

```
switch    表达式（标量或字符串）
   case    值 1,
           语句体 1
```

```
    case    {值 2.1, 值 2.2, …}
            语句体 2
    ...
    otherwise,
            语句体 n
end
```

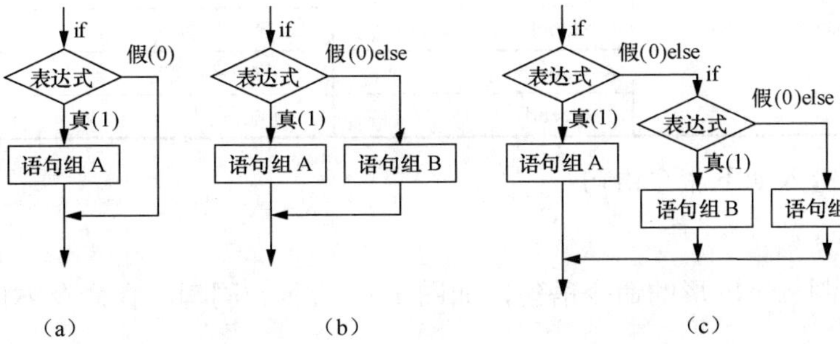

(a)　　(b)　　(c)

图 1-11　if 语句的三种形式

当表达式的值为 1 时，执行语句体 1，然后执行 end 的后续语句；当表达式的值为{值 2.1；值 2.2，…}中之一时，执行语句体 2，然后执行 end 的后续语句；……若表达式的值不为任何关键字“case”所列的值时，则执行语句体 n，接着执行 end 的后续语句。

注意

只执行一个语句体，然后就执行 end 的后续语句。

例如，假设 NAME 是一个字符串变量，下列程序将在 NAME 取值为各种不同字符串的情形下，显示相应的信息。

```
switch lower(NAME)
case {'Zhanghua', 'Lijiang'}, disp('He comes from China')
case 'Peter', disp('He comes from United States.')
case `Monika`, disp('She comes from Germany')
otherwise, disp('He or she comes from other countries.')
end
```

1.3.4　MATLAB 的基本绘图

MATLAB 提供了丰富的绘图功能，可以绘制二维图形、三维图形、直方图和饼图，这里仅介绍一些常用的基本绘图命令和方法，见表 1-15。

表 1-15　MATLAB 常用的绘图命令

基本 X—Y 图形	plot	线性 X－Y 坐标图
	loglog	双对数坐标图
	semilogx	半对数（x 轴）坐标图
	semilogy	半对数（y 轴）坐标图
	plotyy	双 y 轴坐标图
	ploar	极坐标图
坐标控制	axis	坐标分度、范围
	hold	保持当前图形
	subplot	拆分子图

续表

图形注释	title	标上图名
	text	图上标注文字
	grid	加上网格线
	gtext	用鼠标定位文字
	xlabel	x 轴文字标注
	ylabel	y 轴文字标注
	legend	标注图例

在命令窗口中键入如下命令语句：

```
>>help graph2d
```

便可以得到所有绘制二维图形的命令语句，如图 1-12 所示。同理，在命令窗口中键入：

```
>>help graph3d
```

便可得到所有绘制三维图形的命令，如图 1-13 所示。

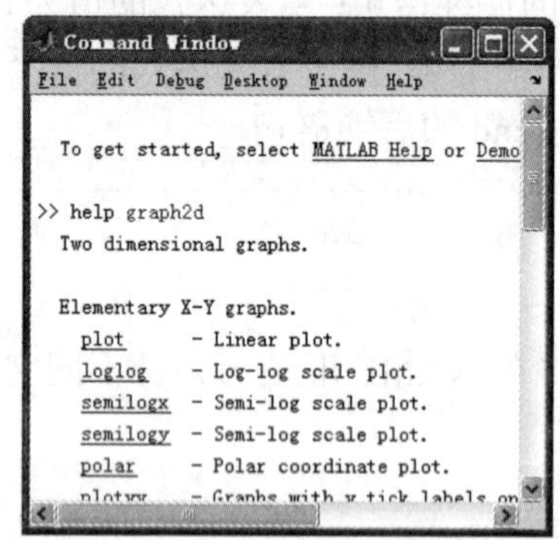

图 1-12　help graph2d 的执行结果

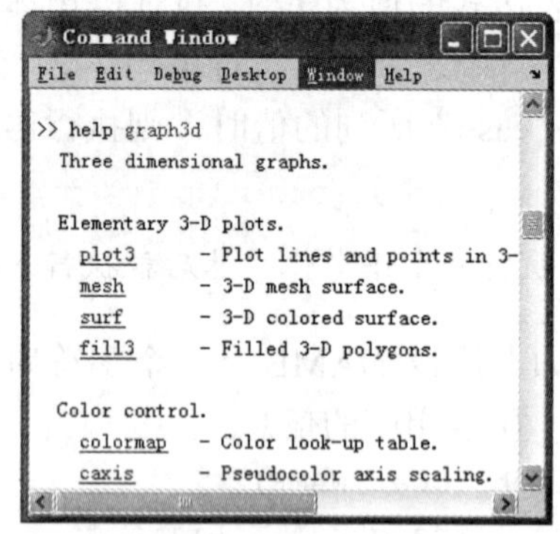

图 1-13　help graph3d 的执行结果

1. 基本绘图命令函数

命令格式：plot (x1,y1,option1,x2,y2,option2,…)

说明

x1,y1 给出的数据分别为 x 轴和 y 轴坐标值，option1 为选项参数，以逐点连折线的方式绘制第一个二维图形；同时类似地绘制第二个二维图形等。这是 plot 命令的完全格式，在实际应用中可以根据需要进行简化，比如，plot (x,y)；plot (x,y, option)，选项参数 option 定义了图形曲线的颜色、线型及标示符号，它由一对单引号(‘’)括起来（在英文状态下键入单引号）。基本线型和颜色如表 1-16 所示。

表 1-16　基本线型和颜色表

符　号	颜　色	符　号	颜　色	符　号	线　型	符　号	线　型
y	黄色	g	绿色	·	点	—	实线
m	紫色	b	蓝色	°	圆圈	:	点线
c	青色	w	白色	x	×标记	-·	点划线
r	红色	k	黑色	+	加号	--	虚线
				*	星号		

命令格式：plot3(x,y,z)

说明

绘制三维图形。

举例：要同时绘制 y=sinx 和 z=cosx 的曲线图，其中 x 介于[-2π，2π]之间。可以在命令窗口中键入以下命令，也可以打开 MATLAB 的 File→单击 New→单击 M-file，打开 MATLAB 的编辑器。在编辑器中键入下列命令语句，其执行结果如图 1-14 所示。

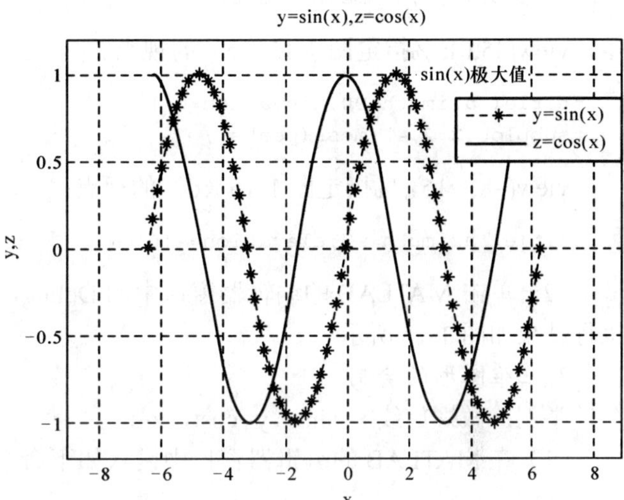

图 1-14　在 MATLAB 中绘制两条二维曲线图

```
>>clear;clc;close;  %clear 可以删除工作空间的所有变量，clc 可以删除命令窗口中所有变量，close 可以关掉所有 M-fig 图形
>>x=[ -2*pi:pi/20:2*pi ]; %定义时间范围，步长为 pi/20
>>figure(1); %选择图像(1)
>>plot(x,sin(x),'r:*');
>>axis([-9 9 -1.2 1.2]); %设定 x 轴、y 轴的下限和上限，命令格式：axis( [xmin xmax ymin ymax zmin zmax] ); axis('equal')：将 x 轴和 y 轴的单位刻度大小调整为一样；axis on/off：显示/取消坐标轴
>>grid on; %在所画出的图形坐标中添加网格线
>>hold on; %可以把当前图形保持在屏幕上不变，同时允许在这个坐标内绘制另外一个图形，即将不同曲线绘制在同一坐标。同理，执行 hold off 命令语句，将使新图覆盖旧图
>>plot(x,cos(x),'b-');
>>xlabel('x');ylabel('y,z');title('y=sin(x),z=cos(x)'); %分别给图形添加 x 轴、y 轴和标题
>>legend('y=sin(x)','z=cos(x)') %给图形添加标注文字
>>text(0,1,'\fontsize{12}\rightarrow\it cos(x)\fontname{宋体}极大值'); %命令格式 text(x,y,'字符串')：在图形的指定坐标位置(x,y)处，表示由单引号括起来的字符串。如要输入特殊的文字，则要用反斜杠(\) 开头。在上面的最后一条命令中，在语句“it cos(x)\fontname{宋体}极大值”中的“it”用于显示斜体文字(Italic)，执行该命令后，将会在图形中显示出“cos(x)极大值”
```

2. 分割图形显示窗口方法

命令格式：subplot(m,n,p)

说明

m 表示上下分割个数，n 表示左右分割个数，p 表示子图编号。

举例：从不同视点绘制多峰函数曲面。

（1）在 MATLAB 的编辑器窗口中键入如下命令语句，并保存：

subplot(2,2,1); % peaks 函数，称为多峰函数，常用于三维曲面的演示。

mesh(peaks); % mesh 函数绘制三维曲面的函数，调用格式为：mesh(x,y,z,c)

view(–37.5,30); %指定图 1-15（a）的视点。视点函数命令格式：view(A,B)。A 为方位角，B 为仰角，均以度为单位。系统默认为(–37.5 30)。

```
title('azimuth=-37.5,elevation=30')
```

```
subplot(2,2,2);mesh(peaks);
```

view(0,45); %指定图 1-15（b）的视点。

```
title('azimuth=0,elevation=90')
subplot(2,2,3);mesh(peaks);
```

view(45,0); %指定图 1-15（c）的视点。

```
title('azimuth=90,elevation=0')
subplot(2,2,4);mesh(peaks);
```

view(−8, −15); %指定图 1-15（d）的视点。

```
title('azimuth=-7,elevation=-10')
```

（2）单击 MATLAB 的编辑器窗口中的 Debug，然后单击 Save and Run 或者按 F5 键，其执行结果如图 1-15 所示。

3. 三维图形的绘制

举例：做螺旋线 x=sint，y=cost，z=t。

（1）在 MATLAB 的编辑器窗口中键入如下命令语句并保存。

```
t=0:pi/50:10*pi;
plot3(sin(t),cos(t),t)
box on;
```

（2）单击 MATLAB 的编辑器窗口中的 Debug，然后单击 Save and Run 或者按 F5 键，其执行结果如图 1-16 所示。

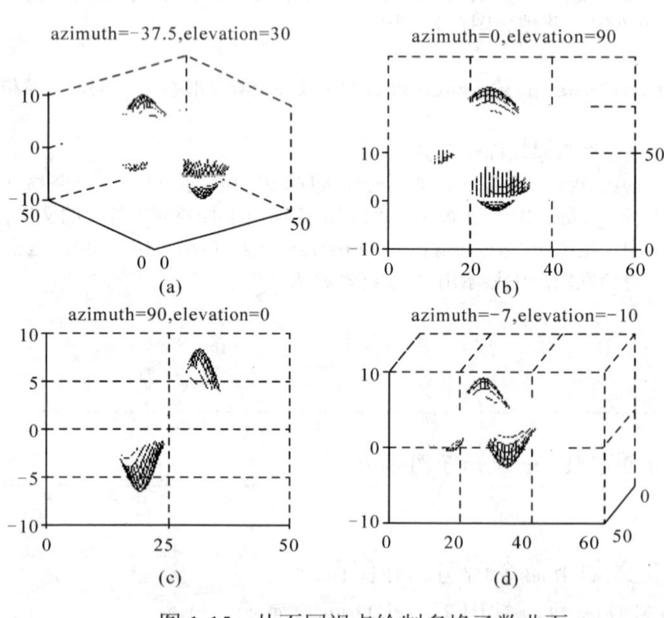

图 1-15　从不同视点绘制多峰函数曲面

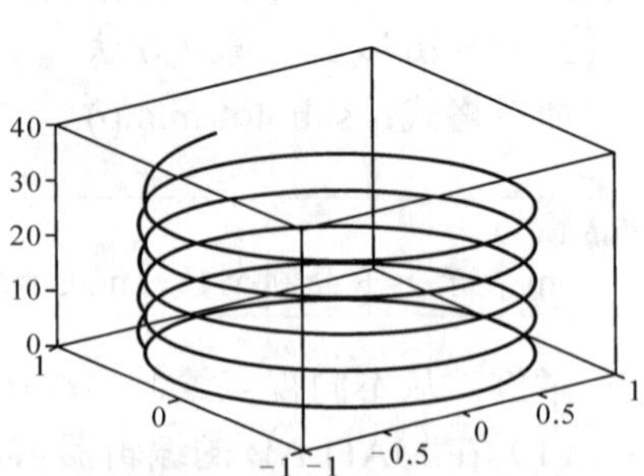

图 1-16　绘制螺旋线

第2章

Simulink 环境和模型库

Simulink 是 MATLAB 的一个附加组件，为用户提供了一个建模与仿真的工作平台。由于它的许多功能都是基于 MATLAB 软件平台的，而且必须是在 MATLAB 环境下运行，有人也将 Simulink 称之为 MATLAB 的一个工具箱（Toolbox）。它能够实现动态系统建模与仿真的环境集成，且可以根据设计及使用的要求，对系统进行修改与优化，以提高系统工作的性能，实现高效开发系统的目的。

2.1 系统仿真（Simulink）环境

前面介绍的 MATLAB 仿真编程是在文本窗口中进行的，编制的程序是一行行的命令和 MATLAB 函数，而在 Simulink 仿真环境中，由于它与用户交互接口是基于 Windows 的模型化图形输入，所以用户可以通过单击拖动鼠标的方式绘制和组织系统，并完成对系统的仿真。在 Simulink 环境中，系统的各元件的模型都用框图来表达，框图之间的连线则表示了信号流动的方向。对用户来说，只需要知道这些功能模块的输入输出、功能模块的功能以及图形界面的使用方法，就可以很方便地使用鼠标和键盘进行系统仿真，而不必通过复杂的编程去完成系统的动态仿真，这无疑是很受欢迎的。本节将介绍 Simulink 工作环境及其模型库。

Simulink 是 Simulation 和 Link 两个英文单词的缩写，意思是仿真链接，MATLAB 模型库都在此环境中使用，从模型库中提取模型放到 Simulink 的仿真平台上进行仿真。所以，有关 Simulink 的操作是仿真应用的基础。

Simulink 作为面向系统框图的仿真平台，它具有如下特点：

（1）以调用模块代替程序的编写，以模块连成的框图表示系统，单击模块即可以输入模块参数。以框图表示的系统应包括输入、输出和组成系统本身的模块。

（2）搭建系统模型，设置好仿真参数，即可启动仿真。这时 Simulink 会自动完成仿真系统的初始化过程，将系统模型转换为仿真的数学方程，建立仿真的数据结构，并计算系统输出。

（3）系统运行的状态和结果可以通过波形和曲线观察，等效于实验室中用示波器观察。

（4）系统仿真数据可以用*.mat 格式的文件保存，便于用其他数据处理软件进行处理。

（5）如果系统模型搭建不完整或仿真过程中出现计算不收敛的情况，就会给出一定的出错提示信息。

2.1.1 Simulink 工作环境

1. 进入 Simulink 的方法

从 MATLAB 窗口进入 Simulink 环境有以下三种方法：

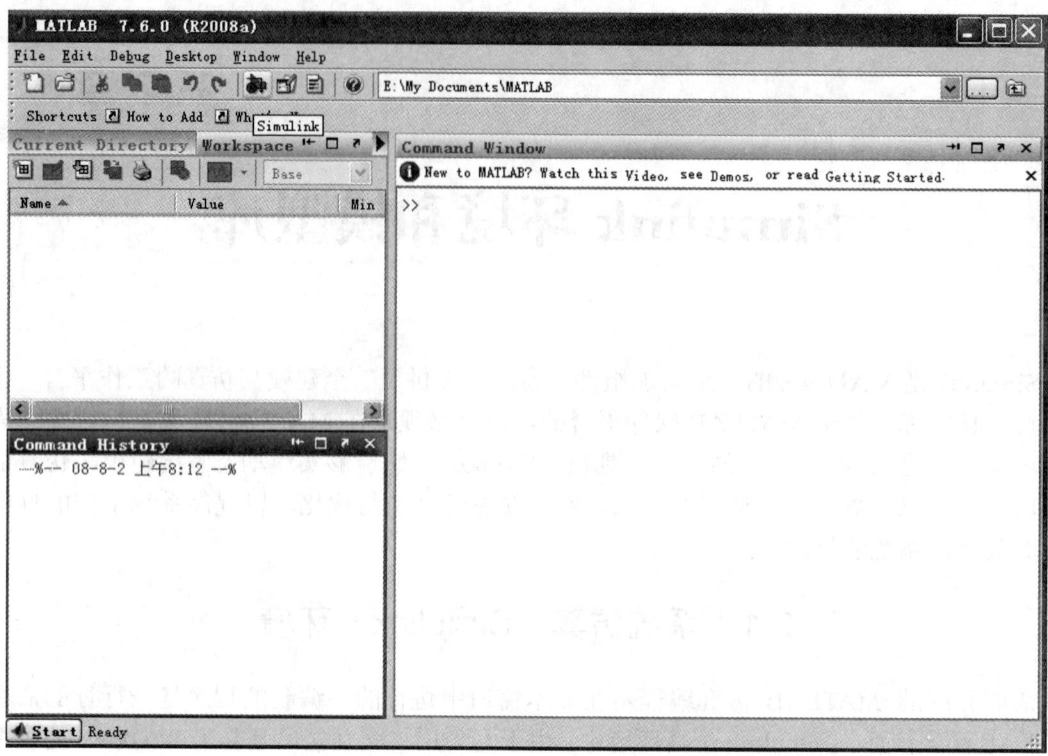

图 2-1　从 MATLAB 窗口进入 Simulink 环境

（1）在 MATLAB 菜单栏上单击 File，并在下拉菜单中的 New 选项下单击 Model；

（2）在 MATLAB 工具栏上单击图 2-1 中的按钮，然后在打开的模型库浏览器窗口菜单上单击按钮；

（3）在 MATLAB 的命令窗口输入“simulink”后回车，然后在打开的模型库浏览器窗口菜单上单击按钮。

2. Simulink 窗口菜单命令

Simulink 窗口中各菜单下的主要命令如表 2-1～表 2-6 所示。

（1）File（文件）。

表 2-1　File 文件菜单

选　　项	快捷键	说　　明
New	Ctrl+N	创建新的 Simulink 工作窗口
Open	Ctrl+O	打开已经存在的 Simulink 模型文件
Close	Ctrl+W	关闭当前的 Simulink 工作窗口
Save	Ctrl+S	保存当前的模型文件，文件的路径和文件名保持不变
Save As		将当前的模型文件按新的路径、文件名保存
Source Control		登记编辑文件的文件名及路径等到源系统中
Model properties		模型属性
Preferences		选项
Print	Ctrl+P	打印模型文件
Print setup		打印设置
Exit MATLAB	Ctrl+Q	退出 MATLAB

（2）Edit（编辑）。

表 2-2　Edit 编辑菜单

选　　项	快捷键	说　　明
Undo	Ctrl+Z	撤销前一次操作
Redo	Ctrl+Y	恢复前一次操作
Cut	Ctrl+X	剪切选定的内容，并放到剪贴板上
Copy	Ctrl+C	复制选定的内容，并放到剪贴板上
Paste	Ctrl+V	将剪贴板上的内容，粘贴到光标所在位置
Delete	Delete	清楚所选的内容
Select All	Ctrl+A	全部选定整个窗口的内容
Copy Model To Clipboard		将窗口的模型复制到剪贴板上
Find	Ctrl+F	寻找目标的位置
Block Parameters		显示选定模块的参数
Block Properties		显示选定模块的属性
Create Subsystem	Ctrl+G	创建分支模块，将选定的部分系统模型打包，以一个模块显示
Mask Subsystem	Ctrl+M	封装分支模块
Look Under Mask	Ctrl+U	显示分支模块的内容
Update Diagram	Ctrl+D	更新模型框图的外观

（3）View（查看）。

表 2-3　View 查看菜单

选　　项	快捷键	说　　明
Toolbar		显示或隐藏工具栏
Statebar		显示或隐藏状态栏
Model Browser Options		模型浏览器选项
Block Data Tips Options		设置模块数据的选项
System Requirments		设置与系统的连接
Library Browser		将剪贴板上的内容，粘贴到光标所在位置
Model Explorer	Ctrl+H	汇总显示与该仿真文件有关的各种信息
MATLAB Desktop		返回 MATLAB 界面
Zoom out		缩小模型显示
Zoom in		放大模型显示
Fit system to view		自动选择合适的显示比例
Normal		标准显示比例

（4）Simulation（仿真）。

表 2-4　Simulation 仿真功能菜单

选　　项	快捷键	说　　明
Start (Pause)	Ctrl+T	启动（暂停）仿真
Stop		停止仿真
Configuration Parameters	Ctrl+E	仿真参数设置
Normal		用标准模式仿真
Accelerator		仿真加速器
Rapid Accelerator		快速仿真加速器
External		外部模式仿真

（5）Format（模块格式）。

表 2-5 Format 模块格式菜单

选　项	快捷键	说　明
Font		字体设置
Text Alignment		标题定位
Flip Name		移动模块名
Flip Block	Ctrl+I	模块顺时针旋转 180º
Rotate Block	Ctrl+R	模块顺时针旋转 90º
Hide (Show) Name		隐藏（显示）模块名
Hide (Show) Drop Shadow		显示（隐藏）模块的阴影
Hide (Show) Port Labels		显示（隐藏）子系统标签
Foreground Color		设置前景颜色
Background Color		设置背景颜色
Screen Color		设置屏幕颜色
Align Blocks		设置模块排列方式
Distribute Blocks		设置模块分布方式
Resize Blocks		设置各模块大小

（6）Tools（工具）。

表 2-6 Tools 工具菜单

选　项	说　明
Simulink Debugger	Simulink 调试程序
Fixed-Point	定点运算设置
Model Advisor	模型指导
Model Dependency	模型从属查看器
Lookup Table Editor	查询表编辑器
Date Class Designer	数据类型设计
Bus Editor	总线编辑器
Profiler	优化 M 文件的工具
Coverage Settings	模型设置
Requirements	要求
Design Verifier	设计验证
Inspect Logged Signals	检查已有的信号
Signal & Scope Manager	信号&示波器管理
Real-Time Workshop	实时工作间选择
External Model Control Panel	外部模式控制板
Control Design	控制设计
Parameter Estimation	参数估计
Report Generator	模型文件设置清单
HDL Coder	硬件描述语言编码器
Date Object Wizard	数据对象向导

2.1.2 Simulink的基本操作

对Simulink中功能模块的基本操作，主要包括对它们进行提取、移动、复制、删除、转向、改变大小、模块命名、颜色设定、参数设定、属性设定、模块输入输出信号的设定等基本操作。下面将对它们的操作方法逐一进行说明。

1. 模块的提取

用Simulink对系统进行仿真，第一步就是将所需模块从模型库中提取出来，并放到Simulink的仿真平台上去（Simulink窗口的中间空白区）。方法有以下两种：

（1）在模型浏览器中用鼠标单击选中需要的模块，选中的模块名会变色，然后单击鼠标右键选择“Add to 文件名”，这时选中的模型会出现在Simulink的仿真平台上。

（2）将光标指针移动到需要的模块上，按住鼠标左键将模型图标拖曳到Simulink的平台上，然后松开鼠标即可。

2. 模块的移动、放大和缩小

为了使绘制的系统比较美观，需要将各个调用的模块放到合适的位置上，也需要调整模块的大小比例，可以进行如下操作。

（1）移动模块仅需要将光标指针移到该模块上，单击鼠标左键，拖曳该模块到相应位置即可。也可以在选中模块后用键盘上的上、下、左、右键移动模块。若要脱离线而移动，可按住Shift键，再进行拖曳。

（2）放大或缩小模块只需选中功能模块，该模块将出现4个黑色标记，用鼠标对这4个黑色标记进行拖曳，即可调节该模块的大小。

3. 模块的复制和粘贴

已经放到Simulink平台上的模块，如果系统中需要用到多个，则可以复制；如果要将平台上的模块或模型转移到另一个系统的仿真中使用，也可以采用复制的方法，其操作步骤如下。

（1）选中模块，然后在Edit菜单下选择复制命令（Copy），再用粘贴命令（Paste）就可以将它复制到其他地方。

采用这种方法不仅可以复制一个模块，并且可以同时复制几个不同的模块，或者复制仿真模型的一部分乃至全部，然后转移到其他地方使用。如是后者只需要按下鼠标左键拖拉鼠标，平台上即出现一个虚线的方框，松开鼠标，曾被虚线方框包围的所有模块四角都会出现小黑块，即表示已被选中，然后使用复制和粘贴命令就可以复制或转移到其他地方使用。

（2）在同一模型中需要复制某一模块，可以用更简捷的办法，就是在选中模块的同时按下Ctrl键拖拉鼠标，选中的模块上会出现一个小“+”号，继续按住鼠标和Ctrl键不动，移动鼠标就可以将该模块拖拉到模型的其他地方复制出一个相同的模块，同时该模块名后会自动加“1”，因为在同一仿真模型中，不允许出现两个名字相同的模块。

4. 模块的删除和恢复

对放在平台上的模块，如果不再需要则可以将其删除。操作步骤是选中要删除的模块后，使用键盘的Delete键来删除。如果要删除已经构建了的模型的某一部分或全部，可以在要删除的部分上单击鼠标左键拖拉出一个方框，框内的全部模块和连线将被选中，然后按Delete键，这部分模型包括连线就被删除。被删除的模块和内容可以用Edit菜单下的Undo命令或撤销按钮恢复。

5. 模块的转向

为了能够顺序连接功能模块的输入和输出端，功能模块有时需要旋转。在Format菜单中选择Flip Block（快捷键Ctrl+I）顺时针旋转180º，选择Rotate Black（快捷键Ctrl+R）顺时针旋转90º。也可选中该模块后，单击鼠标右键，进行相同操作。

6. 模块名的修改和移动

在每个模块的下方都有一个模块名，模块名可以修改、移动和隐藏。首先用鼠标单击该模块名，单击后模块名的外侧出现小框，这时可以和文本框一样，修改模块名称。

模块名的放置位置可以调整，但只能是在模块的上方或下方，这仅需在单击模块名时不松开鼠标，直接将模块名拖动到模块的上下方即可。如果不需要显示模块名，则首先选中模块，然后在Format菜单下单击Hide Name命令即可，这时模块名被隐藏起来。如果需要重新显示模块名，同样选中模块后，在菜单下选择Show Name命令，隐藏的模块名会重新显示出来。

7. 模块颜色的改变

菜单Format中的Foreground Color/Background Color分别改变功能模块的前景/背景颜色，而Screen Color可改变模型窗口的颜色。

8. 模块的参数设置

Simulink模型库里的模块放到仿真窗口之后，在使用前大多数模块都需要设置模块的参数。模块参数的设置很简单，双击模块图标，这时就会弹出参数对话窗口。如图2-2所示，为一个常数输入模块及其对话框。对话框中上部是模块功能的简要介绍，下面是模块参数设置栏，在设置栏中可以按要求键入参数。如果对参数设置有不清楚的地方，可以使用对话框下方的Help按钮取得帮助，这时会打开该模块的说明书。参数设好后，单击OK按钮关闭对话框，模块参数设置完毕。模块的参数在仿真的进行过程中是不能修改的。

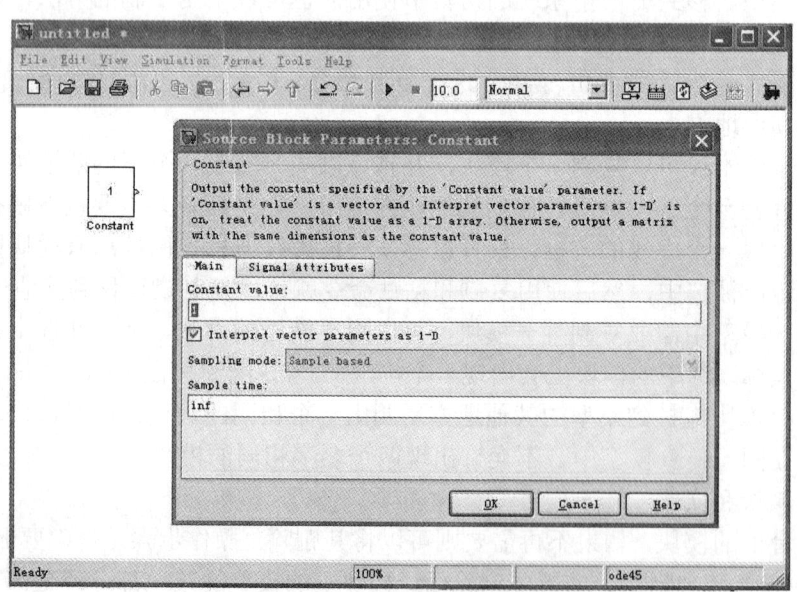

图2-2　模块参数对话窗口

9. 模块的属性设定

若打算修改模块属性，可右键单击该模块，单击Block Properties从而进入模块属性设定对话框，如图 2-3 所示（Block Properties：Transfer Fcn），包括 Description 属性、Priority 优先级属性、Tag 属性、Block Annotation 属性、Callbacks 属性等。

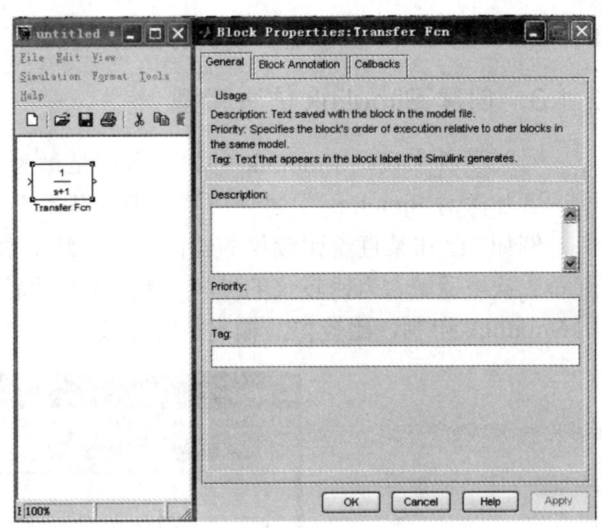

图 2-3　模块的属性设定对话框

10. 模块的连接

使用 Simulink 仿真，系统模型是由多个模块组成的，模块与模块间需要用信号线连接。连接的方法是，将光标箭头指向模块的输出端，对准后光标变“+”字星，这时按下鼠标左键，拖曳“+”字星到另一个模块的输入端后松开鼠标左键，在模块的输出和输入端之间就出现了带箭头的连线，并且箭头指示了信号的流向，如图 2-5 所示。

如果要在信号线的中间拉出分支连接另一个模块（见图 2-4 和图 2-5），可以先将光标移向需要分岔的地方，同时按下键盘中的 Ctrl 键和鼠标则可拖拉出一根支线，然后将支线引到另一输入端口松开鼠标即可（见图 2-6）。

11. 连线的弯折、移动和删除

如果信号线中间需要弯折（见图 2-7），只需要在拉出信号线时，在需要弯折的地方松开鼠标停顿一下，然后继续按下鼠标左键改变鼠标移动方向就可以画出折线。要移动信号线的位置，首先选中要移动的线条，再将光标指向线条上需要移动的那一段，拖动鼠标即可。若要删除已画好的信号线，只需在选中信号线后，按键盘上的 Delete 键即可。

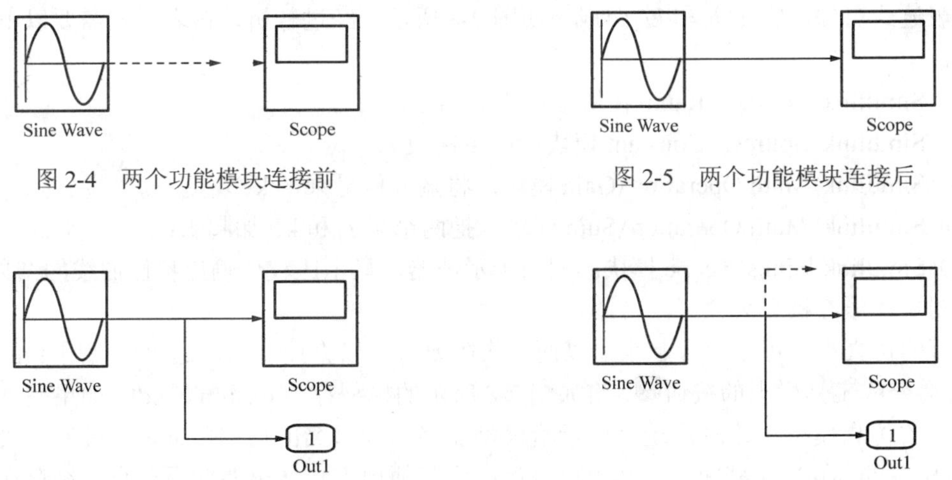

图 2-4　两个功能模块连接前

图 2-5　两个功能模块连接后

图 2-6　连线的分支

图 2-7　连线的弯折

12. 批处理方法

当所分析的系统的仿真模型构建完毕，可以对每个模块的每个参数逐个修改，也可以批量修改，其操作方法为：全部选中模块，右键单击所选择的模块，弹出它们的属性参数设置按钮，单击 format，可以完成包括修改字体大小和型号、模块旋转和翻转等基本操作，单击

Background Color，修改所有模块的背景颜色。

2.1.3 创建 Simulink 仿真模型

对初学者来说，Simulink 的快速入门是最为关心的事情。下面将通过典型应用实例，帮助读者加深对 Simulink 中建立仿真模型的基本方法与步骤的理解和学习。

例如，已知某直流比较仪的输出特性曲线的表达式为 $I_1=kI_2+I_0$，式中 I_1 和 I_2 分别为一次电流和二次电流，I_0 为比较仪的偏置系数，k 为比较仪的灵敏度，且已知 k=50 和 I_0=80mA，试用 Simulink 绘制该比较仪的输出特性曲线。

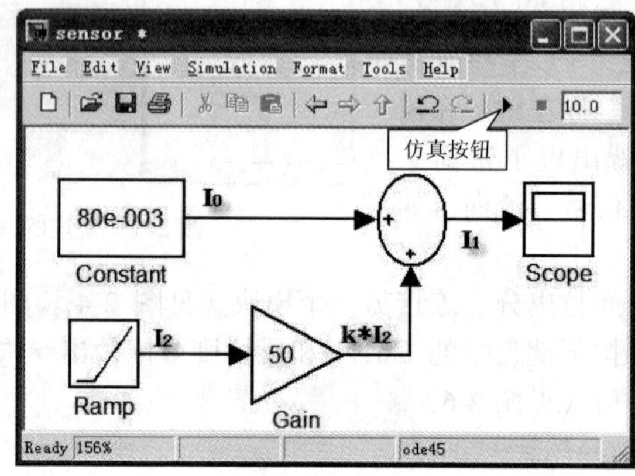

图 2-8　某直流比较仪输出特性曲线的仿真模型

现将分析和创建仿真模型的方法和步骤讲述如下。

1. 调用功能模块

首先确定需要哪些功能模块，并找到它们所在的模块库。分析该直流比较仪的输出特性曲线的表达式可知，它由 I_0 和 kI_2 组成。如图 2-8 所示，经过分析，该表达式需要以下几个功能模块。

（1）Simulink\Sources\Ramp 模块：产生 I_2 信号；

（2）Simulink\Sources\Constant 模块：产生常数 I_0；

（3）Simulink\Math Operation\Gain 模块：将输入信号乘上 k；

（4）Simulink\Math Operation\Sum 模块：把两个量 I_0 和 kI_2 加起来；

（5）Simulink\Sinks\Scope 模块：相当于示波器，显示比较仪输出特性曲线的结果。

2. 创建并保存模型文件

建好的仿真模型可以保存起来，以便下次需要时可以直接调用，这可以使用 File 菜单下的 Save 命令或工具栏上的按钮，将如图 2-8 所示的模型存为 example.mdl。如果是一个新的尚未命名的仿真模型，这时系统会提示给模型命名，模型名的后缀为.mdl。模型一般保存在 MATLAB 下的 work 文档中，当然也可以保存到其他地方。如果要调用一个已经存在的模型可以使用 File 菜单下的 Open 命令或菜单上的按钮。当然已经存在的模型或者修改后的模型也可以另外保存，这可以使用 File 菜单下的 Save As 命令，这时可以给模型定一个新的名字并保存起来。

3. 连接模块并设置参数

将各个功能模块按照如图 2-8 所示的示意图，进行连线并设置各个功能模块的参数：

（1）双击 Constant 模块，弹出它的属性参数对话框如图 2-9 所示，在“Constant value”输入栏中键入 80e-3，因为 I_0=80mA，单击 OK 按钮。

（2）双击 Ramp 模块，弹出它的属性参数对话框如图 2-10 所示：“Slope”表示斜坡函数的斜率，默认值为 1，即 $\tan(\theta)=1$，即 $\theta=45^\circ$；“Start time”表示斜坡函数的时间偏移（time offset），默认值为 0；“Initial output”表示斜坡函数的起始值，默认值为 0。本例均用它的默认值，单击 OK 按钮。

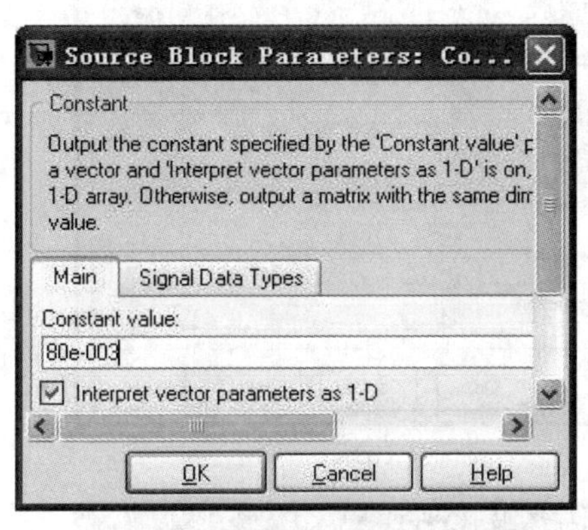

图 2-9　Constant 模块属性参数对话框

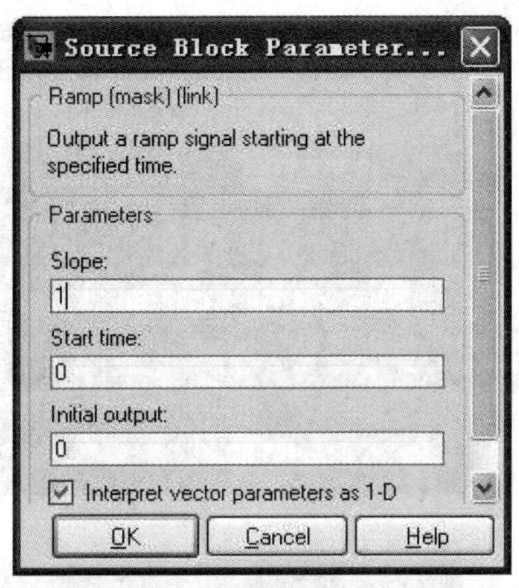

图 2-10　Ramp 模块属性参数对话框

（3）双击 Gain 模块，弹出它的属性参数对话框如图 2-11 所示，在“Gain”输入栏中键入 50。因为 k=50，单击 OK 按钮。

（4）双击 Sum 模块，弹出它的属性参数对话框如图 2-12 所示，单击“Icon shape”栏（设定功能模块的外观）右边的下拉滚动条，可以改变 Sum 模块的外形，在 Simulink 中，Sum 模块的外形被默认为 round（圆形），也可选择“rectangular”（矩形），将 List of signs 栏置为++，然后单击 OK 按钮。

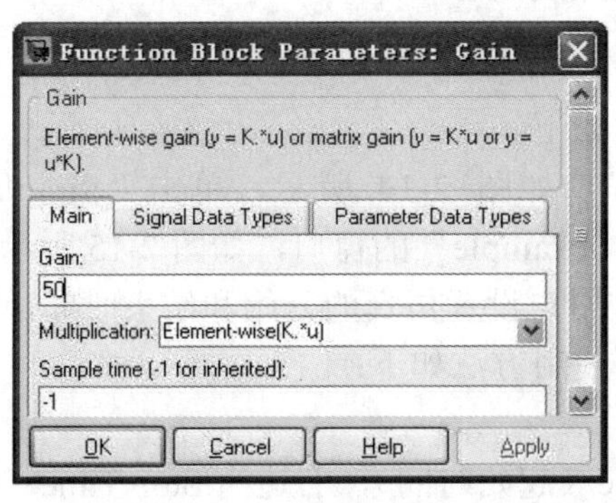

图 2-11　Gain 模块属性参数对话框图

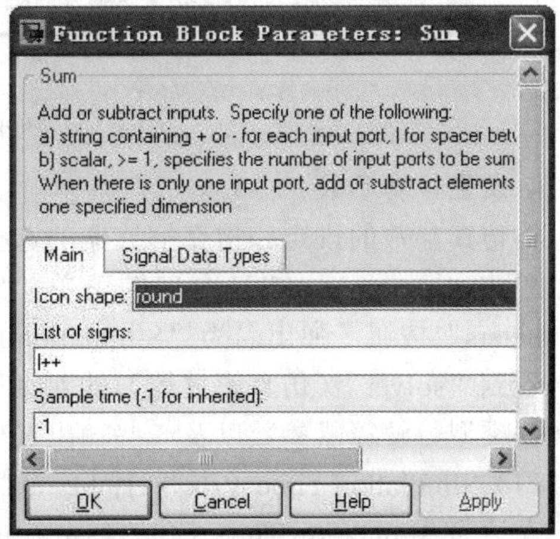

图 2-12　Sum 模块属性参数对话框

（5）双击 Scope 模块，打开 Scope 的显示界面，如图 2-13（a）所示。单击左上角的“Parameters”按钮（图中鼠标所指位置），弹出它的属性参数对话框，如图 2-13（b）所示。

在 Scope 模块的 General（通用）参数中，Number of axes 为显示轴数，默认数为 1，如需显示两个参数的波形，将显示轴数改为 2(Number of axes= 2)即可，在 Scope 模块的 Data history（数据显示）参数中，如果要将仿真生成的数据存到 MATLAB 中的 Workspace 中去，就需要将“Save data to workspace”选择栏勾上（√），且需要给这个变量取名字，默认名为 Scopedata，读者可以根据需要自行修改，注意取名需遵循变量命名原则，否则会出错。数据的保存格式可以根据需要进行选择，如图 2-13（c）所示。

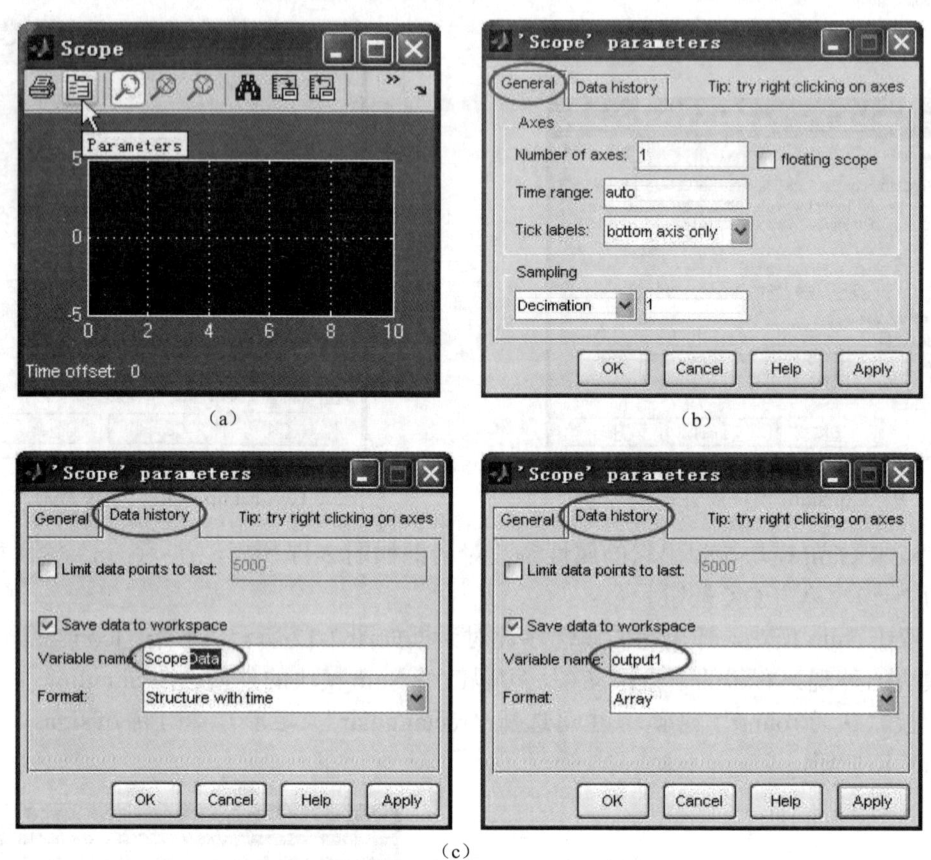

图 2-13　Scope 模块属性参数对话框

4. 设置仿真参数

将仿真参数的设定和仿真解算器的选择方法讲述如下。

单击“example.mdl”窗口的菜单“Simulation”，如图 2-14 所示，单击“Simulation Parameters”按钮，弹出名为“Simulation Parameters：example”的窗口，如图 2-15 所示。其次，看到“solver”（仿真解算器）的对话框，它允许用户设置仿真的开始和结束时间，选择解算器类型、解算器参数以及一些输出选项的选择，使用方法如下：

（1）Simulation Time（仿真时间）。

左边为 Simulation Time（仿真时间）的 Start Time（起始时间），右边为 Stop Time（结束时间）。

（2）Solver Options（解算器选项）。

在 Simulation Time 下面，就是 Solver options（解算器）的输入栏，即解算器的参数设置和它的一些输出选项的选择，如 Relative tolerance（相对误差）和 Absolute tolerance（绝对误差）。上述两种仿真精度的定义方式是对于变步长模式而言的。

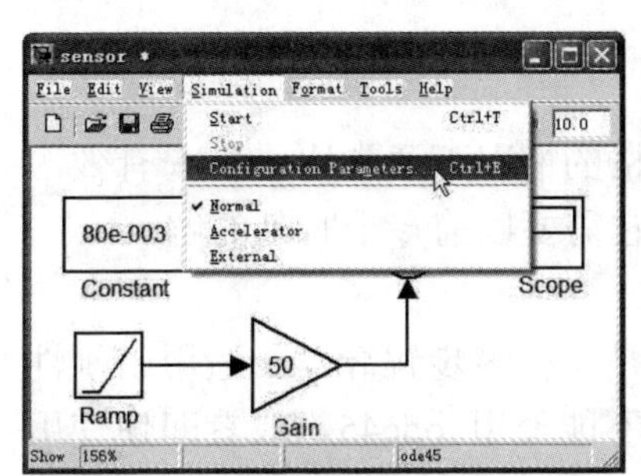

图 2-14 打开仿真参数的设定对话框

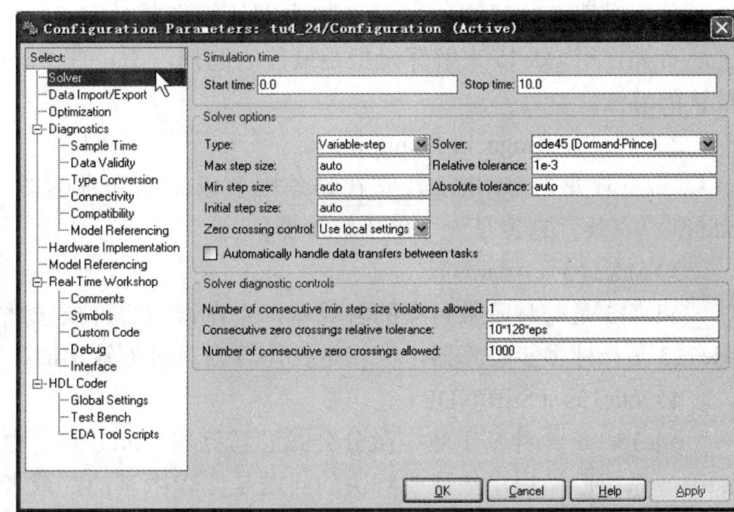

图 2-15 仿真参数的设定对话框

Relative tolerance（相对误差）：它是指误差相对于状态的值，是一个百分比，默认值为 1e-3，表示状态的计算值要精确到 0.1%。

Absolute tolerance（绝对误差）：表示误差值的门限，或者是说在状态值为零的情况下，可以接受的误差。如果它被设成了 auto，那么 Simulink 为每一个状态设置初始绝对误差为 1e-6。

一般仿真开始时间设为 0，而结束时间视不同的因素而选择。总的说来，执行一次仿真要耗费的时间依赖于模型的复杂程度、解算器类型及其步长的选择、计算机时钟的速度等等。

在 Simulink 的仿真过程中选择合适的算法是很重要的，仿真算法是求常微分方程解的数值计算方法，这些方法主要有欧拉法（Euler）、阿达姆斯法（Adams）、龙格–库塔法（Rung-Kutta）等。欧拉法是最早出现的一种数值计算方法，它是数值计算的基础，它用矩形面积来近似积分计算，欧拉法比较简单，但精度不高，现在已经较少使用。阿达姆斯法是欧拉法的改进，它用梯形面积近似积分计算，所以也称梯形法，梯形法计算每步都需要经过多次迭代，计算量较大，采用预报-校正后只要迭代一次，计算量减少，但是计算时要用其他算法计算开始的几步。龙格–库塔法是间接使用泰勒级数展开式的方法，它在积分区间内多预报几个点的斜率，然后进行加权平均，用作计算下一点的依据，从而构造了精度更高的数值积分计算方法。如果取两个点的斜率就是二阶龙格–库塔法，取四个点的斜率就是四阶龙格–库塔法。

用户在 Type 后面的第一个下拉选项框中指定仿真的步长选取方式，可供选择的有 Variable-step（变步长）和 Fixed-step（固定步长）方式。变步长模式可以在仿真的过程中改变步长，提供误差控制和过零检测。固定步长模式在仿真过程中提供固定的步长，不提供误差控制和过零检测。用户还可以在第二个下拉选项框中选择对应模式下仿真所采用的算法。对于变步长模式的解算器主要有：ode45，ode23，ode113，odel5s，ode23s，ode23t，ode23tb 和 discrete。

1）ode45（Dormand-Prince）。

基于显式 Rung-Kutta (4 , 5)和 Dormand-Prince 组合的算法，它是一种一步解法，即只要知道前一时间点的解 $y(t_{n-1})$，就可以立即计算当前时间点的方程解 $y(t_n)$。对大多数仿真模型来说，首先使用 ode45 来解算模型是最佳的选择，所以在 Simulink 的算法选择中将 ode45 设为默认的算法。

2）ode23（Bogacki-Shampine）。

二/三阶龙格–库塔法，它在误差限要求不高和求解的问题不太难的情况下，可能会比 ode45 更有效。它也是一个单步解算器。

3）ode113（Adams）。

ode113 是一种阶数可变的解算器，它在误差容许要求严格的情况下通常比 ode45 有效。ode113 是一种多步解算器，也就是在计算当前时刻输出时，它需要以前多个时刻的解。

4）ode15s（Stiff/NDF）。

ode15s 是一种基于数字微分公式的解算器（NDFs）。也是一种多步解算器。适用于刚性（stiff）系统，当用户估计要解决的问题是比较困难的，或者不能使用 ode45，或者即使使用效果也不好，就可以用 ode15s。

5）ode23s（Stiff/Mod.Rosenbrock）。

ode23s 是一种单步解算器，专门应用于刚性（stiff）系统，在弱误差允许下的效果优于 odel5s，所以在解算一类带刚性的问题时用 ode15s 处理不行的话，可以用 ode23s 算法。

6）ode23t（Mod. Sdff/Trapezoidal）。

ode23t 一种采用自由内插方法的梯形算法。如果模型有一定刚性，又要求解没有数值衰减时，可以使用这种算法。

7）ode23tb（stiff/TR-BDF2）。

ode23tb 采用 TR-BDF2 算法，即在龙格–库塔法的第一阶段用梯形法，第二阶段用二阶的 Backward Differentiation Formulas 算法。从结构上讲，两个阶段的估计都使用同一矩阵。在容差比较大时，ode23tb 和 ode23t 都比 ode15s 要好。

8）discrete（No Continuous States）。

这是处理离散系统（非连续系统）的算法，当 Simulink 检查到模型没有连续状态时使用它。

对于固定步长模式的解算器主要有 ode5，ode4，ode3，ode2，odel 和 discrete。

1）ode5：它是仿真参数对话框的缺省值，是 ode45 的固定步长版本，适用于大多数连续或离散系统，不适用于刚性（stiff）系统。

2）ode4：四阶龙格–库塔法，具有一定的计算精度。

3）ode3：固定步长的二/三阶龙格–库塔法。

4）ode2：改进的欧拉法。

5）ode1：欧拉法。

6）discrete：是一个实现积分的固定步长解算器，它适合于离散无连续状态的系统。

对于变步长模式，用户可以设置最大的和推荐的初始步长参数，缺省情况下为 auto，步长自动地确定。

Max step size（最大步长参数）：它决定了解算器能够使用的最大时间步长，它的默认值为“仿真时间/50”，即整个仿真过程中至少取 50 个取样点，但这样的取法对于仿真时间较长的系统则可能带来取样点过于稀疏，而使仿真结果失真。一般建议对于仿真时间不超过 15s 的采用默认值即可，对于超过 15s 的每秒至少保证 5 个采样点，对于超过 100s 的，每秒至少保证 3 个采样点。

Initial step size（初始步长参数）：一般建议使用“auto”默认值即可。初次使用时，建议按照如图 2-15 所示的设置方法进行参数设置，其中绝大部分使用“solver”的默认设置。

（3）Data Import/Export。

单击图 2-15 左侧的“Data Import/Export”，设置 Simulink 与 MATLAB 工作空间交换数值的有关选项。

1）Load from workspace。

选中前面的复选框即可从 MATLAB 工作空间获取时间和输入变量，一般时间变量定义为 t，输入变量定义为 u，Initial state 用来定义从 MATLAB 工作空间获得的状态初始值的变量名。

2）Save to workspace。

用来设置存往 MATLAB 工作空间的变量类型和变量名，选中变量类型前的复选框使相应的变量有效。一般存往工作空间的变量包括输出时间向量（Time），状态向量（States）和输出变量（Output） Final state 用来定义将系统稳态值存往工作空间所使用的变量名。

3）Save option。

用来设置存往工作空间的有关选项。Limit data points to last 用来设定 Simulink 仿真结果最终可存往 MATLAB 工作空间的变量的规模，对于向量而言即其维数，对于矩阵而言即其秩；Decimation 设定了一个亚采样因子，它的缺省值为 1，也就是对每一个仿真时间点产生值都保存，若为 2，则是每隔一个仿真时刻才保存一个值。Format 用来说明返回数据的格式，包括数组 Array、结构 Structure 以及带时间的结构 structure with time。初次使用时，建议使用它的默认设置。下面会专门论述，数据格式参数的修改对于利用其他软件绘制仿真结果时的重要影响。其他对话框，在一般的仿真过程中很少使用到，建议使用它的默认设置。

在本例中，因为该直流比较仪涉及输出量程问题，即它不可能测量无穷大的直流。特将 Simulation Parameters 的 Start time 设置为 0，Stop time 设置为 400e-3（表示二次电流不超过 400mA)，其他为仿真器的默认参数。

5. 运行仿真并显示仿真结果

单击仿真按钮▶便可以开始仿真，如图 2-16 所示。

双击 Scope 模块，便弹出输出结果如图 2-16 所示，MATLAB 中的 Scope 模块相当于实验室的示波器，能够观察仿真结果图形。图 2-16 中左上角有 8 个按钮，分别是：①Print：打印；②Parameters：Scope 模块属性，见图 2-13（a)；③Zoom：整体放大；④Zoom X-axis：放大 X 轴；⑤Zoom Y-axis：放大 Y 轴；⑥Autoscale：自动定标；⑦Save current axes settings：保存当前坐标轴设置；⑧Restore saved aexs settings：载入已保存的坐标轴设置。

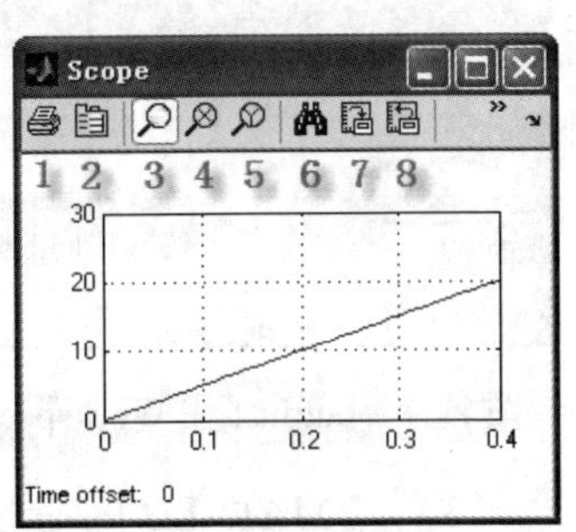

图 2-16　直流比较仪的输出特性

在 Scope 模块输出波形图中单击右键，可以给波形添加标题等，如图 2-17 所示。

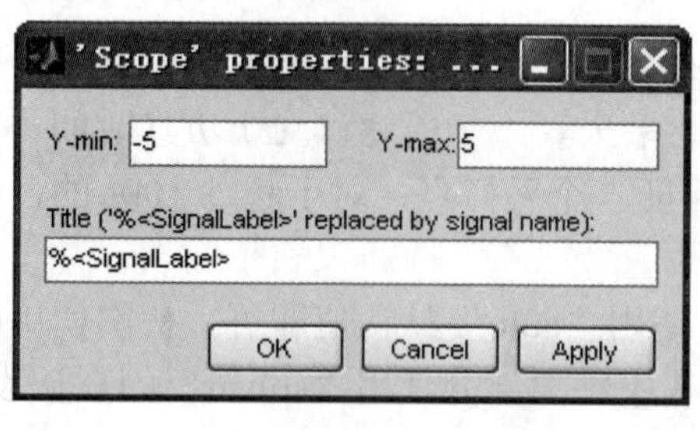

（a）

（b）

图 2-17　给 Scope 模块输出波形添加标题（Title）

（a）Title 输入栏原始内容；（b）Title 输入栏新内容

6. 导出仿真数据的操作技巧

有时候需要将 Simulink 仿真获得的数据导出，利用其他画图软件如 EPW、Origin、Excel 等软件绘制仿真图形，或者对数据另行处理。将 Simulink 获得的仿真数据导出来的操作方法与基本步骤如下。

（1）单击图 2-13（b）Scope 模块属性参数对话框中的“Data history”按钮，弹出如图 2-13（c）所示的有关 Scope 模块数据显示属性参数设置对话框，勾上“Save data to workspace”，将“Format”项的参数设置为 Array，接着给输出数据取名，将 Variable name（变量名）设置为新的名字“output1”，如图 2-13（c）所示，单击仿真按钮开始仿真。

（2）返回到 MATLAB 主窗口，可以看到 output1 变量名被显示在 Workspace 窗口中，如图 2-18 所示，output1，弹出 output1 的数据矩阵，如图 2-19 所示。

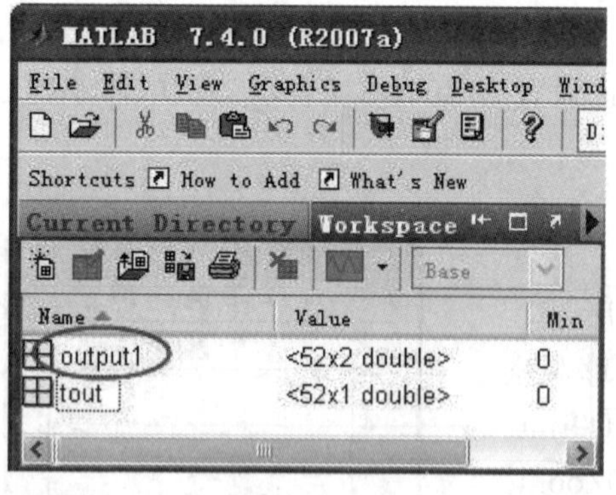

图 2-18　output1 在 Workspace 中的显示

图 2-19　在内存数组编辑器 Array Editor 中修改 output1

（3）在 MATALB 的命令窗口中键入命令语句：

```
save D:\data  output1  -ascii
```

MATLAB 软件便将 output1 存储到 D:\data.txt 文件中，再用 Excel 绘制仿真结果，如图 2-20 所示。

当然，还可以在 MATALB 的命令窗口中键入以下命令语句：

```
x= output1(: , 1); y= output1(: , 2);
plot(x, y)
```

title（'直流比较仪输出特性曲线'）；xlabel（'二次电流 I_2/mA'）；ylabel（'一次电流 I_1/A'）执行结果如图 2-21 所示。

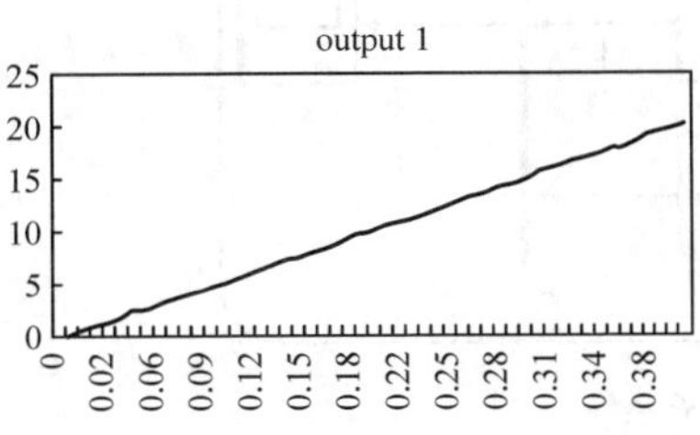

图 2-20 利用 Excel 绘制的仿真结果

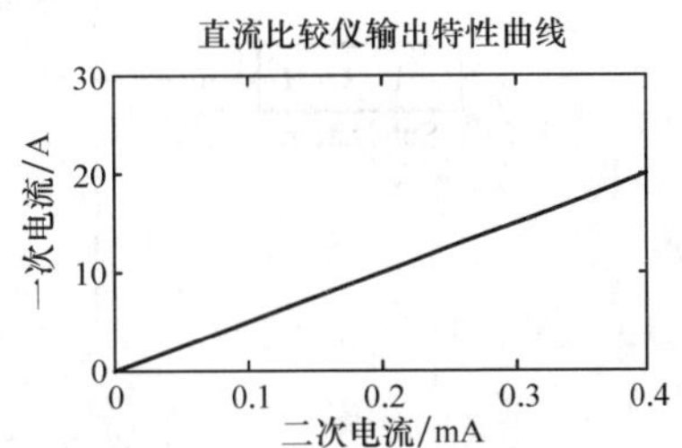

图 2-21 利用 plot 命令绘制的仿真结果

2.1.4 创建 Simulink 仿真模型的子系统

当模型规模很大且很复杂时，可以通过把一些模块组合成一个子系统来简化模型。建立子系统有以下 3 个优点：

（1）可以减少模型窗口显示的模块数，使得模型窗口条理清晰、层次分明，也方便连线；

（2）可以将功能相关的模块放在一起，用户可以用建立子系统创建自己的模块库；

（3）可以生成层次化的模型图表，即子系统在一层，组成子系统的模块在另一层。这样用户在设计模型时，既可采用自上而下的设计方法，也可以采用自下而上的设计方法。

在 Simulink 中创建子系统的途径主要有以下两种：

（1）采用 Ports&Subsystems 端口和子系统模块库的 Subsystem 功能模块：增加一个子系统模块到你的模型中，并在打开的模型的编辑区设计组合新的功能模块，以建立子系统；

（2）将现有的多个功能模块连接好，再组合起来，然后再把这些模块组合成新的功能模块，以建立子系统。

下面将对它们的操作方法逐一进行讲述。

1. 利用 Ports&Subsystems 功能模块

（1）将 Ports&Subsystems\Subsystem 模块复制到新模型窗口中；

（2）双击 Subsystem 功能模块，→进入自定义功能模块窗口，从而可以利用已有的基本功能模块设计出新的功能模块。

例如，现需要创建一个三相电压波形的子系统，如图 2-22 所示，即

$$Va = 220\sin(50\times 2\times \pi \times t)V；$$

$$Vb = 220\sin(50\times 2\times \pi - 120^{\circ})V；$$

$$Vc = 220\sin(50\times 2\times \pi \times t - 240^{\circ})V。$$

需要以下几个模块，如下所述。

Simulink\Sources\Sine Wave 模块：产生正弦波形；

Simulink\Continuous\Transport Delay 模块：产生波形延迟；

Simulink\Signal Routing\Mux 模块：将三个输入信号组合为总线输出信号；

Simulink\Sinks\Scope 模块：显示波形曲线。

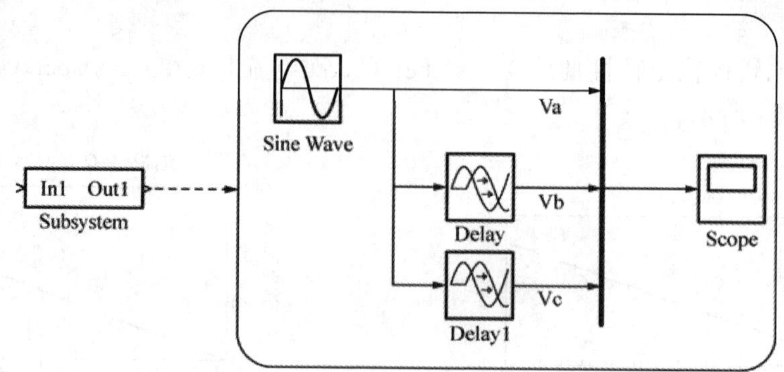

图 2-22　三相电压波形的子系统

接下来设置上述功能模块的仿真参数。

1）设置 Sine Wave 模块。

双击 Sine Wage 模块，弹出 Sine Wave 模块的参数设置对话框，设置 Amplitude（幅值）为 220，Frequency（频率 rad/s）为 314，Phase（相位 rad）为 0，然后单击“OK”按钮；

2）设置 Transport Delayl 模块。

双击 Delay 模块，弹出 Transport Delay 的参数设置对话框，设置它的 Delay time（延迟时间）为 0.02/3，单击“OK”按钮。

3）设置 Transport Delay2 模块。

双击 Delayl 模块，弹出 Transport Delayl 的参数设置对话框，设置 Time delay 为 0.02/3*2，然后单击“OK”按钮。

4）设置 Scope 模块参数。

首先勾上“Save data to workspace”，同时将“Data history”对话框中的“Format”项设置为 Array，接着给输出数据取名为 sine。

5）连线并设置仿真参数。

将 Simulation Parameters 的 Start time 设置为 0，Stop time 设置为 40e-3（即 40ms），单击仿真按钮，启动仿真。

6）分析仿真结果。

在 MATLAB 的命令窗口中键入以下命令语句：

```
>>plot(sine(:,1),sine(:,2),'+-k',sine(:,1),sine(:,3),':r',sine(:,1),sine(:,4),'-m');
>>title('三相电压波形');
>>xlabel('时间 t/ms');
>>ylabel('电压 Va,Vb,Vc/V');
>>legend('Va','Vb','Vc');
```

执行结果如图 2-23 所示。到此为止，产生三相电压波形的子系统就算创建成功。

2. 由功能模块组合成子系统

例如，需构建如图 2-24 所示的子系统。

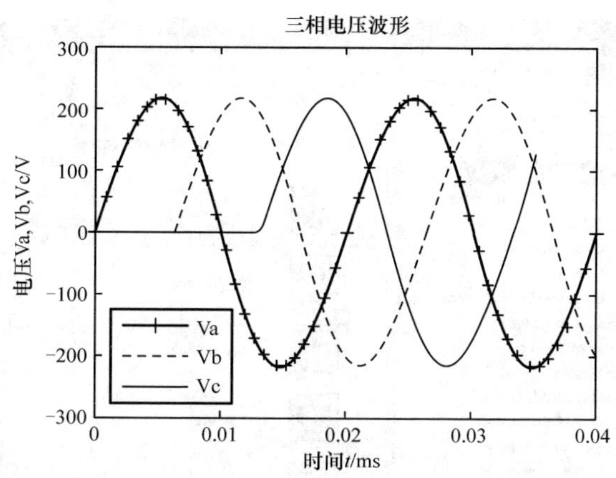

图 2-23　三相电压波形仿真结果

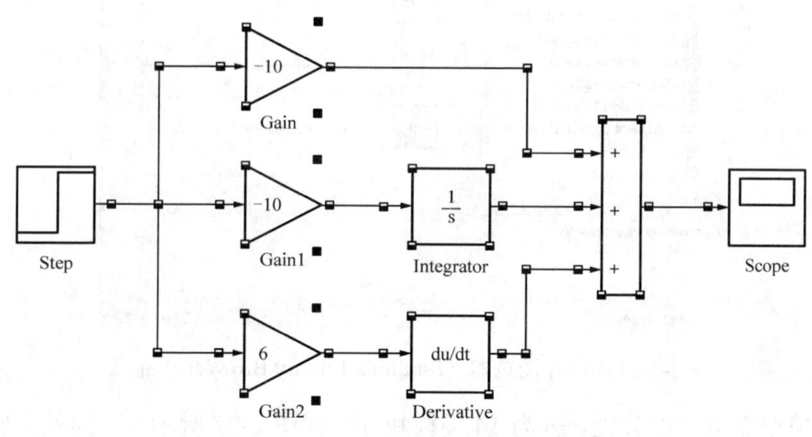

图 2-24　构建子系统

用鼠标选中要自定义功能模块的那些功能模块，如图 2-24 所示，单击鼠标右键，弹出右键菜单，单击 Create subsystem，便形成图 2-25 所示的已经完成封装的子系统。单击子系统下面的名称（图中圆圈处），可以重新命名。

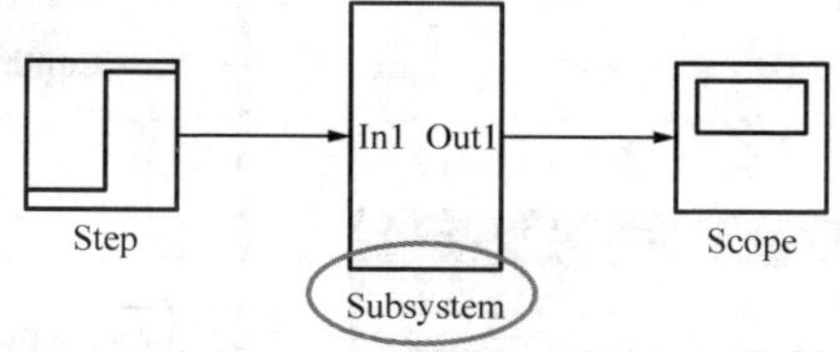

图 2-25　封装完毕的子系统

2.2　认识 Simulink 的重要模块库

从 MATLAB 窗口进入 Simulink 环境后，会弹出模型库浏览器（Simulink Library Browser）窗口（见图 2-26）。窗口左部的树状目录是各分类模型库的名称。在分类模型库下还有二级子模型库，单击模型库名前带"＋"的小方块则可展开二级子模型库的目录，单击模型库名前带"－"的小方块则可关闭二级目录。

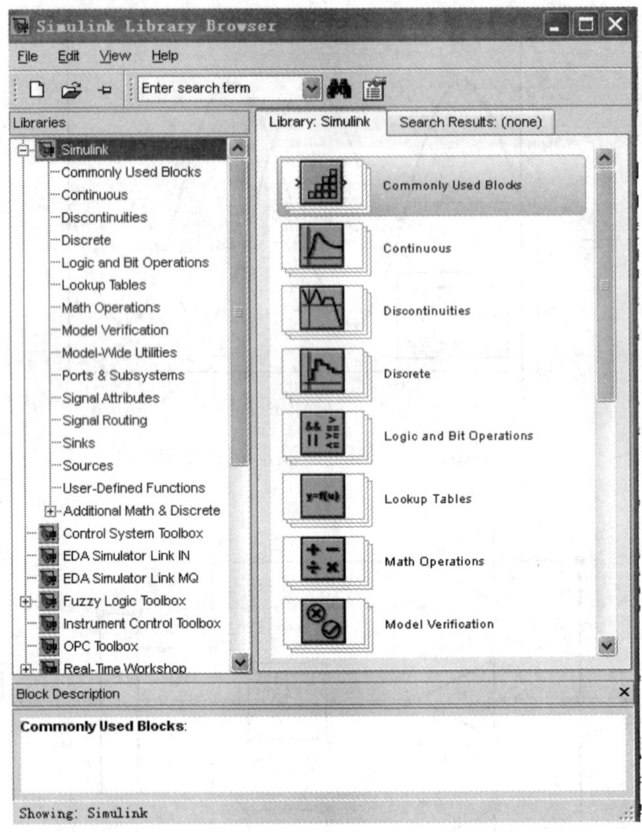

图 2-26　模型库浏览器（Simulink Library Browser）窗口

Simulink 模型库按功能分类，分为 14 类模块库，如图 2-27 所示。下面就其常用部分做简要介绍。

（1）Continuous（连续模块），见图 2-28 和表 2-7。

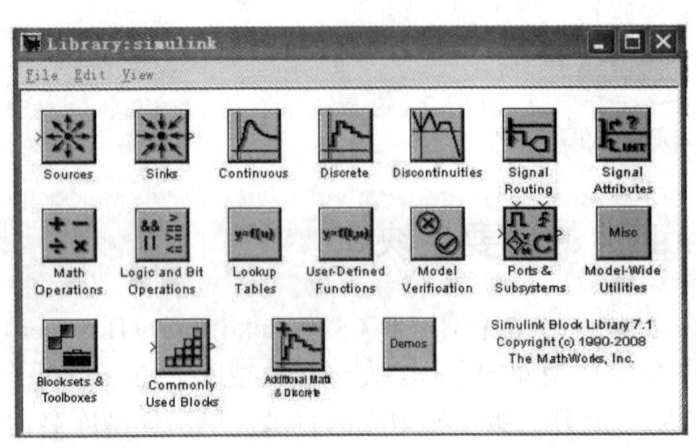

图 2-27　Simulink 模型库

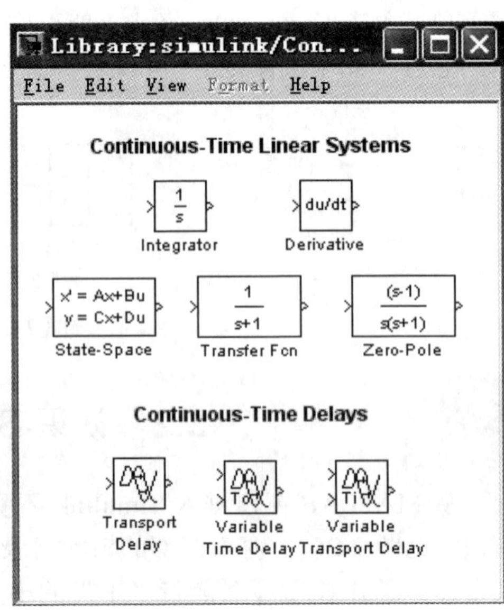

图 2-28　Continuous（连续模块）

表 2-7 Continuous（连续模块库）主要功能

模 块 名	主要功能
Derivative	对输入信号微分运算
Integrator	对输入信号积分运算
State-Space	建立状态方程
Transfer Fcn	分子分母以多项式表示的传递函数
Transport Delay	输入信号延时一个固定时间再输出
Variable Time/ Transport Delay	输入信号延时一个可变时间再输出
Zero-Pole	以零极点表示的传递函数模型

（2）Discontinuities（非线性模块库），见图 2-29 和表 2-8。

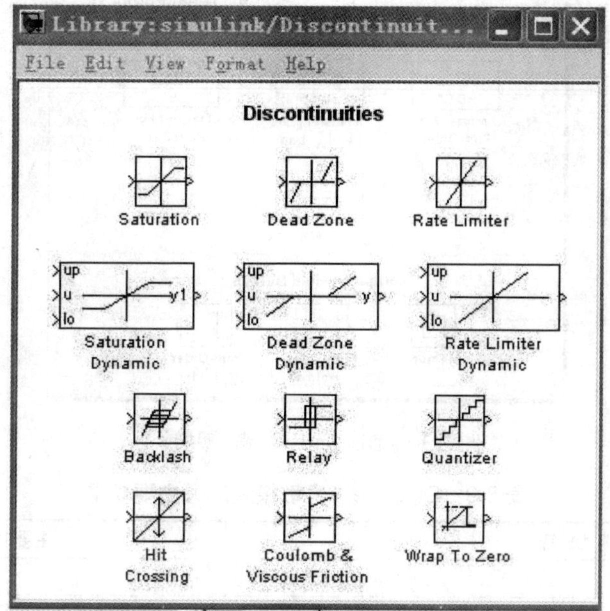

图 2-29 Discontinuities（非线性模块库）

表 2-8 Discontinuities（非线性模块库）主要功能

模 块 名	主要功能
Backlash	模拟间隙非线性环节（如齿轮）
Coulomb &Viscous Friction	模拟含有粘滞和静摩擦特性的非线性环节
Dead Zone	设定死区范围
Dead Zone Dynamic	设定动态死区范围
Hit Crossing	检测信号穿越设定值的点，穿越时输出置“1”
Quantizer	根据输入产生阶梯输出信号
Rate Limiter	限制输入信号的上升和下降的变化率
Rate Limiter Dynamic	动态限制输入信号的上升和下降的变化率
Relay	模拟带滞环特性的继电器环节
Saturation	设置输入信号的正负限幅值，模拟环节的饱和特性
Saturation Dynamic	设置输入信号的上下饱和值，<下限取下限值，>上限取上限值
Wrap To Zero ()	如果输入越限，则输出置 0

（3）Discrete（离散模块库），见图 2-30 和表 2-9。

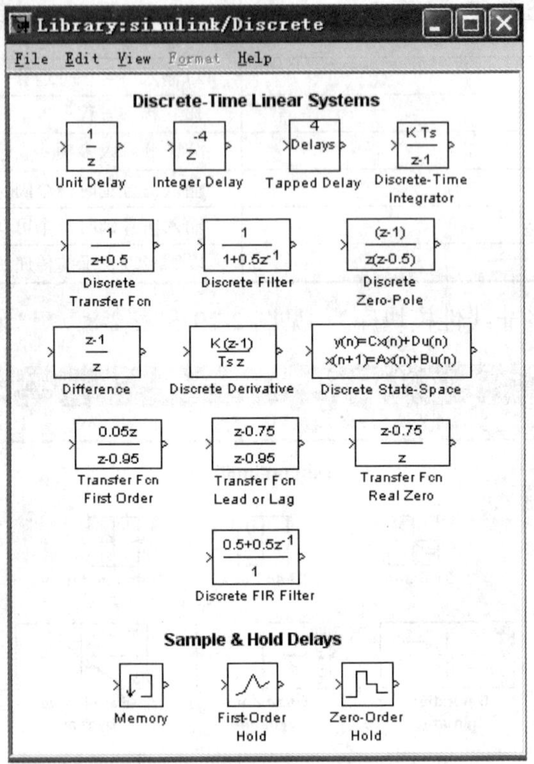

图 2-30　Discrete（离散模块库）

表 2-9　Discrete（离散模块库）主要功能

模 块 名	主要功能
Difference	表示差分
Discrete Derivative	对输入进行离散微分
Discrete Filter	离散滤波器
Discrete FIR Filter	离散 FIR 滤波器
Discrete State-Space	建立离散的状态空间系统模型
Discrete Transfer Fcn	表达一个离散的传递函数
Discrete Zero-Pole	表达一个零极点形式的离散传递函数
Discrete-Time Integrator	输出为输入信号的离散时间积分
First-Order Hold	实现一阶采样和保持器
Integer Delay	输入信号延时 N 个采样周期再输出
Memory	存储上一时刻的状态值
Tapped Delay	输入延时固定个采样周期，输出全部的延时量
Transfer Fcn First Order（一阶传递函数）	实现输入的离散时间一阶传递信号
Transfer Fcn Lead or Lag	超前或滞后传递函数
Transfer Fcn Real Zero	零极点传递函数
Unit Delay	信号采样后保持一个采样周期后再输出
First-Order Hold	实现一阶采样和保持器
Zero-Order Hold	实现零阶采样和保持器

（4）Logic and Bit Operations（逻辑与位操作模块库），见图 2-31 和表 2-10。

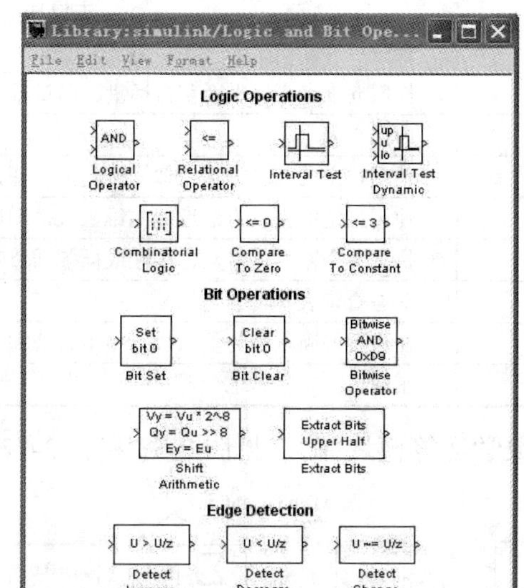

图 2-31　Logic and Bit Operations（逻辑与位操作模块库）

表 2-10　Logic and Bit Operations（逻辑与位操作模块库）主要功能

模 块 名	主要功能	模 块 名	主要功能
Bit Clear	按位清除	Detect Increase	检测增大
Bit Set	按位设置	Detect Rise Nonnegative	检测非正增加
Bitwise Operator	按位进行运算	Detect Rise Positive	检测正增加
Combinatorial Logic	组合逻辑	Extract Bits	位提取
Compare To Constant	和常数比较	Interval Test	测试时间间隔
Compare To Zero	和零比较	Interval Test Dynamic	测试动态时间间隔
Detect Change	检测变化	Logical Operator	进行逻辑运算
Detect Decrease	检测衰减	Relational Operator	进行关系运算
Detect Fall Negative	检测负减少	Shift Arithmetic	进行移位运算
Detect Fall Nonpositive	检测非负减少		

（5）Lookup Tables（查询表模块库），见图 2-32 和表 2-11。

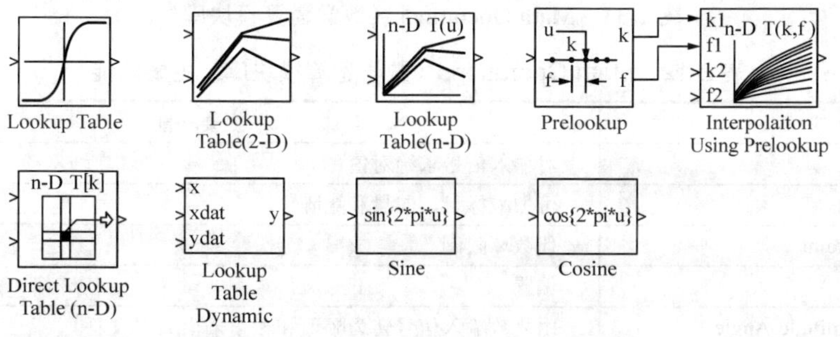

图 2-32　Lookup Tables（查询表模块库）

表 2-11　Lookup Tables（查询表模块库）主要功能

模 块 名	主要功能
Cosine	余弦
Direct Lookup Table (n-D)	检索 n 维表，以重新获得标量、向量或 2 维矩阵
Interpolation Using Prelookup	内插查表
Lookup Table	使用指定的查表方法近似一维函数，即建立输入信号的查询表
Lookup Table (2-D)	使用指定的查表方法近似二维函数，即建立两个输入信号查询表
Lookup Table (n-D)	执行 n 个输入定常数、线性或样条插值映射
Lookup Table Dynamic	动态查询表
Prelookup	在设置的断点处为输入执行检索查找和小数计算
Sine	正弦

（6）Math Operations（数学运算模块库），见图 2-33 和表 2-12。

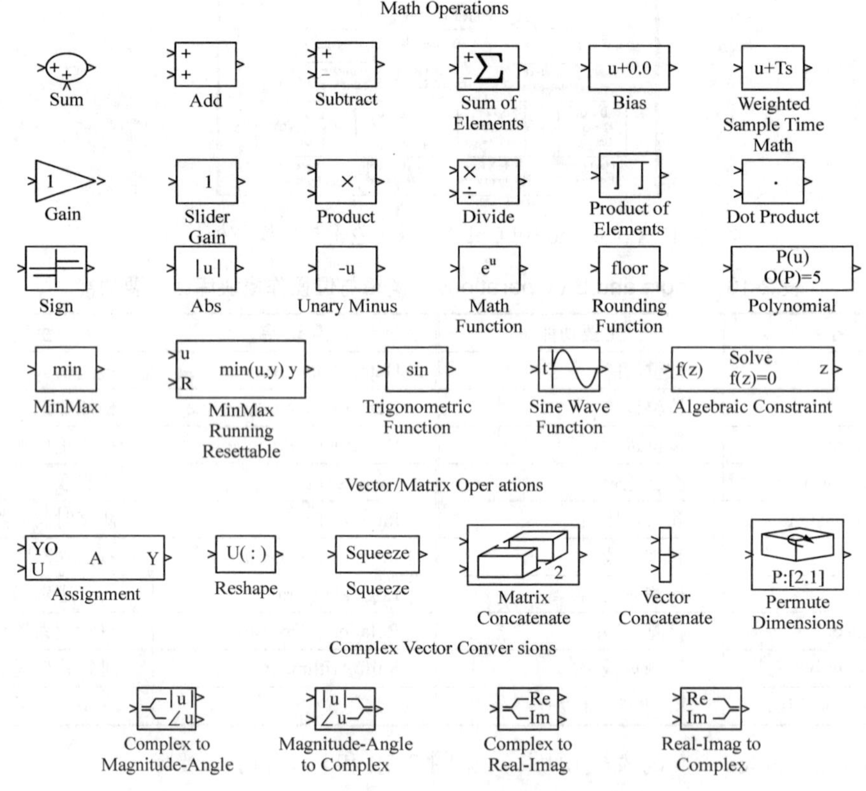

图 2-33　Math Operations（数学运算模块库）

表 2-12　Math Operations（数学运算模块库）主要功能

模 块 名	主要功能
Abs	对输入信号求绝对值
Add	可加减标量、向量和矩阵
Algebraic Constraint	代数环限制
Bias	偏置
Complex to Magnitude-Angle	由复数输入信号转为幅值和相角输出
Complex to Real-Imag	由复数输入信号转为实部和虚部输出

续表

模 块 名	主要功能
Divide	对输入信号求商运算
Dot Product	点积运算
Gain	增益，即输入信号乘以常数
Magnitude-Angle to Complex	由幅值和相角输入信号转为复数输出
Math Function	包括指数、对数、求平方、开根号等常用数学运算函数
MinMax	输出输入信号的最小值和最大值
Polynomial	多项式
Product	对输入信号求积运算
Product of Elements	元素相乘
Real-Imag to Complex	由实部和虚部输入信号转为复数输出
Rounding Function	四舍五入
Sign	显示输入信号的符号
Sine Wave Function	正弦函数
Slider Gain	可以用滑动条来改变增益
Subtract	求差
Sum	求和
Sum of Elements	元素求和
Trigonometric Function	三角函数，包括正弦、余弦、正切等

（7）Model Verification（模型验证模块库），见图 2-34 和表 2-13。

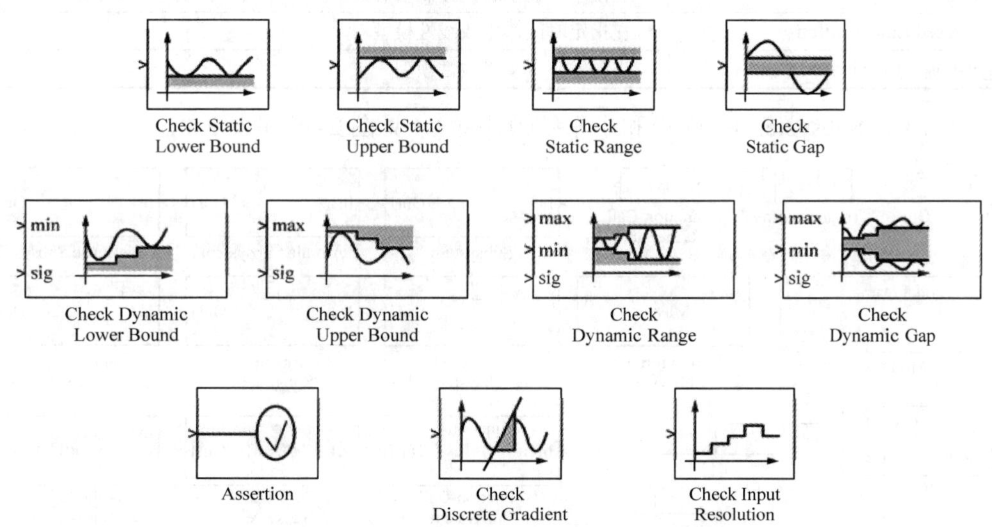

图 2-34　Model Verification（模型验证模块库）

表 2-13　Model Verification（模型验证模块库）主要功能

模 块 名	主要功能
Assertion	检验输入信号是否为零
Check Discrete Gradient	检验连续采样的离散信号的微分绝对值是否小于上限

续表

模 块 名	主要功能
Check Dynamic Gap	是否存在不同宽度的间隙
Check Dynamic Lower Bound	检验一个信号是否总是小于另外一个信号
Check Dynamic Range	检验信号是否总是位于变化的幅值范围内
Check Dynamic Upper Bound	检验一个信号是否总是大于另外一个信号
Check Input Resolution	检验输入信号是否有指定的标量或向量精度
Check Static Gap	检验信号的幅值范围内是否存在间隙
Check Static Lower Bound	检验信号是否大等于指定的下限
Check Static Range	检验输入信号是否在相同的幅值范围内
Check Static Upper Bound	检验信号是否小等于指定的上限

（8）Model-Wide Utilities（模块实用模块库），见图 2-35 和表 2-14。

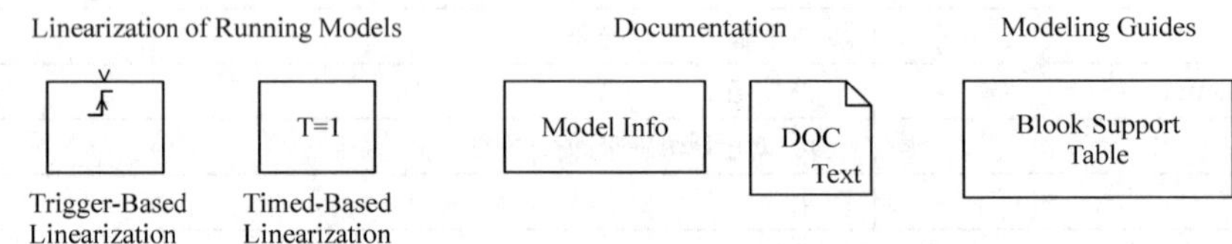

图 2-35 Model-Wide Utilities（模块实用模块库）

表 2-14 Model-Wide Utilities（模块实用模块库）主要功能

模 块 名	主要功能
Doc Block	创建和编辑描述模型的文本，并保存文本
Model Info	在模型中显示版本控制信息
Timed-Based Linearization	在指定时间，生成线性模型
Trigger-Based Linearization	当触发时，生成线性模型

（9）Ports & Subsystems（端口和子系统模块库），见图 2-36 和表 2-15。

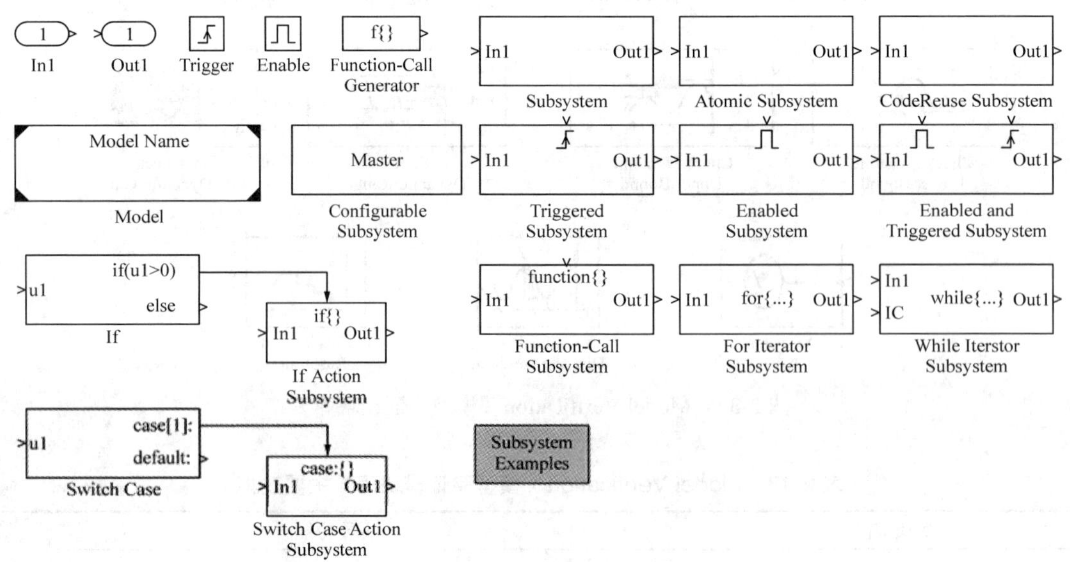

图 2-36 Ports & Subsystems（端口和子系统模块库）

表 2-15　Ports & Subsystems（端口和子系统模块库）主要功能

模块名	主要功能
In1	为子系统或外部输入创建一个输入端口
Out1	为子系统或外部输入创建一个输出端口
Trigger	为子系统添加一个触发端口
Enable	为子系统添加一个使能端口
Subsystem	子系统
Triggered Subsystem	由外部输入触发执行的子系统
Enabled Subsystem	由外部输入使能执行的子系统
Enabled and Triggered Subsystem	由外部输入使能和触发执行的子系统

（10）Signal Attributes（信号属性模块库），见图 2-37 和表 2-16。

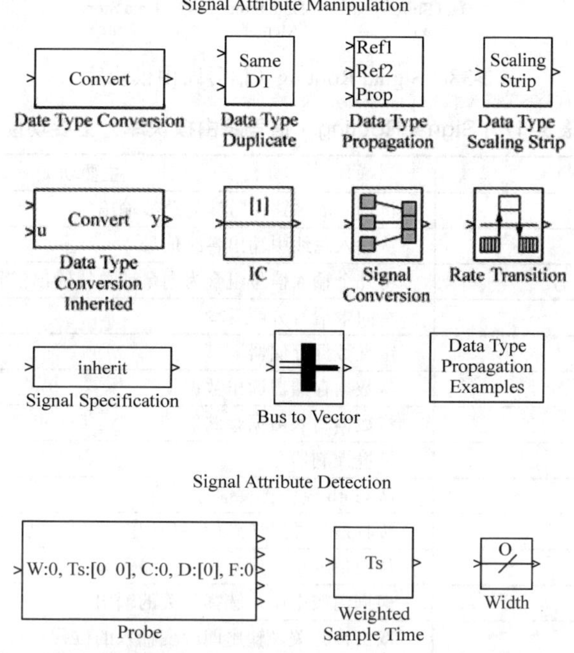

图 2-37　Signal Attributes（信号属性模块库）

表 2-16　Signal Attributes（信号属性模块库）主要功能

模块名	主要功能
Data Type Conversion	将输入信号转化为模块中参数指定的数据类型
Data Type Duplicate	将所有输入换成同一种数据类型
IC	设置信号初始值
Signal Conversion	信号转换
Rate Transition	处理以不同采样率的模块之间的数据传输
Bus to Vector	将输入的多路信号合并为向量
Width	输出所输入信号的宽度
Probe	输出信号的属性，包括宽度、采样时间和（或）信号类型

（11）Signal Routing（信号路由模块库），见图 2-38 和表 2-17。

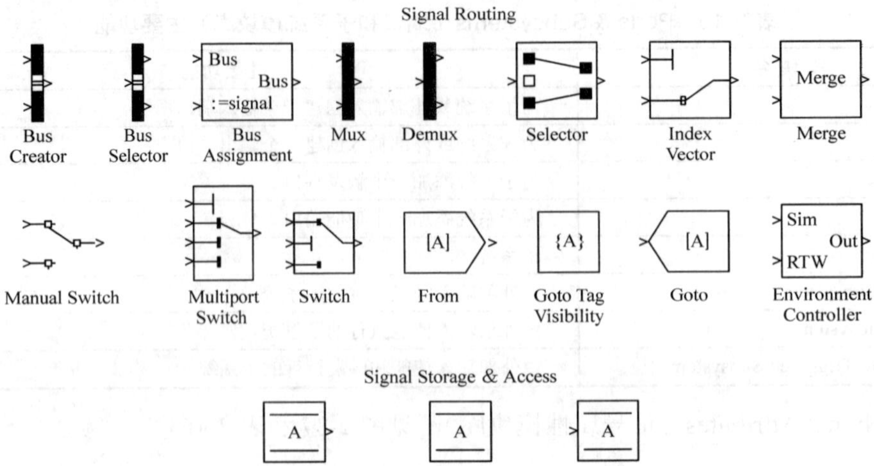

图 2-38　Signal Routing（信号路由模块库）

表 2-17　Signal Routing（信号路由模块库）主要功能

模 块 名	主要功能
Bus Creator	将输入的多路信号转为总线输出
Bus Selector	从输入总线中输出各路信号
Mux	将几个输入信号组合为向量或总线输出信号
Demux	将向量信号分解后输出
Data Store Memory	定义数据存储器
Data Store Read	从数据存储器读出数据
Data Store Write	将数据写入数据存储器
Environment Controller	环境控制器
From	从 Goto 模块接收信号并输出
Goto	接收信号并发送到标签相同的 From 模块
Selector	从向量或矩阵信号中选择输入分量
Switch	根据门槛电压，选择开关的输出
Manual Switch	双击该开关，输出即改变输入的位置

（12）Sinks（接收器模块库），见图 2-39 和表 2-18。

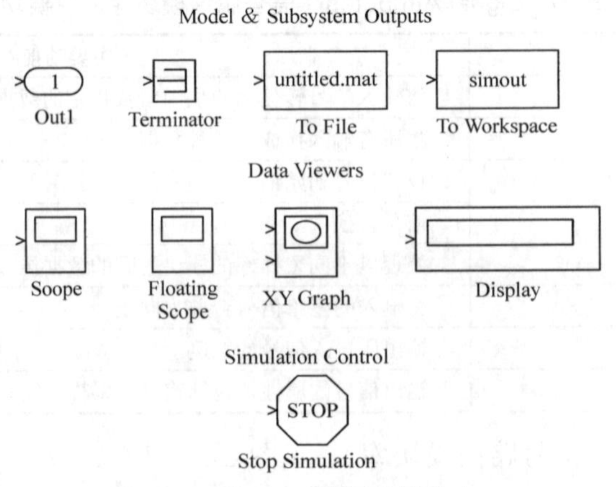

图 2-39　Sinks（接收器模块库）

表 2-18　Sinks（接收器模块库）主要功能

模 块 名	主要功能
Display	数字方式显示信号
Floating Scope	可以选择显示的信号（基本同 Scope）
Out1	分支系统输出端子
Scope	观察信号波形
Stop Simulation	满足条件即终止仿真
Terminator	用以封闭信号
To File	将输出写入.mat 文件
To Workspace	将输出写入工作空间
XY Graph	将输入作为 X/Y 轴变量进行绘制

（13）Sources（输入源模块库），见图 2-40 和表 2-19。

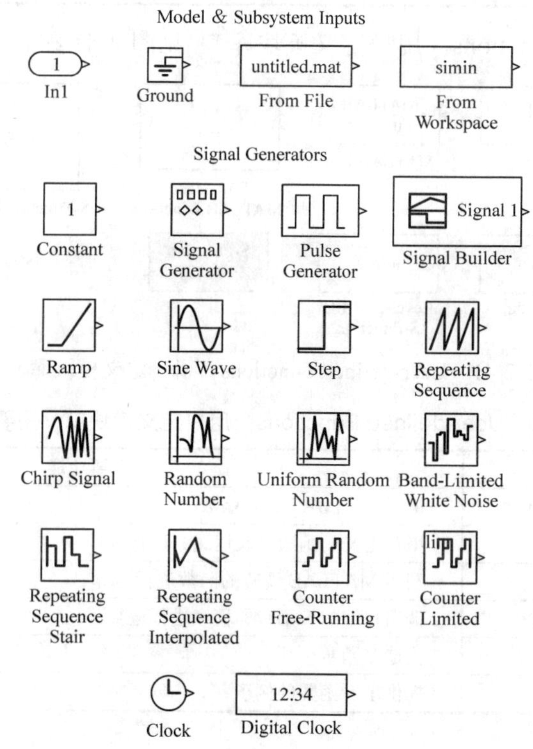

图 2-40　Sources（输入源模块库）

表 2-19　Sources（输入源模块库）主要功能

模 块 名	主要功能
Band-Limited White Noise	产生白噪声
Chirp Signal	产生频率不断增加的正弦波信号
Clock	产生时间信号
Constant	产生常数信号
Counter Limited	限值计数器
Digital Clock	按照指定采样间隔生成仿真时间
From File	从.mat 文件读出数据

续表

模 块 名	主要功能
From Workspace	从工作空间读出数据
In1	为子系统或外部输入生成一个输入端口
Pulse Generator	产生规则的脉冲信号
Ramp	产生一常数增加或减小的信号，即斜坡函数信号
Random Number	产生一个标准高斯分布的随机信号
Repeating Sequence	产生一个时基和高度可调的周期信号
Signal Builder	产生任意分段的线性信号
Signal Generator	产生正弦、方波、锯齿波及随意波
Sine Wave	产生幅值、频率、相位可设置的正弦信号
Step	产生幅值和起始时间可调的阶跃信号
Uniform Random Number	产生均匀分布的随机信号

（14）User-defined Functions（用户定义模块库），见图 2-41 和表 2-20。

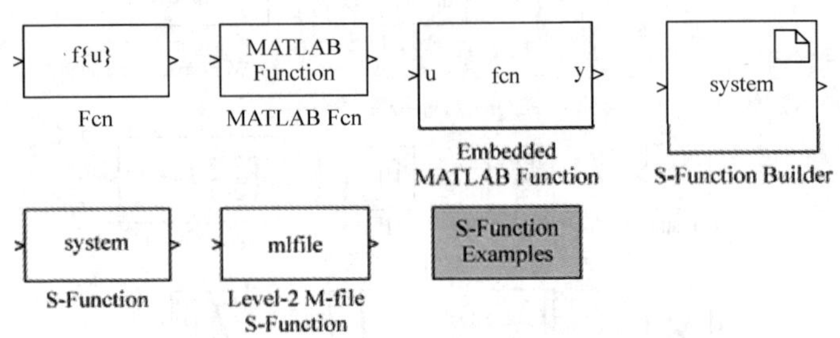

图 2-41　User-defined Functions（用户定义模块库）

表 2-20　User-defined Functions（用户定义模块库）主要功能

模 块 名	主要功能
Embedded MATLAB Function	编写一个 MATLAB 函数
Fcn	用自定义的函数（表达式）进行运算
MATLAB Fcn	利用 MATLAB 现有的函数进行运算
S-Function	调用自编的 S 函数的程序进行运算
S-Function Builder	构造 S 函数
S-Function Examples	提供了 S 函数的例子

2.3　S-函数的设计方法

Simulink 中的函数也称之为系统函数，简称 S-函数。它是为用户提供的一种 Simulink 功能的强大编程机制，是一种能够对模块库进行扩展的新工具。通过编写 S 函数，用户可以向 S 函数中添加自己的算法，该算法可以用 MATLAB 编写，也可以用 C 语言等其他编程语言进行编写。

1. S-function 的基本含义

S-function 是一个动态系统的计算机语言描述，它采用非图形化的方式（即计算机语言，区别于 Simulink 的系统模块）描述的一个功能块。在 MATL AB 里，用户可以选择用 M 文件编写，也可以用 S 或 MEX 文件编写，在这里只介绍如何用 M 文件编辑器编写 S-function。

S-function 提供了扩展 Simulink 模块库的有力工具，它采用一种特定的调用语法，使函数和 Simulink 解算器进行交互联系。S-function 最广泛的用途是定制用户自己的 Simulink 模块。它的形式十分通用，能够支持连续系统、离散系统和混合系统。

一般情况下 S-函数应用在下面这几种场合：

（1）生成研究中有可能经常反复调用的 S-函数模块；

（2）生成基本硬件装置的 S-函数模块；

（3）由已存在的 C 程序构成 S-函数模块；

（4）在一组数学方程所描写的系统中，构建一个专门的 S-函数模块；

（5）构建用于图形动画表现的 S-函数模块。

S 函数模块存放在 Simulink 模块库中的 User-Defined Functions 用户定义模块库中，通过此模块可以创建包含 S-函数的 Simulink 模型。

2. S-函数基本工作原理

要创建 S-函数，就要先理解 S-函数，熟悉 Simulink 的动作方式。

在 Simulink 中模型的仿真分两个阶段：初始化阶段和仿真阶段，如图 2-42 所示。

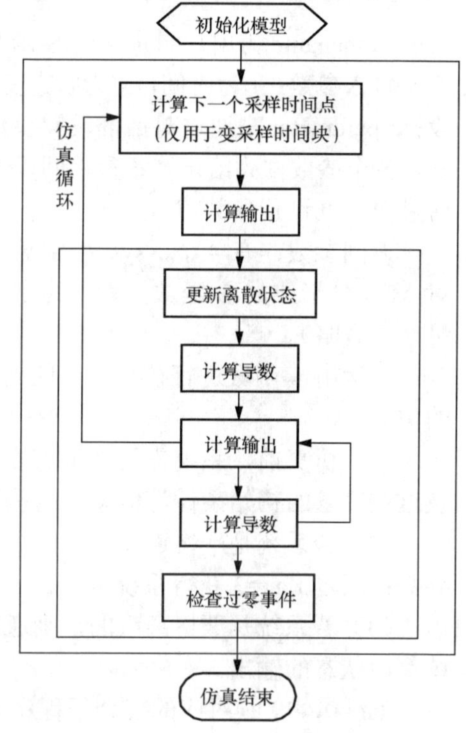

图 2-42　模型仿真流程

在初始化阶段，S-函数主要完成：

（1）把模型中各种多层次的模块“平铺化”，即用基本库模块展开多层次的封装模块；

（2）确定模型中个模块的执行顺序；

（3）为未直接指定相关参数的模块确定信号属性：信号名称、数据类型、数值类型、维数、采样时间和参数值等；

（4）配置内存。

模块初始化结束后，就进入“仿真环”过程。在一个“主时步”内要执行“仿真环”中的各运算环节，具体包括：

（1）计算下一个主采样时间点（当含有变采样时间模块时）；

（2）计算当前主时步上的全部输出；

（3）更新各模块的连续状态（利用积分实现）、离散状态以及导数；

（4）对连续状态进行“零穿越”检测。

综上所述，利用 MATLAB 已提供的 S-函数 M 文件的标准模板进行开发的步骤如下：

（1）对标准模板程序进行适当的修改，生成用户自己的 S-函数；

（2）把自编的 S-函数“嵌入”Simulink 提供的 S-function（框架）标准库模块中，生成自编的“S-函数”模块；

（3）对自编的“S-函数”模块进行适当的封装。

S-函数的模板程序。

MATLAB 提供了一个 S-函数模板程序，在建立实际的 S-函数时，可在该模板必要的子程序中编写程序并输入参数。S-函数的模板程序位于 toolbox/Simulink/blocks 目录下，文件名为

sfuntmpl.m。S-函数的各部分组成，如表 2-21 所示。

表 2-21　S-函数组成

flag	调用 S-函数子程序	所处的仿真阶段
flag=0	mdlInitializeSizes	S-函数初始化，此结构用 sizes 来存储，然后再用 simsizes 指令提取
flag=1	mdlDerivatives	连续状态微分，输出值 sys 为状态的微分
flag=2	mdlUpdate	离散状态更新，输出值 sys 为状态值在下一时刻的更新
flag=3	mdlOutputs	计算输出矢量，输出值 sys 为输出值与状态值的函数
flag=4	mdlGet Times of Next	计算下一个采样时间，输出值 sys 为下一次被触发的时间
flag=9	mdlTerminate	仿真结束

S-函数调用格式为

```
function [sys,x0,str,ts] = sfuncname(t,x,u,flag,paremeter)
```

其中 sfuncname 为用户自定义的 S-函数名。

输入参数：t 为时间，x 为状态变量，u 为输入向量，flag 为 Simulink 执行何种操作的阶段标，parameter 是通过对话框设置参数值的变量名。如图 4-13（a）所示的 S-Simulink Parameter 栏。各个参数并列给出，各参数间以逗号分隔开。若 parameter 默认，表示 S-函数模块不需要通过对话框设置参数值。

返回参数：有 4 个，sys 为 S-函数根据 flag 的值运算得出的解，x0 为初始状态值，str 为对 M 文件形成的 S-函数，设置为空矩阵（可省略），ts 为两列向量，定义为取样时间及偏移量（可省略）。

在运用 S-函数进行仿真前，应当编制 S-函数程序，因此必须知道系统在不同时刻所需要的信息：

（1）仿真前，系统需要知道有多少个状态变量，其中哪些是连续的，哪些是离散的，以及这些变量的初始条件等信息。这些信息通过 S-函数中设置 flag=0 进而获取；

（2）若系统是严格连续的，则在每一步仿真时所需的信息为：通过 flag=1 获得系统状态导数；通过 flag=3 获得系统输出；

（3）若系统是严格离散的，则通过 flag=2 获得系统下一个离散状态；通过 flag=3 获得系统离散状态的输出。

flag=0，1，3 对应的三个子程序 mdlInitializeSizes、mdlDerivatives 和 mdlOutputs 是 S-函数不可缺少的部分，应当在 S-函数描述中给出。而 flag 其他取值对应的子程序则用于离散系统或复杂的系统。

例 2-1　下面通过学习单摆系统的例子来熟悉 S-函数的开发过程。单摆示意如图 2-43 所示。

（1）用 S-函数模块为单摆构造系统动力学模型，如图 2-43 所示；

（2）利用 Simulink 研究该单摆摆角 θ 的运动曲线；

（3）用 S-函数动画模块模拟单摆的运动。

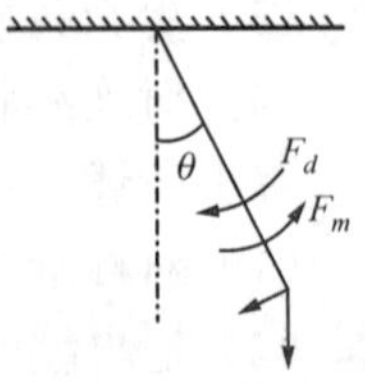

图 2-43　单摆示意图

解　写出单摆的动力学方程

$$\ddot{\theta} = \frac{F_{\mathrm{m}}}{M} - \frac{F_{\mathrm{d}}}{M} - \frac{F_{\mathrm{g}}}{M} = f_{\mathrm{m}} - K_{\mathrm{d}}\dot{\theta} - K_{\mathrm{g}}\sin\theta$$

式中：f_{m} 为加在单摆上的等效外力；K_{d} 为等效摩擦系统；K_{g} 为等效重力系数。

（1）把上述二阶方程写成状态方程组。

令 $x_1=\dot{\theta}$，$x_2=\theta$，$u=f_m$，则（a）中方程可写为

$$\dot{x}=-K_{\mathrm{d}}x_1-K_{\mathrm{g}}\sin\theta+u\ ;\ \dot{x}_2=x_1$$

（2）根据状态方程对模板文件进行修改得到 simpendzzy.m。

找到 MATLAB 程序安装文件下的 toolbox\Simulink\blocks\sfintempl.m，改名为 simpendzzy.m，根据状态方程对文件进行修改，如下所述。

```
% [simpendzzy.m]
function [sys,x0,str,ts] = simpendzzy(t,x,u,flag,dampzzy,gravzzy,angzzy)
switch flag,

  % Initialization 初始化%
  case 0,
    [sys,x0,str,ts] = mdlInitializeSizes(angzzy) ;

  % Derivatives 连续状态微分 %
  case 1,
    sys = mdlDerivatives(t, x, u, dampzzy, gravzzy);

  % Update 离散状态更新 %
  case 2,
    sys = mdlUpdate(t, x, u);

  % Outputs 模块输出 %
  case 3,
    sys = mdlOutputs(t, x, u);

  % Terminate 仿真结束 %
  case 9,
    sys = mdlTerminate(t, x, u);

  % Unexpected flags %
  otherwise
    error([ ' Unhandled flag = ' , num2str(flag)]) ;
end
% end sfuntmpl

%==========================================================
% mdlInitializeSizes
% Return the sizes, initial conditions, and sample times for the S-function.
%==========================================================
function [sys,x0,str,ts] = mdlInitializeSizes(angzzy)
sizes = simsizes;
sizes.NumContStates  = 2;
sizes.NumDiscStates  = 0;
sizes.NumOutputs     = 1;
sizes.NumInputs      = 1;
sizes.DirFeedthrough = 0;
sizes.NumSampleTimes = 1;   % at least one sample time is needed
```

```
sys = simsizes(sizes);

% initialize the initial conditions
x0 = angzzy;

% str is always an empty matrix
str = [ ];

% initialize the array of sample times
ts = [0,0];
% end mdlInitializeSizes

%=====================================================
% mdlDerivatives
% Return the derivatives for the continuous states.
%=====================================================
function sys=mdlDerivatives(t,x,u,dampzzy,gravzzy,angzzy)
dx(1) = -dampzzy*x(1)-gravzzy*sin(x(2))+u ;
dx(2) = x(1);
sys = dx;
% end mdlDerivatives

%=====================================================
% mdlUpdate
% Handle discrete state updates, sample time hits, and major time step
% requirements.
%=====================================================
function sys = mdlUpdate(t, x, u)
sys = [ ];
% end mdlUpdate

%=====================================================
% mdlOutputs
% Return the block outputs.
%=====================================================
function sys=mdlOutputs(t, x, u)
sys = x(2);
% end mdlOutputs

%=====================================================
% mdlTerminate
% Perform any end of simulation tasks.
%=====================================================
function sys = mdlTerminate(t, x, u)
sys = [ ];
% end mdlTerminate
```

（3）构造名为simpendzzy的S-函数模块。

1）新建模型窗口，保存为pendulum.mdl，复制Simulink的user-defined Function字库中的S-Function框架模块到窗口中；

2）双击S-Function模块，弹出Block Paremeters：S-Function的对话框。在S-Function name

框中输入函数名 simpendzzy（注意不能输入扩展名）；在 S-Function parameters 框中输入 simpendzzy.m 的第 4、5、6 个变量名 dampzzy，gravzzy，angzzy，如图 2-44 所示；单击 OK 按钮，得到单摆 S-函数模块。

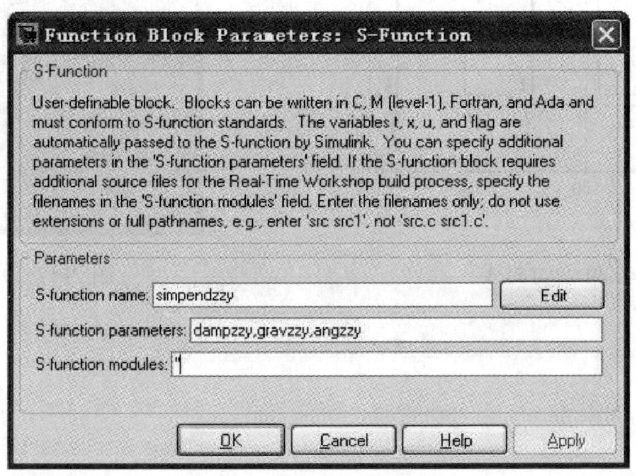

图 2-44　S-函数框架模块对话框

（4）单摆运动的仿真模型和动画实现。

用信号发生器产生作用力，用示波器观察摆角，打开 toolbox\simulink\simdemos\simgeneral 子目录下的 simppend.mdl 模型，拖曳该模型中的 Animation Function、Pivot point for pendulum 和 x&theta 模块到 pendulum.mdl 窗口中，构成仿真模型，如图 2-45 所示。

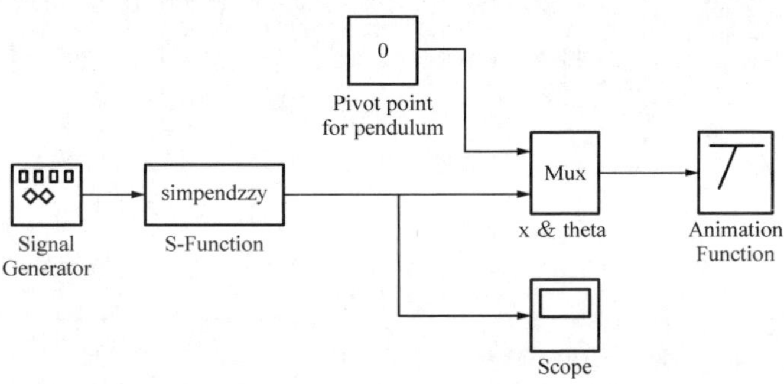

图 2-45　单摆仿真模型

信号发生器：Simulink\Sources\Signal Generator，信号取 square 波形，幅值为 1，频率为 0.1rad/sec。

示波器：Simulink\Sinks\Scope。

仿真时间设为 200。

在命令窗口 Command Window 中输入下列命令以设置 pendulum.mdl 模型运行所需的三个参数 dampzzy，gravzzy 和 angzzy：

```
clear
dampzzy = 0.8;
gravzzy = 2.45;
angzzy = [0 ; 0] ;
```

然后，启动仿真，就可得到摆角运动曲线（见图 2-46）和单摆摆动动画（见图 2-47）。

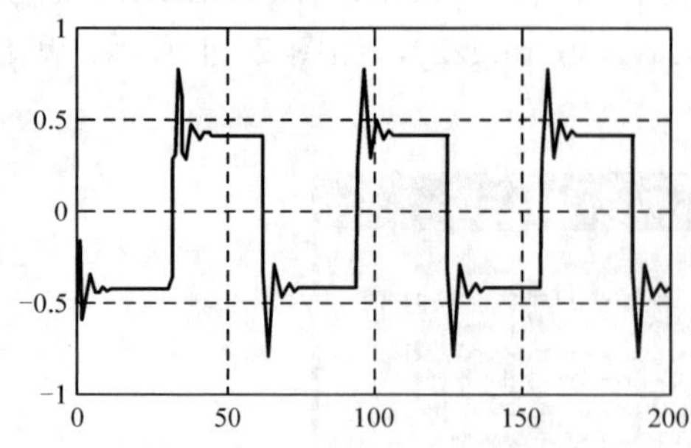

图 2-46　摆角运动曲线

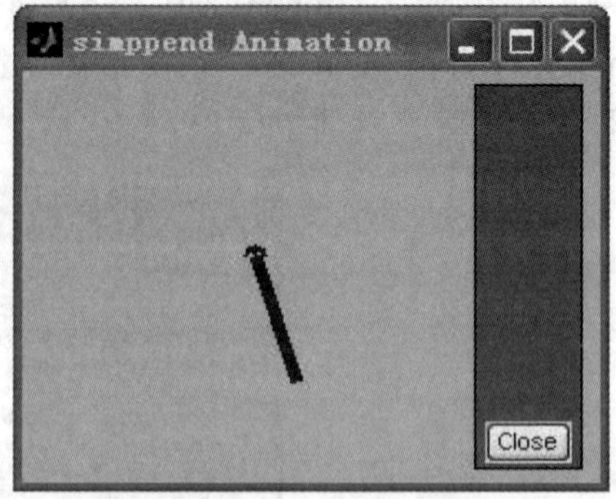

图 2-47　单摆摆动动画

第3章

SimPowerSystems 模型库

3.1 SimPowerSystems 模型库概述

3.1.1 SimPowerSystems 模型库简介

SimPowerSystems 是进行电力电子系统仿真的理想工具，与 PSPICE 和 SABER 等仿真软件进行器件级别的仿真分析不同，SimPowerSystems 中的模型更加关注器件的外特性，易于与控制系统相连接。SimPowerSystems 模型库中包含常用的电源、电力电子器件和模块、电机模型以及相应的驱动、控制和测量模块，使用这些模块进行电力电子电路系统、电力系统、电力传动等的仿真，能够简化编程工作，以直观易用的图形方式对电气系统进行模型描述。

在安装 MATLAB 时选择“SimPowerSystems”，则安装以后在模型库中会出现 SimPowerSystems，将所有的下拉库展开，可以看到如图 3-1 所示。本节以 MATLAB2008a/Simulink7.1 为例进行介绍，SimPowerSystems 版本号为 4.6。

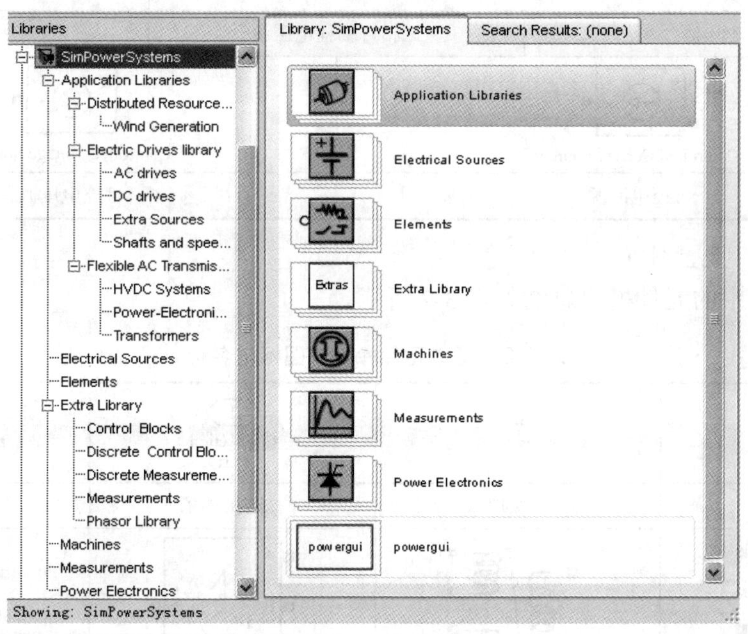

图 3-1 SimPowerSystems 模型库

SimPowerSystems 模型可与其他 Simulink 模块相连接，进行一体化的系统级动态分析。但 SimPowerSystem 中的模块使用与 Simulink 的模块使用不同，前者的模块必须连接在电回路中使用，每一个模块都有输入输出端，在回路中流动的是电流，电流流过器件时会产生电压降。而 simulink 模块组成的是信号流程，流入流出模块的信号没有特定的物理意义，其含义要视仿真模型的对象而定。在电力电子系统的仿真中，使用 Simulink 的模块组成控制电路，使用 SimPowerSystem 中的模块组成主电路和驱动电路，可以研究和观察在不同控制方案下系统的动态和稳态响应，为系统设计提供依据。

本章首先列出了 SimPowerSystem 中所有的器件和模块，然后对每一个库中的典型模块进行介绍，主要介绍每一个模块的参数设置，以此将该模块的功能与应用串起来。

3.1.2 SimPowerSystems 模型库内容

从图 3-1 中可以看到，SimPowerSystems 库中有如下一些模型库。

1. Electrical Sources（电源）

将电源库中的模块总结列表如表 3-1 所示。

表 3-1 电源模块图标与名称

AC Current Source	AC Voltage Source	Battery
交流电流源	交流电压源	电池
DC Voltage Source	Three-Phase Programmable Voltage Source	Three-Phase Source
直流电压源	三相可编程电压源	三相电压源
Controlled Current Source	Controlled Voltage Source	
可控电流源	可控电压源	

2. Elements（元器件）

将元器件库中的元件模块总结如表 3-2 所示。

表 3-2 基本元件库模块图标与名称

node 10		Connection Port	Breaker
中性点	接地	连接端子	断路器
Linear Transformer	Saturable Transformer	Grounding Transformer	Multi-Winding Transformer
线性变压器	饱和变压器	接地变压器	多绕组变压器

续表

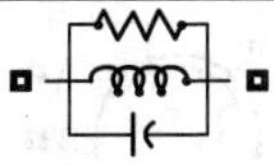 Paraller RLC Branch	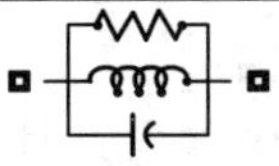 Parallel RLC Load	 Series RLC Branch	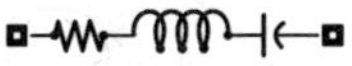 Series RLC Load
并联 RLC 支路	并联 RLC 负载	串联 RLC 支路	串联 RLC 负载
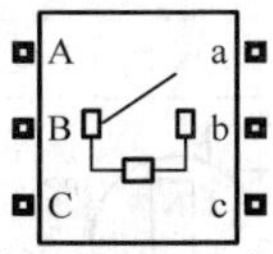 Three-Phase Breaker	 Three-Phase Fault	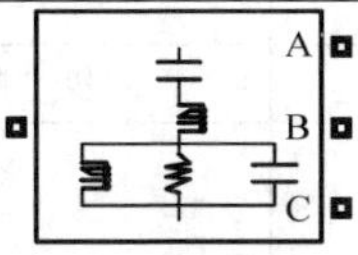 Three-Phase Harmonic Filter	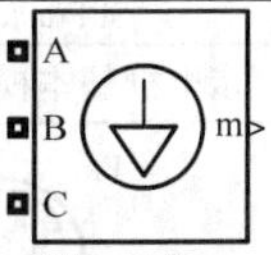 Three-Phase Dynamic Load
三相断路器	三相故障	三相滤波器	三相动态负载
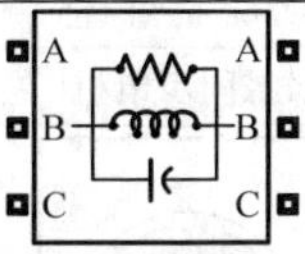 Three-Phase Parallel RLC Branch	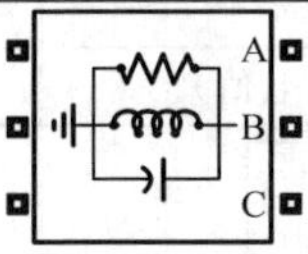 Three-Phase Parallel RLC Load	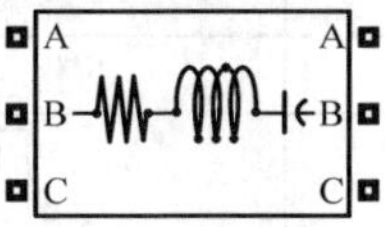 Three-Phase Series RLC Branch	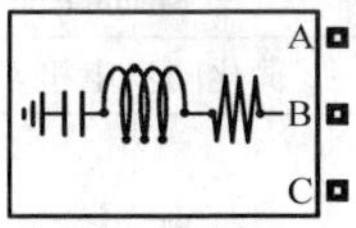 Three-Phase Series RLC Load
三相并联 RLC 支路	三相并联 RLC 负载	三相串联 RLC 支路	三相串联 RLC 负载
 Surge Arrester	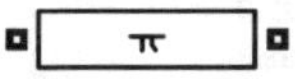 Pi Section Line	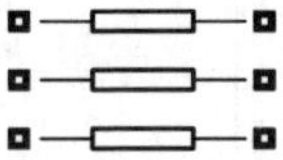 Distributed Parameters Line	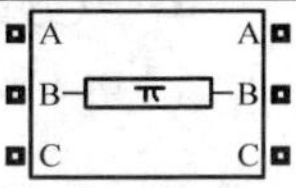 Three-Phase PI Section Line
压敏电阻	Π型传输线	分布参数传输线	三相Π型传输线
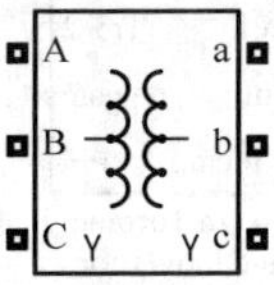 Three-Phase Transformer (Two Windings)	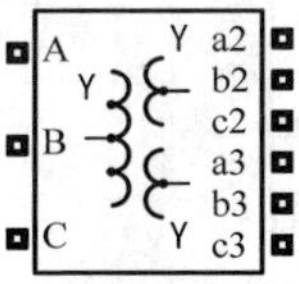 Three-Phase Transformer (Three Windings)	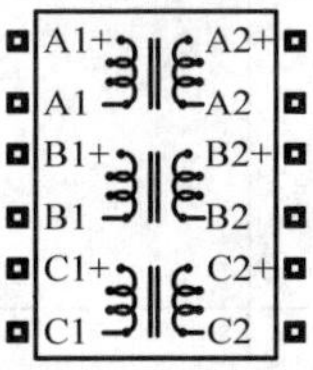 Three-Phase Transformer 12 Terminals	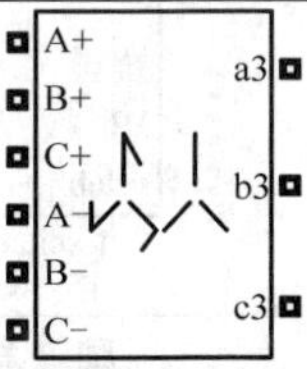 Zigzag Phase-Shifting Transformer
三相变压器（2 绕组）	三相变压器（3 绕组）	三相变压器（12 端子）	ZigZag 移相变压器
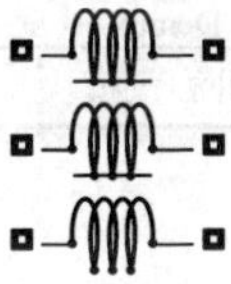 Mutual Inductance	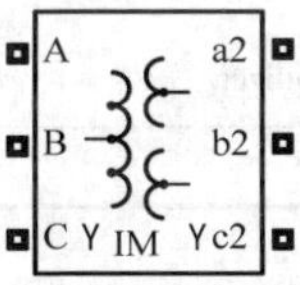 Three-Phase Transformer Inductance Matrix Type (Two Windings)	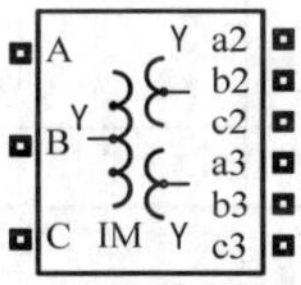 Three-Phase Transformer Inductance Matrix Type (Three Windings)	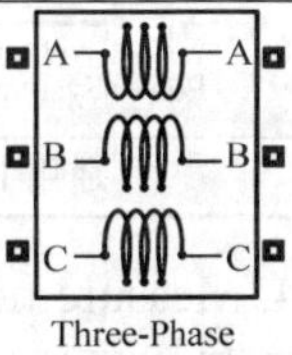 Three-Phase Mutual Inductance Z1-Z0
互感	电感矩阵式三相变压器（2 绕组）	电感矩阵式三相变压器（3 绕组）	三相互感正序-零序

3. Machines（电机）

电机库模块图标与名称见表 3-3 所示。

表 3-3　电机库模块图标与名称

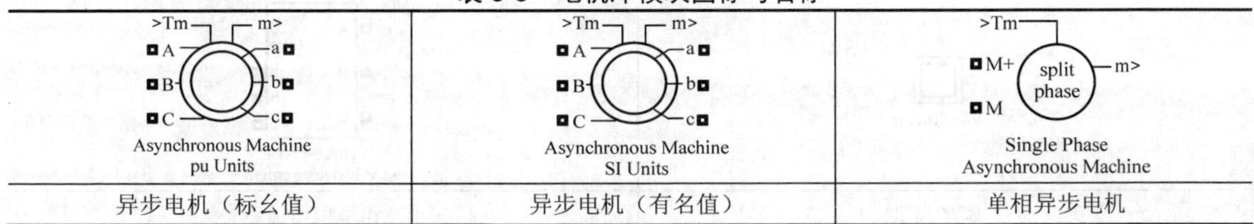

Asynchronous Machine pu Units	Asynchronous Machine SI Units	Single Phase Asynchronous Machine
异步电机（标幺值）	异步电机（有名值）	单相异步电机

续表

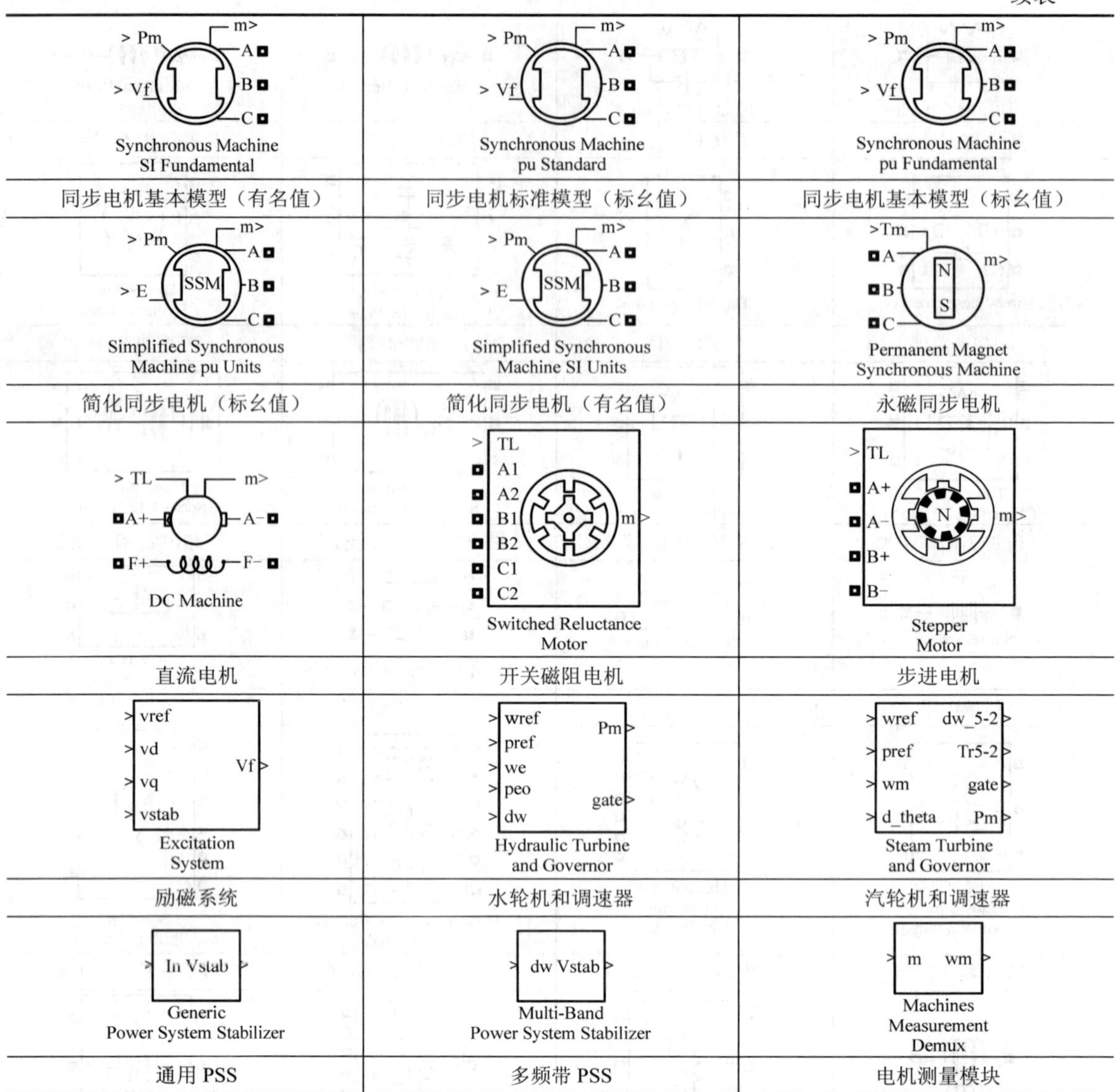

Synchronous Machine SI Fundamental	Synchronous Machine pu Standard	Synchronous Machine pu Fundamental
同步电机基本模型（有名值）	同步电机标准模型（标幺值）	同步电机基本模型（标幺值）
Simplified Synchronous Machine pu Units	Simplified Synchronous Machine SI Units	Permanent Magnet Synchronous Machine
简化同步电机（标幺值）	简化同步电机（有名值）	永磁同步电机
DC Machine	Switched Reluctance Motor	Stepper Motor
直流电机	开关磁阻电机	步进电机
Excitation System	Hydraulic Turbine and Governor	Steam Turbine and Governor
励磁系统	水轮机和调速器	汽轮机和调速器
Generic Power System Stabilizer	Multi-Band Power System Stabilizer	Machines Measurement Demux
通用 PSS	多频带 PSS	电机测量模块

4. Measurements（测量）

测量库模块图标与名称见表 3-4。

表 3-4　测量库模块图标与名称

Current Measurement	Voltage Measurement	Impedance Measurement
电流测量	电压测量	阻抗测量
Multimeter	Three-Phase V-I Measurement	
多路测量	三相电压电流测量	

5. Power Electronics（电力电子）

表 3-5　电力电子库模块图标与名称

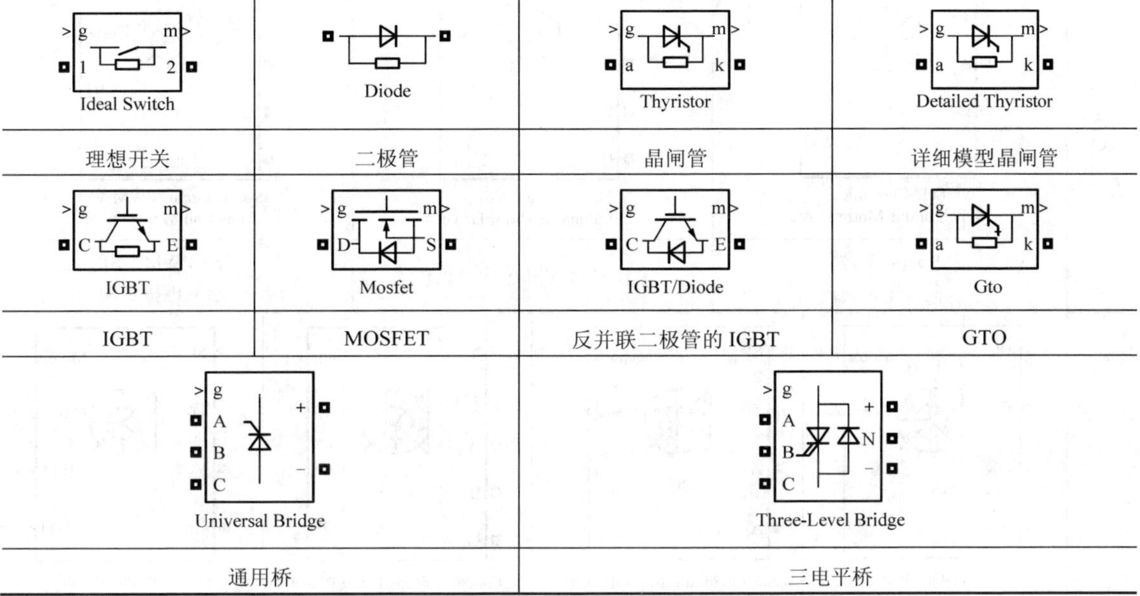

Ideal Switch	Diode	Thyristor	Detailed Thyristor
理想开关	二极管	晶闸管	详细模型晶闸管
IGBT	Mosfet	IGBT/Diode	Gto
IGBT	MOSFET	反并联二极管的 IGBT	GTO
Universal Bridge		Three-Level Bridge	
通用桥		三电平桥	

6. Application Libraries

Application Libraries 模块图标与名称见表 3-6。

表 3-6　Application Libraries 模块图标与名称

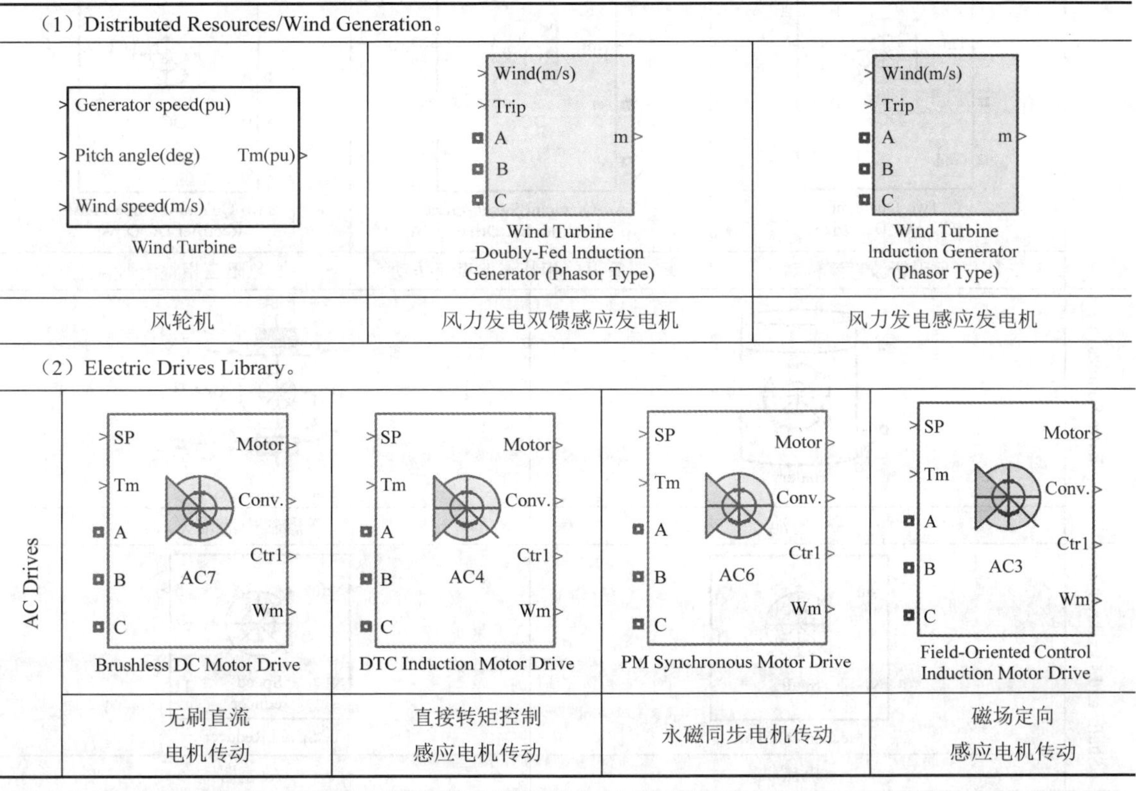

（1）Distributed Resources/Wind Generation。

Wind Turbine	Wind Turbine Doubly-Fed Induction Generator (Phasor Type)	Wind Turbine Induction Generator (Phasor Type)
风轮机	风力发电双馈感应发电机	风力发电感应发电机

（2）Electric Drives Library。

AC Drives	Brushless DC Motor Drive	DTC Induction Motor Drive	PM Synchronous Motor Drive	Field-Oriented Control Induction Motor Drive
	无刷直流电机传动	直接转矩控制感应电机传动	永磁同步电机传动	磁场定向感应电机传动

续表

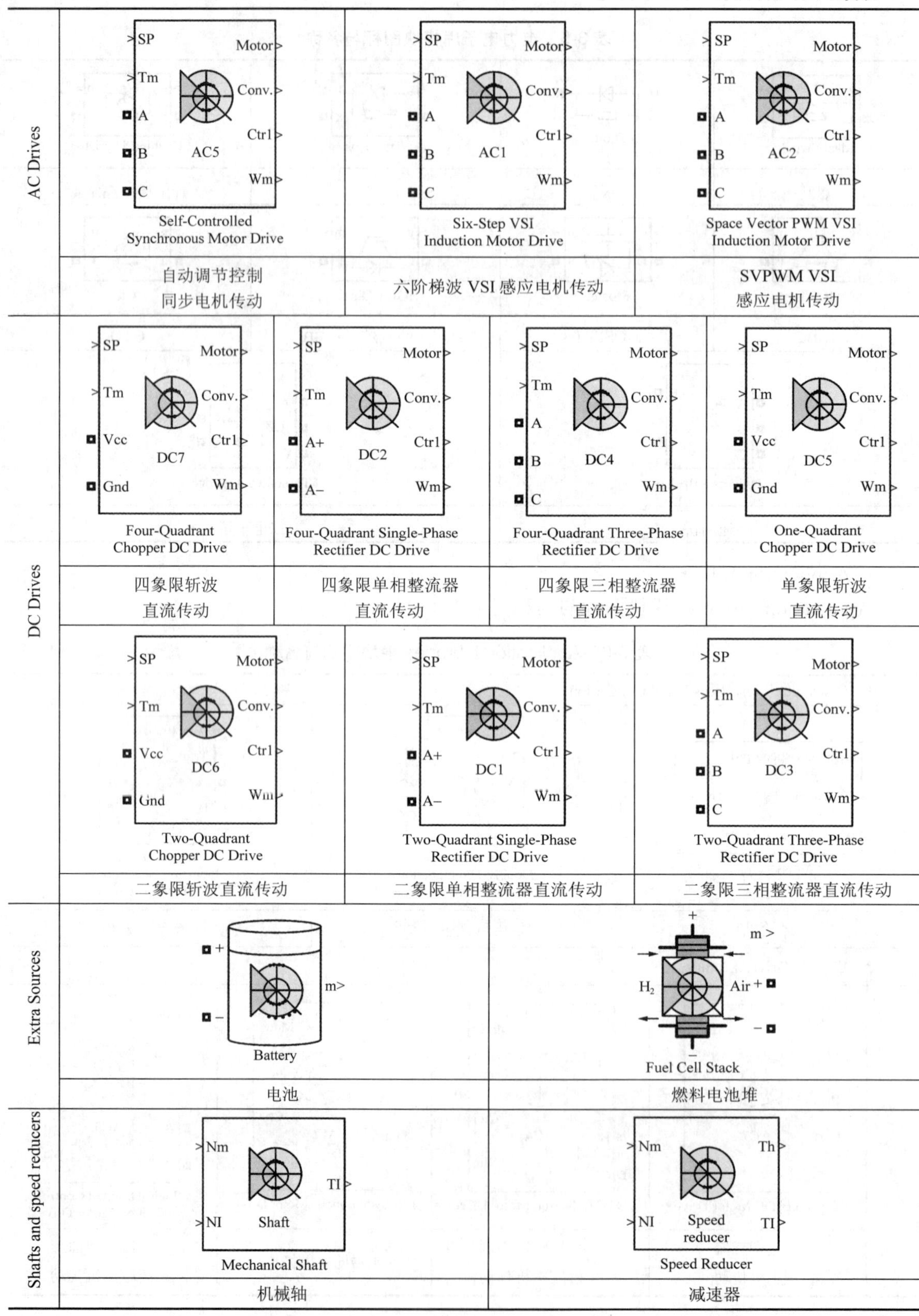

AC Drives	Self-Controlled Synchronous Motor Drive	自动调节控制同步电机传动
	Six-Step VSI Induction Motor Drive	六阶梯波 VSI 感应电机传动
	Space Vector PWM VSI Induction Motor Drive	SVPWM VSI 感应电机传动
DC Drives	Four-Quadrant Chopper DC Drive	四象限斩波直流传动
	Four-Quadrant Single-Phase Rectifier DC Drive	四象限单相整流器直流传动
	Four-Quadrant Three-Phase Rectifier DC Drive	四象限三相整流器直流传动
	One-Quadrant Chopper DC Drive	单象限斩波直流传动
	Two-Quadrant Chopper DC Drive	二象限斩波直流传动
	Two-Quadrant Single-Phase Rectifier DC Drive	二象限单相整流器直流传动
	Two-Quadrant Three-Phase Rectifier DC Drive	二象限三相整流器直流传动
Extra Sources	Battery	电池
	Fuel Cell Stack	燃料电池堆
Shafts and speed reducers	Mechanical Shaft	机械轴
	Speed Reducer	减速器

续表

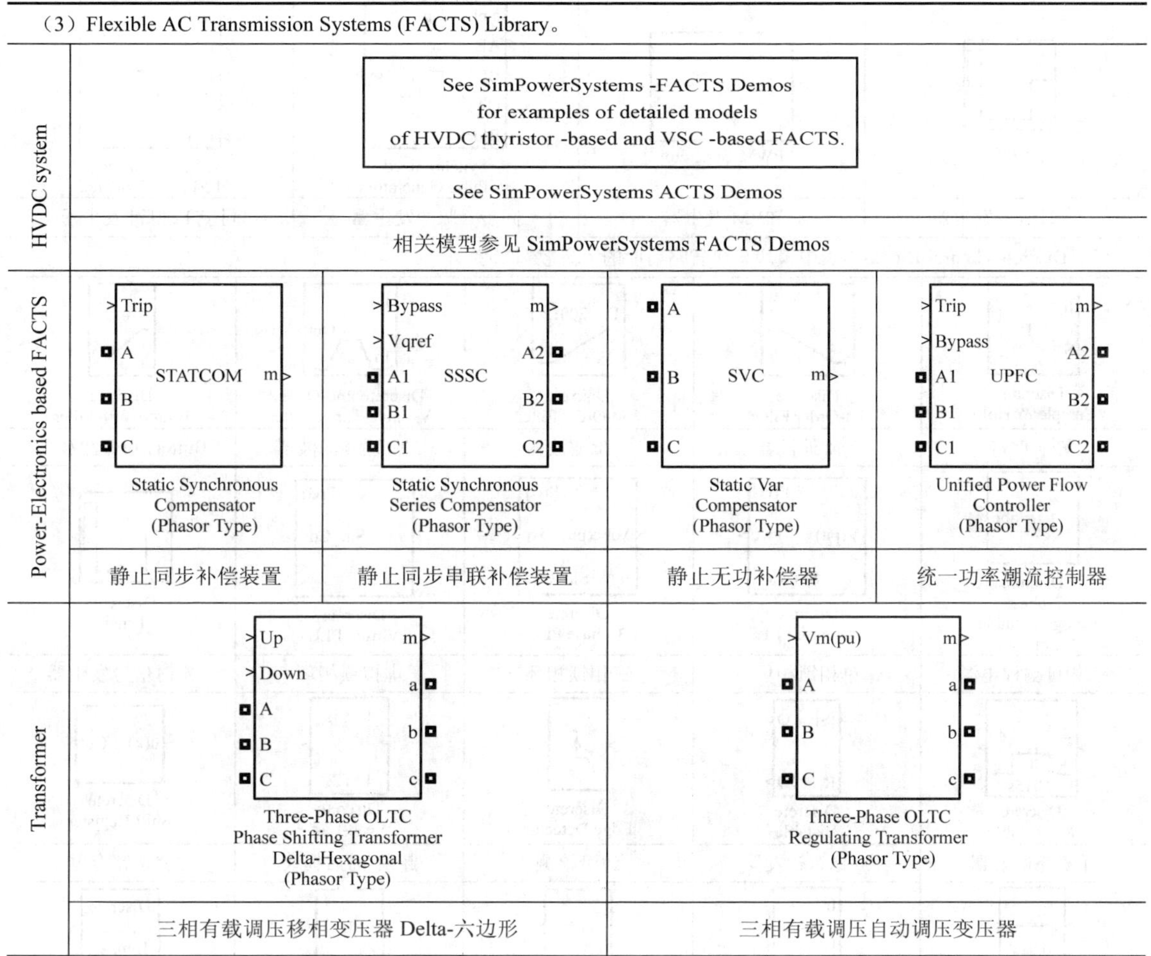

（3）Flexible AC Transmission Systems (FACTS) Library。				
HVDC system	See SimPowerSystems -FACTS Demos for examples of detailed models of HVDC thyristor -based and VSC -based FACTS. See SimPowerSystems ACTS Demos			
	相关模型参见 SimPowerSystems FACTS Demos			
Power-Electronics based FACTS	Trip, A, B, C, STATCOM, m Static Synchronous Compensator (Phasor Type)	Bypass, Vqref, A1, B1, C1, SSSC, m, A2, B2, C2 Static Synchronous Series Compensator (Phasor Type)	A, B, C, SVC, m Static Var Compensator (Phasor Type)	Trip, Bypass, A1, B1, C1, UPFC, m, A2, B2, C2 Unified Power Flow Controller (Phasor Type)
	静止同步补偿装置	静止同步串联补偿装置	静止无功补偿器	统一功率潮流控制器
Transformer	Up, Down, A, B, C, m, a, b, c Three-Phase OLTC Phase Shifting Transformer Delta-Hexagonal (Phasor Type)		Vm(pu), A, B, C, m, a, b, c Three-Phase OLTC Regulating Transformer (Phasor Type)	
	三相有载调压移相变压器 Delta-六边形		三相有载调压自动调压变压器	

7. Extra Library

Extra Library 模块图标与名称见表 3-7。

表 3-7　Extra Library 模块图标与名称

（1）Control Blocks。				
In, S, S/H Sample & Hold	1st-Order Filter	Fo=200Hz 2nd-Order Filter	Edge Detector	t, 0.01s On/Off Delay
采样/保持	一阶滤波器	二阶滤波器	边沿检测	上升/下降沿延迟
T, 0.015s Monostable	[S], Q, R, !Q Bistable	abc 3-phase Programmable Source	Freq, V(pu), wt, Sin_Cos 1-phase PLL	Freq, Vabc(pu), wt, Sin_Cos 3-phase PLL
单稳态触发器	双稳态触发器	三相可编程电源	一相锁相环	三相锁相环

续表

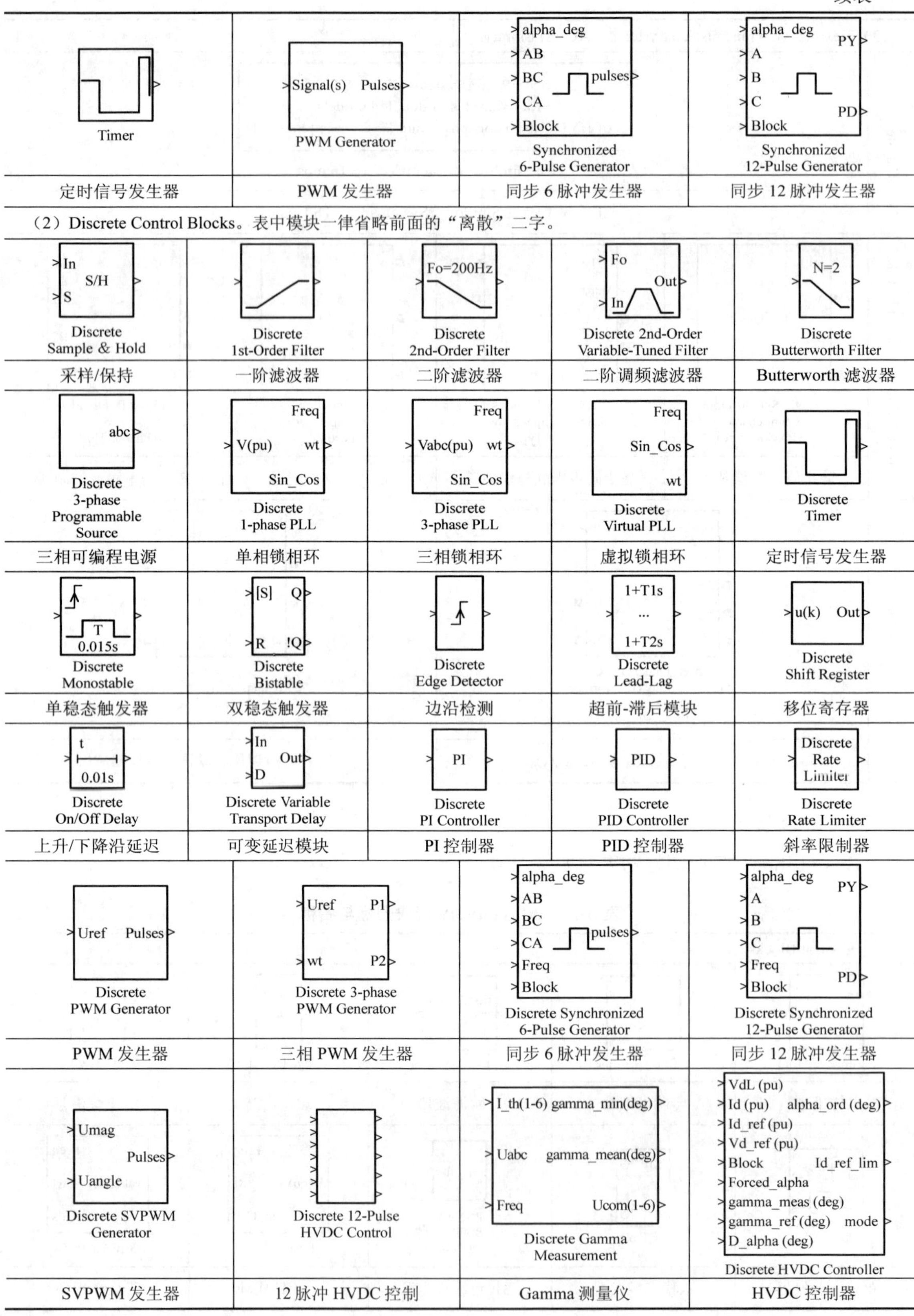

Timer	PWM Generator	Synchronized 6-Pulse Generator	Synchronized 12-Pulse Generator
定时信号发生器	PWM 发生器	同步 6 脉冲发生器	同步 12 脉冲发生器

（2）Discrete Control Blocks。表中模块一律省略前面的“离散”二字。

Discrete Sample & Hold	Discrete 1st-Order Filter	Discrete 2nd-Order Filter	Discrete 2nd-Order Variable-Tuned Filter	Discrete Butterworth Filter
采样/保持	一阶滤波器	二阶滤波器	二阶调频滤波器	Butterworth 滤波器
Discrete 3-phase Programmable Source	Discrete 1-phase PLL	Discrete 3-phase PLL	Discrete Virtual PLL	Discrete Timer
三相可编程电源	单相锁相环	三相锁相环	虚拟锁相环	定时信号发生器
Discrete Monostable	Discrete Bistable	Discrete Edge Detector	Discrete Lead-Lag	Discrete Shift Register
单稳态触发器	双稳态触发器	边沿检测	超前-滞后模块	移位寄存器
Discrete On/Off Delay	Discrete Variable Transport Delay	Discrete PI Controller	Discrete PID Controller	Discrete Rate Limiter
上升/下降沿延迟	可变延迟模块	PI 控制器	PID 控制器	斜率限制器

Discrete PWM Generator	Discrete 3-phase PWM Generator	Discrete Synchronized 6-Pulse Generator	Discrete Synchronized 12-Pulse Generator
PWM 发生器	三相 PWM 发生器	同步 6 脉冲发生器	同步 12 脉冲发生器
Discrete SVPWM Generator	Discrete 12-Pulse HVDC Control	Discrete Gamma Measurement	Discrete HVDC Controller
SVPWM 发生器	12 脉冲 HVDC 控制	Gamma 测量仪	HVDC 控制器

续表

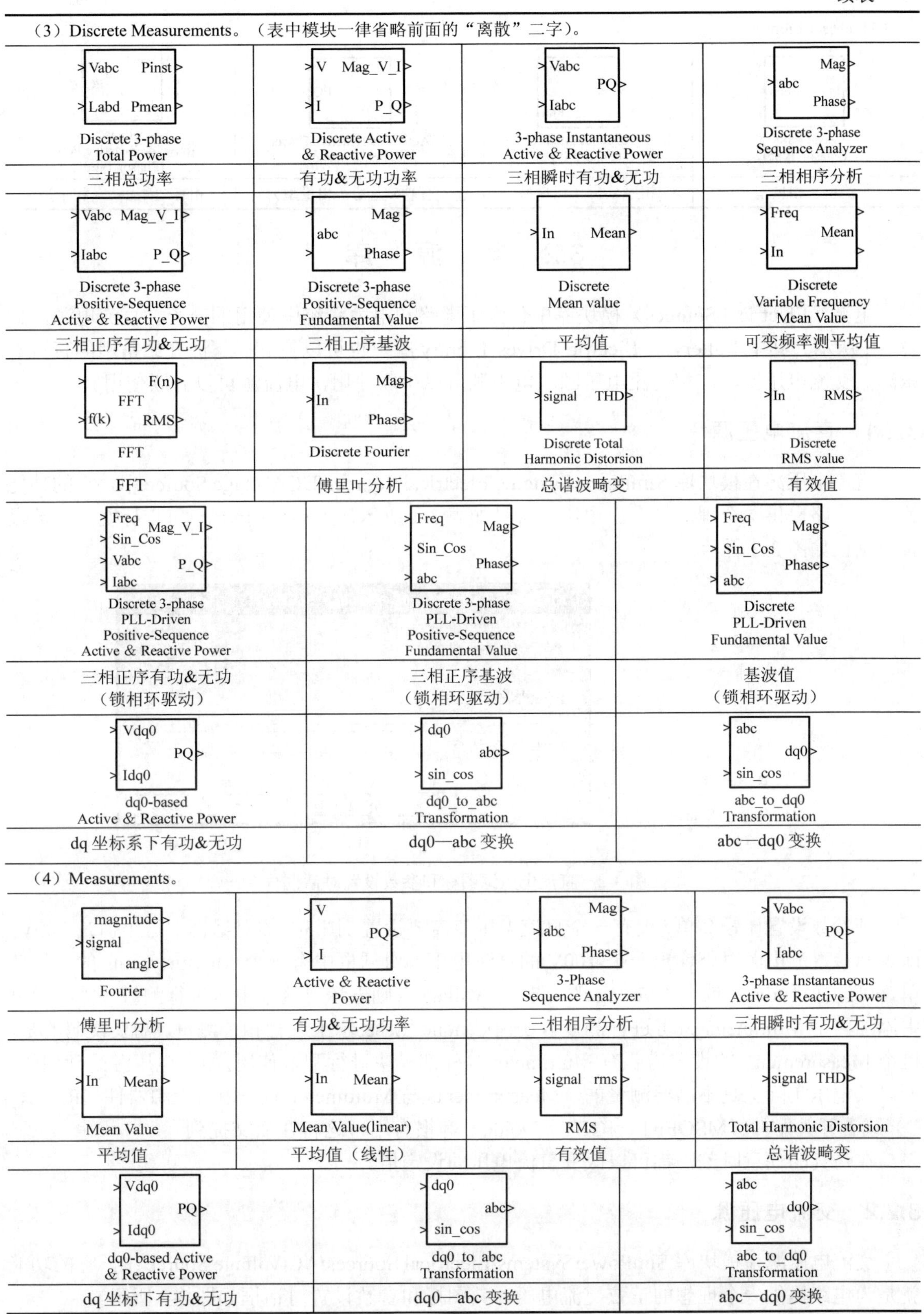

（3）Discrete Measurements。（表中模块一律省略前面的“离散”二字）。

Discrete 3-phase Total Power	Discrete Active & Reactive Power	3-phase Instantaneous Active & Reactive Power	Discrete 3-phase Sequence Analyzer
三相总功率	有功&无功功率	三相瞬时有功&无功	三相相序分析
Discrete 3-phase Positive-Sequence Active & Reactive Power	Discrete 3-phase Positive-Sequence Fundamental Value	Discrete Mean value	Discrete Variable Frequency Mean Value
三相正序有功&无功	三相正序基波	平均值	可变频率测平均值
FFT	Discrete Fourier	Discrete Total Harmonic Distorsion	Discrete RMS value
FFT	傅里叶分析	总谐波畸变	有效值

Discrete 3-phase PLL-Driven Positive-Sequence Active & Reactive Power	Discrete 3-phase PLL-Driven Positive-Sequence Fundamental Value	Discrete PLL-Driven Fundamental Value
三相正序有功&无功（锁相环驱动）	三相正序基波（锁相环驱动）	基波值（锁相环驱动）
dq0-based Active & Reactive Power	dq0_to_abc Transformation	abc_to_dq0 Transformation
dq 坐标系下有功&无功	dq0—abc 变换	abc—dq0 变换

（4）Measurements。

Fourier	Active & Reactive Power	3-Phase Sequence Analyzer	3-phase Instantaneous Active & Reactive Power
傅里叶分析	有功&无功功率	三相相序分析	三相瞬时有功&无功
Mean Value	Mean Value(linear)	RMS	Total Harmonic Distorsion
平均值	平均值（线性）	有效值	总谐波畸变

dq0-based Active & Reactive Power	dq0_to_abc Transformation	abc_to_dq0 Transformation
dq 坐标下有功&无功	dq0—abc 变换	abc—dq0 变换

续表

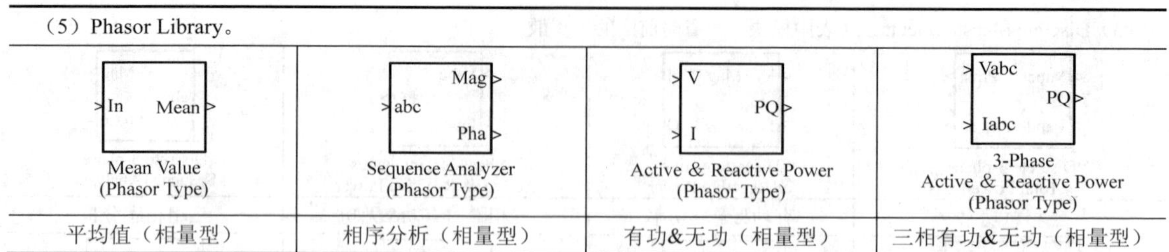

（5）Phasor Library。			
In Mean Mean Value (Phasor Type)	abc Mag Pha Sequence Analyzer (Phasor Type)	V I PQ Active & Reactive Power (Phasor Type)	Vabc Iabc PQ 3-Phase Active & Reactive Power (Phasor Type)
平均值（相量型）	相序分析（相量型）	有功&无功（相量型）	三相有功&无功（相量型）

3.2 电　源　库

电源（Electrical Sources）模块库中包含了电路和电力系统中使用的交流、直流电源，如表 3-1 所示。其中 Battery 在 Electric Drives Library 库中也可以找到。下面介绍常用的直流电压源、交流电压源、三相交流电压源。电压源可以串联使用，电流源可以并联使用。

3.2.1 直流电压源

直流电压源在模块库 SimPowerSystems/Electrical Sources/DC Voltage Source 中，它的功能就是为电路提供一个理想的直流电压。符号如表 3-1 所示，正端使用一个“+”标明。参数设置对话框如图 3-2 所示。

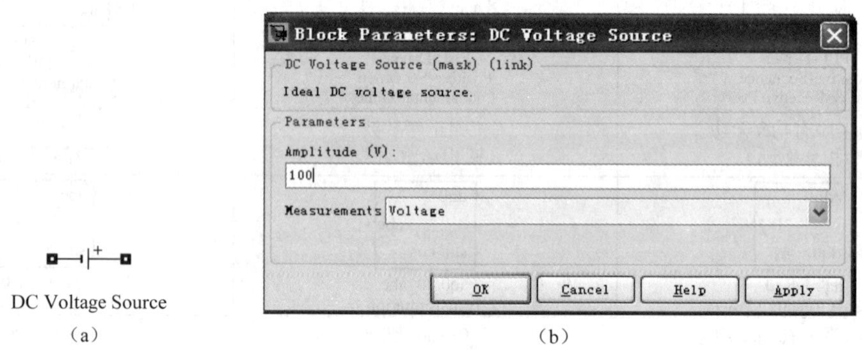

（a）　（b）

图 3-2　直流电压源图标和参数设置对话框

其参数设置比较简单，仅有一个直流电压值需要设置。图 3-2 的对话框中这个值是 100V，即表示该直流电源对外输出一个 100V 的直流电压。对话框中有一个 Measurements 的下拉菜单，可选择“none”或者“Voltage”，选中“Voltage”则表示对这个电压进行测量（需在模型中添加一个 Multimeter 方可进行测量），选中“none”则表示不进行相关测量。需要说明的是，这个 Measurements 的设置需要有 Multimeter 等外部模块进行配合使用，由于电压源是理想的，所以其电压实际上是不需要测量的，Measurements 与 Multimeter 的使用对无源器件（R、L、C）或者开关器件（MSOFET、IGBT、Doide）等很有用，这将在后文提到。

在仿真的任意时刻，都可以改变直流电压的设定值。

3.2.2 交流电压源

交流电压源在模块库 SimPowerSystems/Electrical Sources/AC Voltage Source 中，它的功能就是为电路提供一个理想的正弦交流电压。其图标和参数设置对话框如图 3-3 所示。

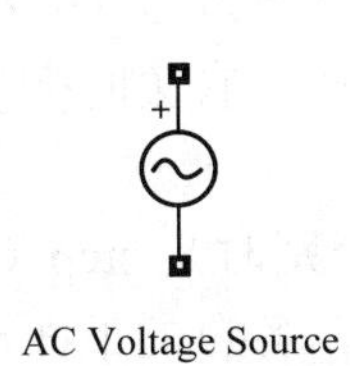

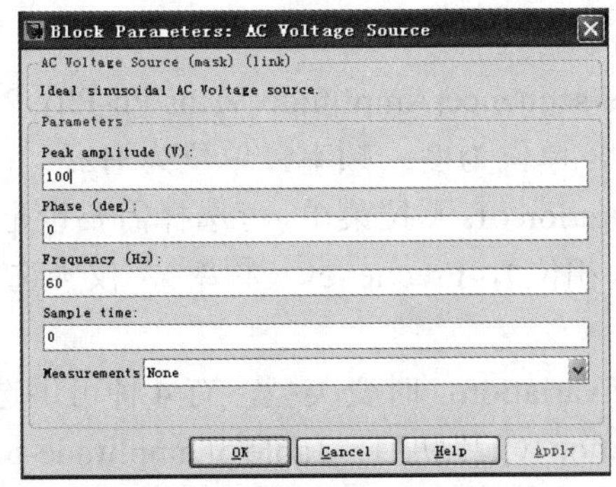

图 3-3　交流电压源图标和参数设置对话框

其参数设置主要有：

- Peak amplitude（V）：交流正弦电压的幅值，单位为 V，可设置成负值。
- Phase（deg）：相位，单位为度，可设置成负值。
- Frequency（Hz）：频率，单位为 Hz，不可设置成负值。
- Sample time：采样时间，单位为秒（s），应用于连续模型时缺省值为 0。
- 下拉菜单 Measurements，其功能设置与直流电压源类似。

上面的参数，幅值用 A 表示，相位用ϕ表示，频率用 f 表示，则输出电压为

$$u = A\sin(2\pi ft + \phi)$$

将频率设置为 0，相位设置为 90° 时，交流电源可作为直流电源使用。

3.2.3　三相可编程电压源

交流电压源在模块库 SimPowerSystems/Electrical Sources/ Three-Phase Programmable Voltage Source 中，通过设置参数可以得到基波分量的幅值、频率或相位时变的三相交流电源，也可以得到含有谐波的交流电压源。其图标和参数设置对话框如图 3-4 所示。

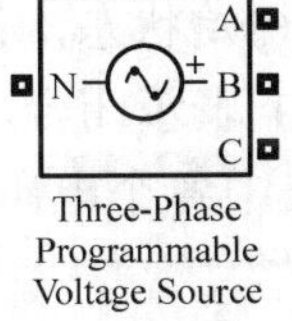

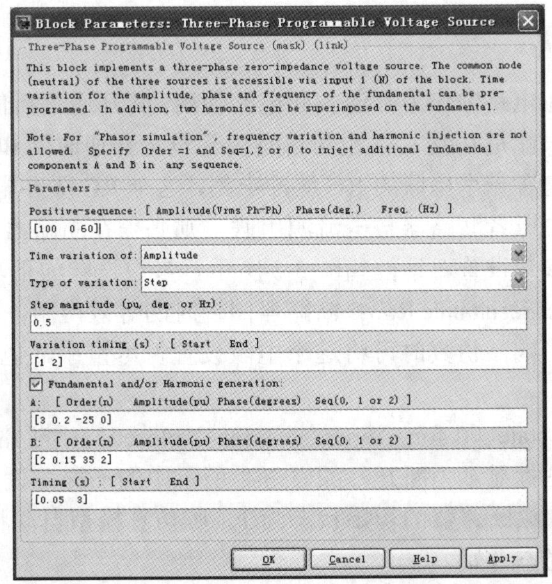

图 3-4　三相可编程电源图标和参数设置对话框

参数设置如下。

（1）Positive-sequence[Amplitude(Vrms Ph-Ph) Phase(deg) Freq(Hz)]：基波线电压有效值，单位为 V；相位，单位为度；频率，单位为 Hz。

（2）Time variation of：下拉菜单，可选择需要设定为时变的量，分别为 none（无），Amplitude（幅值），Phase（相位），Frequency（频率）。仅当选取后 3 者的时候，有关时变量的设置才会出现。

（3）Type of variation：时变类型，有 4 种可供选择的类型，分别时是 step（阶跃）、ramp（斜坡）、Modulation（调制度）、Table of amplitude-pairs（幅值表），各自的下面对应着相应的设置。如图 3-4 中 Time variation of 选中的是 Amplitude，Type of variation 选中的是 step，应该设置的参数为 Step magnitude（阶跃跳变值），Variation timing（时变量发生的时间），可设置时变量发生的开始时间和结束时间。其他情况的设置类似。当选中 Table of amplitude-pairs 时，可设置是否只对 A 相进行有关时变的设置，其他的时变都是针对三相的。

（4）Fundamental and/or Harmonic generation：勾选框——基波和/或谐波发生。选中以后可以在基波电压中注入两个频率的谐波 A: [Order Amplitude Phase Seq]和 B: [Order Amplitude Phase Seq]。两个谐波的设置是一样的，Order 是谐波的阶次，应该设置为正整数，Amplitude 是谐波幅值，设置为相对于基波的标幺值，Phase 是谐波相位，单位为度，Seq 是相序，0 表示零序，1 表示正序，2 表示负序。谐波阶次数设为 1，相序设为 0 或 2 可实现不平衡的三相电压。

Electrical Sources 库中还有一个三相电压源是 Three-Phase Source，其设置比较简单，读者可以根据实际情况选择使用。

3.3 元器件库

电气元器件（Elements）库包含了各种常用的电器和元件的模型，如断路器、电阻、电感、电容、变压器、传输线等，如表 3-2 所示。下面就几种仿真中经常用到的电器元件进行介绍。

3.3.1 断路器

断路器用在电路中作为开通关断电路使用，其开通关断信号可以使外部信号（由 Simulink 的信号给定，只能是 0 或 1），也可以是内部设定开通时间和关断时间。

断路器中包含一个串联的 RC 缓冲电路，这个 RC 缓冲电路与断路器并联，如果断路器串联在感性电路中或者断路器与电流源串联，则必须在断路器中加入缓冲电路。

其图标和参数设置对话框如图 3-5 所示。参数设置如下。

（1）Breaker resistance Ron：断路器闭合时的等效内阻，单位为 Ω。这个电阻不能置为 0，为了减小它的影响，仿真时可将这个电阻设置得尽量小，也可根据实际应用时断路器的阻值来设置。

（2）Initial state（0 for ‘open’，1 for ‘closed’）：断路器的初始状态，设置为 0 表示关断，断路器的图标显示为断开，如表 3-2 所示中的一样；设置为 1 表示闭合，断路器的图标显示为闭合，如果断路器的初始状态为 1，则仿真模型自动将电路中各个电压电流量初始化，以使得仿真从稳态开始。

（3）Snubber resistance Rs、Snubber capacitance Cs：缓冲电阻 Rs，单位为Ω，设为 inf（无

限大）则忽略缓冲电路中的电阻。缓冲电容 Cs，单位为 F，设为 0 则被忽略。

（4）External control of switching times：开关时间由外部信号控制。若被选中，则断路器的闭合与关断由外部信号控制，且图标显示一个外部输入端。如未被勾选，则 Switching times 出现在对话框中。当外部信号为 1 时，断路器闭合，在离散系统中，此时需保持 3 个采样周期以上才能保证断路器正常闭合；当外部信号为 0 时，在断路器中的电流第一次过零点，断路器断开，这可以避免断开大电流时引起的电弧现象。

（5）Switching times：开关时间，单位为秒（s）。当断路器采用内部控制开关时间的模式时，Switching times 出现在对话框中，它的设置是以向量的形式，根据初始状态，断路器按照设定的时间依次动作，如图 3-5 所示。Switching times 设置为[1/60 0.1 0.5 1.5 2 3]，断路器初始设置为闭合，则在 1/60s 时断路器断开，0.1s 时断路器闭合，0.5s 时断开，以此类推。

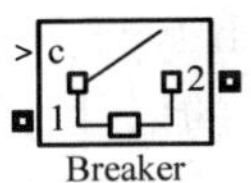

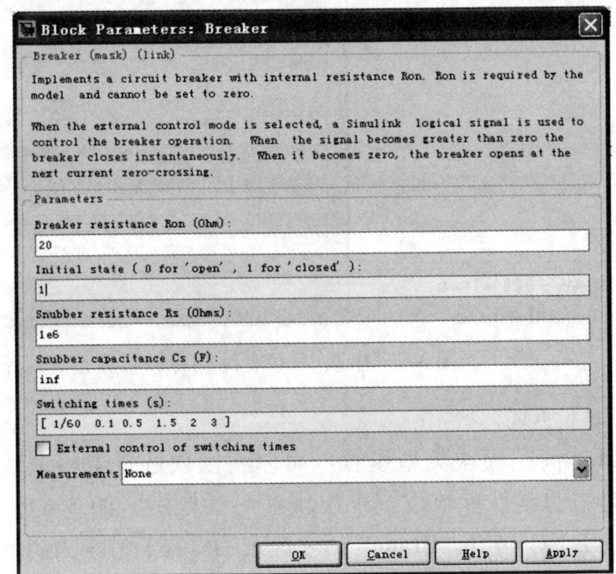

图 3-5 断路器图标和参数设置对话框

（6）Measurement：测量复选框，可以选择 none、Branch voltage、Branch current、Branch voltage and current。

需要注意以下几点。

（1）不推荐断路器使用在直流电路中，直流电路中推荐使用理想开关。

（2）在模型中使用断路器，仿真时应该选择刚性（stiff）的算法，使用 ode23t 可得到较快的仿真速度。

（3）断路器也可用来在仿真中产生故障，如三相系统的单相断路故障等。

在 Elements 中还有一个三相断路器 Three Phase Breaker，一个模块就可以实现三相系统断路的设置。

3.3.2 串联 RLC 支路

Series RLC Branch 是一个常用的模块。与之相似的还有 Series RLC Load（串联 RLC 负载）、Parallel RLC Branch（并联 RLC 支路）、Parallel RLC Load（并联 RLC 负载）、Three-Phase Series RLC Branch（三相串联 RLC 支路）、Three-Phase Series RLC Load（三相串联 RLC 负载）、

Three-Phase Parallel RLC Branch（三相并联 RLC 支路）、Three-Phase Parallel RLC Load（三相并联 RLC 负载），见表 3-2。

这一节主要介绍 Series RLC Branch（串联 RLC 支路）的设置与应用，图 3-6 是它的图标和参数设置对话框。

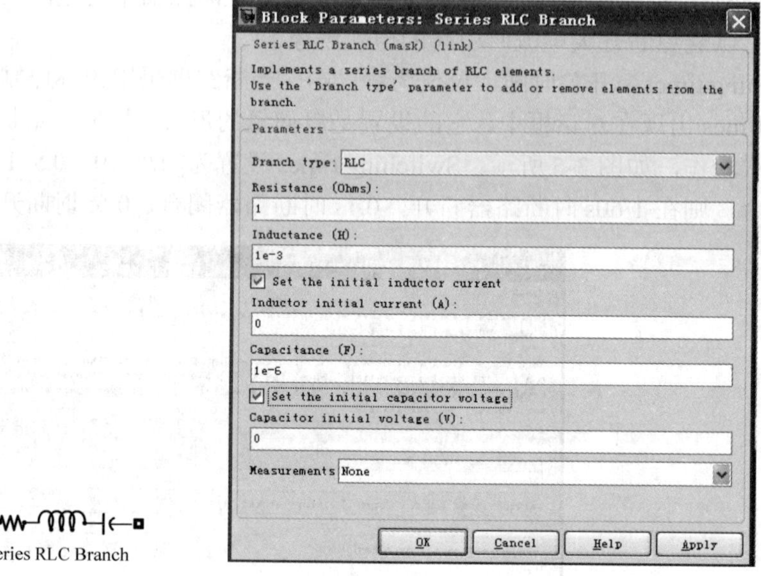

图 3-6　串联 RLC 支路图标和参数设置对话框

参数设置如下所述。

（1）Branch type：模块类型设置，可以将模块选择电阻 R、电感 L、电容 C 的各种组合，见图 3-7。被选中的器件参数设置框出现在对话框中，图 3-6 中 Branch type 为 RLC，则参数设置包括了 R、L、C 的值。Branch type 选定后，图标中只出现被选中的器件，这样显得更直观。如果设置为 R=0，L=0，C=inf，则表示该器件不起作用，相当于一根理想导线。

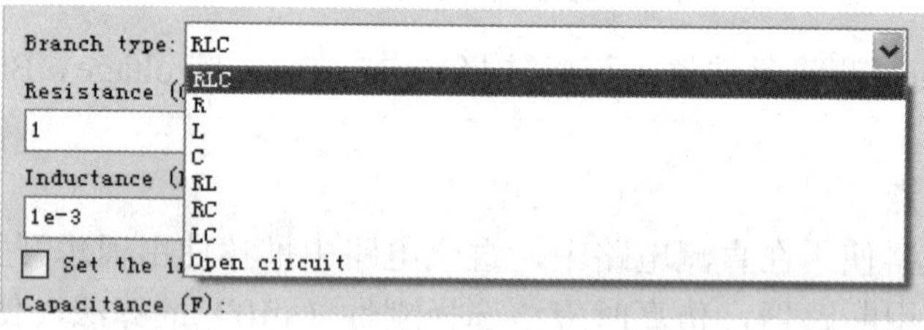

图 3-7 串联 RLC 支路模型的类型设置

（2）Resistance（Ohms）：电阻，单位为Ω。当 Branch type 中选择有 R 时，这个设置框才会出现。

（3）Inductance L（H）：电感，单位为 H。当 Branch type 中选择有 L 时，这个设置框才会出现。

（4）Set the initial inductor current（A）：给电感设定初始电流 Inductor initial current，单位为 A。勾选后（如图 3-6 所示）可以对电感中的初始电流值进行设定，也可以不设定，此时仿真模型会按照电路系统的稳态自行设定电感的初始电流。

（5）Capacitance C（F）：电容，单位为 F。当 Branch type 中选择有 C 时，这个设置框才

会出现。

（6）Set the initial capacitor voltage（V）：给电容设定初始电压 Capacitor initial voltage，单位为 V。勾选后（如图 3-6 所示）可以对电容中的初始电压值进行设定，也可以不设定，此时仿真模型会按照电路系统的稳态自行设定电压的初始电压。

（7）Measurements：测量复选框，可以选择 none、Branch voltage、Branch current、Branch voltage and current。

在后面的章节中，这一个模块会被多次应用到。

3.3.3 变压器

在 Elements 库中有很多变压器模型，如表 3-2 所示，有 Linear Transformer（线性变压器）、Multi-winding Transformer（多绕组变压器）、Saturable Transformer（饱和变压器）、Three-Phase Transformer（Three windings）（三相三绕组变压器）、Three-Phase Transformer (Two windings)（三相两绕组变压器）、Three-Phase Transformer 12 Terminals（三相 12 抽头变压器）、Three-Phase Transformer Inductance Matix Type (Three Windings)（三相三绕组电感矩阵型变压器）、Three-Phase Transformer Inductance Matix Type (Two Windings)（三相两绕组电感矩阵型变压器）、Zigzag Phase-Shifting Transformer（Zigzag 移相变压器）。另外，还有一个带互感的线圈模型 Mutual Inductance。

Linear Transformer（线性变压器）和 Saturable Transformer（饱和变压器）是单相变压器模型。两者的差别仅仅是后者考虑了铁芯饱和特性。下面以饱和变压器为例进行介绍。图 3-8 是考虑铁芯饱和的单相变压器模型。

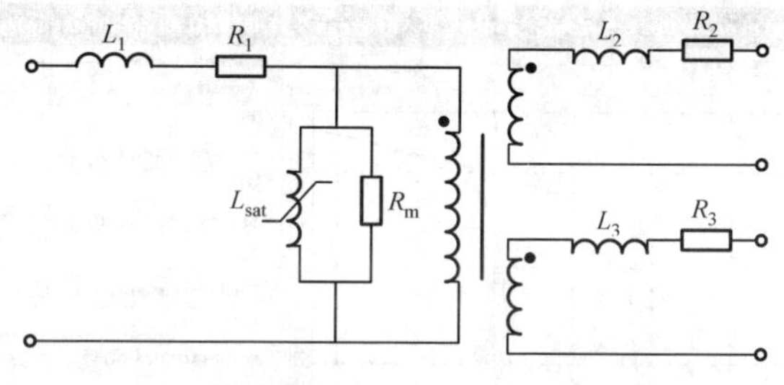

图 3-8 饱和变压器等效模型

在图 3-8 中，R_1、L_1 为变压器一次绕组电阻和漏感，R_2、L_2 和 R_3、L_3 分别为两个二次绕组的电阻和漏感，Rm 反映铁芯的磁阻损耗，L_{sat} 反映铁芯的饱和特性。对这些参数的设置，如图 3-9（b）所示。对这些参数，可以使用标准单位，也可以在标幺值下进行设置。需要说明的是 Saturation characteristic（饱和特性），即对铁芯的磁化曲线进行设置，在图 3-9（a）中有一项 Simulate Hysteresis，若不选中则设置为单磁化曲线，若选中则设置成磁滞回线的形状。Hysteresis Mat file 则指定所设置的磁滞回线参数的保存文件的文件名，可以保存多个文件，根据需要选择使用，不同的变压器可以使用相同的磁滞回线也可以使用不同的磁滞回线。

单磁化曲线的形状根据对 Saturation characteristic 的设置自动生成。磁滞回线的设置需要使用 Powergui 里面的 Hysteresis Design Tool。Multi-Winding Transformer、Three-Phase Transformer (Two windings)、Three-Phase Transformer (Three windings) 等几个变压器的磁滞回线设置与之相同。Hysteresis Design Tool 对话框见图 3-10，在 MATLAB 命令窗口中输入 power_hysteresis 也可以打开 Hysteresis Design Tool 对话框。

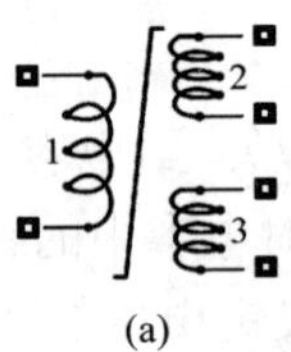

(a)

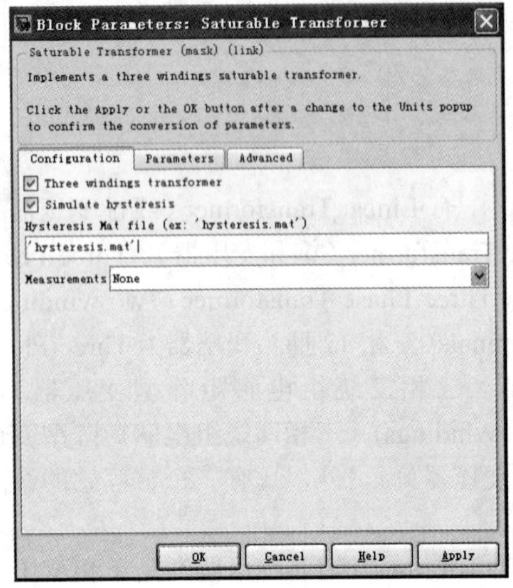

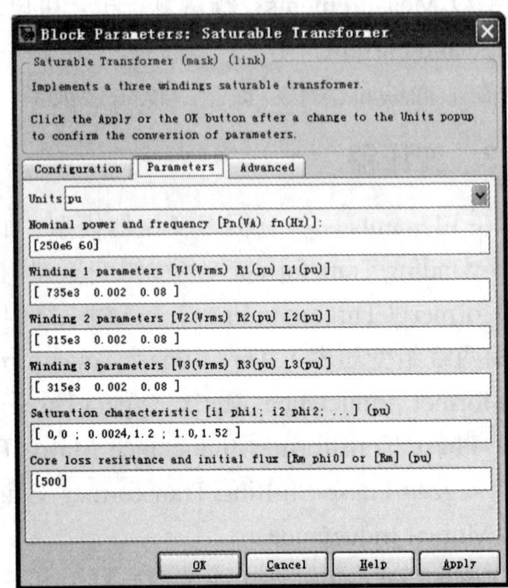

（b）

图 3-9　饱和变压器图标和参数设置对话框

(a) 饱和变压器图标; (b) 参数设置对话框

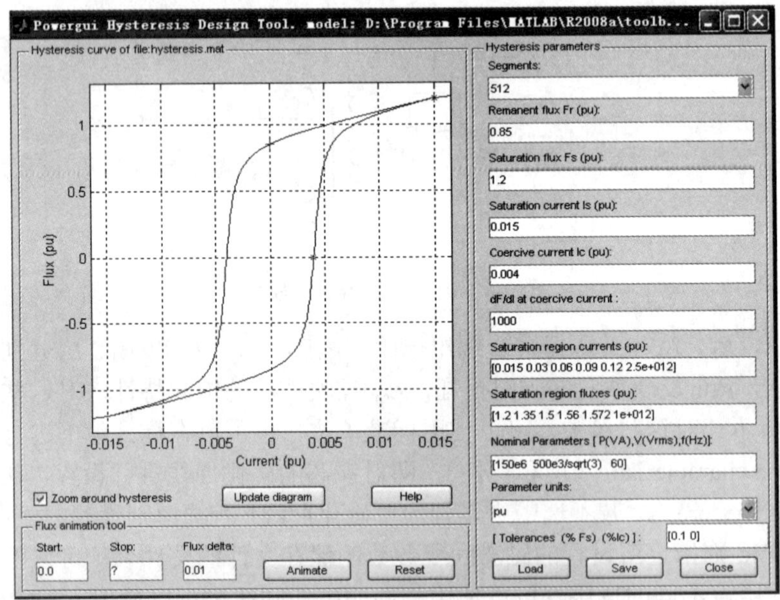

图 3-10　Powergui/Hysteresis Design Tool 设置对话框

参数设置如下所述。

（1）Segments：段数。下拉菜单，指定磁滞回线右边曲线的线性段，缺省为 512，左边区域与右边对称。

（2）Remanent flux Fr：剩余磁通 Fr，指定磁滞特性曲线的剩余磁通点，即绕组电流为 0 时的铁芯中的磁通。

（3）Saturation flux Fs：饱和磁通，指定磁滞特性曲线的饱和磁通点。

（4）Saturation current Is：饱和电流 Is，指定进入磁滞曲线饱和区时对应的电流。

（5）Coercive current Ic：矫顽力，磁通为 0 时的电流，即曲线与电流负半轴的交点。

（6）dF/dl at coercive current：矫顽力（磁通过零点）处磁通的斜率。

（7）Saturation region currents：饱和区域电流。自定义饱和特性的电流点，指定的点数必须与“饱和区磁通点（Saturation region fluxes）”参数项中点数相一致。仅需设置磁滞特性曲线的正半部分即可。

（8）Saturation region fluxes：饱和区域磁通，与饱和区域电流对应设置，数目应相同。

（9）Nominal Parameters[P (VA)，V(Vrms)，f(Hz)]：变压器额定参数设置，指定变压器额定功率、电压、频率，便于进行磁滞特性参数的转换。

（10）Parameter units：参数单位，可以选择为标幺值 pu，也可以选择标准值 SI。根据选择把定义磁滞特性曲线的参数的有名（SI）值转换为标幺值（p. u.），或把其标幺值转换为有名值。

（11）Load：打开一个以保存的设置好的磁滞回线的 mat 文件。

（12）Save：将当前设置的磁滞回线保存成 mat 文件。

（13）Close：关闭当前对话框。

（14）Update diagram：更新曲线。当对右边的选项进行设置以后，单击 Update diagram 才能显示更改以后的曲线。

库中有多种变压器，各个变压器需设置的参数不尽相同，但基本项（功率、电压、变比或绕组匝数等）是一样的，需要读者在运用这些模型进行仿真时具体情况具体分析。

3.4 电 机 库

电机库中主要包含四类模型：同步电机、异步电机、直流电机、原动机和调节器。每一类里面有多种模型，如异步电机有 Asynchronous Machine pu Units、Asynchronous Machine SI Units、Single Phase Asynchronous Machine，同步电机包括 Simplified Synchronous Machine pu Units、Permanent Magnet Synchronous Machine、Synchronous Machine SI Fundamental 等，详见表 3-3。本节仅介绍较为常用的异步电机模型，其他模型读者可参考帮助文件。

电机库中有 3 个异步电机模型，一个单相的异步电机 Single Phase Asynchronous Machine，两个三相的异步电机，其中 Asynchronous Machine pu Units 的参数采用标幺值，Asynchronous Machine SI Units 则采用国际标准单位制进行参数设置。本节以 Asynchronous Machine SI Units 为例对异步电机进行介绍。

电机的电气部分使用 4 阶状态方程模型，机械部分使用 2 阶状态方程模型，所有电气参数和变量都折算到定子侧，坐标系选用任意两相坐标系（dq 坐标系）。

Asynchronous Machine SI Units 的图标和参数设置对话框如图 3-11 所示，这和以前的版本不一样，以前版本的电机参数在一个对话框窗口中即可完成，MATLAB2008a 需要在同一个对话框的两个选项卡下进行设置，所设置的内容是一样的。下面通过对参数设置的介绍逐步说明 Asynchronous Machine SI Units 电机模型的使用与功能。

(a)

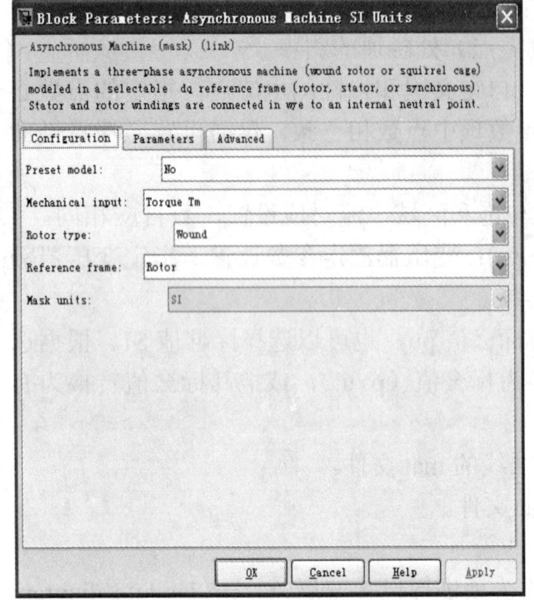

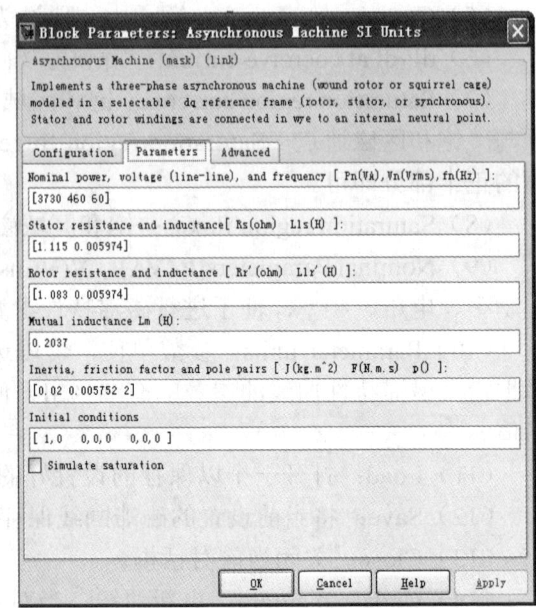

（b）

图 3-11　异步电机图标和参数设置对话框

(a) 异步电机图标；(b) 参数设置对话框

在图 3-11（a）中，对需要设置的参数做如下所述。

（1）Preset model：预置模型。库中提供了 21 个已经设置好电气参数和机械参数的电机模型，下拉菜单如图 3-12 所示。具电机模型可以直接选择使用，选择 no 则可以自定义所有的电机参数。

（2）Mechanical input：机械输入端口。可以选择为转矩 Torque Tm，此时电机的转速由转动惯量 Inertia J［后文会提到，在图 3-11（b）中设置］与转矩 Te-Tm 共同决定。当转速为正时，若 Tm>0 则运行在电动机状态，若 Tm<0 则运行在发电机状态。该选项也可以选择转速 Speed w，此时不需要设置 Inertia J。

（3）Rotor type：转子类型，可设置为绕线式 Wound 或者鼠笼式 Squirrel-cage。

（4）Reference frame：参考坐标系选择。选择的是 abc—dq 变换和 dq—abc 变换的参考坐标系，Rotor（转子坐标系）、stationary（静止坐标系）、synchronous（同步旋转坐标系）。当转子三相电压不平衡或者不连续而定子三相电压平衡时推荐选择 Rotor；当定子电压不平衡或者不连续而转子电压平衡（或为 0）时推荐选择 stationary；当定、转子电压都平衡或者连续时推荐选择 stationary 或 synchronous。

图 3-11（b）中的参数设置，对应图 3-13 异步电机一相的等效模型。

（1）Nominal power, voltage (line-line), and frequency：电机的功率，单位为 VA；线电压，单位为 V；频率，单位为 Hz。

（2）Stator resistance and inductance：定子侧电阻 R_s 和漏感 L_{ls}，单位分别为Ω和 H。

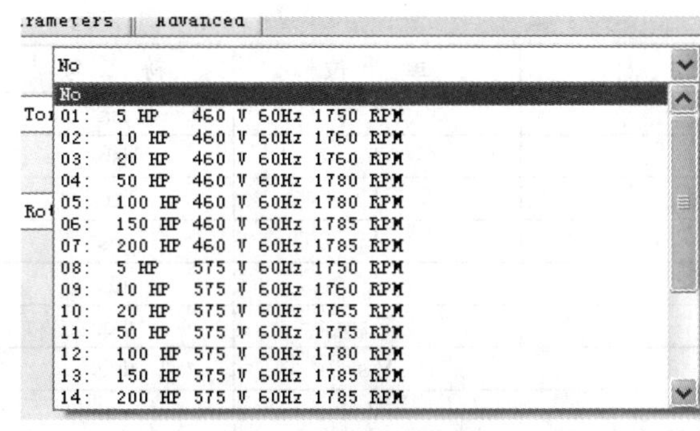

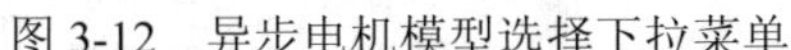
图 3-12 异步电机模型选择下拉菜单

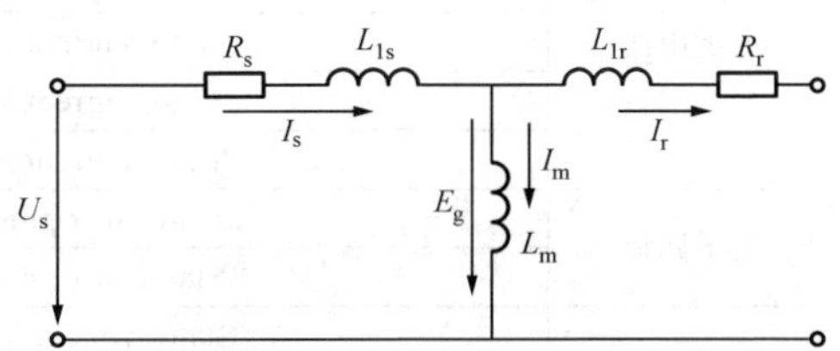

图 3-13 异步电机一相等效模型

（3）Rotor resistance and inductance：转子侧电阻 R_r 和漏感 L_{lr}，单位分别为 Ω 和 H，均是折算到定子侧的值。

（4）Mutual inductance：激磁电感 L_m，单位为 H。

（5）Inertia constant, factor, and pole pairs：转动惯量 J、摩擦系数 F、极对数 p，单位分别为 kg・m^2、N.m.s、对。摩擦阻力转矩 $Tf = F \times w$，其中 w 为电机转动的角速度。

（6）Initial conditions：设置电机初始状态，设置框里的数字一次代表[slip, th, ias, ibs, ics, phaseas, phasebs, phasecs]，即转差、电角度（度）、a 相定子电流（A）、b 相定子电流（A）、c 相定子电流（A）、a 相相位角（度）、b 相相位角（度）、c 相相位角（度）。若电机是绕线式电机，则设置框的数字依次代表[slip, th, ias, ibs, ics, phaseas, phasebs, phasecs, iar, ibr, icr, phasear, phasebr, phasecr]，在后面多了转子电流和转子三相初始相位角。

（7）Simulate saturation 和 Saturation parameters：电机定子、转子铁芯是否进行磁饱和仿真的设置，选中 Simulate saturation 后则出现 Saturation parameters 的设置框，设置一个 2 行 n 列的矩阵，第一行是定子电流，第二行是对应的定子端电压，第一列的值是饱和刚开始发生时的值，n 代表所取点的数目。

对话框中还有一个选项卡 Advanced Tab，只有一项需要设置。Sample time 式是采样时间，一般在有电机的模型中都是强电模型，因此模型中必然出现 Powergui。这里对 Sample time 设置为–1，则电机仿真时采样时间使用 Powergui 设置的时间。

电机有一个输出端口 m，可输出电机的电气量和机械量进行测量，需要 Bus selector 或者 Machines Measurement Demux 配合使用，MATLAB 推荐使用 Bus selector。可输出的量见表 3-8。

表 3-8 电机测量端口输出的量

信号描述	m 端输出量	单 位	符 号
转子电流	Rotor current ir_a	A	i'ra
	Rotor current ir_b	A	i'rb
	Rotor current ir_c	A	i'rc
	Rotor current iq	A	i'qr
	Rotor current id	A	i'dr
转子磁通	Rotor flux phir_q	V.s	Φ'qr
	Rotor flux phir_d	V.s	Φ'dr
转子电压	Rotor voltage Vr_q	V	v'qr
	Rotor voltage Vr_d	V	v'dr

续表

信号描述	m 端输出量	单　位	符　号
定子电流	Stator current is_a	A	isa
	Stator current is_b	A	isb
	Stator current is_c	A	isc
	Stator current is_q	A	iqs
	Stator current is_d	A	ids
定子磁通	Stator flux phis_q	V.s	Φqs
	Stator flux phis_d	V.s	Φds
定子电压	Stator voltage vs_q	V	vqs
	Stator voltage vs_d	V	vds
转子转速	Rotor speed	rad/s	ωm
电磁转矩	Electromagnetic torque Te	N.m	Te
转子角度	Rotor angle thetam	rad	Θm

需要注意的两点如下所述。

（1）异步电机模型不能仿真漏磁通饱和。在使用理想交流电压源 AC Voltage Source 进行三相连接时，三相电源接成星型和角型时应分别如图 3-14 所示。

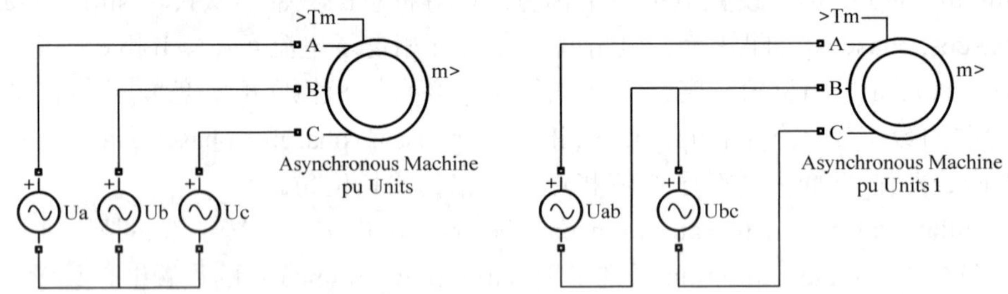

图 3-14　异步电机接法注意事项

（2）在离散仿真模型中使用异步电机模型时，需要在电机端连接寄生的电抗性负载，以避免发生振荡。采样时间越大则需要的负载越大，最小负载与采样时间成比例。在一个 60Hz 的系统中，采样时间为 25μs 时，最小负载约为电机功率的 2.5% 。举例说明，一个 200MVA 的异步电机仿真模型，离散的采样时间为 50μs，则需要电机功率 5%的负载功率，为 10MVA，如果采样时间减小为 20μs，则 4MVA 的电阻即可满足条件。

3.5　电力电子库

电力电子库中包含常用的电力电子元器件和电力电子组件，如二极管 Diode、MOSFET、IGBT、GTO、不控整流桥、两电平通用桥式电路、三电平桥式电路等。如表 3-5 所示。进行电力电子系统仿真时，主电路可以直接使用库里提供的桥式电路，也可以自己使用分立元件构建。这些电力电子器件模型中含有电感，如果电感值不是设置为 0 则器件具有电流源的性质，在没有连接缓冲电路时不能事先与电感或电流源相连接，也不能开路工作，因此器件的缓冲电路一般不能去掉。在含有电力电子器件的电路或系统仿真时，仿真算法一般选用刚性积分算法，如 ode23tb、ode15s 等，这样可以得到较快的仿真速度。下面就几种常用的电力电子器件的模型与使用进行介绍。

3.5.1 绝缘栅双极型晶体管

IGBT（绝缘栅双极型晶体管）是一种全控器件，门极为电压信号（在 SimPowerSystem 的仿真模型中所有器件不区分电压控制型和电流控制型），是目前市场应用的主流半导体器件。不同的 IGBT 模块有不同的参数，在 SimPowerSystem 里面，只关心 IGBT 的部分参数如内阻、导通压降及 RC 缓冲电路等，而不考虑其电压电流等级，实际上 IGBT 的耐压和耐流能力是选取 IGBT 时要考虑的最基本的问题。IGBT 在实际使用的时候多采用一个反并联二极管，在 Power Electronics 库中有一个 IGBT/Diode 模块，读者可以根据需要选择使用。

SimPowerSystem 中 IGBT 模块的内部结构如图 3-15 所示，c 为集电极，e 为发射极，g 为栅极也可叫门极。

IGBT 的伏安特性如图 3-16 所示，文字描述为：

当 Vce>Vf 且 Vg>0 时，IGBT 导通，在实际应用中一般要求开通信号 Vg 为 10V～15V。

当 Vce<Vf 或 Vg=0 时，IGBT 关断，在实际应用中一般要求 Vg 为一个稳定的负压（如 −10V）以使得 IGBT 可靠关断。

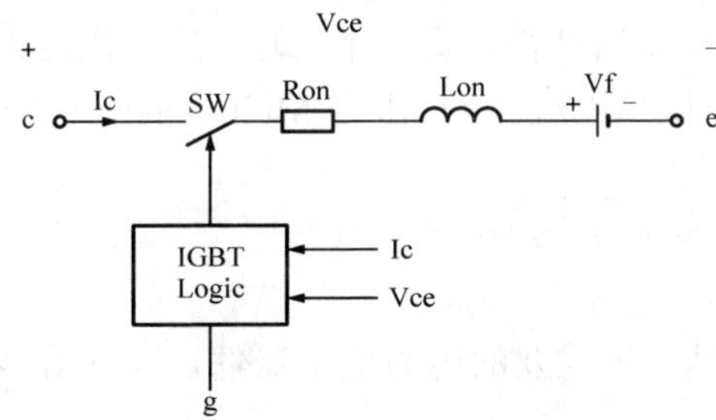

图 3-15 IGBT 模型的内部结构

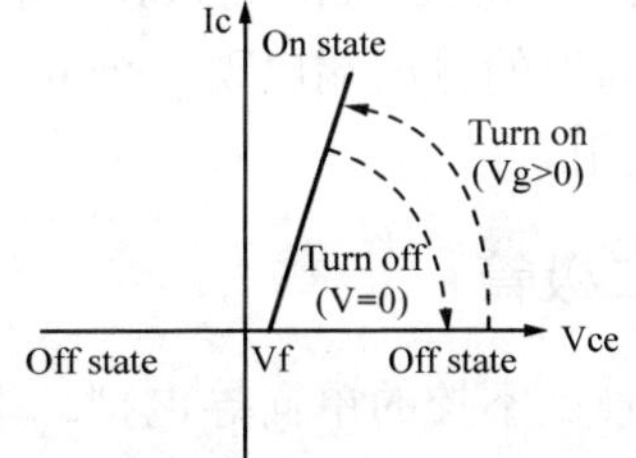

图 3-16 IGBT 模块的伏安特性

SimPowerSystem 中的 IGBT 模块图标和参数设置对话框如图 3-17 所示。

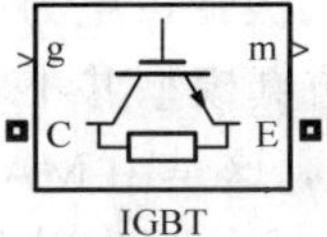

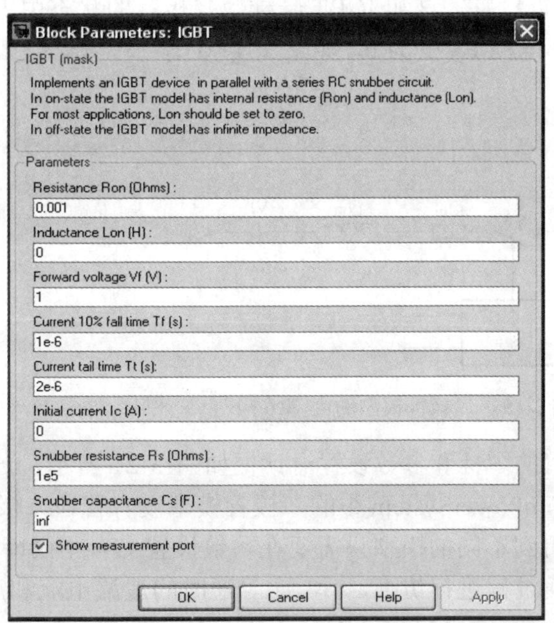

图 3-17 IGBT 图标和参数设置对话框

（1）Resistance Ron：IGBT 管子内部电阻，单位为Ω，主要是当 IGBT 导通时起作用。

（2）Inductance Lon：IGBT 内部电感，单位为 H。Ron 和 Lon 不能同时为 0。

（3）Forward voltage Vf：图 3-15 中的 Vf，单位为 V。

（4）Current 10% fall time：电流下降时间，定义为电流 Ic 从最大值电流下降到 10%时的时间，单位为秒（s）。

（5）Current tail time：电流拖尾时间，电流从最大值的 10%降为 0 这段时间。

IGBT 关断过程分为两段，如图 3-18 所示。

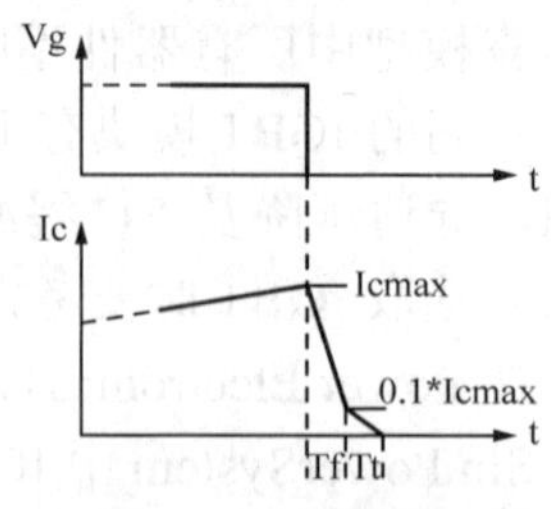

图 3-18　IGBT 关断过程示意图

（6）Initial current Ic：初始电流 Ic，单位为 A。这个值通常就选择缺省值 0，表示仿真模型从 IGBT 关断的状态开始。如果设置为一个大于 0 的数，则仿真模型认为 IGBT 初始稳态是导通状态。这个选项仅适合于简单的模型，复杂模型对所有变流器及其器件进行初始状态的设置是一件十分困难的事。

（7）Snubber resistance Rs：缓冲电路电阻 R，单位为Ω。

（8）Snubber capacitance Cs：缓冲电路电感 L，单位为 F。

（9）Show measurement port：显示测量端口。半导体器件都有这一个选项，选中以后再在器件的图标中的输出端出现一个 m，输出器件的端电压和电流，可以配合 Multimeter 或者 Bus Selector 使用。

3.5.2　二极管

二极管是不控的单向导电型二端半导体器件，是一种重要的电力电子器件，功率等级范围很宽，其特性就是正向导通，反向截止。

SimPowerSystem 中 Diode 模块的内部结构如图 3-19 所示，A 为阳极，K 为阴极，二极管模型是由一个电阻、一个电感、一个直流电压、一个开关串联而成，同时并联了缓冲电路 RC，RC 参数可以设置，这和 IGBT 一样。二极管的状态由 I_{AK} 和 V_{AK} 控制，当 $V_{AK}>V_f$ 时， 二极管导通，当电流 I_{AK} 变为 0，如果 $V_{AK}<0$ 则二极管保持截止状态而不会导通。其伏安特性如图 3-20 所示。

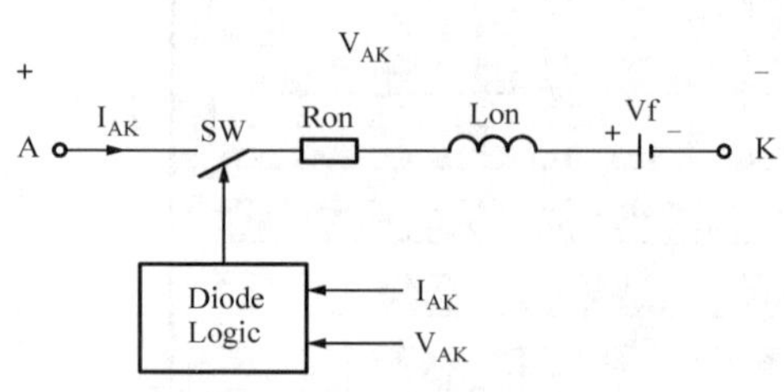

图 3-19　二极管模型的内部结构

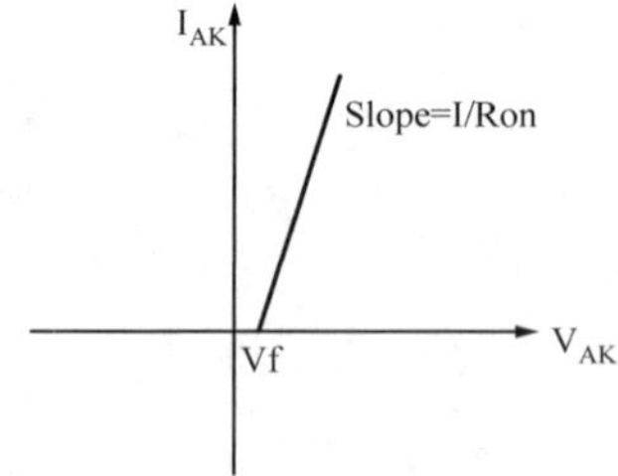

图 3-20　二极管伏安特性

二极管的图标和参数设置对话框如图 3-21 所示，各项参数设置可以参考 IGBT，二者差别不大。SimPowerSystem 中的二极管模型没有普通二极管、肖特基二极管、电力二极管等的区分，要得到不同的模型只需要在参数设置上有不同即可。二极管仿真模型并不对二极管开通关断过渡过程进行仿真，不考虑导通时的泄漏电流和反向恢复特性，这是由 MATLAB 工具箱的特点决定的，MATLAB/Simulink 是系统级的仿真，不对器件的具体瞬态动作过程进行仿真。

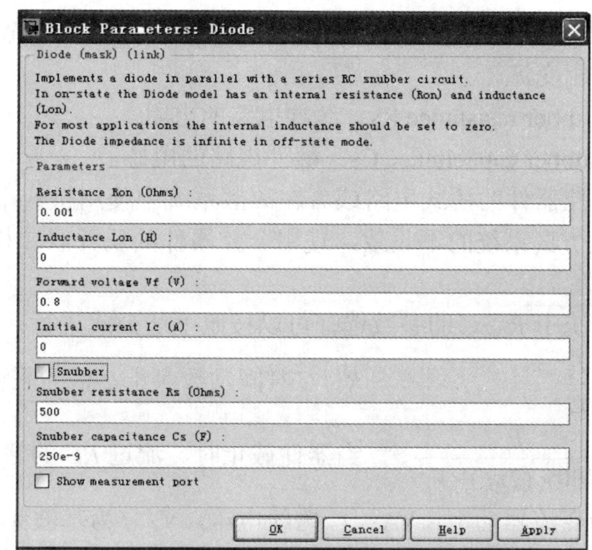

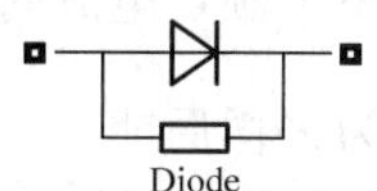

图 3-21　二极管图标和参数设置对话框

3.5.3　通用桥式电路

在进行整流器或者逆变器的仿真时，常常需要将几个半导体器件组合起来使用，SimPowerSystem 提供了一个两电平的桥式电路和一个三电平的桥式电路，可直接用作逆变器或整流器使用，这就像半导体器件厂商提供的模块组件一样，使用起来比分立元件更方便也更可靠。桥臂中所有开关管的电压电流均可测量。

Universal Bridge 的图标和参数设置对话框如图 3-22 所示。

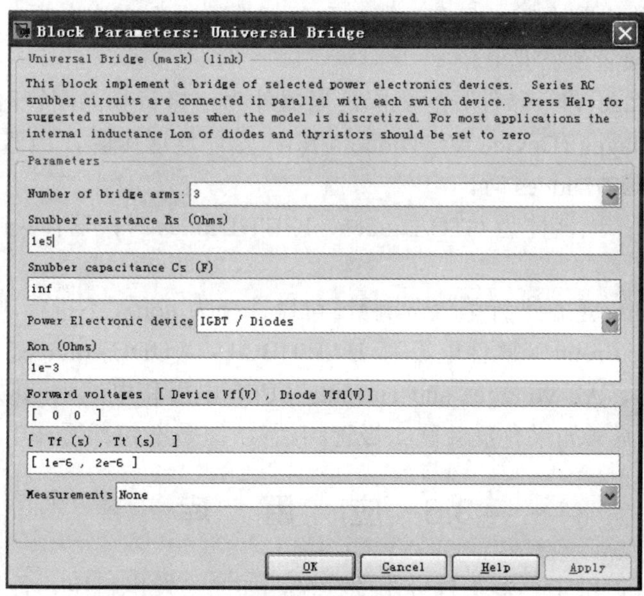

图 3-22　Universal Bridge 参数设置对话框

参数设置如下所述。

（1）Number of bridge arms：桥臂数目，可设置为 1、2、3，分别代表一个桥臂、两个桥臂、三个桥臂，各自包含2个开关器件、4个开关器件、6个开关器件。前二者实现单相变流，后者实现三相变流。

（2）Snubber resistance Rs：缓冲电路的电阻。

（3）Snubber capacitance Cs：缓冲电路的电感。

使用不控器件的桥式电路或者在离散系统中使用桥式电路，必须设置合理的缓冲电路，否则易造成仿真系统的不收敛，使用全控器件的反并联二极管作整流器使用时也需要做 RC 缓冲电路设置。

离散系统中R、C的参数选择可以按照下述公式进行：

$R > 2\dfrac{T_S}{C}$ R、C时间常数大于2倍的采样周期；

$C < \dfrac{P_n}{1000 \times (2\pi f) \times V_n^2}$ 当器件截止时，流过RC的基波电流小于额定电流的0.1%。

式中：P_n为变流器功率，VA；V_n为线电压，V；f为基波频率；T_S为采样周期。

（4）Power electronic device：电力电子器件类型。选择桥臂中所使用的电力电子器件，可以选择二极管、晶闸管、GTO/Diodes、MOSFET/Diodes、IGBT/Diodes、理想开关，分别如图3-23所示。

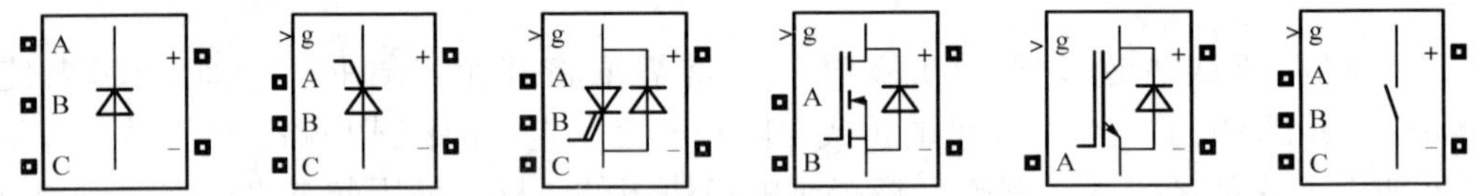

图3-23　Universal Bridge图标

（5）Ron：器件内阻。

（6）Lon：器件的内部电感，只有二极管和晶闸管的模型有这一项，在离散系统中，Lon 必须设置为0，它的缺省值就是0。

（7）Forward voltage Vf：器件导通压降，当器件为二极管和晶闸管时。

（8）Forward voltages [Device Vf, Diode Vfd]：器件导通压降，当器件为 GTO/Diodes、MOSFET/Diodes、IGBT/Diodes时。

（9）[Tf(s) Tt(s)]：当器件为GTO/Diodes、IGBT/Diodes时，器件关断时的时间，其定义与图3-18相同。

（10）Measurements：是否进行电气量测量。可以选择为none（不进行测量）、Device voltages（器件电压）、Device currents（器件电流）、UAB UBC UCA UDC voltages（线电压Uab，Ubc，Uca和直流电压Udc）、All voltages and currents（所有电压和电流）。其中测量的电流是包括反并联二极管中的电流（如果有反并联二极管的话），但是不包括缓冲电路中的电流。

3.6 应 用 库

SimPowerSystem提供了很多工程应用的模型，如风力发电机组、各种传动的电机、柔性输电系统等方面的模型。在其示例程序demos里面也有多个相关的模型，如FACTS models、Electric Drive Models、Distributed Resources Models等。MATLAB2008a还提供了一些新的示例模型，如图 3-24 的混合电动力传动模型 Hybrid Electric Vehicle (HEV) Power Train Using

Battery Model，使用到了 SimDriveline 和 SimPowerSystem 中的模块，因此安装 MATLAB 时需安装 SimDriveline 才能仿真运行混合电动力传动模型。大量的 Demos 是 MATLAB 的一大特色，使用者可以利用 MATLAB 提供的示例模型进行仿真，根据需要修改程序，能达到事半功倍的效果。

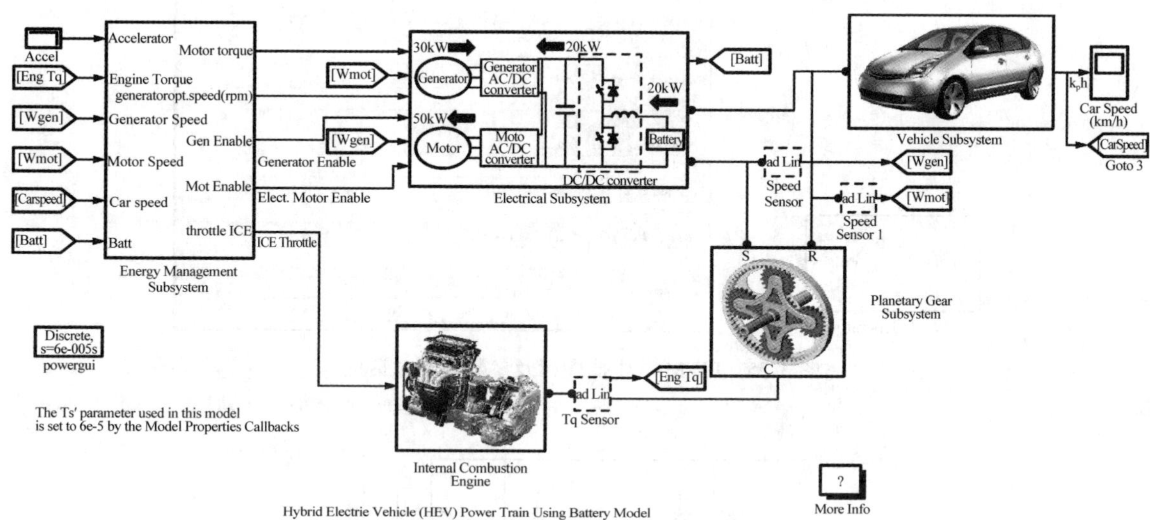

图 3-24　混合电动力传动仿真 demo

3.7　其他模块库

当可控电力电子器件工作时，门极需要驱动信号，SimPowerSystem 中提供这些控制信号。实际电路工作时，不同的开关器件需要不同的门极驱动信号。如晶闸管是电流控制型，IGBT、MOSFET 是电压控制型，IGBT 和 MOSFET 对门极信号的电压等级要求也有不同等。但在仿真模型中，门极驱动信号没有物理含义，仅仅在于信号的有无。Extra Library 库中包含各种控制模块和测量模块，见表 3-7，在一个电力电子仿真模型中，这些模块是必不可少的。

3.7.1　控制模块

控制模块有两个分类，一个是用于连续系统的 Control Blocks，一个是用于离散系统的 Discrete Control Blocks。二者的大部分模块存在对应的关系。具体的使用按需而定，下面介绍几个典型的模块。

1．PWM 发生器

PWM 调制方式在逆变器和整流器中都有广泛的应用。PWM Generator 是一个多功能模块，可以为 GTO、MOSFET、IGBT 等自关断器件提供门极驱动 PWM 信号，其 PWM 产生机制是正弦脉宽调制，即 SPWM。其图标和参数设置对话框如图 3-25 所示。所需设置参数如下：

（1）Generator Mode：发生器模式，可以选择 1-arm bridge (2 pulses)、2-arm bridge (4 pulses)、3-arm bridge (6 pulses)、Double 3-arm bridges (12 pulses)，分别对应一相桥臂（2 个脉冲）、两相桥臂（4 个脉冲）、三相桥臂（6 个脉冲）。三个桥臂（6 个脉冲）的 IGBT 电路驱动信号顺序如图 3-26 所示。其中开关管 T1～T6 的标号顺序对应着 PWM Generator 产生的门极驱动信号的顺序。

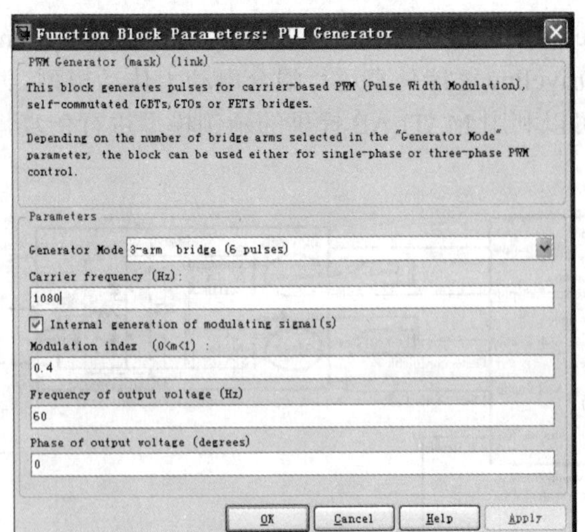

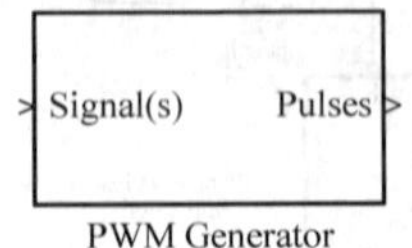

图 3-25　PWM 发生器图标及参数设置对话框

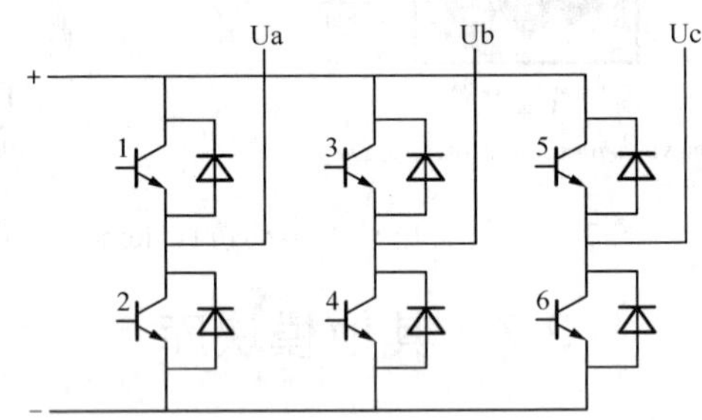

图 3-26　PWM 发生器输出脉冲的顺序

（2）Carrier frequency：SPWM 的三角载波频率，单位为 Hz。

（3）Internal generation of modulating signal：是否选用内部调制信号，如果不选中，则门极信号端口需接外部的控制信号，外接信号数目应该和变流器的开关管数目对应，几个驱动信号组合成一个向量接入变流器（变流器如图 3-23 所示）；如果选中该项，则在该对话框中自定义调制波的幅度和频率，即需要对以下参数进行设置。

（1）Modulation index (0 < m < 1)：调制度，即调制波基波的最大值。其大小应在 0 与 1 之间，因为 PWM Generator 的三角载波幅值是 1。

（2）Frequency of output voltage：调制波基波频率。

（3）Phase of output voltage：调制波基波相位，单位为度。

对应的离散模型在 SimPowerSystem/Extra Library/Discrete Control Blocks 里。

2. 同步 6 脉冲发生器

Synchronized 6-Pulse Generator（同步 6 脉冲发生器）用于产生三相桥式整流电路晶闸管的触发脉冲，在一个周期内，产生 6 个触发信号，每一个触发信号间隔 60°。其图标和参数设置对话框见图 3-27。其对应的离散模型在 SimPowerSystem/Extra Library/Discrete Control Blocks 里。

输入端一共有 5 个信号。alpha_deg 控制移相角的大小，单位为度，设为 0 度时三相可控整流桥相当于不控整流桥；AB、BC、CA 用于接入信号的同步，同步的作用是使触发器产生的触发信号与整流主电路晶闸管需要被触发的时刻保持一致，并且保证三相桥 6 个晶闸管按照规定的顺序依次触发，因此同步信号要与晶闸管主电路的三相电源保持一定的相位关系；Block 是控制端口，如果输入 Block 的值大于 0，则输出被禁止，一般使 Block 接上 0 即可能输出。

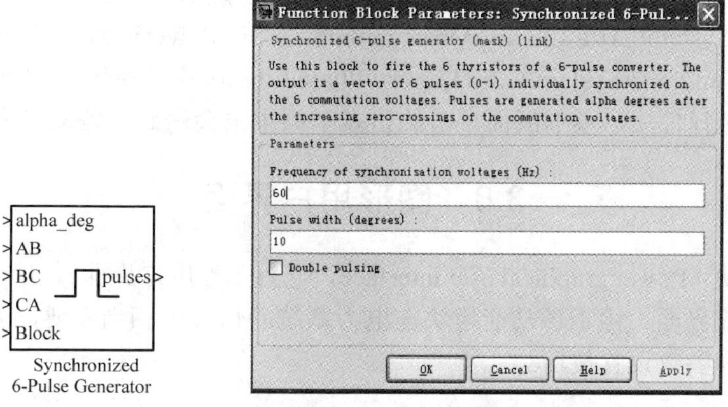

图 3-27　同步 6 脉冲发生器图标及参数设置对话框

参数设置如下：

（1）Frequency of synchronization voltages：同步电压的频率，应该根据外部主电路的频率设定，也是为了使触发信号和主电路同步的一个设置。

（2）Pulse width：脉冲宽度，单位为度。

（3）Double pulsing：双脉冲信号。如果选中则每一个时刻产生的触发信号是双脉冲的形式，双脉冲在实际中也有应用，保证晶闸管的可靠触发。

3. 可编程定时器

在仿真中往往需要使用到随时间变化的信号，使用其他源进行组合是很麻烦的。SimPowerSystem 提供一个可编程的定时器（Timer），可方便地实现随时间变化的信号。其图标和参数设置对话框如图 3-28 所示。第 3.3.1 节中介绍的断路器或者理想开关的控制信号就可以用 Timer 实现。参数设置如下：

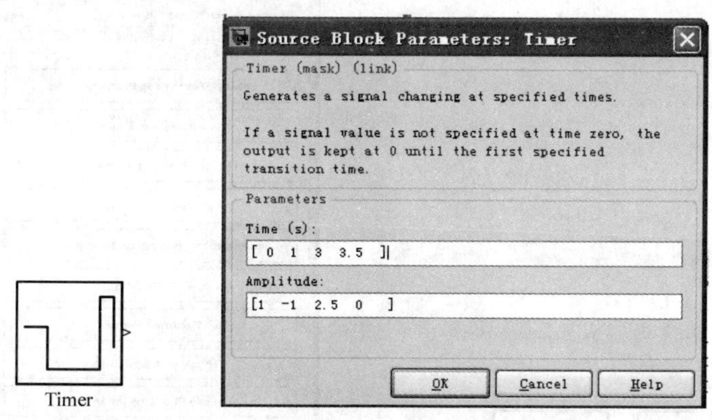

图 3-28　Timer 图标及参数设置对话框

（1）Time(s)：输出信号改变输出值的时间，单位为秒（s）。设置为向量的形式，向量的长度应该与 Amplitude 一致，时间可以从 0 开始设置，也可以不从 0 开始设置，如果不从 0 开始设置，则模块初始输出为 0。

（2）Amplitude：输出信号的值，设置为向量的形式，长度应与Time(s)一致。

3.7.2 测量模块

SimPowerSystem/Extra Library中提供许多有用的测量模块，如平均值、有效值、FFT等分别在SimPowerSystem/Extra Library/Mearsurements、SimPowerSystem/Extra Library/ Disceret Mearsurements、SimPowerSystem/Extra Library/Phase Library中。模块的详细列表见表3-7，读者可以根据需要选择使用，本书后面章节的仿真举例中也会用到一些测量模块。

3.8 图形用户界面

Powergui模块（Power graphical user interface，电力图形用户界面），是一种用于电路和系统分析的图形用户界面。由于该功能模块在电力系统的仿真中相当重要，因此本节将详细介绍它的使用方法和参数设置技巧。

3.8.1 调用方法

首先介绍它的调用方法：单击SimpowerSystems菜单栏，便可以看到Powergui模块，用鼠标右键单击该功能模块，弹出对话框，单击“Add to‘untitled’”，便可以将它复制到一个名为psbpowergui的模型窗口文件中（其后缀名为*.mdl），双击该功能，弹出它的属性参数对话框，如图3-29所示。为了后面分析问题方便起见，现将该模块的外形封装形式和属性参数对话框再绘于图3-29中。

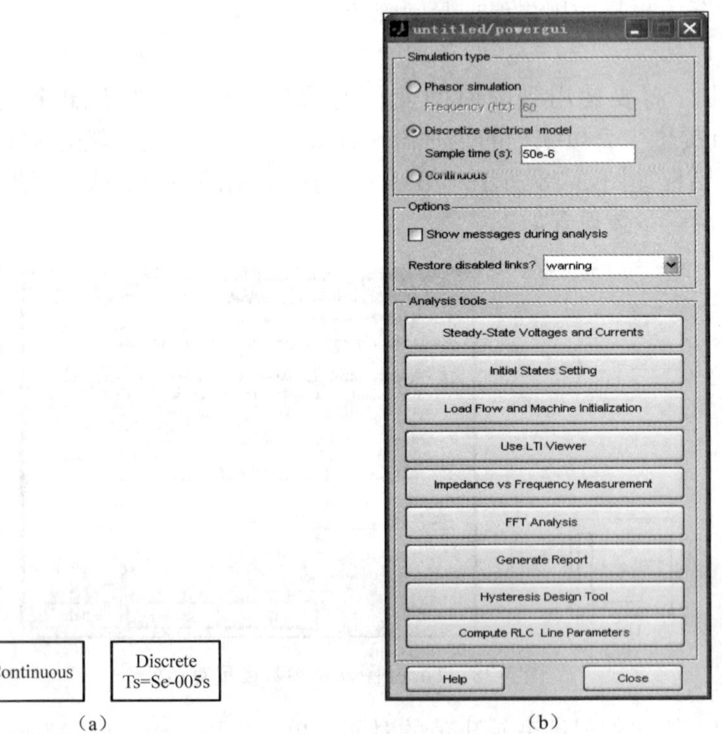

图3-29 Powergui的外形封装形式和属性参数对话框

（a）外形封装形式；（b）属性参数对话框

其次，Powergui 模块允许显示电路中被测电压和电流的稳态值，也可以显示所有其他状态变量值，如电感电流、电容电压等参数值。

再次，Powergui 模块允许修改初始状态以便可以在任何初始条件下进行某个电路（系统）的仿真分析。状态变量的名称与该仿真电路（系统）中已经存在的电容、电感等模块的名称相一致，并且在名称前加上类似于“UC_”标签（表示电容电压）、“IL_”标签（表示电感电流）等专门标签以示区别。

另外，Powergui 模块还允许执行负载潮流，其初始化包含三相电机的三相网络，以便系统从稳态开始仿真计算。此选项可以应用于包含电机类型的以下电路（系统）：①简化同步电机；②同步电机；③异步电机模块。

当然，当阻抗测量模块应用于该仿真电路（系统）中时，Powergui 模块还可以绘制出“阻抗-频率”仿真结果图。

需要提醒的是，如果使用了控制系统工具箱（Control System Toolbox），Powergui 模块还可以生成系统的状态空间模型（SS），并且自动打开 LTI 浏览界面来观察时域和频域响应特性曲线。

Powergui 模块还可以生成一个报告文件，内容包括测量模块、电源、非线性模型和电路状态量的稳态值，该报告文件的后缀名为.rep。

3.8.2 属性参数对话框

下面将 Powergui 模块的属性参数对话框的具体含义简单介绍一下。

Powergui 模块的属性对话框如图 3-29（b）所示。它的一些关键属性参数的含义分别为：

（1）Hide messages during analysis（分析时隐藏信息）：如果选中此项，则该仿真模型在仿真和分析时，将不会显示电力系统模块的相关信息。

（2）Phasor simulation（相量仿真）：如果选中此项，则模型中的电力系统模块将执行相量仿真，并且在频率参数设定的频率下进行仿真计算和分析。

（3）Frequency（频率）：如果选中此项，用于指定模型进行相量仿真时，该仿真系统中的电力系统模块的工作频率。如果“相量仿真（Phasor simulation）”参数项不被选中时，则频率参数项不可用。

（4）Discretize electrical model（离散化电气模型）：如果选择此项，电力系统模块将在离散化的模型下进行仿真分析和计算，其采样时间由采样时间（Sample time）参数项给定。

（5）Sample time（采样时间）：如果选择此项，用于指定电路中线性部分的状态空间矩阵，被离散化时的采样时间。设定“采样时间”参数为一个比 0 大的值。Powergui 模块的封装外形图标的名称就显示了其采样时间值，如图 3-29（a）所示。

（6）Steady State Voltages and Currents（稳态电压和电流）：单击该选项，可以弹出一个窗口，显示模型的稳态电压和电流等参数值。

（7）Initial states Setting（初始状态设置）：单击该选项，可以弹出一个窗口，允许读者显示和修改模型的初始电压和电流。

（8）Load Flow and Machine Initializations（潮流和电机初始化）：单击该选项，弹出一个窗口，用以执行潮流和电机初始化。

（9）Use LTI Viewer（应用 LTI 浏览器）：单击该选项，弹出一个窗口，启动控制系统工具箱中（Control System Toolbox）的 LTI 浏览器。

（10）Impedance vs Frequency Measurements（阻抗-频率测量）：单击该选项，弹出一个窗口，允许读者显示模型中阻抗测量模块（Impedance Measurement）的阻抗-频率测量值。

（11）FFT Analysis（快速傅里叶分析）：单击该选项，弹出一个窗口，利用 Powergui 模块中的快速傅里叶（FFT）分析工具，可以方便读者对该仿真系统中的一些重要变量进行傅里叶分析。

（12）Generate Report（生成报告）：单击该选项，弹出一个窗口，生成稳态计算结果报告表。

（13）Hysteresis Design Tool（磁滞设置工具项）：单击该选项，弹出一个窗口，方便读者对饱和变压器、三相变压器等模块的饱和铁芯的磁滞特性参数进行设置。

3.8.3 Steady State Voltages and Currents 窗口

Powergui 模块的 Steady State Voltages and Currents（稳态电压和电流）窗口，为了后面分析问题方便起见，现将它再绘于图 3-30 中。现将它的一些关键属性参数的含义简单介绍如下。

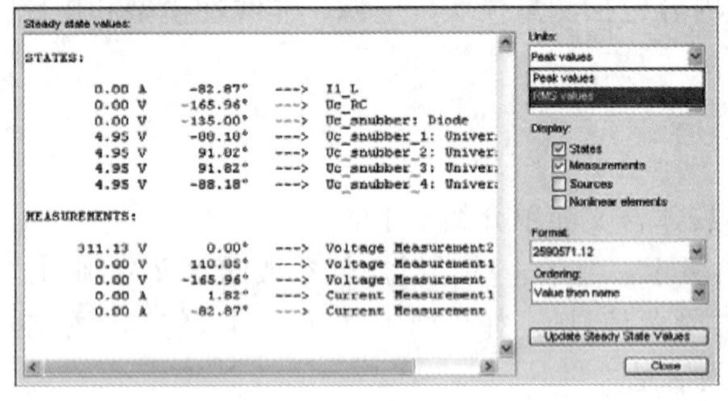

（a）

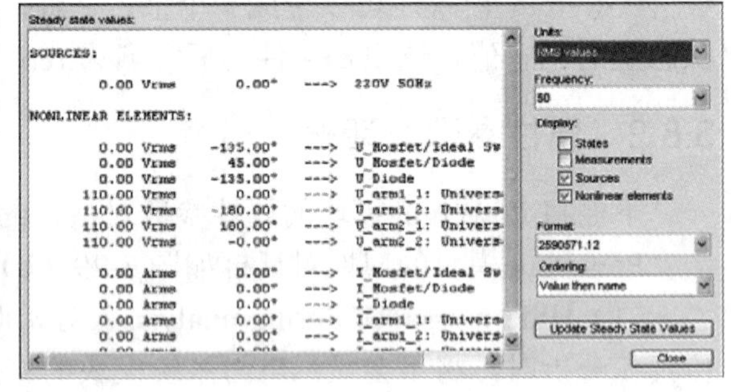

（b）

图 3-30 Powergui 模块的稳态电压—电流窗口

（a）States 和 Measurements 显示内容；（b）Sources 和 Nonlinear elements 显示内容

（1）Units（计量量纲类型）：设置计量量纲类型参数，当它为“峰值（Peak values）”时，可以显示所选测量量的峰值；当它为“有效值（RMS）”时，可以显示所选测量量的有效值。

（2）Frequency（频率）：允许读者选择频率，单位为 Hz（赫兹），用以显示相量。“频率”参数列出了模型中所有电源的频率，如图 3-30（a）所示。

（3）States（状态）：如果选中此项，该窗口便显示电路中电容电压、电感电流相量的稳态值，如图 3-30（a）所示。

（4）Measurements（测量量）：如果选中此项，该窗口便显示电路中被测模块电压和电流相量的稳态值，如图 3-30（a）所示。

（5）Sources（电源）：如果选中此项，该窗口便显示电路中电源电压相量的稳态值，如图 3-30（b）所示。

（6）Nonlinear elements（非线性元件）：如果选中此项，该窗口便显示电路中非线性模块的稳态电压和电流值。当模型中无非线性元件时，便在窗口中显示无非线性元件（--No nonlinear element--），如图 3-30（b）所示。

3.8.4 Initial States Setting 窗口

Powergui 模块的 Initial States Setting（状态变量初始值）窗口，如图 3-31 所示。现将它的一些关键属性参数的含义简单介绍如下。

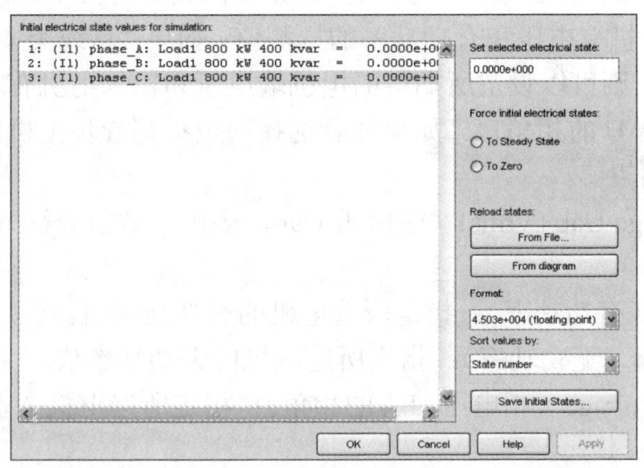

图 3-31 Powergui 模块的状态变量初始值窗口

（1）Set all states to steady state（设定所有状态为稳态）：如果选中此项，则指定电力系统各模块将利用初始条件进行稳态仿真计算。如果读者先前改变了初始条件，则必须选择“稳态（Steady State）”参数项，以便返回稳态初始条件值。

（2）Set all states to 0（设定所有状态为 0）：设定所有初始状态为 0。

（3）Set selected state（设定所选状态量）：设定所选状态量的初始值为一指定值。

（4）Apply（应用）：将读者所修改的初始值进行激活或者确认。

（5）Cancel（取消）：使用 Powergui 模块的默认初始值，取消读者所作的最后修改参数值。

3.8.5 Load Flow and Machine Initialization 窗口

Powergui 模块的 Load Flow and Machine Initialization（潮流和电机初始化）窗口，如图 3-32 所示。现将它的一些关键属性参数的含义简单介绍如下。

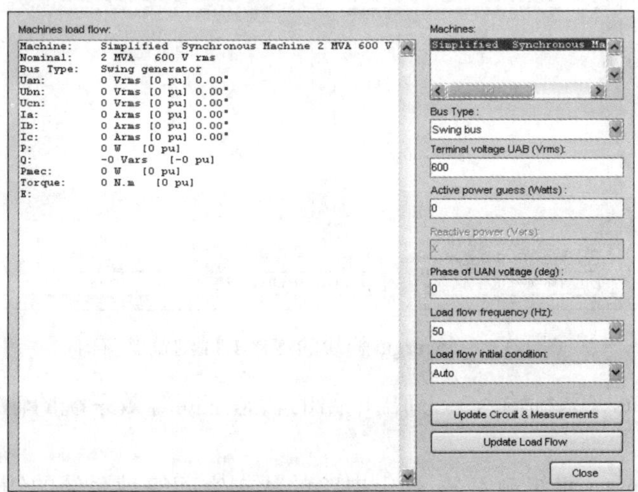

图 3-32 Powergui 模块的潮流和电机初始化窗口

（1）Machines（电机）：电机列表框，显示了读者所建立的仿真模型中简化同步电机、异步电机以及三相动力负载模块（3-Phase Dynamic Load）的名称。在列表框中选择一台电机或者一个负载，设置它的“潮流（load flow）”参数。

（2）Bus type（总线类型）：如果“总线类型”参数项被设定为“PV发电机（}&.vGenerator）”，则可以设定所期望的电机端电压和有功功率的推测值；如果“总线类型”参数项被设定为“摆动总线（Swing Bus）”，则可以设定所期望的电机端电压和输入电机有功功率的推测值，并指定电机终值A相相电压U的相角口。如果读者选择的电机是异步电机模块，则仅可以输入电机传递的机械功率的期望值。

（3）Terminal voltage Uab (Vrms)（端电压Uab，多用有效值表征）：指定所选电机的端电压值（有效值）。

（4）Active power（有功功率）：指定所选电机的有功功率值。

（5）Reactive power（无功功率）：指定所选电机的无功功率值。

（6）Phase of U_{AN} voltage（相电压U_{AN}的相角）：指定所选电机A相对地相电压U_{AN}的相角。

（7）Load flow frequency（潮流频率）：指定负载潮流计算所用的频率值（通常为50Hz或60Hz）。

（8）Load Flow initial condition（潮流初始条件）：如果选中此项，则潮流计算以上一次潮流计算结果为初始条件进行计算。如果潮流汇聚失败可以选择此选项进行计算。

（9）Update circuit & measurements（更新电路和测量量）：更新电机和电流值列表。

（10）Update load flow（更新潮流）：按照读者所给定的潮流参数进行潮流计算。

3.8.6 Link to the LTI Viewer 窗口

Powergui模块的Link to the LTI Viewer（连接LTI浏览器窗口），如图3-33所示。现将它的一些关键属性参数的含义简单介绍如下。

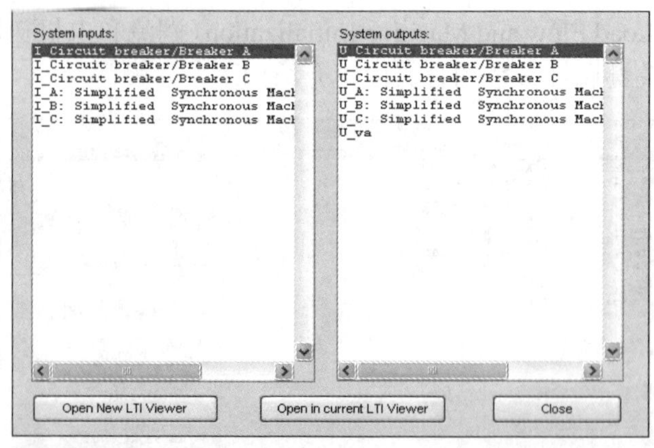

图3-33 Powergui模块的连接LTI浏览器窗口

（1）System inputs（系统输入）：列出电路的状态空间等效系统的输入量。利用LTI浏览器来选择输入量。

（2）System outputs（系统输出）：列出电路的状态空间等效系统的输出量。利用LTI浏览器来选择输出量。

（3）Open new LTI Viewer（打开新 LTI 浏览器）：生成电路的状态空间模型，并且打开 LTI 浏览器中用于被选择的系统输入量和输出量。

3.8.7 Impedance vs. Frequency Measurement 窗口

Powergui 模块的 Impedance vs. Frequency Measurement（阻抗-频率测量）窗口，如图 3-34 所示。现将它的一些关键属性参数的含义简单介绍如下。

（1）Measurement（测量）：所选模型中的阻抗测量模块。选择想得到的频率响应的模块。

（2）Axis（坐标轴）：定义阻抗和频率坐标轴的单位类型。其阻抗坐标轴单位分为线性（Linear）和对数（Logarithmic）两类；其频率坐标轴的单位也分为线性（Linear）和对数（Logarithmic）两类。

（3）Frequency range（频率范围）：指定频率相量范围（单位为 Hz）。读者可以在此处设定任何有效的 MATLAB 关于频率相量定义的表达式，比如 0:2:1000，或者 linspace(0, 1000, 500)，即线性空间定义(0, 1000, 500)。默认范围是 logspace(0, 3, 50)，即对数空间定义（0, 3, 50）。

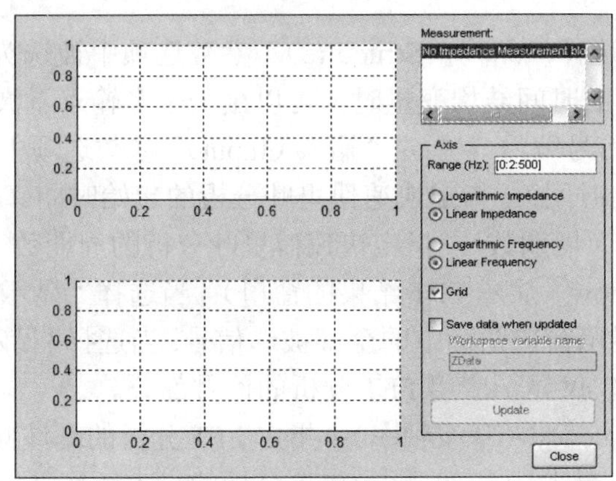

图 3-34　Powergui 模块的阻抗-频率测量窗口

（4）grid（网格）：若选中此项，则在两坐标图中将出现网格。

（5）Save data to workspace（保存数据至工作空间）：数据可以保存在工作空间的变量中。变量名称由变量名称（Variable name）参数决定或者定义。

（6）Update（更新）：单击此按钮，开始阻抗—频率的仿真计算，并显示仿真结果。

3.8.8 快速傅里叶分析工具窗口

Powergui 模块的 FFT Analysis Tool（FFT 分析）窗口，如图 3-35 所示。现将它的一些关键属性参数的含义简单介绍如下。

（1）Structure（结构）：列出呈现在工作空间中的时间结构变量（Structure with time）。时间结构变量是由读者模型中的示波器模块（Scope）设置的，其设置方法为：双击 Scope 模块，弹出它的属性参数对话框，单击它的参数（Parameters）按钮，弹出它的属性参数对话框，单击该属性参数对话框中的 Data history 下拉滚动条，弹出它的属性参数对话框，将“Sage data to workspace”选项勾掉（√），便将它的属性参数对话框激活，在 Variable name 栏键入需要进行 FFT 分析的变量名，在 Format（数据格式）栏中选取 Structure with time 栏，便完成变量的 Structure 定义过程。

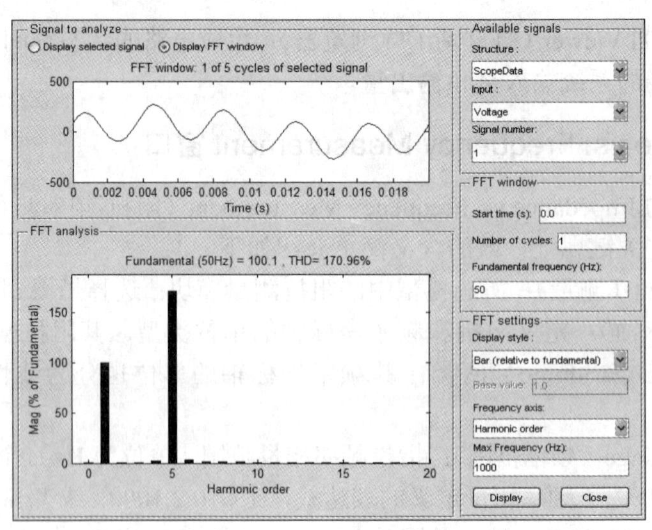

图 3-35 Powergui 模块的 FFT 分析窗口

（2）Input（输入）：选择“结构（Structure）”参数选项中被选为时间结构变量，作为输入信号。当存在多个输入的时间结构变量时，可以由一个多输入示波器模块产生。

（3）Signal Number（信号编号）：指定“输入（Input）”参数选项中被选为输入信号的编号。

（4）Start Time（起始时间）：指定快速傅里叶分析的起始时间。

（5）number of cycles（周期数）：指定快速傅里叶分析的周期数。

（6）Display FFT window（显示 FFT 结果的窗口）：当选择“显示全部信号（Display entire signal)”选项时，表示要显示窗口图标中的全部被选信号；当选择“显示 FFT 窗口（Display FFT window）”选项时，表示仅仅显示应用 FFT 分析的信号部分。

（7）Fundamental frequency（基波频率）：指定 FFT 分析的基波频率。

（8）Max Frequency（最大频率）：指定 FFT 分析的最大频率。

（9）Frequency Axis（频率坐标轴）：当选择“赫兹（Hz）”选项时，则表示以 Hz 来显示 FFT 分析结果；当选择“谐波次序（Harmonic order）”选项时，则表示以相对于基波频率的谐波次序来显示 FFT，分析结果。

（10）Display style（显示类型）：选择“bar (relative to Fund. or DC)”选项时，将使 FFT 分析结果被显示为相对于基波频率量或者直流量而言的条线图。当选择“bar (relative to specified base)”选项时，将使 FFT 分析结果被显示为相对于某特定的基准频率的条线图；该选项中的特定基准频率，是由“基准值（Base value）”参数选项来决定的。当选择“list (relative to Fund. or DC)”选项时，将使 FFT 分析结果，被显示为相对于基波频率量或者直流量而言的脉冲序列。当选择“list (relative to specified Ease)”选项时，将使 FFT 分析结果，被显示为相对于某特定基准频率的脉冲序列，这个特定的基准频率，是由“基准值（Base value)”参数选项来决定的。

（11）Base value（基准值）：指定所要显示谐波的基准频率值。

（12）Display（显示）：显示所选测量量的快速傅里叶分析结果。

3.8.9 磁滞设置工具窗口

Powergui 模块的 Hysteresis Design Tool（磁滞设置工具）窗口，参见第 3.3.3 节中的介绍。

3.9 应用举例

本节使用 SimPowerSystem 中的模块进行仿真实例介绍。

例 3-1 本例使用一个交流电源接一个阻感负载，在电路中串入一个断路器，用示波器显示断路器的控制信号和电路中的电流。仿真模型如图 3-36 所示。

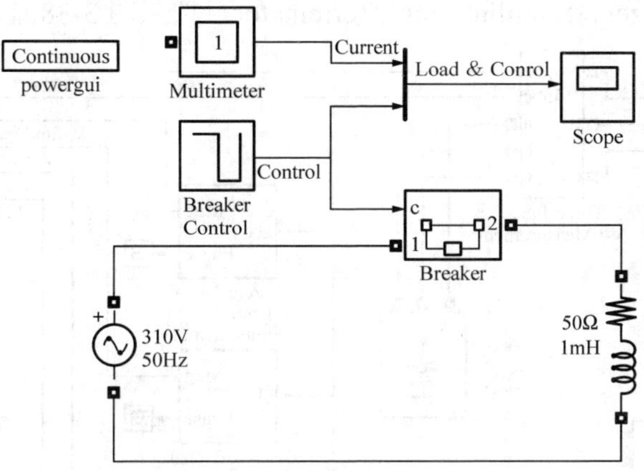

图 3-36 断路器仿真模型

选择 SimPowerSystem / Electrical Sources / AC Voltage Source、Simulink / Sink / Scope、SimPowerSystem / Elements / Breaker、SimPowerSystem / Extra Library / Control Blocks / Timer、SimPowerSystem / Elements / Series RLC Branch、SimPowerSystem / Measurements / Multimeter、Simulink / Signal Routing / Mux、放置在新建的模型中，并按照图 3-35 连接。

AC Voltage Source 设置为幅值为 310V，相位为 0 度，频率为 50Hz；Breaker 初始状态设为闭合；Timer 设置为时间[0 0.1 0.2]，幅值[1 0 1]，表示在 0～0.1s 输出 1，0.1～0.2s 输出 0，0.2s 以后输出 1；Series RLC Branch 设置为 RL 电路，其中 R=20Ω，L=0.001H，被测量量选为电流；Multimeter 中选中 Ib：50 Ohm 1 mH，测电流也可以直接使用 SimPowerSystem/ Measurements/Current Measurement 接在电路中。仿真时间设为 0.5s，仿真算法选择 ode23t。

运行程序，可得波形如图 3-37 所示。

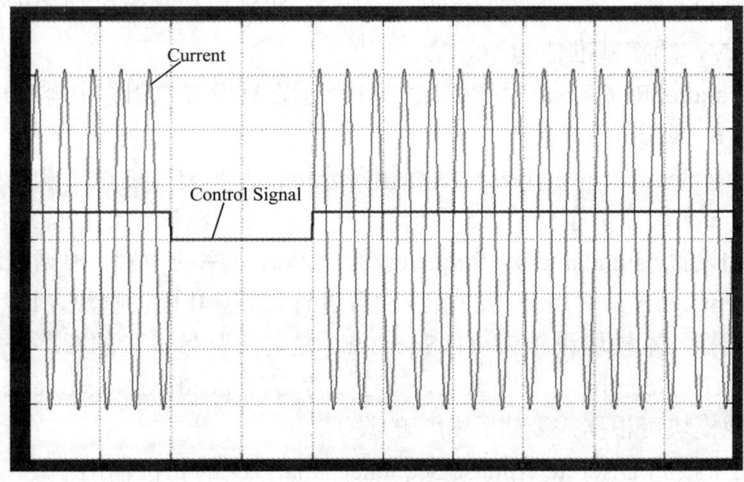

图 3-37 断路器仿真实例输出波形

例 3-2 使用三相可编程交流电源，在基波中加入 5 次谐波的负序电压，接三相负载，使用相序分析仪测量基波正序值和 5 次谐波的负序值。

选择 SimPowerSystem/Electrical Sources/3-Phase Programmable Voltage Source、SimPowerSystem/Measurements/Three-Phase V-I Measurement、SimPowerSystem/Elements /Three-Phase Parallel RLC Load、Simulink/Sink/Scope、SimPowerSystem/Extra Library/Discrete Measurements/Discrete 3-phase Sequence Analyzer、Simulink/ Sink/Terminator。按照图 3-38 连接模型。

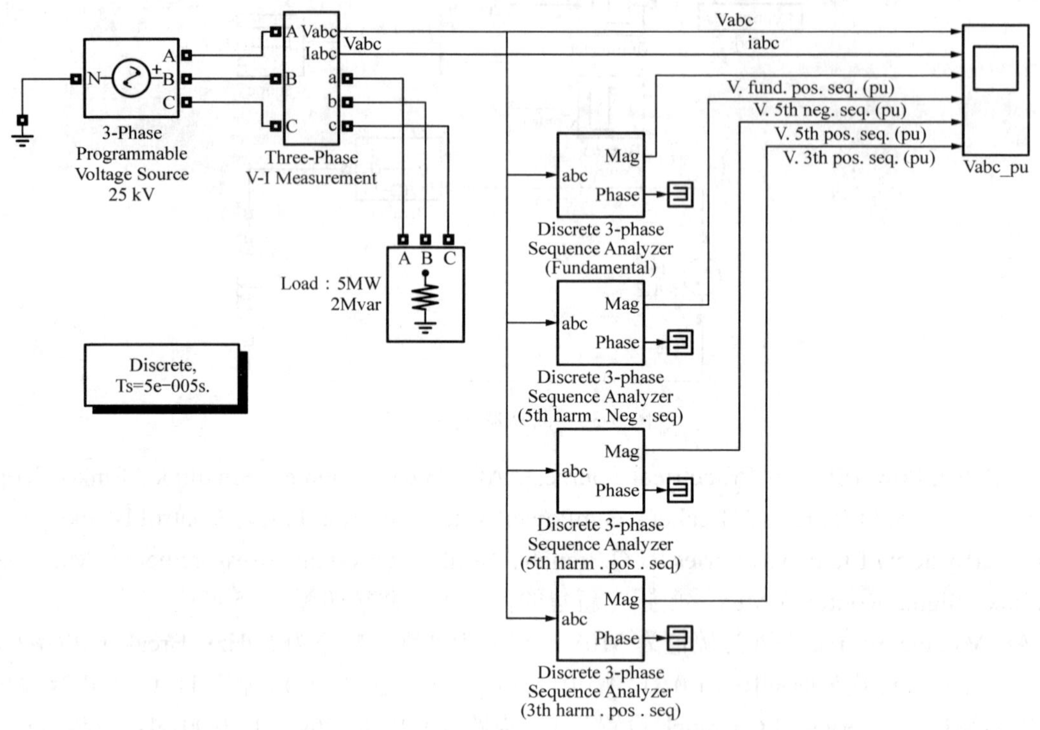

图 3-38 相序分析仪仿真模型

3-Phase Programmable Voltage Source 设置如图 3-39 所示，在 0.05s 时使基波幅值增加 0.5 倍，在 0.1s 时加入 5 次谐波的负序分量，幅值为 0.08，参数设置使用标幺值。

Three-Phase V-I Measurement 设置如图 3-40 所示，测试三相相电压和相电流，输出标幺值，电压基准值为 25kV，功率基准值为 10MVA。

Three-Phase Parallel RLC Load 设置如图 3-41 所示，只设置电阻，电容和电感均设置为 0。

Scope 设置为 6 个通道。

Discrete 3-phase Sequence Analyzer（3 相相序分析仪）另复制 3 个。从上到下分别测量基波电压正序分量、5 次谐波负序分量、5 次谐波正序分量、3 次谐波正序分量。图 3-42 是测基波正序分量模块的设置。Fundamental frequency 是对基波频率的设置，根据电路中基波的频率设置为 60Hz；Harmonic n 是对所分析的谐波次数进行设置，0 代表直流，1 代表基波、2 代表二次谐波，以此类推，本模块设置为 1；Sqeuence 是对所测量电量的相序进行设置，可设置为正序 positive、负序 Negative、零序 zero、正序负序零序 positive Negative zero 四种，本模块设置为正序。其他模块可根据需要进行相应的设置。

Terminator 用来接到 Discrete 3-phase Sequence Analyzer 的相位输出端，当某一路信号没有连接时，一般将它接到 Terminator 上，以免运行程序时 MATLAB 出现 warning（报警）。

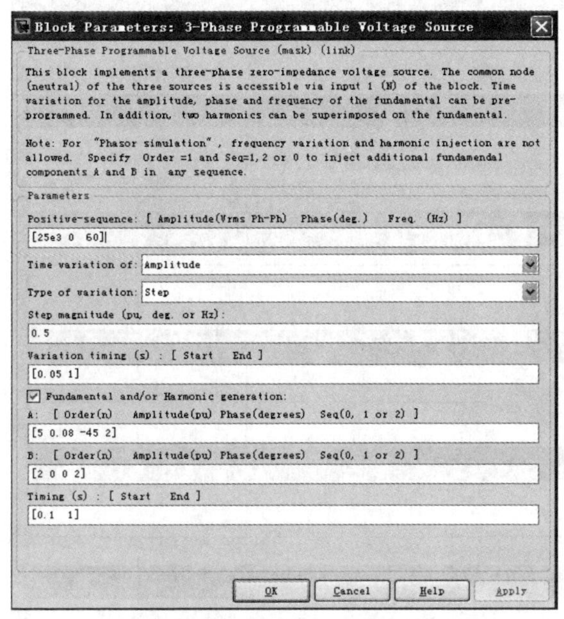

图 3-39 可编程电源设置

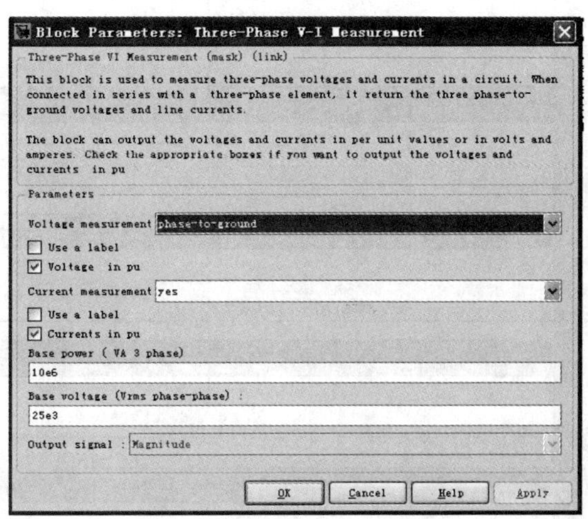

图 3-40 三相电压电流测量

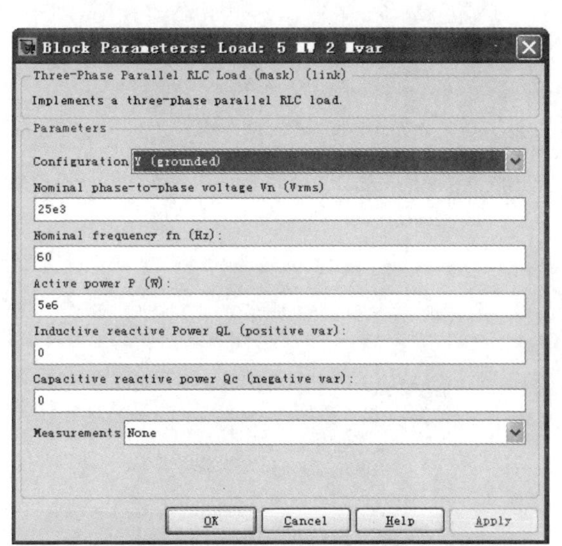

图 3-41 负载设置

Function Block Parameters: Discrete 3-phase Sequence Ana...

Discrete 3-Phase Sequence Analyzer (mask) (link)

This discrete block outputs the positive-, negative-, zero- or all sequence component(s) (Magnitude and Phase) of a set of three balanced or unbalanced signals which may contain harmonics. The three sequence components are computed as folllows:

V1 = 1/3 * (Va + a*Vb + a^2 *Vc)
V2 = 1/3 * (Va + a^2*Vb + a *Vc)
V0 = 1/3 * (Va + Vb + Vc)
where: Va, Vb, Vc = input phasors at specified frequency
a =exp(j *2pi/3) = 1 < + 120 deg. complex operator

The input contains the vectorized signal of the three [Va Vb Vc] sinusoidal signals Output one and two give respectively the magnitude (peak value) and phase (degrees) of the specified sequence component(s).
For the first cycle of simulation, the ouputs are held constant to the values specified by the parameter "Initial input".

Parameters

Fundamental frequency (Hz):
60

Harmonic n (0=DC; 1=fundamental) :
1

Sequence : Positive

Initial Input Pos. Seq. [Mag Phase(degrees)]:
[0 0]

Sample time:
50e-6

OK Cancel Help Apply

图 3-42 相序分析仪测基波正序分量

输出波形如图 3-43，从上到下依次为三相电压、三相电流、基波电压正序分量、5 次谐波负序分量、5 次谐波正序分量、3 次谐波正序分量。从图中可以看出，在 0.05s 时电压基波幅值增加了 0.5 倍，标幺值从 1 变到 1.5（基准值为 25kV），由于负载不变，电流也发生相同的变化。从 0.1s 开始电压里加入了 5 次谐波电压的负序分量，但是基波正序分量不变，0.1s 以后 5 次谐波电压的负序分量为 0.08（标幺值，基准值为 25kV），可以看到，因为电源中编程加入的是 5 次谐波的负序电压，因此 3 次谐波的正序和 5 次谐波的正序均为 0。

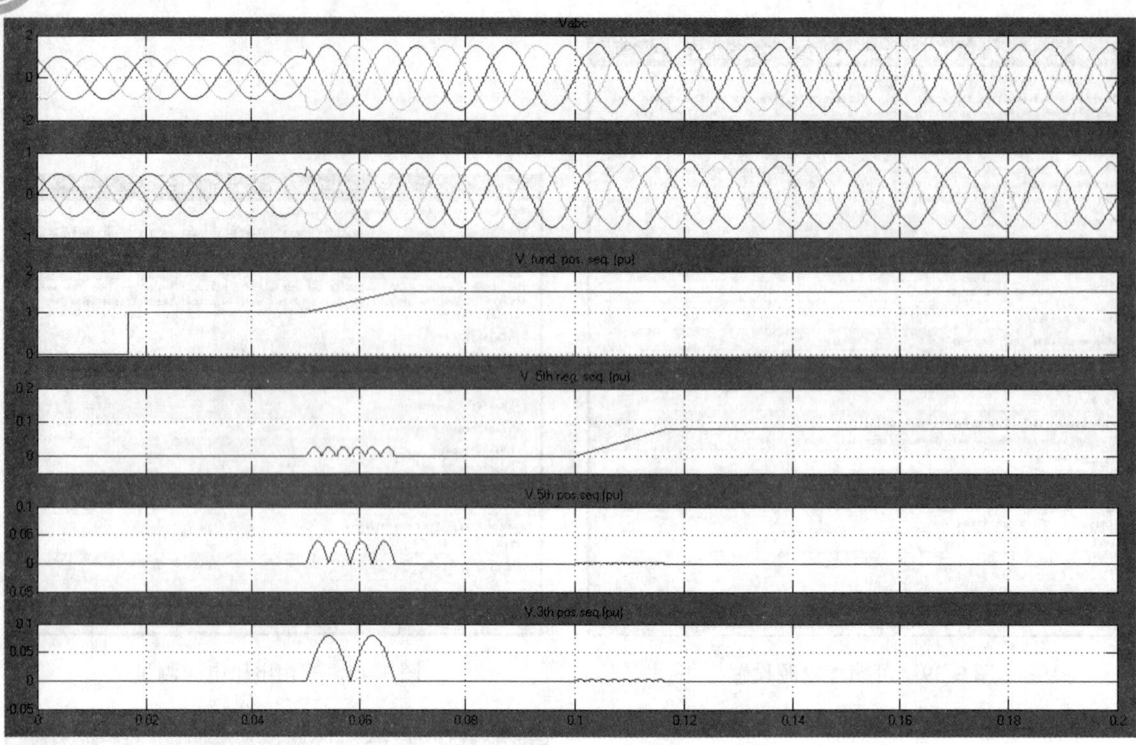

图 3-43　相序分析仪仿真实例输出波形

第 4 章

DC-DC 电路的仿真

直流-直流（DC-DC）变换器，能将一种直流电源变换为另一种具有不同输出特性的直流电源，是开关电源的核心。一般按照电路拓扑的不同，DC-DC 变换器分为不带隔离变压器的 DC-DC 变换器和带隔离变压器的 DC-DC 变换器，如图 4-1 所示。

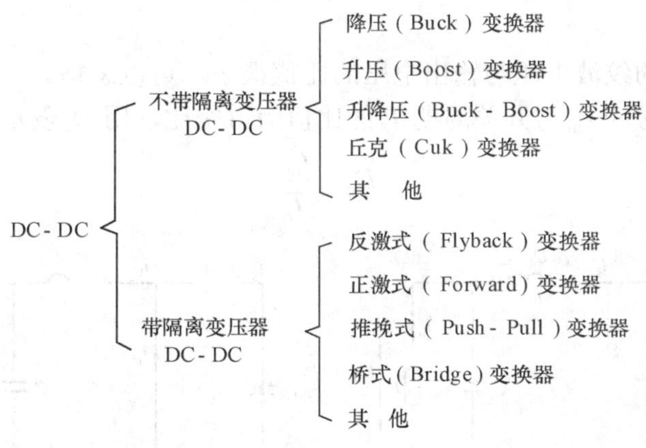

图 4-1　DC-DC 变换器分类

其中 Buck 电路和 Boost 电路是 DC-DC 变换器最基本的两种拓扑形式。DC-DC 变换器的主要功能是变换直流电压等级，隔离变压器则根据需要选取，其基本的作用是输入输出之间的隔离，也可进行变压。无论哪一种 DC-DC 变换器，主回路使用的元件都是功率半导体器件、电感、电容。目前使用的开关器件主要有 MOSFET、IGBT 以及二极管等。电感、电容是储存和传递电能的元件。DC-DC 变换器的基本手段都是通过开关器件的通断，使带有滤波器的负载线路与直流电源一会儿接通，一会儿断开，在负载上得到另一个等级的直流电压。

开关电源具有功耗小、效率高、体积小、重量轻、线路形式多样等诸多优点，在信息、航天、家电、军事、交通等领域得到普遍的应用，并取得明显的效果。

本章着重介绍 Buck 变换器、Boost 变换器、Buck-Boost 变换器、Cuk 变换器、单端反激变换器的原理，并进行 MATLAB/SIMULINK 仿真分析。

4.1　降压（Buck）变换器

降压式（Buck）变换器是一种输出电压等于或小于输入电压的单管非隔离直流变换器。图 4-2 给出了它的电路图。Buck 变换器的主电路由开关管 T，二极管 D，输出滤波电感 L 和输出滤波电容 C 构成。这种电路，电源是电压源性质、负载为电流源性质。电路完成把直流电压 U_S 转换为较低的直流电压 U_0 的功能。

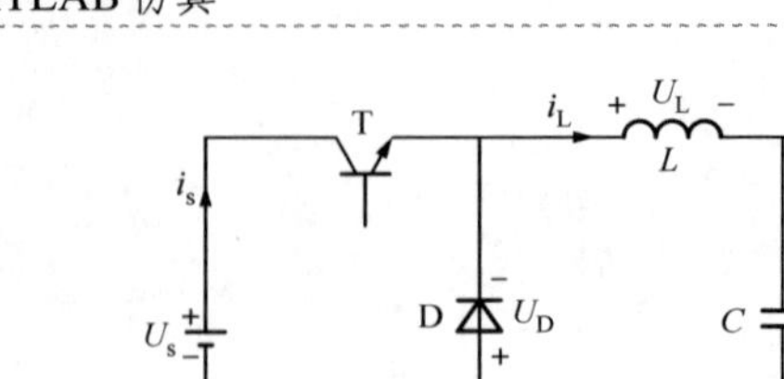

图 4-2　Buck 变换器

Buck 变换器的两个工况如图 4-3 所示。为了分析稳态特性，简化推导公式的过程，特作如下假定：

（1）开关管、二极管是理想元件，即可以在瞬间导通或截止，没有导通压降（导通时电阻为 0），截止时没有漏电流。

（2）电感、电容是理想元件。电感工作在线性区而未饱和，寄生电阻为零，电容的等效串联电阻为零。

（3）输出电压中的纹波电压与输出电压的比值很小，可以忽略。

定义开关管导通时间 t_{on} 与开关周期 T_s 的比值为占空比，用 D_c 表示。

$$D_c = \frac{t_{on}}{T_s} \tag{4-1}$$

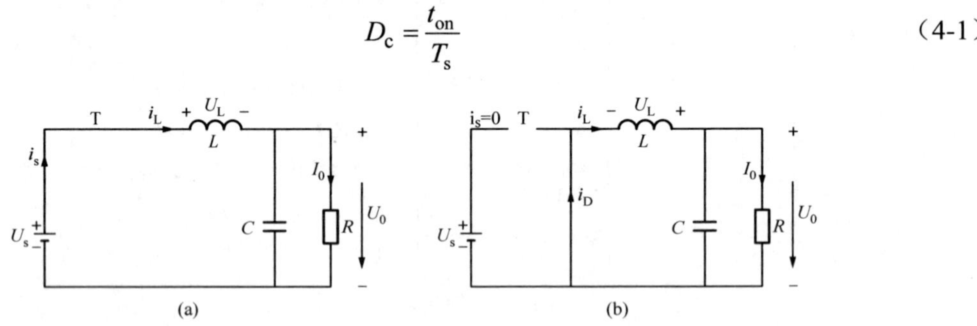

图 4-3　Buck 变换器电感电流连续的两种工作状态

（a）主开关管导通；（b）二极管续流

根据电感电流是否连续，Buck 变换器有 3 种工作模式——连续导电模式、不连续导电模式和临界状态。电感电流连续是指输出滤波电感 L 的电流总大于零，电感电流断续是指在开关管关断期间有一段时间流过电感的电流为零。在这两种工作方式之间有一个工作边界，称为电感电流临界连续状态，即在开关管关断期末，滤波电感的电流刚好降为零。它们工作波形有较大差异，图 4-4 是前两种工作模式的波形图。

1. Buck 变换器连续导电模式

（1）当开关管 T 导通时，如图 4-3（a）所示，续流二极管因反向偏置而截止，电容开始充电，直流电压源 U_S 通过电感 L 向负载传递能量。此时，电感电流 i_L 线性增加，储存的磁场能量也逐渐增加。负载 R 流过电流 I_0，两端输出电压 U_0 上正下负。在一个开关周期 T_s 内开关管 T 导通的时间为 t_{on}。

（2）当 T 关断时，如图 4-3（b）所示，由于电感电流 i_L 不能突变，故 i_L 通过二极管 D 续流，电感电流逐渐减小，电感上的能量逐步消耗在负载上，i_L 降低，L 上储能减小。电感电流减小时，电感两端的电压 U_L 改变极性，二极管 D 承受正向偏压而导通，构成续流通路，负载 R 端电压 U_0 仍然是上正下负。当 $i_L<i_0$，电容处在放电状态，以维持 I_0 和 U_0 不变。在一个周期 T_s 内开关管 T 断开的时间为 T_s-t_{on}。

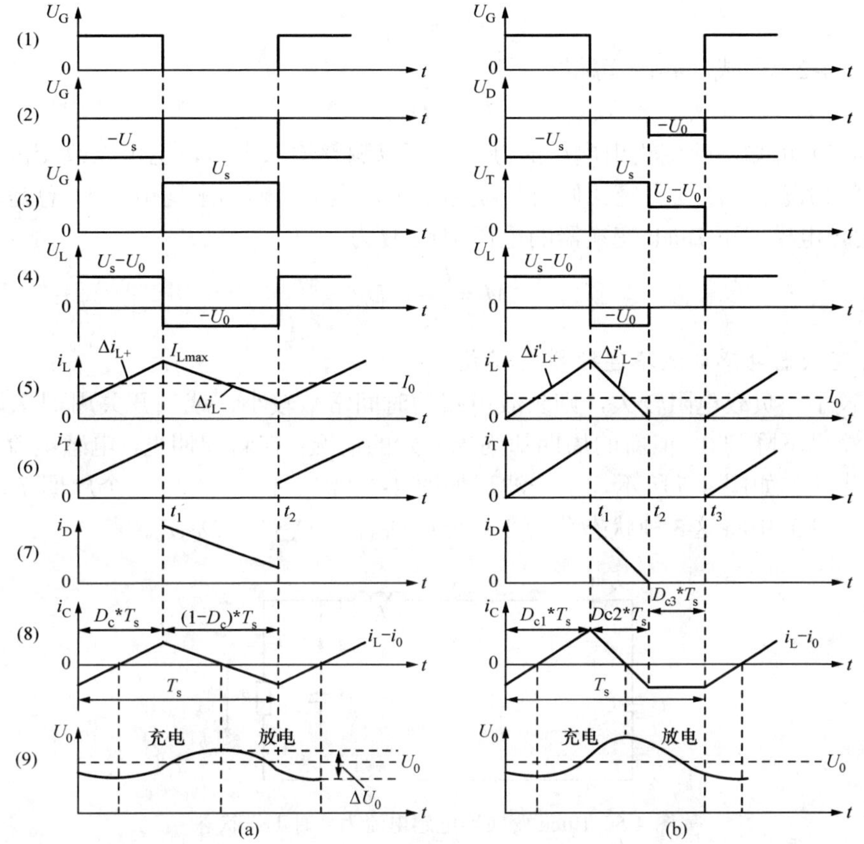

图 4-4 Buck 变换器工作波形

（a）Buck 电路连续工作模式；（b）Buck 电路不连续工作模式

在稳态分析中假定输出端滤波电容很大，输出电压可以认为是平直的。同样，由于稳态时电容的平均电流为 0，因为 Buck 变换器中电感平均电流等于平均输出电流 I_0。在连续导电模式下，电感电流不会减小到 0，前一个周期结束时刻和下一个周期开始时刻电流是连续的。

下面分析稳态工作的情况，得出输入输出之间的关系。工作波形如图 4-4（a）所示。

主开关管导通时，Buck 变换器工作在图 4-3（a）的状态。电源电压通过 T 加到二极管 D 两端，二极管 D 反向截止。电流流过电感，稳态时输入输出电压保持不变，则电感两端电压极性为左正、右负，忽略管压降有 $u_L=U_s-U_0$。由于储能电感的时间常数远大于开关周期，因而在该电压作用下输出滤波电感中电流 i_L 可近似认为是线性增长，直到 t_1 时刻，i_L 达到最大值 I_{Lmax}。电感电流线性上升的增量为：

$$\Delta i_{L+}=\int_0^{t_1}\frac{U_S-U_0}{L}dt=\frac{U_S-U_0}{L}t_1=\frac{U_S-U_0}{L}D_cT_S \tag{4-2}$$

当主开关管截止时，Buck 变换器工作在图 4-3（b）的状态。电感两端的电压极性为左负、右正，二极管导通续流，忽略管压降有 $u_L=U_0$，同样可认为电感中电流 i_L 可近似认为是线性下降，下降的量的绝对值为：

$$\Delta i_{L-}=\int_{t_1}^{t_2}\frac{U_0}{L}dt=\frac{U_0}{L}(t_1-t_2)=\frac{U_0}{L}(1-D_c)T_S \tag{4-3}$$

当电路工作在稳态时，电感电流 i_L 波形必然周期性重复，开关管 T 导通期间电感中的电流增加量等于其截止时电感中电流的减少量，即

$$\Delta i_{L+}=\Delta i_{L-} \tag{4-4}$$

联合式（4-2）～式（4-4）可得：

$$U_0=D_C U_s \tag{4-5}$$

由式（4-5）可知，改变输出电压的办法既可以调整输入电压，也可以改变占空比。在输入电压一定的情况下，改变占空比则可控制输出平均电压。输出平均电压 U_0 总是小于输入电压 U_S。连续导电模式下 Buck 变换器的电压增益 M 为

$$M=\frac{U_0}{U_S}=D_C \tag{4-6}$$

2. Buck 变换器电感电流不连续导电模式

当电感较小、负载电阻较大，则负载电路的时间常数较小，或当开关周期 T_s 较大时，将出现电感电流已下降到 0，但新的周期却尚未开始的情况；在新周期里，电感电流从 0 开始线性增加，工作状态如图 4-5 所示，工作波形如图 4-4（b）所示。此时一个周期 T_s 内有 3 种状态，在图 4-4（b）中将这 3 种状态分为 3 部分：$D_{C1}T_s$、$D_{C2}T_s$、$D_{C3}T_s$。

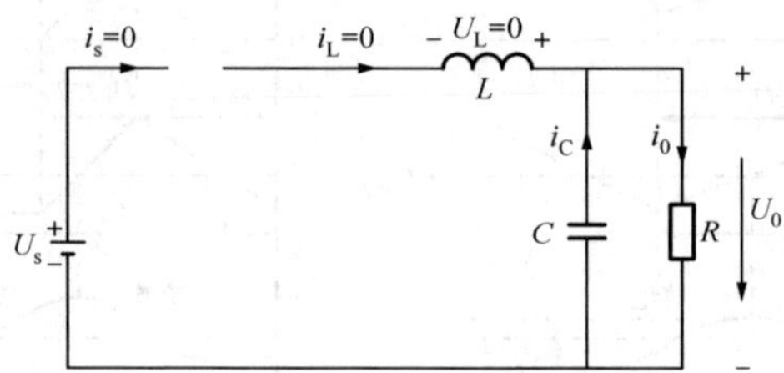

图 4-5　Buck 变换器电感电流为 0 时工作状态

开关导通时，$D_{C1}T_s$ 时间从 0 到 t_1，电感电流增加量为

$$\Delta i'_{L+}=\int_0^{t_1}\frac{U_S-U_0}{L}dt=\frac{U_S-U_0}{L}t_1=\frac{U_S-U_0}{L}D_{C1}T_S \tag{4-7}$$

开关截止时，$D_{C2}T_s$ 时间电感电流减小量为

$$\Delta i'_{L-}=\int_{t_1}^{t_2}\frac{U_0}{L}dt=\frac{U_0}{L}(t_1-t_2)=\frac{U_0}{L}D_{C2}T_S \tag{4-8}$$

由 $\Delta i_{L+}=\Delta i_{L-}$ 得

$$\frac{U_S-U_0}{L}D_{C1}T_S=\frac{U_0}{L}D_{C2}T_S \tag{4-9}$$

整理得到

$$U_0=\frac{D_{C1}}{D_{C1}+D_{C2}}U_S \tag{4-10}$$

不连续导电模式下 Buck 变换器的电压增益 M 为

$$M=\frac{U_0}{U_S}=\frac{2}{1+\sqrt{1+\frac{8\tau}{D_{C1}^2}}} \tag{4-11}$$

其中 $\tau=\frac{L}{RT_S}$，$D_{C2}=\frac{\sqrt{D_{C1}^2+8\tau}-D_{C1}}{2}$。

3. 电感电流连续的临界条件

如果在 T_s 时刻电感电流 i_L 刚好降到零，则称之为电感电流连续和断续的临界工作状态，如图4-6所示。

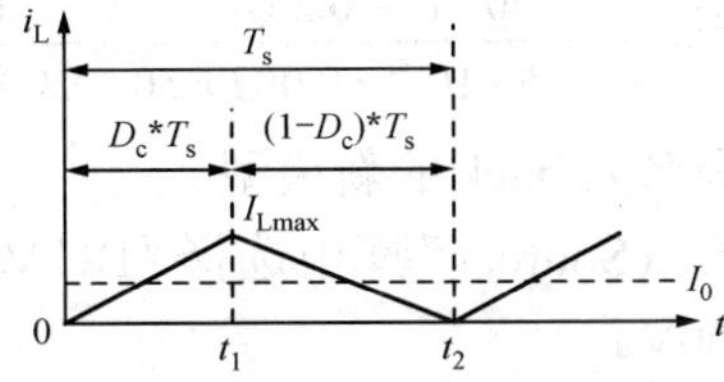

图4-6 Buck变换器电感电流处于临界状态

此时负载电流 I_0 和 i_L 间的关系为

$$\Delta i_L = 2I_0 \tag{4-12}$$

其中

$$I_0 = \frac{U_0}{R} \tag{4-13}$$

联立式（4-3）、式（4-12）、式（4-13）用下标C表示临界（Critical）参数值，则

$$L_C = \frac{(1-D_C)}{2}RT_S = \frac{U_0(1-D_C)}{2I_0}T_S = \frac{U_0(1-D_C)}{2P_0^2}T_S \tag{4-14}$$

式中 P_0——输出功率（W），$P_0 = U_0 I_0$。

4. 纹波电压ΔU_0及电容计算

流经电容的电流 $i_C = i_L - I_0$ 对电容充电产生的电压ΔU_0称为纹波电压，如图4-4（b）。纹波电压ΔU_0与参数的关系表达式为

$$\Delta U_0 = \frac{U_0(1-D_C)}{8LC}T_S^2 \tag{4-15}$$

则根据要求的纹波电压和其他参数可求得电路的电容

$$C = \frac{U_0(1-D_C)}{8L\Delta U_0}T_S^2 \tag{4-16}$$

从式（4-14）、式（4-16）也可知，电感值与电路中的诸多参数有关系，如占空比、负载、开关频率，电容值则与输出电压、纹波电压、电感值、开关频率、占空比都有关系。开关频率越高，电感和电容的值就越小。

例4-1 设计一个降压变换器，输入电压为200V，输出电压为50V，纹波电压为输出电压的0.2%，负载电阻为20Ω，工作频率分别为20kHz。分别仿真将工作频率改为50kHz，电感改为约临界电感值的一半进行对比分析。

解 1）设计参数。

①主开关管可使用MOSFET，开关频率为20kHz；

②输入200V，输出50V，可确定占空比 D_C=25%；

③根据式（4-14）选择电感

$$L_C = \frac{(1-D_C)R}{2}T_S = \frac{(1-0.25)\times 20}{2}\times\frac{1}{20000} = 3.75\times 10^{-4}\,\text{H}$$

这个值是电感电流连续与否的临界值，$L>L_C$ 则电感电流连续，实际电感值可选为 1.2 倍的临界电感，可选择为 4.5×10^{-4}H；

④根据纹波的要求和式（4-16）计算电容值

$$C=\frac{U_0(1-D_C)}{8L\Delta U_0}T_s^2=\frac{50\times(1-0.25)}{8\times4.5\times10^{-4}\times0.002\times50}\times\frac{1}{20000^2}=2.6\times10^{-4}\text{F}$$

2）建立仿真模型。建立一个名为 buck 的新模型。

在“SimPowerSystems/Electrical Sources”库中选择“DC Voltage Source”直流电压源模块，在对话框中将直流电压设置为 200V。

在“SimPowerSystems/Power Electronics”库中选择“Mosfet”和“Diode”模块，参数保留其缺省值，勾选“Show measurement port”。

在“SimPowerSystems/Elements”库中选择“Series RLC Branch”，右键单击并拖动，再复制出 2 个该元件，分别在对话框中“Branch Type”下拉菜单中选取 R、L、C，按照 1）的计算结果赋值，在电感元件的对话框里最下方“Measurements”选择“Branch voltage and current”，以使能电感的端电压测量和电流测量，电阻元件的对话框里“Measurements”选择“Branch voltage”，以使能负载电阻的端电压测量，亦即 Buck 变换器的输出电压。

在“SimPowerSystems/Measurements”库中选择“Multimeter”，对话框的左边有“Ub：L”、“Ib：L”、“Ub：R”几项，依次选中，在右边窗口中显示，这样就可以对电感电压、电感电流、负载电阻电压进行测量，如图 4-7 所示。

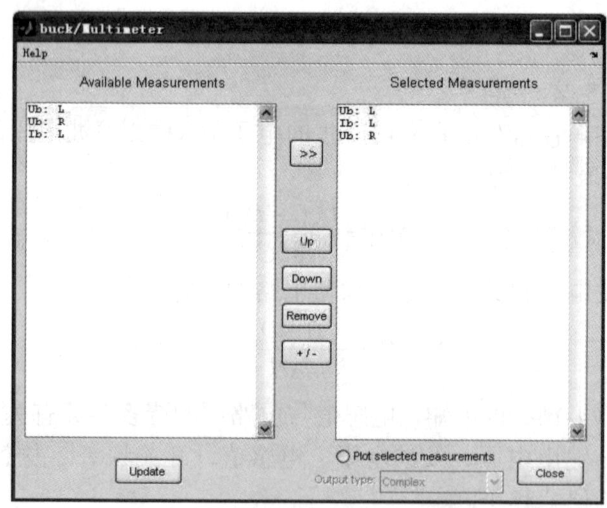

图 4-7 “Multimeter”对话框设置

在“Simulink/Sources”库中选择“Pulse Generator”，对话框中“Period(secs)”设置为 20e-6，“Pulse Width(% of period)”设置为 25，其他设置保持为缺省值。

在“Simulink/Signal Routing”库中选择“Bus Selector”，再复制出 1 个，分别连接在“Mosfet”和“Diode”的测试端口，将“Bus Selector”设置为测试各自的电流，连接二极管的“Bus Selector”对话框设置参见图 4-16。

在“Simulink/Sink”库中选择示波器“Scope”，将其设置为 6 个输入通道，具体的设置方法在本节末尾 4）中详细叙述。

为了实时显示输出电压的平均值，在“SimPowerSystems/Extra Library/ Measurements”里面选取“Mean Value”，双击打开对话框，将参数设置中的“Averaging period(s)”设置为 20e-6（求平均值时的这个周期设置可以是信号周期的整数倍），在“Simulink/Sinks”里面选取“Display”。

最终完成仿真模型如图 4-8 所示。仿真时间为 0.1s，仿真算法为 ode23tb。

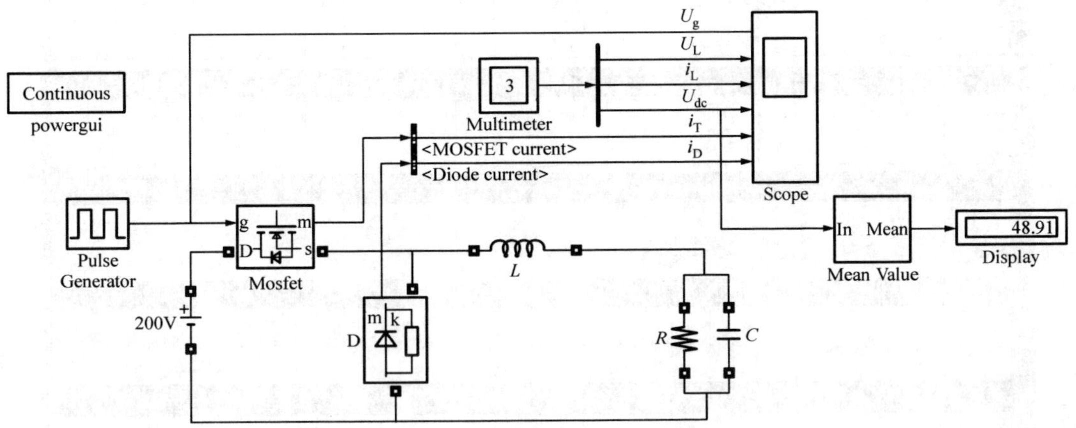

图 4-8　Buck 变换器仿真模型

3）仿真结果与分析。在菜单栏“Simulation”里的“Configuration Parameters”里设置仿真算法，仿真算法可选择为变步长“Variable-step”下的 ode23tb，其他设置可以保持缺省，其中将“Max-step”（最大步长）设置得比较小（如 1e-6 或者 1e-5）能够使输出波形较为平滑。本例中“Max-step”选择缺省值（auto）。

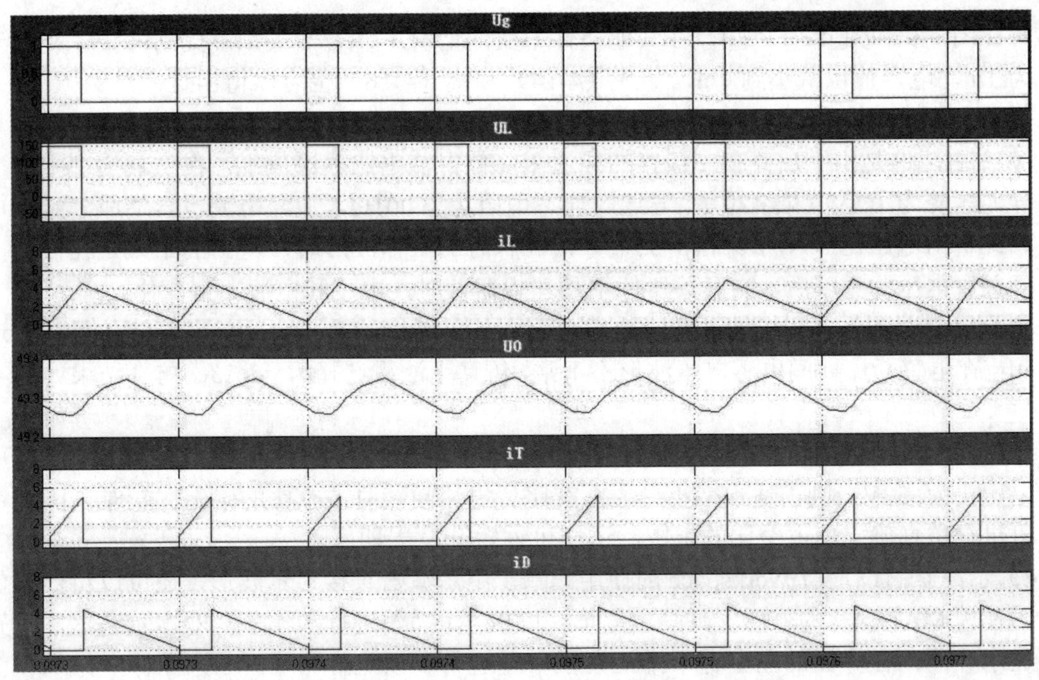

图 4-9　Buck 变换器仿真波形一（$f = 20\text{kHz}$）

图 4-9 上到下的波形依次为 MOSFET 门极触发脉冲 Ug、电感电压 U_L、电感电流 i_L、输出电压 U_0、MOSFET 电流 i_T、二极管电流 i_D。电感电流连续，各个波形与图 4-4 的理论波形规律一致。

开关频率为 50kHz 时，$L=1.8\times10^{-4}$H、$C=1.04\times10^{-4}$F，其余设置不改变。

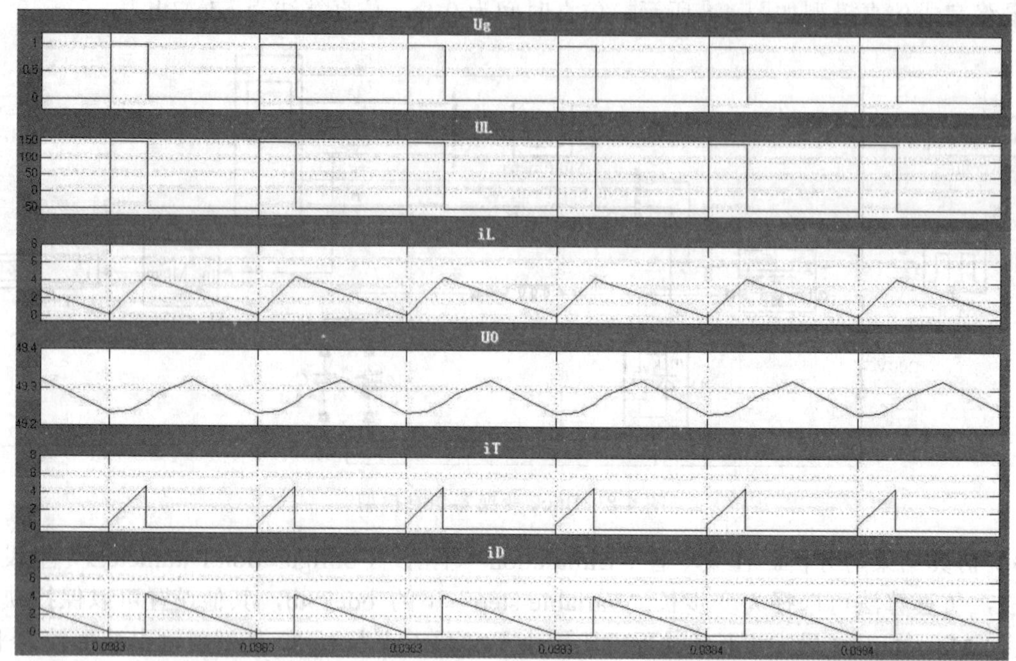

图 4-10　Buck 变换器仿真波形二（f= 50kHz）

对比图 4-9 和图 4-10 可知，在其他条件不变的情况下，若开关频率提高 n 倍，则电感值减小为 1/n，电容值也减小到 1/n，从式（4-14）和式（4-16）也可以得出这个结论。

另外可以发现，在图 4-8、图 4-9 和图 4-10 中，输出电压平均值没有达到 50V，而只有 48.91V 左右，这是由于反并联二极管的导通压降使得输出比理论值小，在仿真模型中，二极管的导通压降为 0.8V（缺省值），导通时通态电阻为 0.001Ω，流经电流也会造成一定的电压降，因此输出电压比 50V 小。在前文中分析稳态时的工作波形时，得出的结果是在假设了导通后开关管电压为 0 以后，当开关器件不是理想器件时，电压和电流会有变化。

将电感值设置为 $L=10^{-4}$H，此时电感电流会处于断续状态，此时仿真算法如果仍然选择 ode23tb，在电感断流期间电感电压波形不正常，仿真算法需选择为 ode23t，仿真结果如图 4-11 所示。

在电感电流断续的仿真中，导通占空比 D_{C1}=25%，此时由式（4-10）得 U_0>50，若要使输出电压仍为 50V，则需适当减小导通占空比。电流断续时占空比的确定比较难，因此在实验前可进行仿真确定出占空比的范围，这样可缩短开发周期。

4）示波器的设置与 Workspace 的使用。除了用示波器直接显示波形，还可以将数据保存起来，使用 MATLAB 的作图工具画出波形。以例 4.1 为例进行操作——双击示波器，打开示波器显示界面，在界面的左上有一排工具栏，左边第一项是打印（Print）图标，第二项就是参数（Parameters）设置，单击 Parameters 图标，弹出对话框“Scope” parameters，如图 4-12 所示。

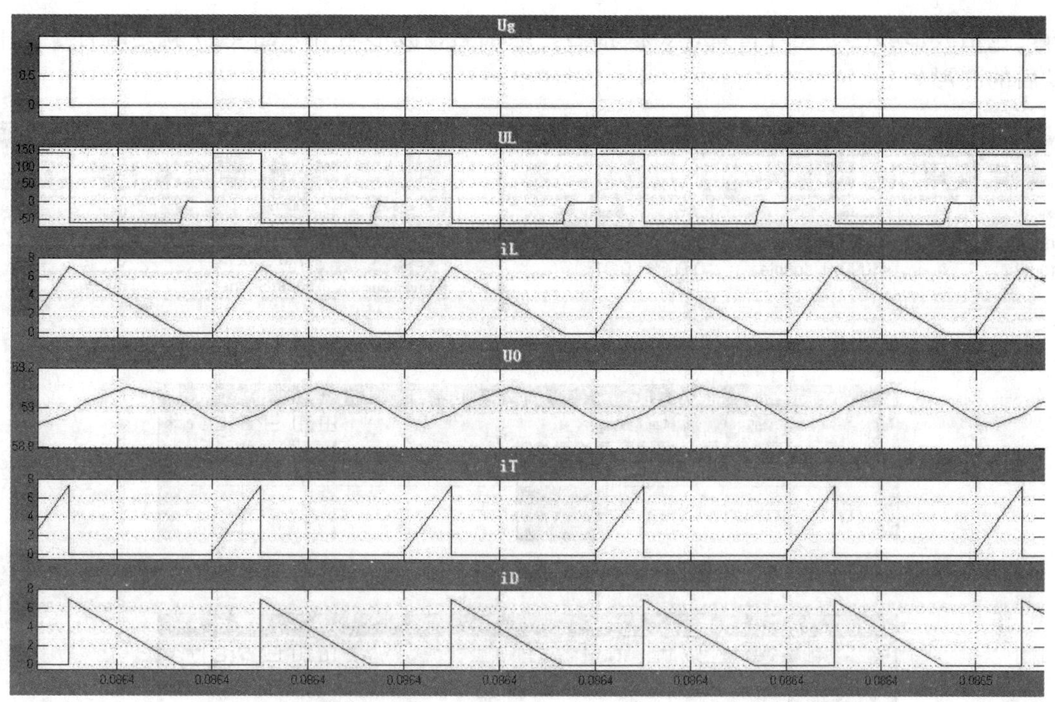

图 4-11　Buck 变换器电感电流断续时仿真波形（f = 50kHz）

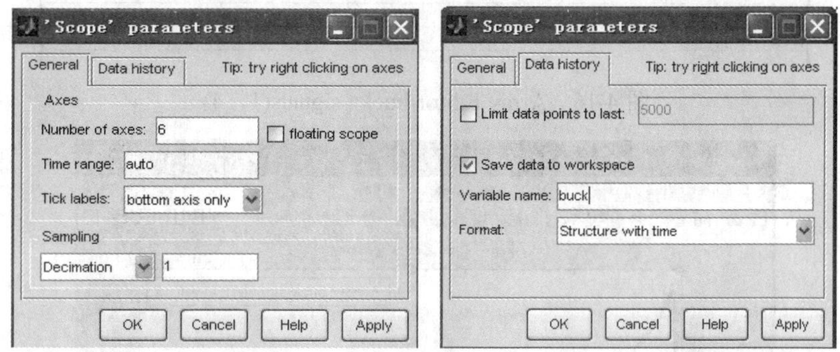

图 4-12　示波器参数设置对话框

在左边的选项卡“General”里面设置通道数目，将“Number of axes”设置为 6，右边的选项卡“Data history”里面将“Limit data points to last: 5000”前面的钩去掉，勾选中“Save data to workspace”，将数据保存命名为 buck，格式“Format”选择为“Structure with time”。这样就可以将名字为 buck 的一系列数据保存在 MATLAB 的数据空间里面，保存下来的数据越多，占用内存空间就越多。

在 MATLAB 菜单栏的“Desktop”中选中“Workspace”，主视窗中出现 Workspace，如图 4-13 所示，其中有一个名为 buck 的数据组，双击，在主视窗中出现一个名为“Array Editor-buck”的窗口，如图 4-14 所示，可以看到第二行 signals 中有 1×6 *struct*，表示所存的数据有 6 组，双击，出现“Array Editor-buck. signals”的窗口，如图 4-15 所示，一共 6 列数据，以第 4 列数据（输出电压）为例，双击，出现如图 4-16 所示的窗口“Array Editor-buck.. signals(1，4)”，选中其中的 values，本窗口中有一个画图的图标，单击可以得到图 4-17 的波形图。

这样作图的好处是可以直接得到白色背景的波形图，而且这个波形界面可以自定义进行编辑，包括波形颜色、图片背景色、横轴名、纵轴名、波形名等。图 4-17 就是进行了简单编辑以后的图形。

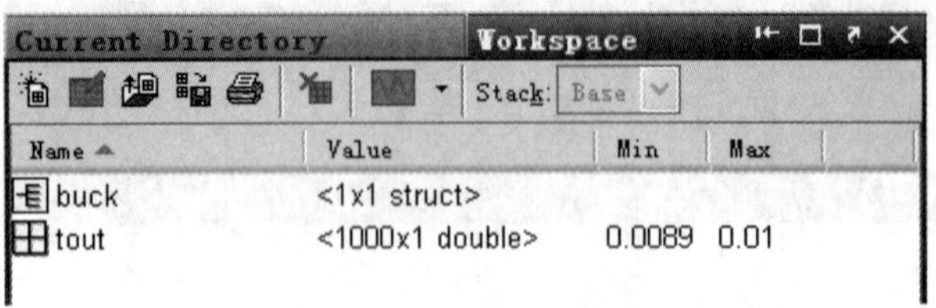

图 4-13　Workspace

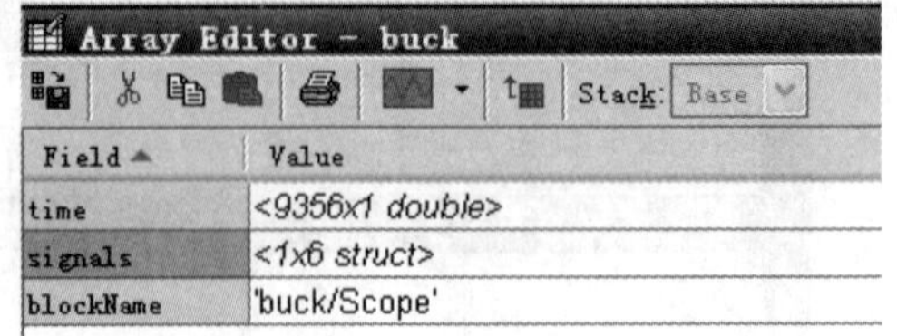

图 4-14　Array Editor-buck

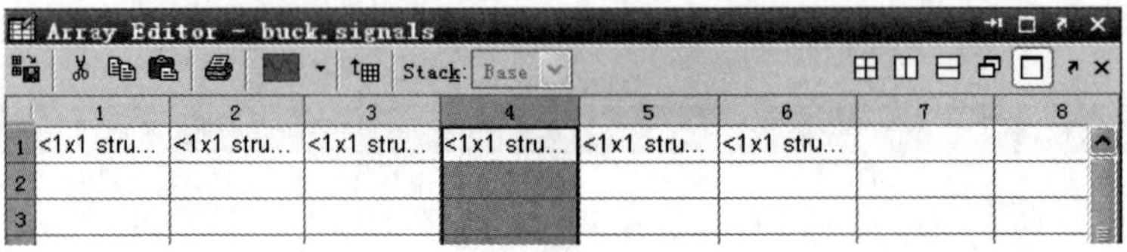

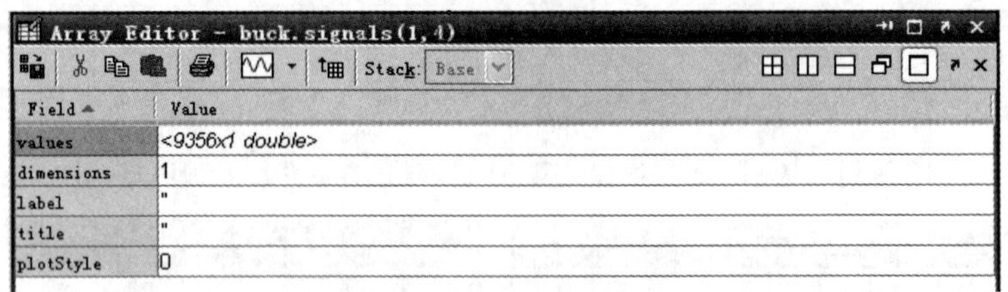

图 4-15　Array Editor-buck.. signals

Array Editor - buck.signals(1, 4)

Field	Value
values	<9356x1 double>
dimensions	1
label	''
title	''
plotStyle	0

图 4-16　Array Editor-buck.. signals(1，4)

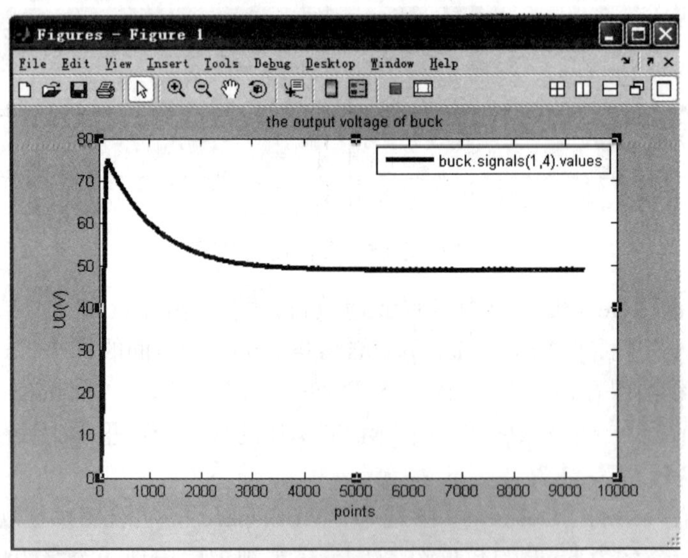

图 4-17　使用 Workspace 作出的图

4.2　升压（Boost）变换器

在第 4.1 节中的 Buck 变换器，其拓扑结构由电压源、串联开关和电流源负载组成。进行拓扑对偶变换时，将电压源变换为电流源（电流源通常由电压源串联较大的电感组成），串联开关变换为并联开关，负载由电流源变换为电压源（即滤波由串联电感变为并联电容）。这样，得到图 4-18，它是 Buck 变换器的对偶拓扑升压（Boost）变换器。

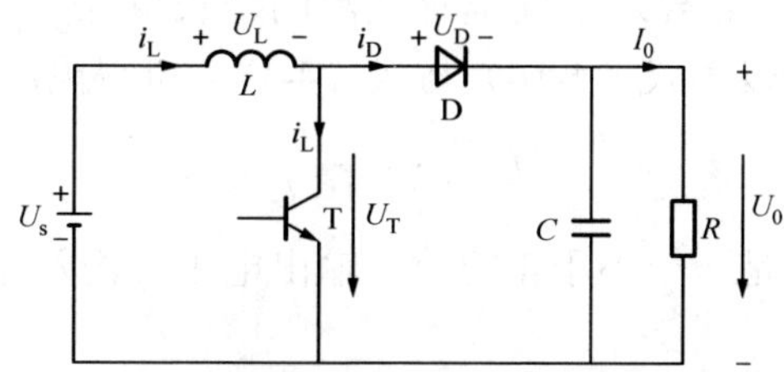

图 4-18　Boost 变换器电路拓扑

升压式（Boost）变换器是一种输出电压等于或高于输入电压的单管非隔离直流变换器。通过控制开关管 T 的导通比，可控制升压变换器的输出电压。Boost 变换器的两个工况如图 4-19 所示。

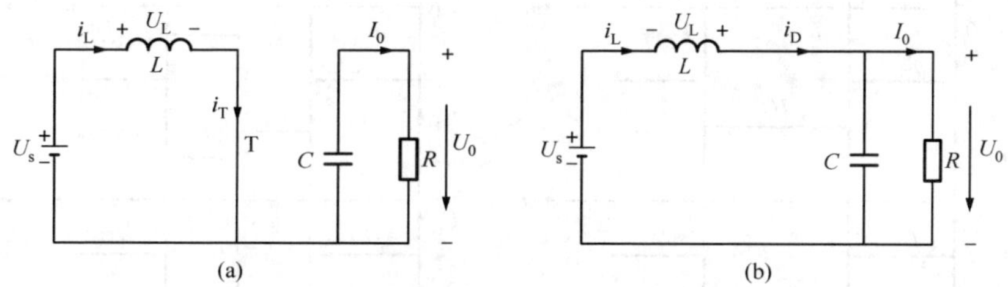

图 4-19　Boost 变换器电感电流连续时两种工作状态

（a）Boost 电路开关管导通状态；（b）Boost 电路开关管截止状态

与 Buck 变换器相似，根据电感电流是否连续，升压变换器可以分为连续导电状态、不连续导电状态及临界状态三种工作模式。

为了分析稳态工作特性，简化推导公式的过程，所需假设条件与第 4.1 节 Buck 变换器的假定相同。与降压变换器相似，根据电感电流是否连续，升压变换器可以分为连续导电状态、不连续导电状态及临界状态三种工作模式。图 4-20 是前两种工作模式的工作波形图。

1. Boost 变换器电感电流连续模式

（1）当开关管 T 导通时，如图 4-19（a）所示，二极管阳极接 U_S 负极，承受反压而截止。电容 C 向负载 R 供电，极性上正下负。电源电压 U_S 全部加到电感两端 $u_L=U_S$，在该电压作用下电感电流 i_L 线性增长，储存的磁场能量也逐渐增加。在一个开关周期 T_s 内开关管 T 导通的时间为 t_{on}。

在 T 导通期间，电感电流的增量为

$$\Delta i_{L(+)}=\int_0^{t_1}\frac{U_S}{L}\mathrm{d}t=\frac{U_S}{L}t_1=\frac{U_S}{L}D_C T_S \tag{4-17}$$

（2）当 T 截止时，如图 4-19（b）所示，i_L 经二极管 D 流向输出侧，电感 L 中的磁场将改变 L 两端的电压极性，以保持 i_L 不变，这样电源电压 U_S 与电感电压 u_L 串联（高于 U_0）给 C 和 R 供电，负载 R 端电压 U_0 仍然是上正下负。电感上的电压为 $U_S-U_0<0$，电感电流 i_L 线性减小。在一个周期 T_s 内开关管 T 断开的时间为 T_s-t_{on}。到 T_s 时刻，i_L 达到最小值 I_{L2}。在 T 截止期间，电感电流的减小量的绝对值为

$$\Delta i_{L(-)}=\int_{t_1}^{t_2}\frac{U_0-U_S}{L}\mathrm{d}t=\frac{U_0-U_S}{L}(1-D_C)T_S \tag{4-18}$$

当稳态工作时，开关管 T 导通期间电感电流的增长量 $\Delta i_{L(+)}$ 等于 T 截止期间的减小量 $\Delta i_{L(-)}$。即 $\Delta i_{L(+)}=\Delta i_{L(-)}$，所以由式（4-16）与式（4-17）可得电压增益为

$$M=\frac{U_0}{U_i}=\frac{1}{1-D_C} \tag{4-19}$$

由式（4-18）可知，D_C 是一个小于 1 的数，输出电压与输入电压的比值始终大于等于 1，即输出电压高于输入电压。

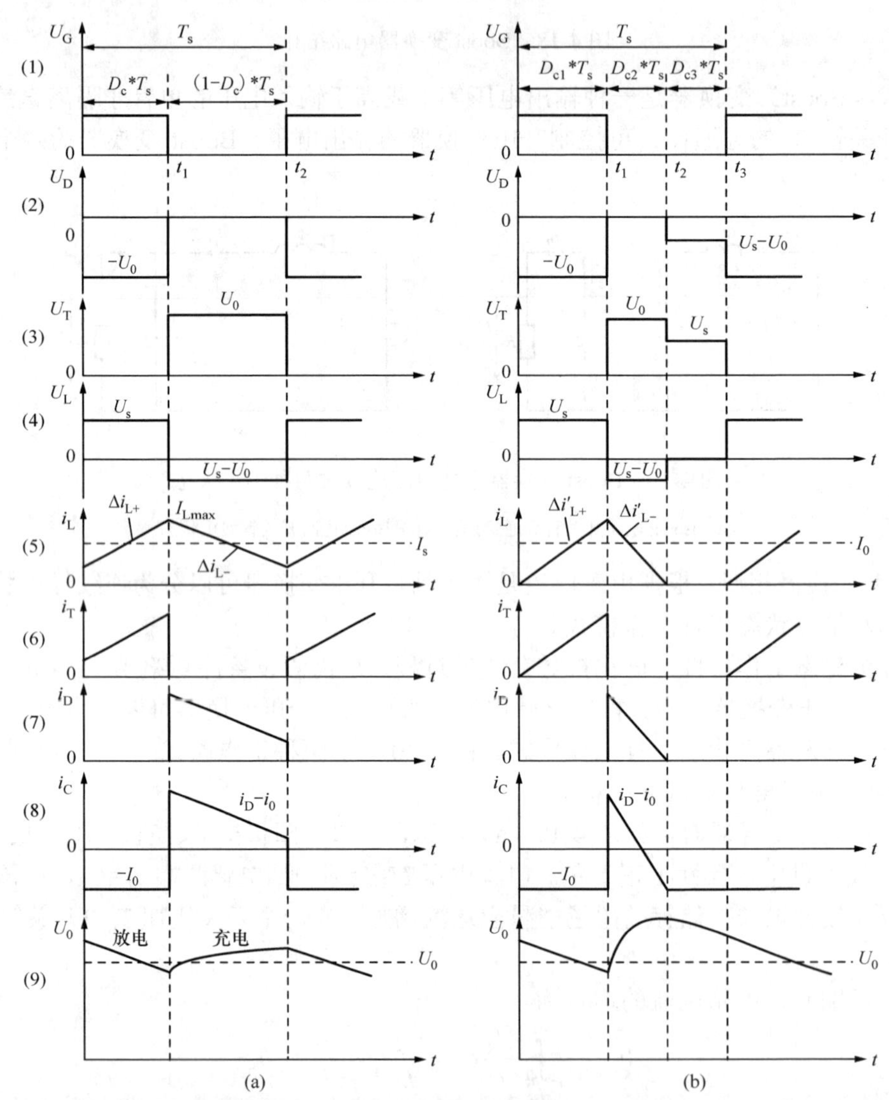

图 4-20　Boost 变换器工作波形

（a）Boost 电路连续工作模式；（b）Boost 电路不连续工作模式

2. Boost 变换器电感电流断续模式

当电感电流断续模式下的 Boost 变换器工作状态如图 4-21 所示，工作波形如图 4-20（b）所示。

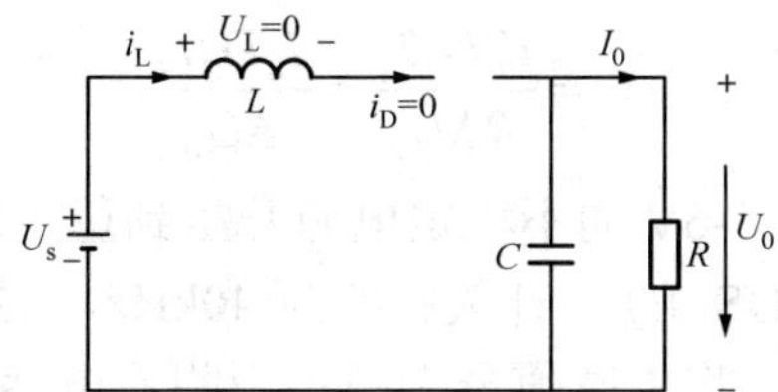

图 4-21　Boost 变换器电感电流为 0 时工作状态

T 导通时，与电感电流连续模式下的工作情况相同，此时 $\Delta i_{L(+)}$ 为

$$\Delta i_{L(+)} = \int_0^{t_1} \frac{U_S}{L} dt = \frac{U_S}{L} D_{C1} T_s \tag{4-20}$$

T 关断，电感中电流 i_L 线性衰减，直到 t_2 时刻下降到零，即

$$\begin{aligned}\Delta i_{L(-)} &= \int_{t_1}^{t_2} \frac{U_0 - U_S}{L} dt = \frac{U_0 - U_S}{L} \cdot (t_2 - t_1) \\ &= \frac{U_0 - U_S}{L} \cdot D_{C2} \cdot T_S\end{aligned} \tag{4-21}$$

由 $\Delta i_{L(+)} = \Delta i_{L(-)}$ 得

$$M = \frac{U_0}{U_S} = \frac{D_{C1} + D_{C2}}{D_{C2}} \tag{4-22}$$

电感电流连续时，$D_{C1}+D_{C2}=1$，式（4-21）等同于式（4-18）。

3. Boost 变换器电感电流临界连续条件

如图 4-20（a）中的（5）所示，Boost 变换器工作在电感电流临界连续的时刻有

$$\Delta i_L = 2I_S \tag{4-23}$$

Boost 变换器的输入功率和输出功率分别为

$$P_S = U_S I_S、\ P_0 = U_0 I_0$$

忽略损耗时，有 $P_0=P_S$，于是

$$I_S = \frac{U_0}{U_S} I_0 = \frac{1}{1 - D_C} I_0 \tag{4-24}$$

联立式（4-17）、式（4-23）、式（4-24）得临界电感值为

$$L_C = \frac{R}{2} D_C (1 - D_C)^2 T_S \tag{4-25}$$

4. 纹波电压△U_0及电容设计

电感电流连续模式下，考虑二极管电流会全部流进电容器，如图 4-19（b）所示，在每一个开关周期电容充电或者放电的能量为 ΔQ, 则

$$\Delta Q = I_0 D_C T_S \tag{4-26}$$

由 ΔQ 形成的纹波电压可表示为

$$\Delta U_0 = \frac{\Delta Q}{C} = \frac{I_0 D_C T_S}{C} = \frac{V_0 D_C T_S}{RC} \tag{4-27}$$

可计算得在电感电流连续模式时，指定纹波电压限值，需要的电容值为

$$C=\frac{V_0D_CT_S}{R\Delta U_0}=\frac{I_0D_CT_S}{\Delta U_0} \tag{4-28}$$

例 4-2 将一个输入电压在 3-6V 的不稳定电源升压到稳定的 15V，纹波电压低于 0.2%，负载电阻 10Ω，开关管选择 MOSFET，开关频率为 40kHz，要求电感电流连续。设计仿真参数、搭建仿真模型并分析结果。将电感值分别减小为临界电感的一半和三分之一，仿真分析电感电流断续时的 Boost 变换器工作情况。

解 1）设计参数。

①根据输入输出的要求，由式（4-19）确定占空比调节范围：

$$\frac{U_0}{U_S}=\frac{15}{6}=\frac{1}{1-D_{C\min}}, \quad D_{C\min}=0.6$$

$$\frac{U_0}{U_S}=\frac{15}{3}=\frac{1}{1-D_{C\max}}, \quad D_{C\max}=0.8$$

②根据式（4-25）确定电感值为

$$L_C=\frac{R}{2}D_{C\min}(1-D_{C\min})^2T_S=\frac{10}{2}\times0.6\times(1-0.6)^2\times\frac{1}{40000}=12\mu\text{H}$$

实际电感值可取临界值的 1.2 倍，因此 L 取 15μH。

③根据式纹波要求和式（4-28）选择电容值

$$C=\frac{V_0D_{C\max}T_S}{R\Delta U_0}=\frac{15\times0.8}{10\times0.002\times15\times40000}=1\text{mF}$$

实际中所取电容值应该有一个裕量，在本次仿真中不取裕量，直接取电容为 1mF。

2）建立仿真模型。

建立一个名为 boost 的模型。

在“SimPowerSystems/Electrical Sources”库中选择“DC Voltage Source”直流电压源模块，在对话框中将直流电压设置为 20V。

在“SimPowerSystems/Power Electronics”库中选择“Mosfet”和“Diode”模块，参数设置在后面专门介绍，勾选“Show measurement port”。

在“SimPowerSystems/Elements”库中选择“Series RLC Branch”，右键单击并拖动，再复制出 2 个该元件，分别在对话框中“Branch Type”下拉菜单中选取 R、L、C，按照 1）的计算结果赋值，在电感元件的对话框里最下方“Measurements”选择“Branch voltage and current”，以使能电感的端电压测量和电流测量，电阻元件的对话框里“Measurements”选择“Branch voltage”，以使能负载电阻的端电压测量，也即 Boost 变换器的输出电压。

在“SimPowerSystems/Measurements”库中选择“Multimeter”，对话框的左边有“Ub：L”、“Ib：L”、“Ub：R”几项，依次选中，在右边窗口中显示，这样就可以对电感电压、电感电流、负载电阻电压进行测量，参见图 4-7。

在“Simulink/Sources”库中选择“Pulse Generator”，对话框中“Period(secs)”设置为 25e-6，“Pulse Width(% of period)”设置为 60，其他设置保持为缺省值。

在“Simulink/Signal Routing”库中选择“Bus Selector”，再复制出 1 个，分别连接在“Mosfet”和“Diode”的测试端口，将“Bus Selector”设置为测试各自的电流，图 4-22 是连接二极管的“Bus Selector”对话框设置，连接 MOSFET 的“Bus Selector”设置类似。

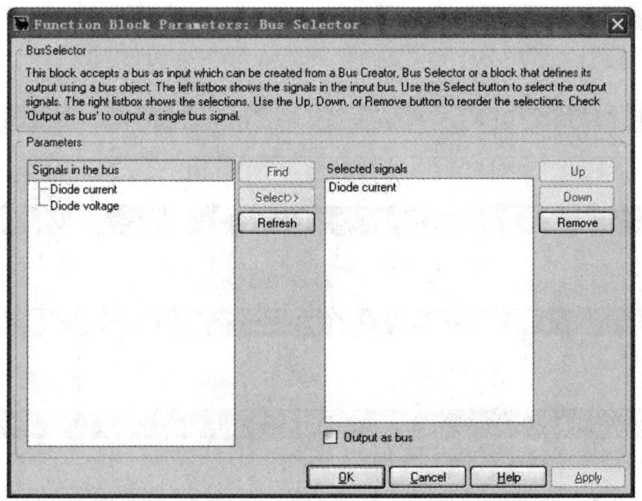

图 4-22　“Bus Selector”对话框设置

在“Simulink/Sink”库中选择示波器“Scope”，将其设置为 6 个输入通道。

在“SimPowerSystems/Extra Library/Measurements”里面选取“Mean Value”，双击打开对话框，将参数设置中的“Averaging period(s)”设置为 20e-6（求平均值时的这个周期设置可以是信号周期的整数倍），在“Simulink/Sinks”里面选取“Display”。

二极管和 MOSFET 的部分参数需作修改：其中二极管的导通压降［Forward Voltage(V)］缺省值为 0.8，改为 0。导通电阻（Resistance Ron）设置为很小，比如 0.00000001（理想情况应该设置为 0，但是在 Simulink 中不允许将器件的导通电阻设置为 0）。MOSFET 中的电阻设置同上，以满足前文分析前的假设条件，即器件是理想器件，没有导通电阻和导通压降。

最终完成仿真模型如图 4-23 所示。仿真时间为 0.1s，仿真算法为 ode23t。

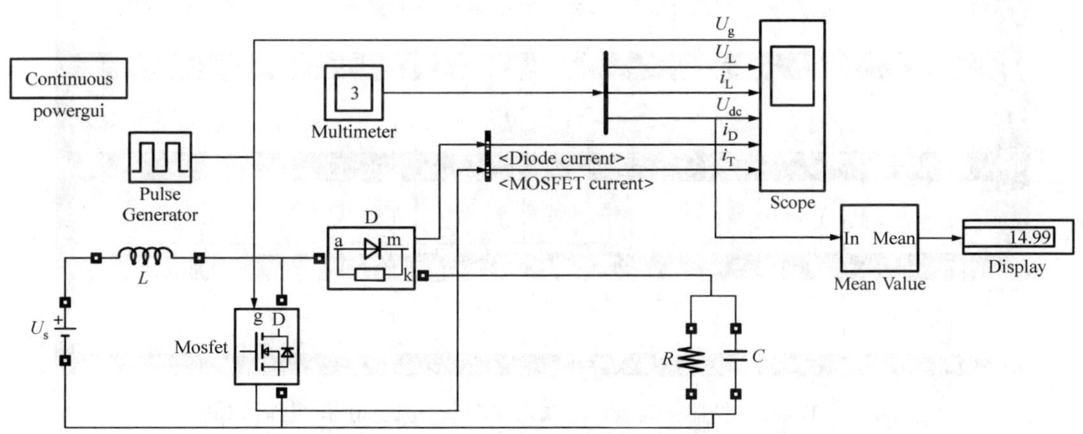

图 4-23　Boost 变换器仿真模型

3）仿真结果与分析。

图 4-23 中 Display 显示的是输入为 6V 时的输出电压平均值，为 15.02V。

输出波形如图 4-24 和图 4-25 所示，前者输入为 3V，后者输入为 6V。从上到下依次为为 MOSFET 门极触发脉冲 U_g、电感电压 U_L、电感电流 i_L、输出电压 U_o、二极管电流 i_D、MOSFET 电流 i_T。

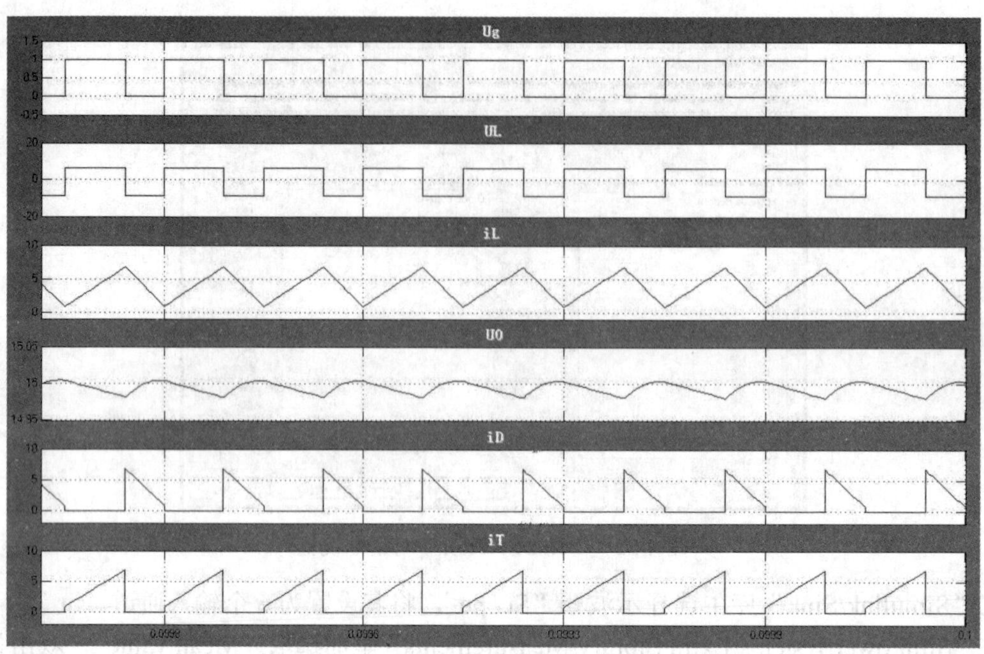

图 4-24　Boost 变换器仿真波形（输入 6V，占空比 60%，电感 15μH）

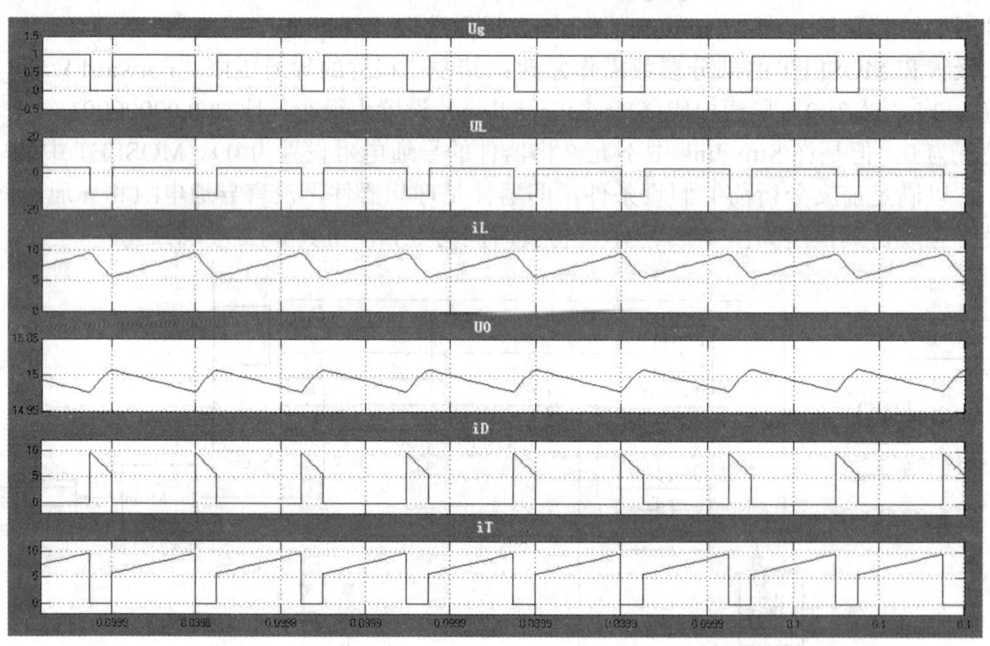

图 4-25　Boost 变换器仿真波形（输入 3V，占空比 80%，电感 15μH）

输出电压上升阶段，电容电流为一个不断减小的正值，因此输出电压虽上升，但上升率不断减小；下降阶段电容电流是一个恒定的负值，因此输出电压以一个恒定的斜率下降，与图 4-20 的波形是一样的。

输出电压有纹波波动，不过纹波值很小。可以这样计算纹波：按照例 4-1 中对示波器的设置将示波器中的数据保存在 Workspace 里面，进入 Workspace 可以看到这些数据的数值大小，读取 Workspace 里输出电压的最大值、最小值和 Display 里显示的平均值，求取纹波。

对输入电压为 6V 时的输出电压进行纹波计算，最大值为 15.0105，最小值为 14.977，平均值为 14.99，则纹波电压为 0.22%，比要求的纹波要大一点，这是可以加大适当电容值，使电压纹波满足要求。前面已经说过，本次仿真选取的电容值为计算值，没有裕量，因此电压纹波不能满足完全要求，这也是为什么在实际选值时要取一定裕量的原因。

输入电压为 6V，将电感值设置为 6μH，其他设置不改变，仿真波形如图 4-26 所示，此时输出电压为 19.7V，波形如图 4-26 所示。

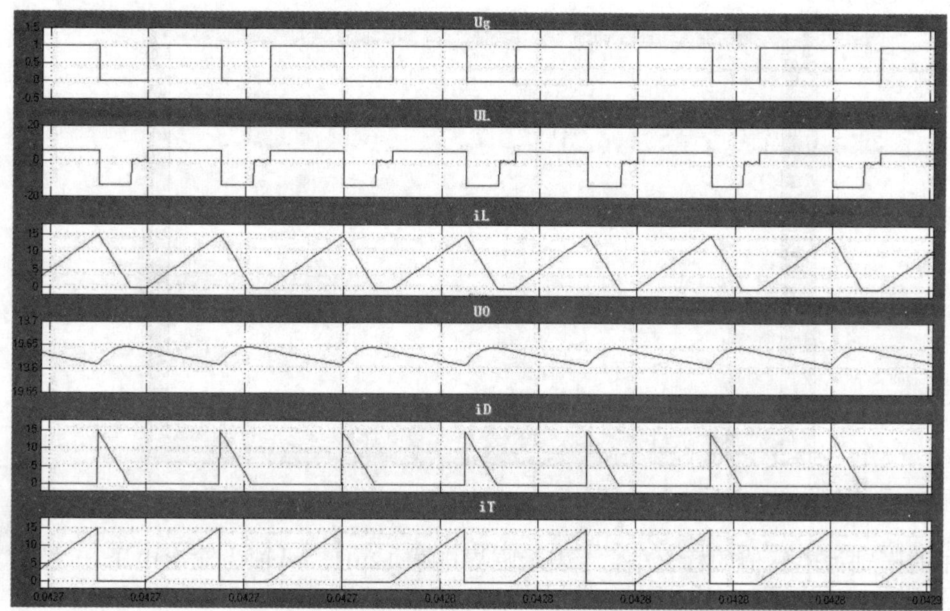

图 4-26　Boost 变换器仿真波形（输入 6V，占空比 60%，电感 6μH）

输入电压为 6V，将电感值设置为 4μH，仿真波形如图 4-27 所示，此时输出电压 23.35V。

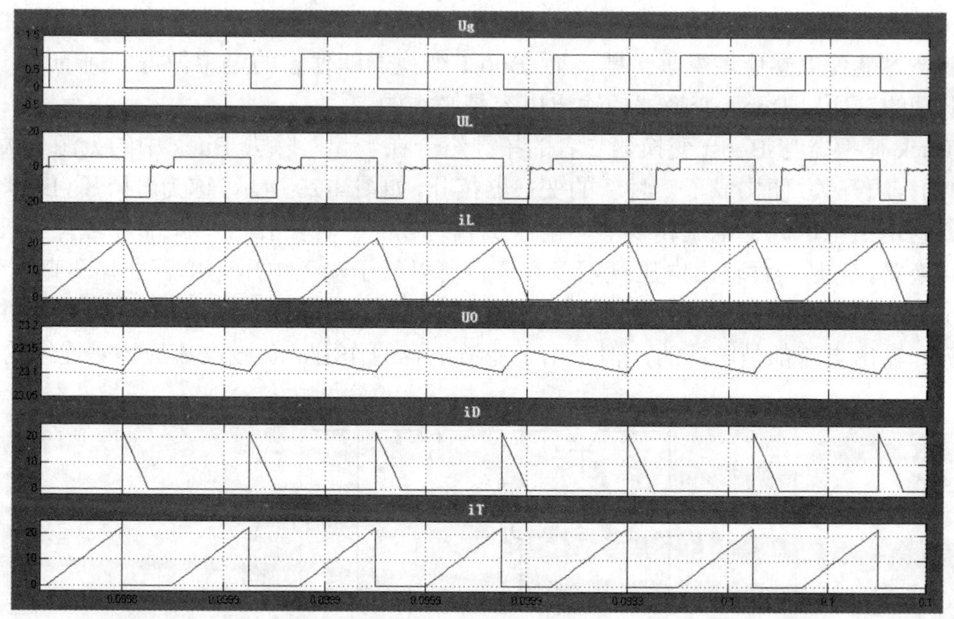

图 4-27　Boost 变换器仿真波形（输入 6V，占空比 60%，电感 4μH）

可以看到，同样的输入和占空比情况下，电感电流不连续时的输出会变大，且电感值越小输出电压越大。可以继续修改电感值，仿真电感电流连续和不连续的多种情况，将这些值记录下来，使用 MATLAB 画图功能得出如图 4-28 所示的曲线。记录的数据和作图的命令为：

```
L=[0.5 1 2 3 4 5 6 7 8 9 10 11 12 13 14 15 16 18 20 25 30]/12;
U0=[60.01 43.36 31.62 26.43 23.35 21.25 19.7 18.51 17.54 16.75 16.08 15.5 15 15
15 15 15 15 15 15 15];
plot(L,U0);
```

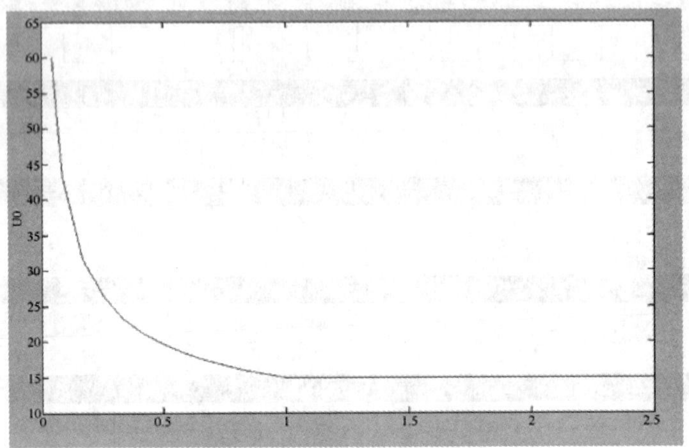

图 4-28　输出电压与电感值的关系（输入 6V，占空比 60%）

图中的横轴为电感值的标幺值，1 表示临界电感 12μH，纵轴为输出电压。

4.3　升降压（Buck- Boost）变换器

第 4.1 节中的 Buck 变换器输出侧都带有滤波电容，但是严格地说，如果 Buck 变换器的电感做得足够大，即使没有附加电容滤波器，也能减小负载电流纹波幅值，实际中加上一个输出滤波电容能使电感值做得小一些。而 Boost 变换器即使它的电感做得如何的大，输出电流总是脉动的，所以 Boost 变换器的输出电容是必需的。

将 Buck 变换器与 Boost 变换器二者的拓扑组合在一起，除去 Buck 中的无源开关，除去 Boost 中的有源开关，便构成了一种新的变换器拓扑，如图 4-29 所示，称为升降压（Buck-Boost）变换器。它是由电压源、电流转换器、电压负载组成的一种拓扑，中间部分含有一级电感储能电流转换器。它是一种输出电压既可以高于也可以低于输入电压的单管非隔离直流变换器。Buck-Boost 变换器和前二者最大的不同就是输出电压 U_0 的极性和输入电压 U_S 的极性相反，输入电流和输出电流都是脉动的，但是由于滤波电容的作用，负载电流应该是连续的。

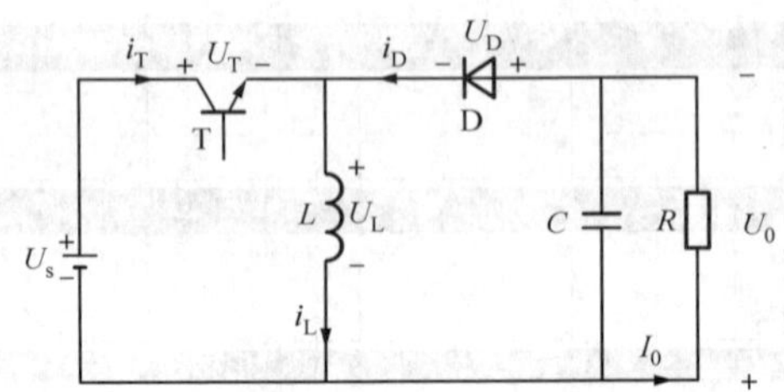

图 4-29　Buck-Boost 变换器拓扑

Buck-Boost 变换器同样存在电感电流连续、电感电流断续和电感电流临界连续 3 种工作模式。图 4-30 是电感电流连续时 Buck-Boost 变换器在开关管 T 分别在导通和关断时的工况。图 4-31 分别是 Buck-Boost 变换器在电感电流连续和不连续的工作波形。

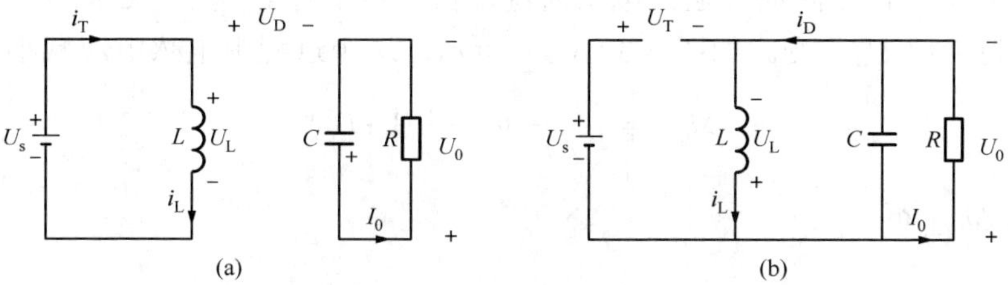

图 4-30　Buck-Boost 变换器电感电流连续时两种工作状态

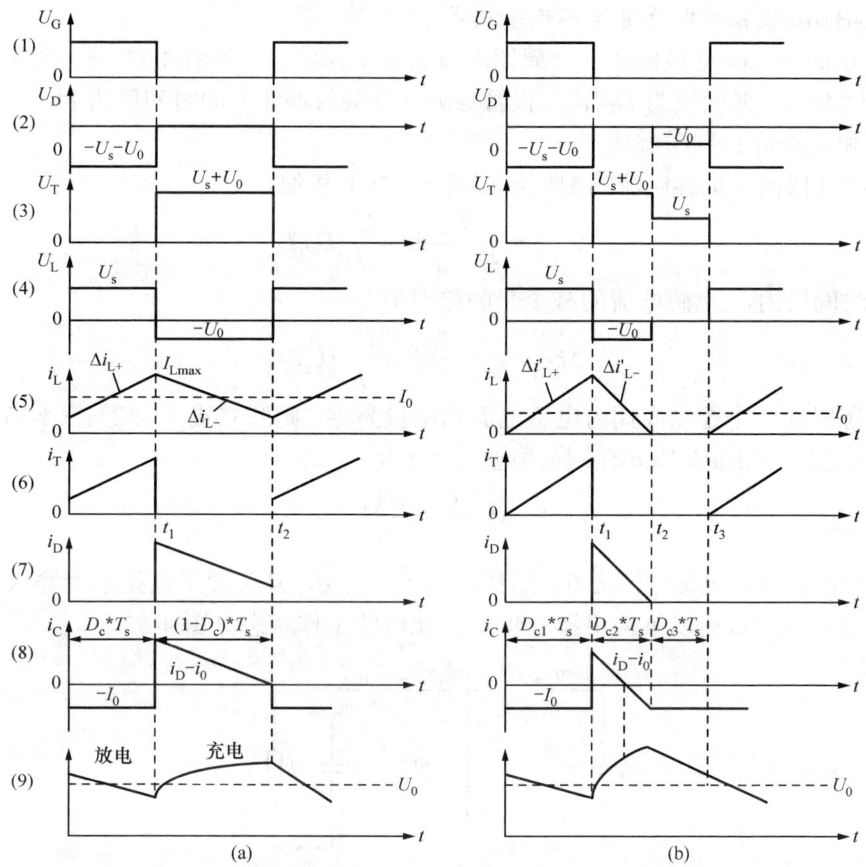

图 4-31　Buck-Boost 变换器工作波形

(a)Buck-Boost 电路连续工作模式；(b)Buck-Boost 电路不连续工作模式

为了分析稳态工作特性，简化推导公式的过程，所需假设条件与第 4.1 节 Buck 变换器的假定相同。

1. Buck-Boost 变换器电感电流连续模式

（1）开关管 T 导通时，二极管阴极接电压源正极，承受反向电压而截止，输入电压 U_S 直接加在电感 L 上，极性为上正下负，电流流过电感使之储能增加。如图 4-30（a）所示，电感电流的增量为

$$\Delta i_{L(+)}=\int_0^{t_1}\frac{U_S}{L}dt=\frac{U_S}{L}D_C T_S \tag{4-29}$$

（2）开关管T截止时，电感电流 i_L 有减小的趋势，电感线圈产生自感电势反向，为下正上负，二极管D受正向压降而导通，电感通过二极管对电容C充电，C储能，以备T导通时对负载放电维持输出 U_0 不变。如图4-30（b）所示，这个过程中电感电流减小量的绝对值为

$$\Delta i_{L(-)}=\int_{t_1}^{t_2}\frac{U_0}{L}dt=\frac{U_0}{L}(1-D_C)T_S \tag{4-30}$$

由 $\Delta i_{L(+)}=\Delta i_{L(-)}$ 得

$$M=\frac{U_0}{U_S}=\frac{D_C}{(1-D_C)} \tag{4-31}$$

2. Buck-Boost变换器电感电流不连续模式

此时的Buck-Boost变换器在一个周期内有三个工作状态，如图4-31（b）所示。开关管T导通（二极管截止）时间段为 D_{C1}，二极管导通（开关管截止）的时间段为 D_{C2}，余下的时间段开关管T和二极管D同时截止。

在 D_{C1} 时间段内，电感电流的增加量与式（4-29）相似。

$$\Delta i_{L(+)}=\int_0^{t_1}\frac{U_S}{L}dt=\frac{U_S}{L}D_{C1}T_S \tag{4-32}$$

在 D_{C2} 时间段内，电感电流的减少量的绝对值为

$$\Delta i_{L(-)}=\int_{t_1}^{t_2}\frac{U_0}{L}dt=\frac{U_0}{L}D_{C2}T_S \tag{4-33}$$

由于稳态时在一个控制周期内电感电流总增量为零，则联立式（4-32）、（4-33）得电感电流不连续工作模式下Buck-Boost变换器电压增益为

$$M=\frac{U_0}{U_S}=\frac{D_{C1}}{D_{C2}} \tag{4-34}$$

在 D_{C3} 时间段内，电感电流为0，则其端电压也为0，开关管T直接承受输入电压，输出侧的电容对负载电阻放电以维持电流 I_0 恒定。此时的工作状态见图4-32。

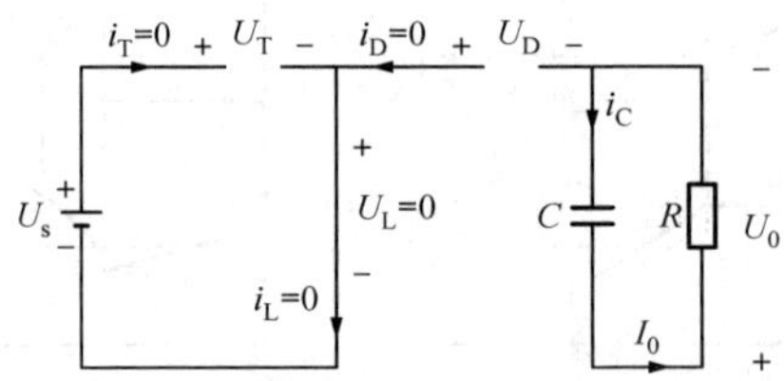

图4-32 Buck-Boost变换器电感电流断续状态

3. Buck-Boost变换器电感电流临界连续模式

分析方法与Buck变换器和Boost变换器的分析方法相同，Buck-Boost变换器电感电流临界连续模式的电感值计算公式为

$$L_C=\frac{R}{2}(1-D_C)^2T_S \tag{4-35}$$

4. 纹波电压 ΔU_0 与电容

Buck-Boost变换器工作在电流连续模式下，纹波要求为 ΔU_0，则输出侧滤波电容的值为

$$C=\frac{V_0 D_C T_S}{R\Delta U_0}=\frac{I_0 D_C T_S}{\Delta U_0} \tag{4-36}$$

这和 Boost 变换器的式（4-28）是相同的。

5. 改进的 Buck-Boost 变换器

Buck-Boost 变换器的电压增益随占空比的变化可以降压也可以升压，这是它的主要优点。但是开关管和二极管关断时承受的最大电压为 U_S+U_0，这显然对器件的要求比 Buck 变换器和 Boost 变换器更苛刻。同时 Buck-Boost 变换器的输入电流和输出电流都是脉动的，为了平波需要加入滤波器，结果使电路稍显复杂，如图 4-32 所示。第 4.4 节提出的丘克（Cuk）变换器则不需要外加滤波器就能保证输入输出电流没有脉动。

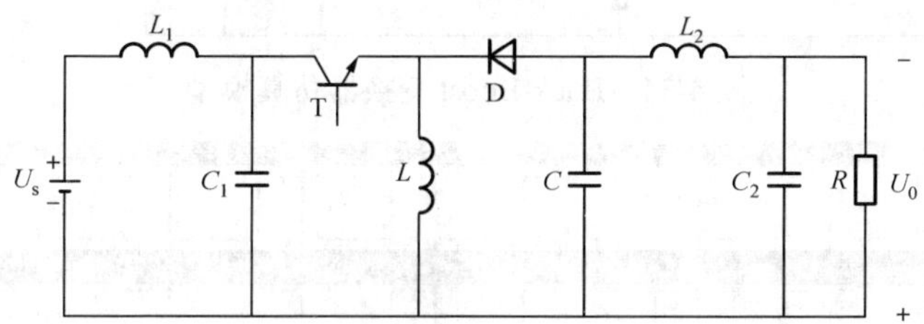

图 4-33　加滤波电路的 Buck-Boost 变换器

例 4-3　输入侧是一个 20V 的直流电压，设计一个 DC-DC 变换器，使其输出电压为 10～40V，要求纹波电压为 0.2%，电感电流连续，开关管选用 MOSFET，开关频率为 20kHz，负载为 10Ω。

解　输出 10V 时的占空比为

$$D_C=1/3$$

则

$$L_C=\frac{R}{2}(1-D_C)^2T_S=\frac{10}{2}\times\left(\frac{2}{3}\right)^2\times\frac{1}{20000}=111\mu H$$

$$C=\frac{V_0 D_C T_S}{R\Delta U_0}=\frac{1}{10\times 0.2\%\times 3\times 20000}=833\mu F$$

输出 40V 时的占空比为

$$D_C=2/3$$

则

$$L_C=\frac{R}{2}(1-D_C)^2T_S=\frac{10}{2}\times\left(\frac{1}{3}\right)^2\times\frac{1}{20000}=27.8\mu H$$

$$C=\frac{V_0 D_C T_S}{R\Delta U_0}=\frac{2}{10\times 0.2\%\times 3\times 20000}=1.67mF$$

依据上面的计算，仿真电路参数应该选取 L_C=111×1.3=133μH、C=1.67mF。

在例 4-2 中器件的设置尽量使之接近理想，比如导通压降为 0，导通电阻为很小，在本例中二极管和 MOSFET 的参数保持为缺省值，即二极管导通压降为 0.8V。

按照图 4-34 搭建 Buck-Boost 变换器的仿真模型，需要测量的量有触发脉冲 U_g、电感电压 U_L、电感电流 i_L、开关管电流 i_T、二极管电流 i_D、输出电压 U_0，从上到下依次如图 4-35 所示。Simulink 的使用可以参考例 4-1 和例 4-2。

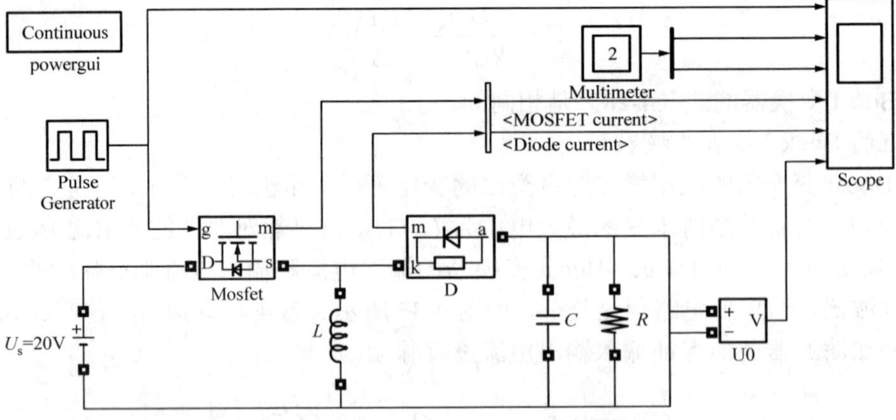

图 4-34　Buck-Boost 变换器仿真模型

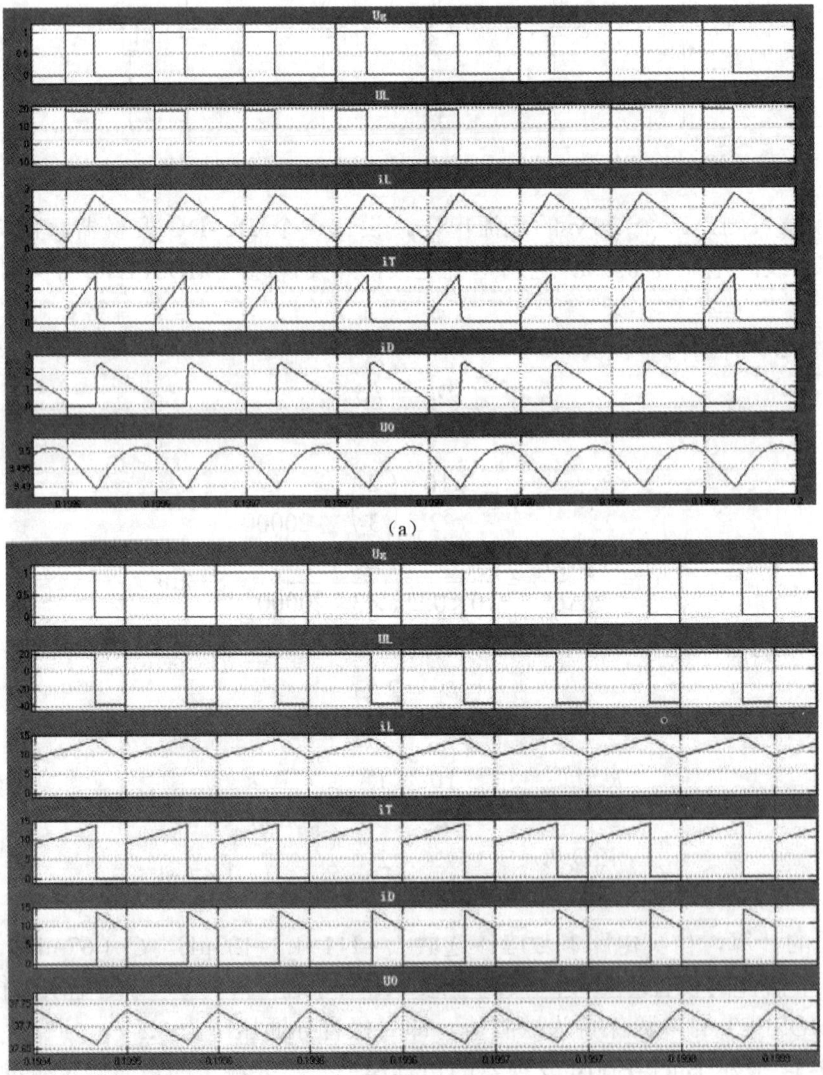

（a）

（b）

图 4-35　Buck-Boost 变换器仿真结果

（a）降压；（b）升压

这个仿真中的降压和升压都是工作在电感电流连续的模式下，不连续模式下的 Buck-Boost 变换器工作情况读者可以自行分析。有关 MATLAB/SIMULINK 在 DC/DC 仿真中的应用技巧，可以参考例 4-1 和例 4-2。从图 4-35 可见，选择不同的开关占空比，Buck-Boost 变换器的输出电压可以低于输入电压也可以高于输入电压。仿真结果与理论计算不完全符合原因是半导体器件导通时存在管压降，会使输出电压小于理想情况。

4.4　丘克（Cuk）变换器

将 Buck/Boost 变换器进行对偶变换，Boost 变换器和 Buck 变换器串联得到 Cuk 变换器，前者是由电压源、电流转换器、电压负载组成的一种拓扑，而 Cuk 变换器是由电流源、电压转换器、电流负载组成的，如图 4-36 所示。

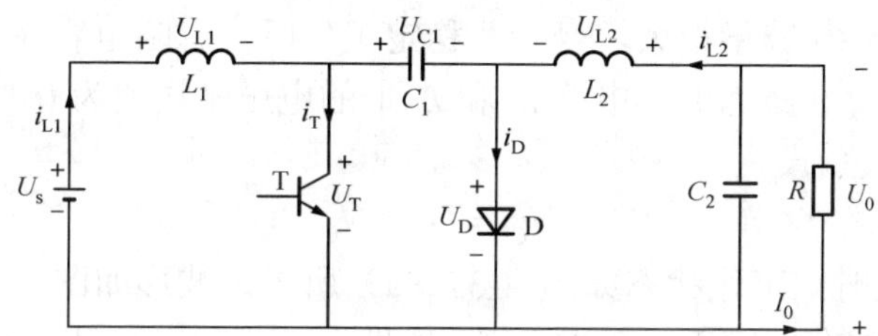

图 4-36　Cuk 变换器电路拓扑

Buck-Boost 变换器输入电流和输出电流都是脉动的，解决办法如图 4-33 所示，势必增加电路的复杂度。而 Cuk 变换器在输入和输出端均有电感，增加电感 L_1 和 L_2 的值，可使交流纹波电流的值为任意的小，当然这在实际中比较难以实现。这两个电感之间可以没有耦合，也可以有耦合，耦合电感可进一步减小电流脉动量，理论上可实现“零纹波”。这是 Cuk 变换器的主要特性。

Cuk 变换器的输出电压可以高于、等于或低于输入电压，其大小主要取决于开关管 T 的占空比，这和 Buck-Boost 变换器是一样的。

Cuk 变换器在开关管导通和关断时都进行着能量的储存和传递。如图 4-37 所示，无论开关管是否导通，都存在两个环路。在下面的分析中将两个环路分别称作环路 1 和环路 2。

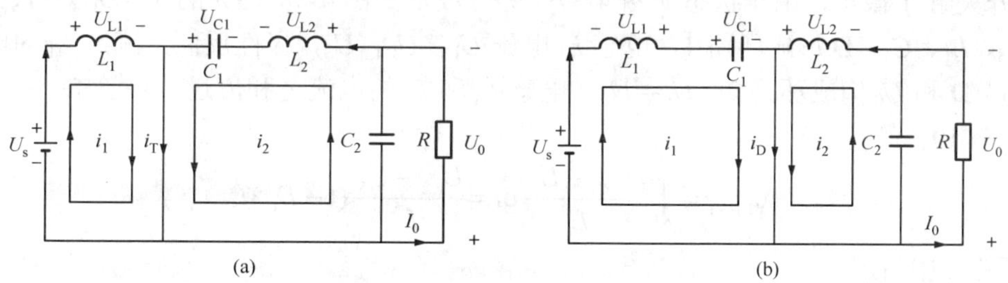

图 4-37　Cuk 变换器工作状态

（a）开关管 T 导通；（b）开关管 T 截止

在 T 导通期间，输入输出环路闭合如图 4-37（a）所示，二极管 D 反偏而截止，输入环路电流 i_1 使电感 L_1 储能，C_1 放电电流 i_2 使 L_2 储能，并供电给负载。开关管 T 中流过输入输出电流之和即 $i_T=i_1+i_2$。

T 截止期间，D 正偏而导通，输入输出环路闭合如图 4-37（b）所示，电源和 L_1 的释能电流 i_1 向 C_1 充电，同时 L_2 的释能电流 i_2 维持负载，此时流过 D 的电流为输入输出电流之和即 $i_T=i_1+i_2$。

由此可见，无论开关管导通还是关断，Cuk 变换器都从输入向输出传递功率。在 T 关断期间，电容 C_1 充电，在 T 导通期间 C_1 向负载放电，可见 C_1 起传递能量的作用。

Cuk 变换器的工作状态同样可以划分为三种：连续导电状态、不连续导电状态及临界状态。不连续导电状态可以理解为流过二极管的电流断续。在一个开关周期中开关管 T 的截止时间内，若二极管电流总是大于零，则为电流连续；若二极管电流在一段时间内为零，则为电流断续工作；若二极管电流在 T_S 时刚降为零，则为临界连续工作方式，这一点从图 4-38 中可以看出。图 4-38 是 Cuk 变换器稳态工作波形，分别为连续导电状态和不连续导电状态。

分析连续导电状态下的 Cuk 变换器工作过程，所需假设条件与第 4.1 节 Buck 变换器的假定相同，同时假设电容 C_1 容量很大，变换器稳定工作时，忽略电容 C_1 上的电压纹波，认为其电压基本恒定为 U_{C1}。在稳态时，电感 L_1 和 L_2 上的电压平均值为 0，则在 U_S、L_1、C_1、L_2、U_0 的环路中，有如下关系式

$$U_{C1}=U_S+U_0 \tag{4-37}$$

1）开关管 T 导通时，工作状态如图 4-37（a）所示，波形如图 4-38（a）所示的 D_C*T_S 段。电源电压 U_S 直接加在电感 L_1 上，电流 i_{L1} 线性上升，U_S、L_1 和 T 构成环路 1，$U_{L1}=U_S$。电容 C_1 通过 T 放电，C_1、T、U_0 和 L_2 构成环路 2，电流 i_{L2} 也线性上升，考虑式（4-37），这时 L_2 的电压是电容 C_1 电压与输出电压 U_0 之差，即 $U_{L2}=U_{C1}-U_0$，则 L_2 上电压也为 U_S，电感 L_1 和 L_2 的电流之和流过开关管 T。电源 U_S 向电感 L_1 传送能量，电感电 L_1 储能增加。导通时间越长，L_1 中储存能量增加越多。

在环路 1 中有

$$\Delta i_{L1(+)}=\int_0^{t_1}\frac{U_S}{L_1}\mathrm{d}t=\frac{U_S}{L_1}D_CT_S \tag{4-38}$$

在环路 2 中有

$$\Delta i_{2(+)}=\int_0^{t_1}\frac{U_{C1}-U_0}{L_2}\mathrm{d}t=\frac{U_{C1}-U_0}{L_2}D_CT_S \tag{4-39}$$

2）开关管 T 截止，工作状态如图 4-37（b），波形如图 4-38（a）的（1-D_C）*T_S。二极管导通，U_S、L_1、C_1、D 形成环路 1，电感 L_1 电压 $U_{L1}=U_{C1}-U_S$，极性反向，流经 L_1 的电流线性下降。L_2、D 和 U_0 构成环路 2，$U_{L2}=U_0$。电感 L_1 和 L_2 的电流之和流过二极管 D。

在环路 1 中有

$$\Delta i_{L1(-)}=\int_{t1}^{t2}\frac{U_{C1}-U_S}{L_1}\mathrm{d}t=\frac{U_{C1}-U_S}{L_1}(1-D_C)T_S \tag{4-40}$$

在环路 2 中有

$$\Delta i_{L2(-)}=\int_{t_1}^{t_2}\frac{U_0}{L_2}\mathrm{d}t=\frac{U_0}{L_2}(1-D_C)T_S \tag{4-41}$$

稳态时电感电流波动的平均值为 0，即 $\Delta i_{L1(+)}=\Delta i_{L1(-)}$，$\Delta i_{L2(+)}=\Delta i_{L2(-)}$，联立式（4-38）～式（4-41）得 Cuk 变换器的电压增益表达式为

$$M=\frac{U_0}{U_S}=\frac{D_C}{(1-D_C)} \tag{4-42}$$

假定 $P_0=P_S$，则有

$$\frac{I_0}{I_S}=\frac{1-D_C}{D_C} \tag{4-43}$$

可见分析结果与 Buck-Boost 变换器相同。当 $D_C=0.5$ 时，则 $U_0=U_S$；当 $D_C<0.5$ 时，则 $U_0<U_S$ 为降压式变换器；当 $D_C>0.5$ 时，$U_0>U_S$ 为升压式变换器。

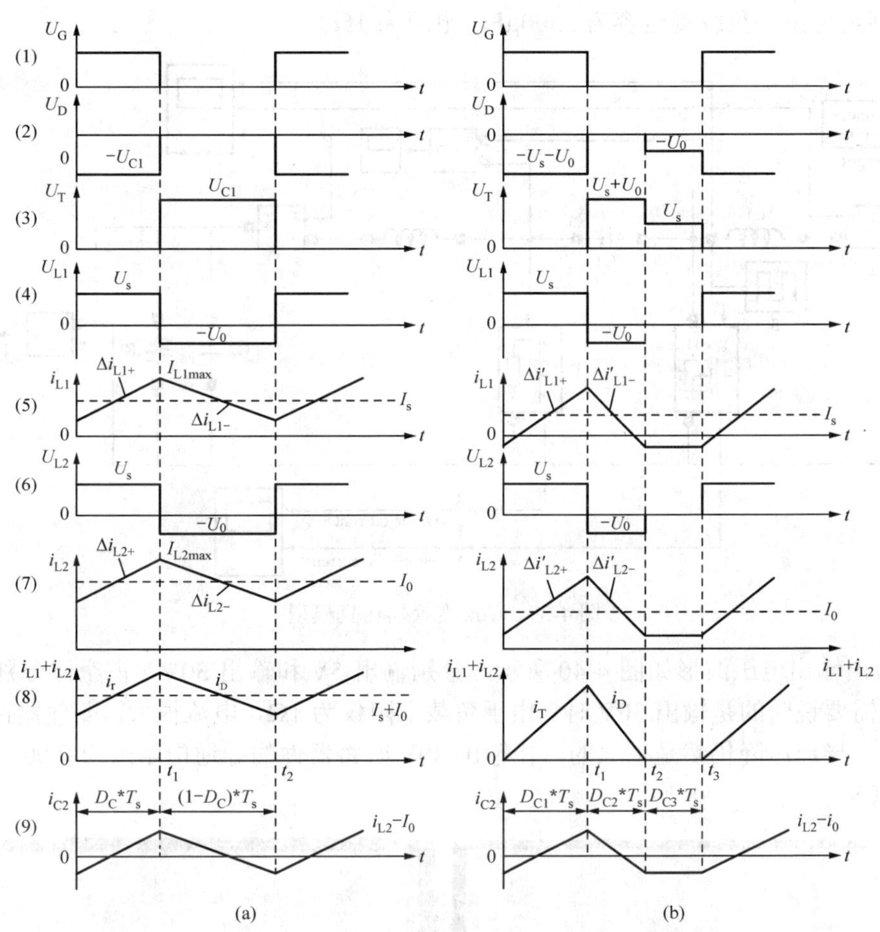

图 4-38　Cuk 变换器工作波形

(a) Buck-Boost 电路连续工作模式；(b) Buck-Boost 电路不连续工作模式

Cuk 变换器与 Buck-Boost 变换器相比的优点是输入电流和输出电流都是无纹波的，从而降低了对外部滤波器的要求；缺点是要有足够大的储能电容 C_1。

对于电流断续和临界连续模式的工作情况，与 Buck/Boost 变换器的分析类似，图 4-38（b）给出了电流断续时的波形图，请读者自行分析。

例 4-4　仿真一个 Cuk 变换器，输入为 20V，输出范围为 5～30V。

解　Cuk 变换器中有两个电容、两个耦合的电感，参数设计比前面的集中变换器都要复杂。

因为在理论分析时假设了电容 C_1 上的电压为一个恒定值，因此 C_1 需要取得较大一些，仿真中 C_1 选取为 4700μF 或 3300μF 即可，这样达到稳态时电容 C_1 上的电压比较平直，能够满足要求。如果 C_1 太小，则电压 U_{C1} 波动比较大，则电感的端电压不是恒值，造成电流不是线性变化。

本题的仿真模型如图4-39所示，其中开关频率为10kHz。二极管的导通压降设为0，才不会影响输出电压，MOSFET的参数设置保持其缺省值。两个半导体器件的导通电阻可以设置得小一些，如果电流较大，这个导通电阻上面会有较大的电压降，无疑也是会影响输出电压大小的。如MOSFET对话框中有一项是FET resistance Ron(ohms)，缺省为0.1，可以将其改为0.01甚至更小。负载侧电容为3300μF，电阻为1Ω。

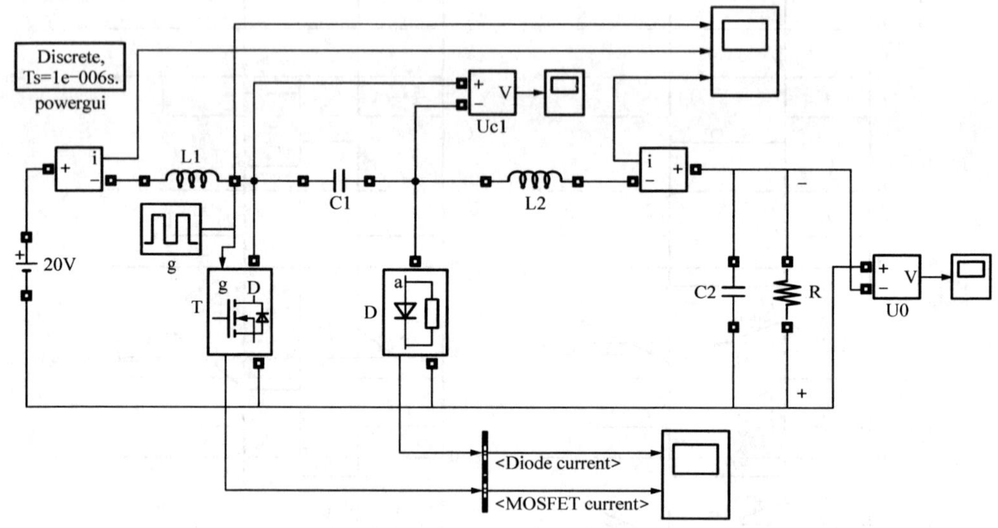

图4-39　Cuk变换器仿真模型

下面给出输出电压波形如图4-40所示，分别输出5V和输出30V，占空比分别为20%和60%，这里需要说明的是输出30V时，由于负载电阻仅为1Ω，电流很大。即使器件的导通电阻为0.01Ω，导通压降仍然是很大的。在输出30V时将器件的导通电阻改为0.0000001Ω，输出能达到30V。

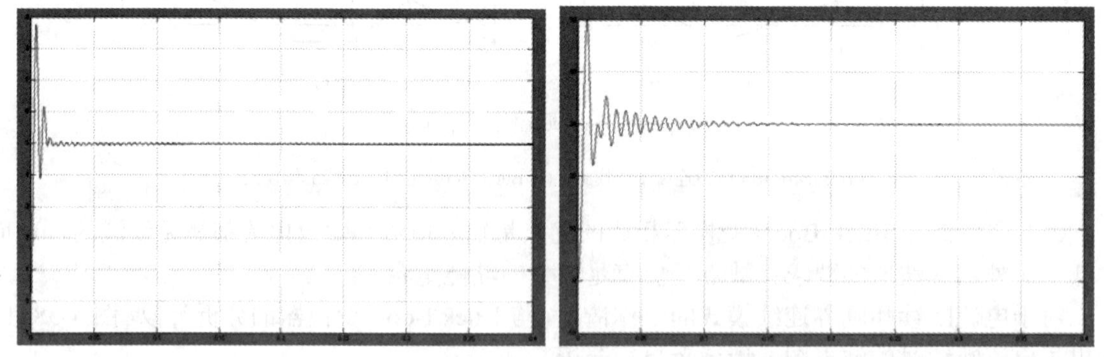

图4-40　Cuk变换器输出电压波形

4.5　带隔离变压器的DC-DC变换器

前面介绍了4种基本的DC-DC变换器结构，它们有一个共同点就是输入输出存在直接的电气连接。然而在实际应用中，由于电压等级变换、安全、系统串并联等原因，开关电源的输入和输出往往需要电气隔离。在基本的非隔离 DC-DC 变换器（如 Buck 变换器、Boost 变换器、Buck-Boost 变换器、Cuk 变换器）中加入变压器，就可以派生出带隔离变压器的 DC-DC 变换器，比如 Buck 变换器可以派生出单端正激变换器、桥式变换器、电压型推挽变换器等，Boost 变换器可以派生出电流型推挽变换器等，Buck-Boost 变换器可以派生出单端反激变换器等。

在 DC-DC 变换器中，变压器的作用主要是隔离，一定情况下也能起到变压的作用。应用在隔离 DC-DC 变换器中的变压器是高频变压器，工作原理与其他类型的隔离变换器不同，变压器铁芯必须加气隙。有关变压器的设计是一个重要而复杂的工程问题。

本节主要介绍单端正激变换器和单端反激变换器。所谓单端变换器，是指变压器磁通仅在单方向变化的变换器。几种主要的带隔离变压器的 DC-DC 变换器的分类参见图 4-1。

4.5.1 单端正激变换器（Forward Converter）

单端正激变换器由 Buck 变换器派生而来。图 4-41（a）为 Buck 变换器的原理图，在虚线的位置插入一个隔离变压器，即可得到图 4-41（b）的单端正激变换器。

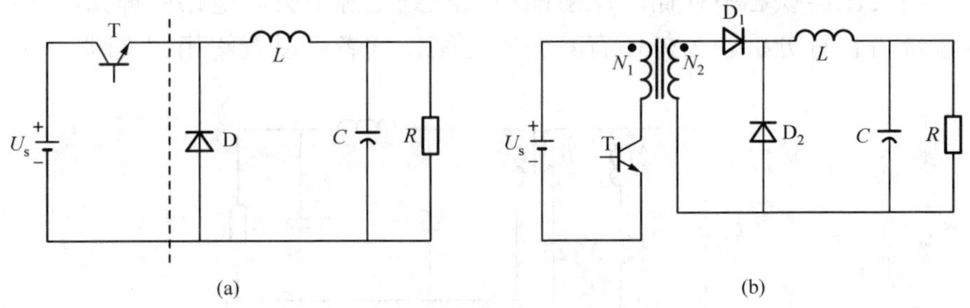

图 4-41 单端正激变换器结构

(a)Buck 变换器；(b)理想的单端正激变换器

当开关管 T 闭合时的工作状态如图 4-42（a）所示，根据图中的同名端表示，可以知道变压器副边也流过电流，D_1 导通，D_2 截止，电感电压为正，变压器副边的电流线性上升。在 $D_C\times T_S$ 期间，电感电压为

$$u_L=\frac{N_2}{N_1}U_S-U_0 \tag{4-44}$$

开关管 T 截止时，变压器副边没有电流流过，负载电流经反并联二极管 D_2 续流，在 $(1-D_C)\times T_S$ 期间，电感电压为负，电流线性下降

$$u_L=-U_0 \tag{4-45}$$

在稳态时，电感电压在一个周期内积分为零，因此

$$\left(\frac{N_2}{N_1}U_S-U_0\right)\times D_C\times T_S=U_0\times(1-D_C)\times T_S \tag{4-46}$$

得

$$M=\frac{U_0}{U_S}=\frac{N_2}{N_1}D_C=\frac{1}{K_{12}}D_C \tag{4-47}$$

由式（4-47）可见，单端正激变换器电压增益与开关导通占空比成正比，这与 Buck 变换器类似，不同的是比后者多了一个变压器的变比。

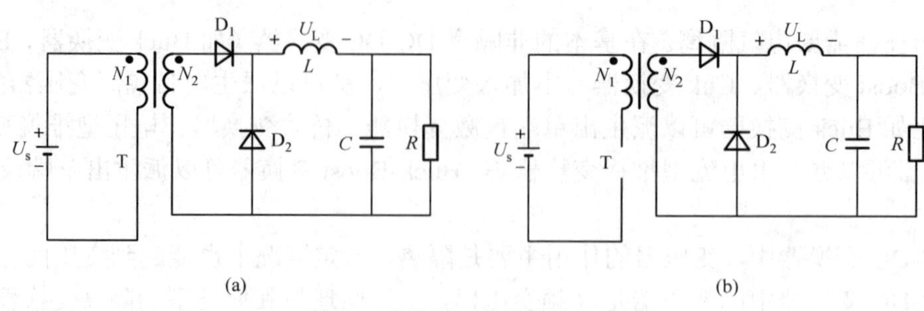

图 4-42　单端正激变换器工况

(a) 单端正激变换器开关管导通；(b) 单端正激变换器开关管截止

本节在分析电压增益时考虑的是电感电压在一个周期内累积为零的关系，前面的分析中也有从电感电流或电感磁通的角度出发的，这三者本质是一样的，都是电感磁芯中的磁通平衡。

前面对单端正激变换器的分析是基于理想变压器的，即没有考虑变压器的激磁电抗和漏抗等。在实际的正激变换器中，必须考虑隔离变压器激磁电流的影响，否则铁芯中存储的能量将使变压器不能正常工作。这里介绍一种实用的单端正激变换器，在隔离变压器中增加一个去磁绕组，将变压器铁芯中存储的激磁能量反激到电源中去。电路原理如图 4-43 所示，具体工作原理请读者自行分析。另外还有其他的方案，读者可以查阅相关文献。

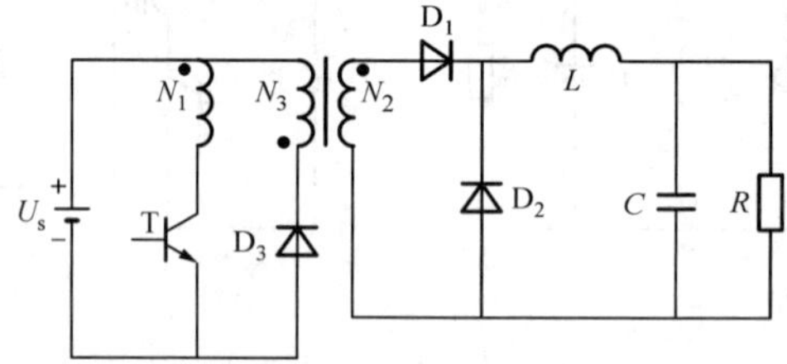

图 4-43　一种实用的单端正激变换器

4.5.2　单端反激变换器（Flyback Converter）

反激变换器在开关管导通时电源将电能转为磁能储存在变压器中，当开关管关断时再将磁能变为电能传送到负载。

单端反激变换器由 Buck-Boost 变换器派生而来。图 4-44（a）中是 Buck-Boost 变换器的原理图，将虚线框中的电感 L 用隔离变压器代替，实现输入与输出的电气隔离，即得到图 4-44（b）中的单端反激变换器。反激变换器具有以下几个特点：

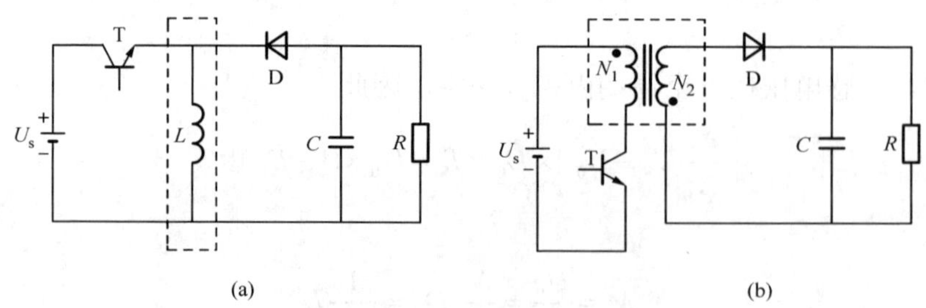

图 4-44　单端反激变换器结构图

(a)Buck-Boost 变换器；(b)单端反激变换器

（1）电路简单，效率高；

（2）输出电压纹波较大；

（3）处理功率一般在 150W 以下，常用于如控制系统所需的辅助电源；

（4）非常适合于小功率多组输出场合使用。

它由开关管 T、整流二极管 D、电容 C 和变压器构成，变压器有两个绕组：一次绕组 P 和二次绕组 S，绕组数分别用 N_1、N_2 表示，其同名端标示在图 4-44 中以“ • ”表示，两绕组要紧密耦合。开关管 T 按照 PWM 方式工作。

当开关管 T 闭合时，二极管 D 截止，这时电源输入的能量以磁能的形式储存于变压器中；开关管 T 截止期间，二极管导通，变压器中储存的能量传输给负载。两种工况如图 4-45 所示。

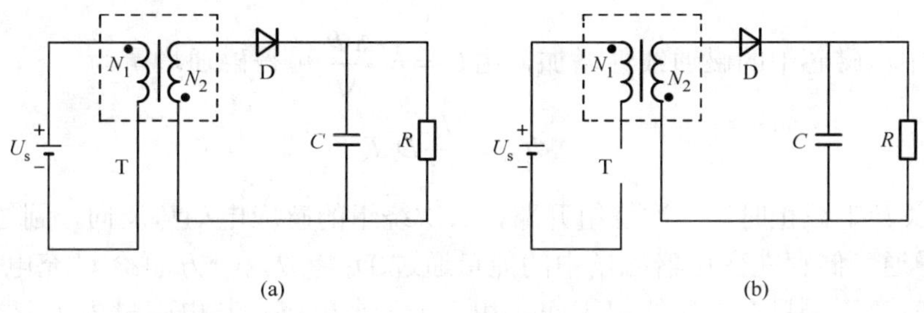

图 4-45　单端反激变换器工况

(a)单端反激变换器开关管导通；(b)单端反激变换器开关管断开

同样，反激变换器也存在有电流连续和电流断续、电流临界连续三种工作方式。这里的电流指的是变压器原边或副边的电流，称作磁化电流。电流连续和电流断续的工作波形如图 4-46 所示。

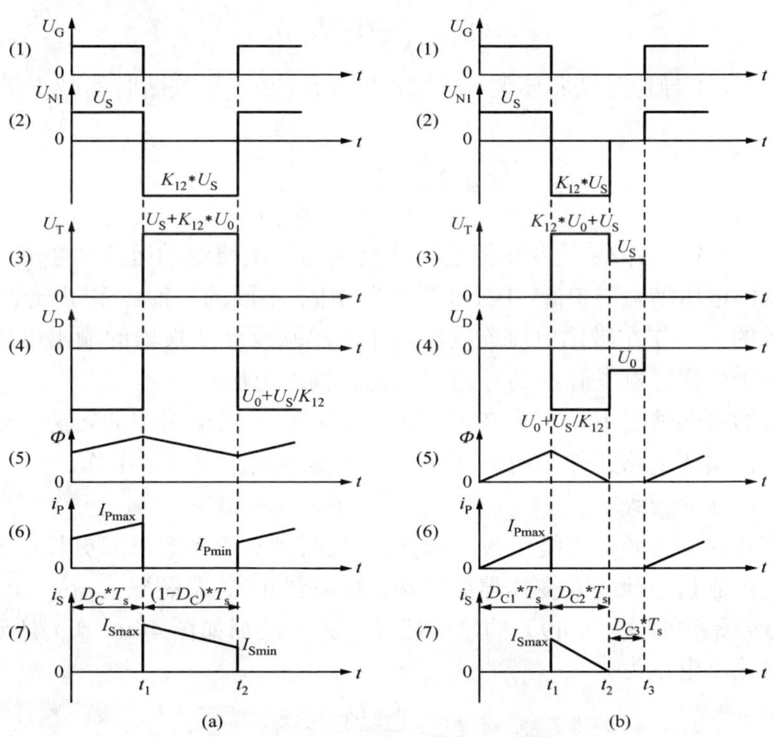

图 4-46　单端反激变换器工作波形

(a)磁化电流连续；(b)磁化电流不连续

1. 磁化电流连续模式

（1）开关管T导通时，电源电压U_S加在一次绕组N_1上，此时二次绕组N_2的感应电压为

$$u_{N2}=-\frac{N_2}{N_1}U_S \tag{4-48}$$

负号表示上负下正（副边同名端为正），则二极管D_1截止，负载电流由滤波电容C提供。

此时变压器的二次绕组开路，只有一次绕组工作，相当于一个电感，其电感量为L_1，因此一次绕组电流i_P从I_{Pmin}开始线性增加，在$t=t_1$时，达到最大值I_{Pmax}。

$$I_{Pmax}=I_{Pmin}+\frac{U_S}{L_1}D_C T_S \tag{4-49}$$

在此过程中，磁芯中的磁通线性增加，由$U=N\frac{\Delta\Phi}{\Delta t}$可得磁通增量为

$$\Delta\Phi_{(+)}=\frac{U_S}{N1}D_C T_S \tag{4-50}$$

（2）当开关管T截止时，一次绕组开路，二次绕组的感应电动势反向，副边同名端为负，使二极管D_1导通，储存在变压器磁场中的能量通过D_1释放，一方面给C充电，另一方面向负载供电。此时变压器只有二次绕组工作，相当于一个电感，其电感量为L_2。二次绕组上的电压为$u_{N2}=U_0$，二次绕组电流i_N从I_{Smax}线性下降，在$t=T$s时，达到最小值I_{Smin}。

$$I_{Smin}=I_{Smax}-\frac{U_0}{L_2}(1-D_C)T_S \tag{4-51}$$

在此过程中，磁芯中的磁通线性减小，其值为

$$\Delta\Phi_{(-)}=\frac{U_0}{N2}(1-D_C)T_S \tag{4-52}$$

当稳态工作时，T导通时铁芯磁通Φ的增长量$\Delta\Phi_{(+)}$必等于关断时的减小量$\Delta\Phi_{(-)}$，那么可得

$$M=\frac{U_0}{U_S}=\frac{N_2}{N_1}\frac{D_C}{1-D_C}=\frac{1}{K_{12}}\frac{D_C}{1-D_C} \tag{4-53}$$

式（4-53）中，$K_{12}=N_1/N_2$是变压器的一次绕组与二次绕组的匝比。由式（4-53）可见，单端隔离变压器的电压增益与Buck-Boost变换器相似，不同的是前者多了一个变压器的变比，这是很容易理解的。工作在磁化电流连续状态下的单端反激变换器的输出电压与以下因素有关：隔离变压器匝数比、触发脉冲的导通占空比、输入电压。

在负载为零的极端情况下，由于T导通时储存在变压器电感中的磁能无处消耗，故输出电压将越来越高，损坏电路元件，所以反激式变换器不能在空载下工作。

2. 磁化电流不连续模式

开关管T截止时间较长，比绕组N_2中的电流衰减到0所需的时间更长，则在下一个周期开关管T导通之前副边电流i_S及变压器磁通Φ会衰减到0（忽略剩磁），下一个周期T导通时，原边电流i_P从0开始按照式（4-49）的规律线性上升，波形如图4-46（b）所示。

电流断续时输出电压为

$$U_0=\frac{U_S^2 D_C^2}{2L_1 I_0}T_S \tag{4-54}$$

从式（4-50）可见，电流断续时，输出电压是输入电压、占空比和负载电流的非线性函数，只有调节占空比，才能保证输出电压不变。

3. 磁化电流临界连续模式

开关管 T 截止时间正好等于绕组 N_2 中的电流衰减到 0 所需的时间。其工作波形读者可以自行分析。

4. 磁通复位原则

变压器磁芯中的磁通在开关管 T 导通期间随原边绕组中的电流的增大而增大，在 T 截止期间随副边绕组中的电流的减小而减小。如果在每一个周期结束时，磁通大于这个周期开始时的大小，则它将随着周期的重复而逐渐增加，工作点逐渐上移，使励磁电流增大，磁芯饱和，变压器工作不能正常工作，造成开关管的损坏。因此在每个周期结束时变压器磁芯中的磁通必须回到原来的位置，这就是磁通复位原则。

单端反激变换器不需要专门的去磁绕组，电路简单。在前面的第 4.5.1 节中可以看到，单端正激变换器则需要去磁绕组或者改变变换器结构以达到去磁的目的。

例 4-5 设计一个 DC-DC 电路，输入直流电压源 110V，得到三路输出直流电压+5V，+15V，−15V。

解 因为有多路输出，因此可采用反激变换器实现。在实际的反激变换器设计中，常用闭环控制使得输出电压可调，例如芯片 UC3842 是一款电流型脉宽调制器，常用在反激变换器的设计中。

根据本题的要求，设计一个有三路输出的反激变换器，其中以 5V 电压作为反馈形成一个闭环控制。由于存在闭环控制，高频变压器的原边和副边匝数比在理论上可以任意确定，在实际的设计中根据变压器设计规范考虑最佳匝数比即可，3 个副边线圈匝数比为 1:3:3。

变压器使用 SimPowerSystems/Elements/Multi-Winding Transformer，这个变压器标示出了同名端，SIMULINK 里不能对变换器进行详尽的参数设计（如原边匝数、副边匝数，磁芯结构、气隙等），其参数设计对话框如图 4-47 所示。各个参数的意义可以参考 help 文件。在实际工程中，变压器的设计是很关键也是很复杂的，绝不仅仅是仿真中这么简单的设置，变压器的绕组匝数、磁芯的材料、结构等问题都需要理论推导和经验的积累，这一点是需要读者十分注意的。

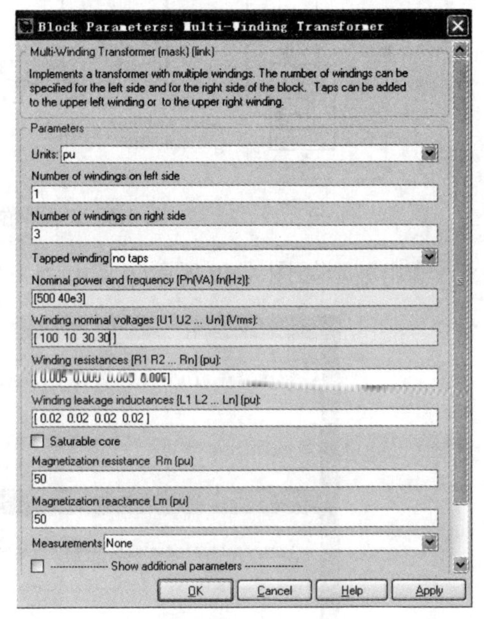

图 4-47 单端反激变换器仿真中隔离变压器参数

给定电压为+5V，实际输出+5V 电压为反馈量，二者的误差作为调节器的输入进行控制，目的是使输出跟随给定的+5V，可见闭环控制时改变给定值就可以调节输出。闭环中的调节器为 PI 调节器，在实际系统中 PI 调节器能够达到良好的效果。SIMULINK 中可以使用传递函数构建 PI 或者自己搭建 PI 模型，也有很多已封装好的模块可以作为 PI 调节器直接使用，如 SimPowerSystems/Discrete Control Blocks/ Discrete PI Controller、Simulink Extras/Additional Linear/PID Controller 等，前者用在离散的模型中，参数设置包括比例系数 Kp、积分系数 Ki、限幅值，后者包括比例系数 Kp、积分系数 Ki、微分系数 Kd，但是没有限幅值的设置，因此需添加限幅器 Saturation，可以从 Simulink/Discontinuities 中找到，也可以在 Simulink/Commonly

Used Blocks 中找到。本例仿真中，Kp=1，Ki=200，Kd=0，限幅值为+0.5，−0.5。

PWM 发生器可以自己构建，采用对称载波和调制波进行比较，调制波大于载波时输出为高电平，调制波小于载波时输出为低电平。

其他模型的设置可以参考前几节的例题。最后搭建的仿真模型如图 4-48 所示。

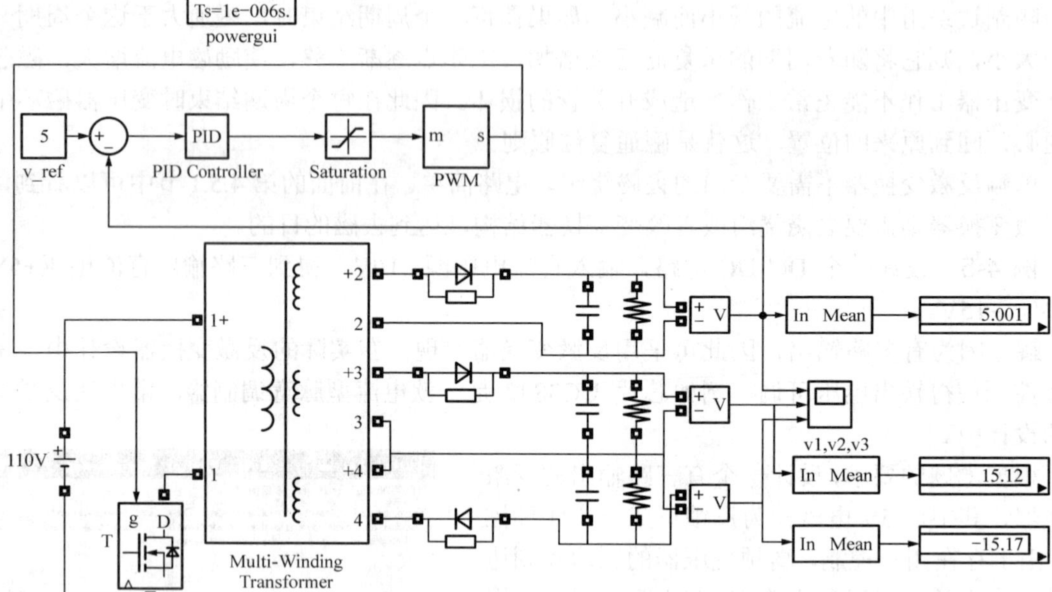

图 4-48　三路输出的单端反激变换器仿真模型

输出波形如图 4-49 所示，从上到下依次是 5V、+15V，−15V。

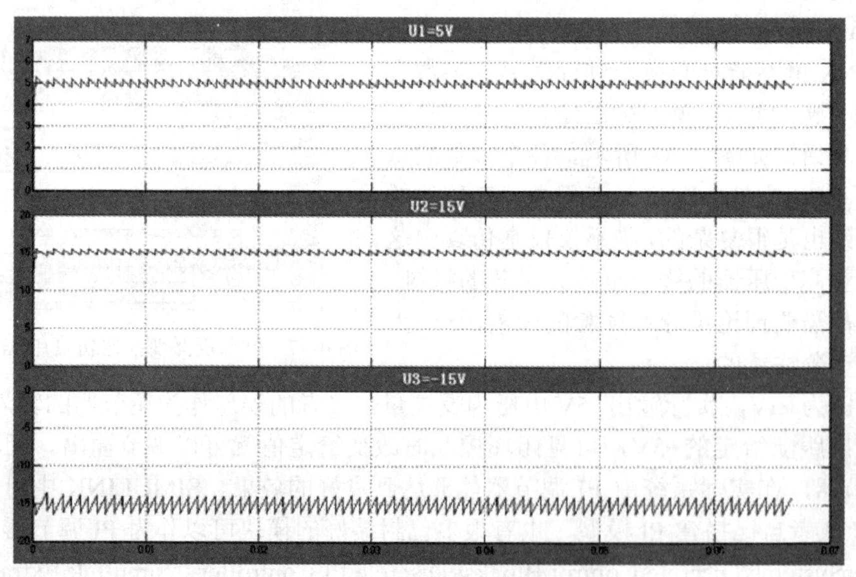

图 4-49　三路单端反激变换器输出电压

通过本例题可以看出，反激变换器方案在多路输出电路中行之有效。由于它的诸多优点，在实际的开关电源设计中，反激变换器得到了广泛的应用。

第 5 章

DC-AC 电路的仿真

直流-交流（DC-AC）变换电路，又称为逆变器（inverter），能够将直流电能转换为交流电能。逆变电路可做多种分类，按功率器件可分为半控器件逆变电路和全控器件逆变电路。前者采用晶闸管器件，负载换流或者外接电路强制换流，正逐渐被采用 GTO、IGBT 等器件的全控器件逆变器所代替。按输出波形，可分为方波逆变器、正弦波逆变器等。按直流电源形式可分为电压源逆变器（Voltage Source Inverter, VSI）和电流源逆变器（Current Source Inverter）。前者采用电容元件为直流源进行电场储能，电源电压脉动以及电源阻抗小，特性类似电压源，而后者采用电感元件为直流源提供磁场储能，电源电流脉动小，电源阻抗大，呈现电流源特性。按电路结构可分为桥式逆变电路、非桥式逆变电路和组合式逆变电路等。按输出相数可分为单相逆变器、三相逆变器和多相逆变器。按开关器件工作状态可分为硬开关和软开关逆变器。本章主要讲述目前应用较多的采用全控器件的硬开关电压源逆变器。

逆变器已经在工业、交通、能源、航空航天等领域得到广泛应用，例如变频调速装置、电解电镀电源、感应加热电源、UPS、焊接电源等。其中，应用最多的是交流电机的变频调速，逆变器是第 8 章所述交流调速的实现基础。

5.1 方波逆变电路

5.1.1 单相方波逆变电路

电压源单相方波逆变电路可以是推挽式或桥式的，后者的应用更加广泛。桥式电路又分为全桥和半桥，工作原理类似而略有差异，半桥电路较简单，全桥电路较复杂而变换容量较大。本节以单相全桥方波逆变电路为例进行分析。

单相全桥逆变电路如图 5-1（a）所示，由一个大小为 U_d 的直流电压源和两个桥臂组成，每个桥臂包括两个全控器件。图 5-1（b）为该电路的基本波形，两路频率为 f、占空比为 50% 的周期互补信号分别控制全桥电路的两组斜对角功率开关 S_1、S_3 以及 S_2、S_4。当 S_1、S_3 导通时，逆变电路输出电压 u_o 等于 U_d，当 S_2、S_4 导通时，u_o 等于 $-U_d$，因此 u_o 为一个与驱动信号同频率、正负幅值均为 U_d 的交变方波电压。

按照如图 5-1（a）所示的参考方向，假定电路已进入稳态。在 t_0 时刻，S_1、S_3 的门极驱动信号到达，同时 S_2、S_4 因门极信号撤除而关断，输出电压为 U_d，由于负载的电感性质，负载电流滞后输出电压一个角度，在此期间负载电流为负，这意味着在 t_0 时刻负载电流从 S_2、S_4 切换到桥臂对管 S_1、S_3 的反并联二极管 D_1、D_3，这一过程称为强制换流。此后负载电感的磁场储能向直流母线馈送，负载电流的绝对值指数下降，直到负载电流过零。在 t_1 时刻，负载电流达到零值并开始转变方向与 u_o 同向，电流从桥臂二极管 D_1、D_3 自然转移到同桥臂的

S_1、S_3，这一过程称为自然换流。此后能量从直流母线向负载传递，负载电流指数上升，直到开关状态改变。

对逆变电路输出电压 u_o 进行傅里叶展开，得

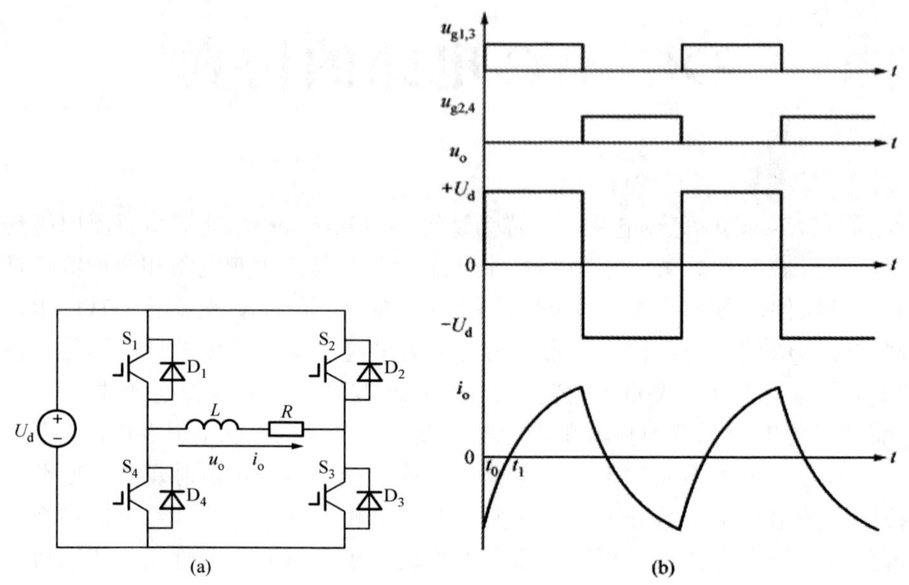

图 5-1　单相方波逆变电路及基本波形

（a）单相全桥逆变电路；（b）全桥方波逆变电路基本波形

$$u_o = \sum_n \frac{4U_d}{n\pi} \sin(n\omega t)\,,\quad n = 1,3,5,\cdots \tag{5-1}$$

式中　$\omega = 2\pi f$ 。

输出电压的基波峰值为

$$U_{1m} = \frac{4U_d}{\pi} \approx 1.273U_d \tag{5-2}$$

其有效值为

$$U_1 = \frac{4U_d}{\sqrt{2}\pi} \approx 0.9U_d$$

单相方波逆变电路输出电压为交变方波，与负载性质无关，其频率可以通过改变驱动信号的频率来调节，但其电压的形状和幅值均不可调节。输出电流的波形和幅值与负载有关。要对方波逆变电路的输出电压进行调节，只能通过改变直流母线电压或者通过移相进行调压。

由式（5-1）可知，输出电压除基波外还包含奇次谐波，第 n 次谐波幅值与其频率成反比。若忽略较高次谐波，方波逆变电路输出电压的 THD 大约为 45.2%，这一谐波水平显然不能满足相当部分交流负载的要求。

直流电压利用率是逆变电路的一个重要指标，它的物理含义是表示一定幅值的直流电压可以逆变产生的交流输出电压基波峰值或有效值的大小。方波逆变器输出电压的基波峰值为直流电压的 1.273 倍，其直流电压利用率相对其他种类逆变器是相当高的，这是方波逆变器的最大优点。

例 5-1　完成单相全桥方波逆变电路的仿真，开关管选 IGBT，直流电压为 300V，阻感

负载，电阻 1Ω，电感2mH。

解 1）建立仿真模型。

第一步先建立主电路的仿真模型。在 Simpowersystems 的“Electrical Sources”库中选择直流电压源模块，在对话框中将直流电压设置为 300V；然后在“Power Electronics”库中选择四个“IGBT/ Diode”模块，组成全桥电路；在“Elements”库中选择串联 RLC 支路模块，去掉电容后将电阻和电感分别设为 1Ω和2mH；按照如图 5-1（a）所示将各模块相连，便完成了单相全桥方波逆变器仿真模型的主电路部分。

第二步再来构造控制部分。在 Simulink 的“Sources”库中选择四个“Pulse Generator”模块，幅值设为 1，周期设为 0.02s，即频率为 50Hz，占空比设为 50%。其中两个滞后 0s，其输出加在开关 1 和 3 的门极，另外两个滞后设为 0.01s，其输出加在开关 2 和 4 的门极。

第三步完成波形观测及分析部分。在串联 RLC 支路模块的对话框最下方选中测量电压和电流，再利用“Measurements”库中的“Multimeter”模块即可观察逆变器的输出电压、电流。通过串联的电流表可观察直流电流的波形。此外，利用“Extra Library”中“Measurements”子库的“Total Harmonic Distorsion”和“Fourier”模块，可得到逆变器输出方波电压的 THD 和基波及各次谐波的大小，注意要把模块中的基波频率设为 50Hz。

最终完成仿真模型如图 5-2 所示。

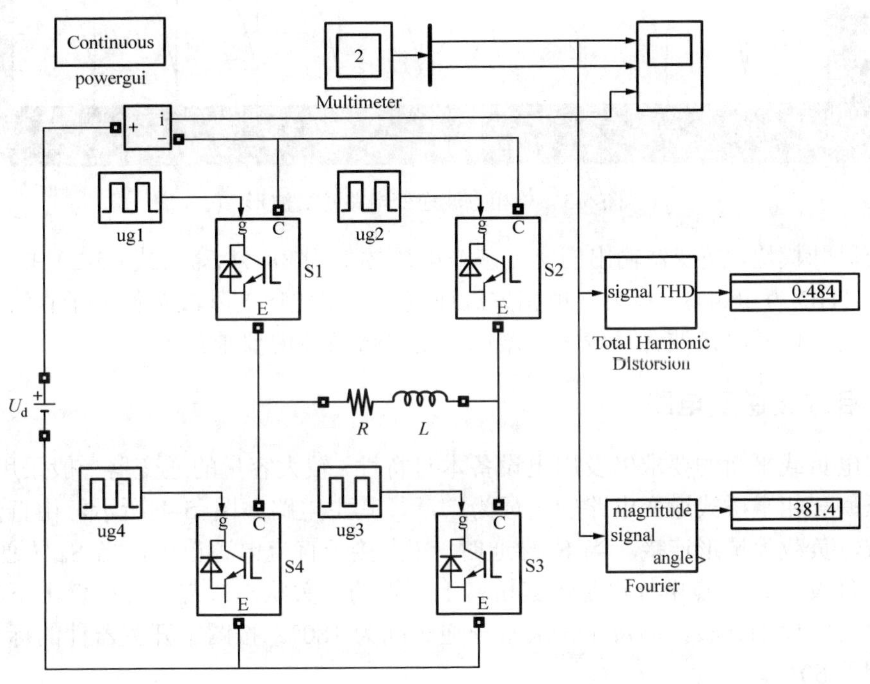

图 5-2 单相方波逆变电路仿真模型

2）分析仿真结果。

将仿真时间设为 0.1s，选择 ode45 的仿真算法，将绝对误差设为 1e-5，运行后可得仿真结果。

图 5-3 中自上而下为逆变器输出的交流电压、电流和直流侧电流波形。交流电压为正负 300V 的方波电压，周期与驱动信号同为 50Hz。交流电流和直流电流波形由阻感负载的特性所决定。直流电流为负的期间，电流通过反并联二极管流向电源，负载电感的磁场储能向直

流母线馈送；直流电流为正的期间，电流通过 IGBT 流向负载。若为纯电阻负载，则直流电流无波动，读者可自行试验。

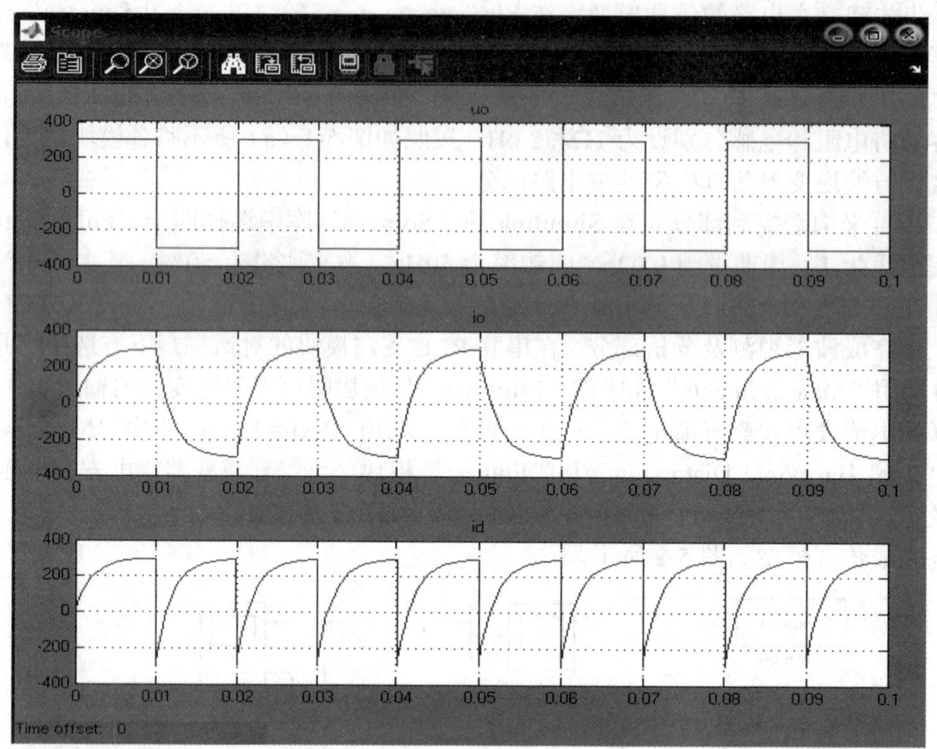

图 5-3 单相方波逆变电路仿真波形

根据傅里叶模块，逆变器输出的交流基波电压幅值为 381.4V，与式（5-2）中理论值相符。交流电压的 THD 为 48.4%。可见，单相方波逆变器输出电压的基波幅值大于直流电压，其电压利用率较高，但同时谐波含量较大，难以满足多数负载的要求。

5.1.2 三相方波逆变电路

出于配电负载平衡的要求以及用电设备本身特性，较大容量的逆变器一般采用三相结构。其中，电压型三相半桥式逆变电路应用最为广泛，其主电路如图 5-4 所示，由直流电源和三组桥臂组成，负载为星形连接。当 S_1 导通时，a 点接于直流电源正极，当 S_4 导通时，a 点接于直流电源负极，b、c 点电位也是由其桥臂上下管的开关状态决定。各桥臂上下驱动脉冲互补，为 50%占空比的方波，即每个开关管导通时间为 180°。按图中开关器件的标号，其驱动信号彼此相差 60°。

三相方波逆变电路的基本波形如图 5-5 所示，在任意时刻都有三个开关管导通，并按照 1、2、3，2、3、4，3、4、5，4、5、6，5、6、1，6、1、2 顺序导通，故在一个周期内有六种导电模式。线电压为正负幅值，且均为 U_d、宽度为 120° 的方波，三个线电压之间彼此相差 120°。以 5、6、1 号开关管导通的模式为例，此时负载 Z_a、Z_c 与电源正极接通，Z_b 与电源负极接通，故相电压 $u_{bn}=-2/3U_d$，$u_{an}=u_{cn}=1/3U_d$，同理可推得其他导电模式下逆变器输出的相电压波形，如图 5-5 所示。相电压在一个周期内每 60°就发生一次电平变化，形成更加接近于正弦的六阶梯波。

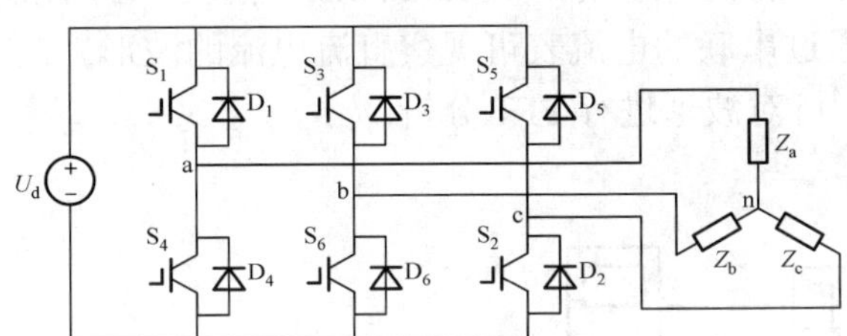

图 5-4　三相方波逆变电路原理图

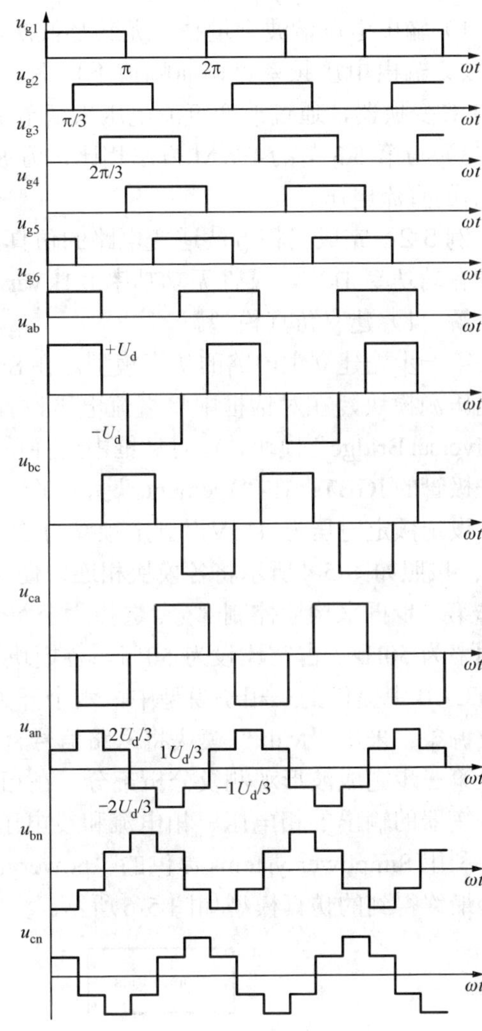

图 5-5　三相方波逆变电路基本波形

利用傅里叶分析可得 a 相电压和 a、b 间线电压瞬时值分别为

$$u_{an}(t)=\frac{2}{\pi}U_{\rm d}\left(\sin\omega t+\frac{1}{5}\sin 5\omega t+\frac{1}{7}\sin 7\omega t+\frac{1}{11}\sin 11\omega t+\cdots\right) \tag{5-3}$$

$$u_{ab}(t)=\frac{2\sqrt{3}}{\pi}U_{\rm d}\left[\sin\left(\omega t+\frac{\pi}{6}\right)-\frac{1}{5}\sin 5\left(\omega t+\frac{\pi}{6}\right)-\frac{1}{7}\sin 7\left(\omega t+\frac{\pi}{6}\right)+\frac{1}{11}\sin 11\left(\omega t+\frac{\pi}{6}\right)+\cdots\right] \tag{5-4}$$

可见，输出电压中无 3 的整数倍次谐波，只含更高阶次的奇次谐波，n 次谐波幅值为基波幅值的 1/n。

线电压基波幅值为

$$u_{\rm ab1m}=\frac{2\sqrt{3}}{\pi}U_{\rm d}\approx 1.1U_{\rm d}$$

当逆变电路接纯电阻负载时，三相半桥电路所有功率开关中的反并联二极管均不导通，逆变器从直流母线吸取无脉动的直流电流。若接感性负载，则逆变器还将与母线交换无功电流，直流电流脉动的频率是输出电压频率的 6 倍。

三相方波逆变电路的特点如下所述。

1）输出电压谐波含量高，尤其是低次谐波成分丰富，输出相电压的 THD 大约为 26%。

2）输出电压频率可调而幅值不可调，相应解决方案是采用相控整流或者不控整流后接 DC-DC 变换器，通过改变直流电压来调节逆变器输出的交流电压。

3）与第 5.3 节的 PWM 方法相比，方波逆变电路的直流电压利用率较高，线电压幅值为 1.1 倍的直流电压。

例 5-2　完成三相方波逆变电路的仿真，开关管选 IGBT，直流电压为 530V，阻感负载，负载有功功率 1kW，感性无功功率 0.1kVar。

解　1）建立仿真模型。

第一步先建立主电路的仿真模型。在 Simpowersystems 的“Electrical Sources”库中选择直流电压源模块，在对话框中将直流电压设置为 530V；然后在“Power Electronics”库中选择“Universal Bridge”模块，在对话框中选择桥臂数为 3，构成三相半桥电路，开关器件选带反并联二极管的 IGBT；在“Elements”库中选择三相串联 RLC 负载模块，在对话框中选为星型连接，设定额定电压为 413V，额定频率为 50Hz，有功为 1kW，感性无功为 100Var，容性无功为 0；按照如图 5-4 所示将各模块相连，便完成了三相方波逆变器仿真模型的主电路部分。

第二步再来构造控制部分。选择六个“Pulse Generator”模块，幅值设为 1，周期设为 0.02s，即频率为 50Hz，占空比设为 50%。各模块依次滞后 0.02/6s，即相差 60°。需要注意的是，MATLAB 中提供的三相桥模型中，六个开关的编号顺序与图 5-4 中的顺序不同，因此还需作相应调整。采用“Mux”模块将六路信号合成后加在三相桥的门极。

第三步完成波形观测及分析部分。在相应模块的测量选项和“Multimeter”模块，即可观察逆变器的输出的相电压、相电流和线电压，通过串联的电流表可观察直流电流的波形。此外，利用 Simpowersystems 提供的“powergui”，可对波形进行 FFT 分析。

最终得到的仿真模型如图 5-6 所示。

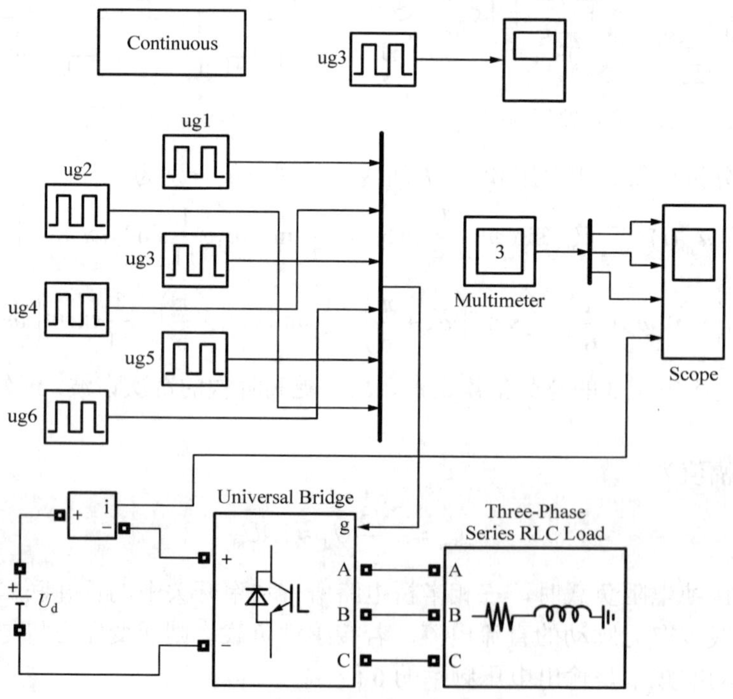

图 5-6　三相方波逆变电路仿真模型

2）分析仿真结果。

将仿真时间设为 0.1s，在 powergui 中设置为离散仿真模式，采样时间为 10^{-5}s，运行后可得仿真结果，*a* 相电压、*a* 相电流、*ab* 间线电压以及直流电流波形如图 5-7 所示。

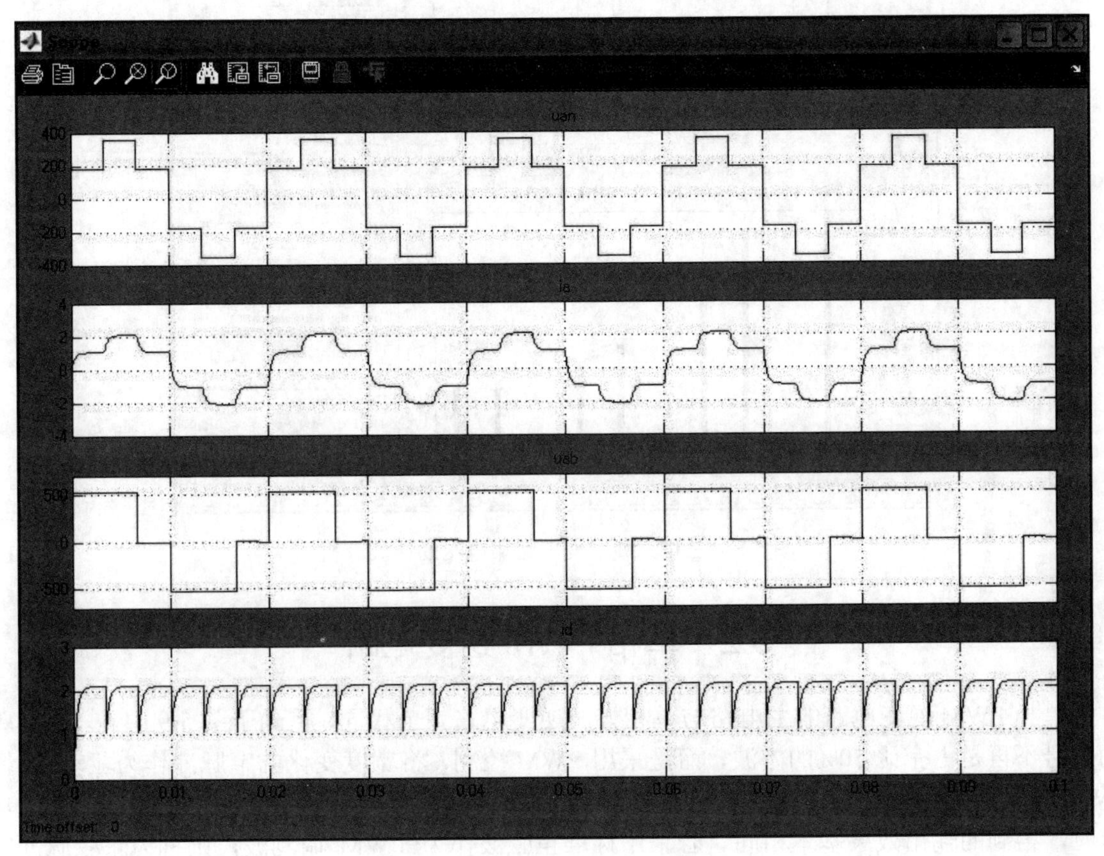

图 5-7　三相方波逆变电路仿真波形

逆变器输出的相电压为六阶梯波，相电流和直流电流的波形与负载有关。读者可自行改变负载的阻抗比，观察电流波形的变化。由图 5-7 可知，直流电流波动的频率为逆变器输出电压基波的 6 倍。

MATLAB 提供的 powergui 模块具有多个功能，这里通过本例介绍其 FFT 分析的用法。在仿真程序运行前，双击示波器模块并点击参数设置菜单，在“Data History”中选中将数据保存到工作区的选项。程序运行后，双击 powergui 并单击其中的 FFT 分析栏，便会打开 FFT 分析的窗口，如图 5-8 所示。在右上方选择将要分析的信号，设定起始时间、分析的周期数以及基波频率。左上方的窗口将显示待分析的波形。右下方可选择 FFT 分析的结果显示模式（直方图或者列表模式），还可设定横坐标轴的类型以及最大频率。左下方的窗口则根据所选的显示模式，显示被分析信号的频谱图或各次谐波含量的列表。图 5-8 所示为相电压的频谱图。

相电压基波峰值为 337.3V，线电压的基波峰值为 584.6V，与式（5-3）和式（5-4）中的理论分析相符。从图 5-8 可知，输出的交流电压不含 3 的整数倍次谐波，只含更高阶次的奇次谐波。将显示模式改为列表后，可观察到 *n* 次谐波幅值为基波幅值的 1/*n*。

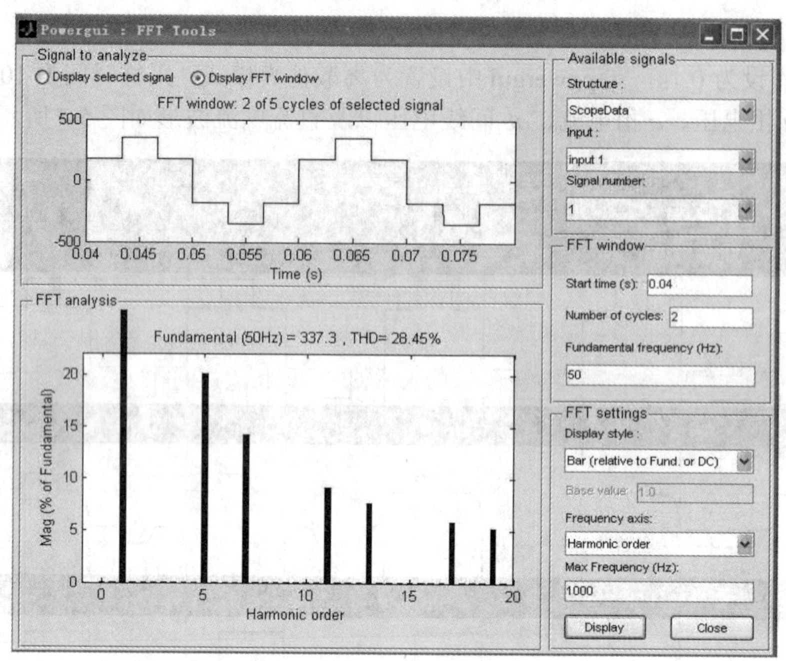

图 5-8　三相方波逆变电路相电压的谐波分析

5.2　单相 PWM 逆变电路

单相 PWM 逆变电路的主电路与单相方波逆变电路完全相同，重画于图 5-9 中。只是其驱动信号不再是占空比 50%的方波，而是采用 PWM 控制，将宽度变化的窄脉冲作为驱动信号。PWM 技术的理论基础为面积等效原理，即将形状不同但面积相等的窄脉冲加之于线性惯性环节时，得到的输出效果基本相同。若采用标准正弦波作为 PWM 调制波，则称为正弦脉冲宽度调制，常简称为 SPWM，是目前应用较多的一种逆变控制技术。本节将对单相逆变电路中常用的几种 SPWM 技术及其仿真进行介绍。

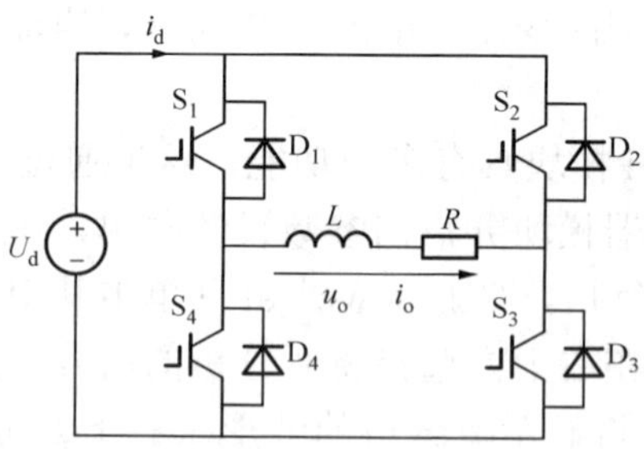

图 5-9　单相全桥 PWM 逆变主电路

5.2.1　双极性 SPWM

SPWM 采用的调制波为频率为 f_s 的正弦波

$$u_s = U_{sm} \sin \omega_s t$$

$$\omega_s = 2\pi f_s$$

载波 u_c 是幅值为 U_{cm}、频率为 f_c 的三角波。

载波信号频率f_c与调制信号频率f之比称为载波比，可以用p来表示，即

$$p = f_c / f_s$$

正弦调制信号与三角载波信号的幅值之比可以定义为调制深度m

$$m = U_{sm} / U_{cm}$$

通常采用u_s与u_c相比较的方法生成PWM信号：当$u_s>u_c$时，功率开关S_1、S_3导通，逆变电路输出电压u_o等于U_d；当$u_s<u_c$时，S_2、S_4导通时，u_o等于$-U_d$。随着开关管以载波频率f_c轮番导通，逆变器输出电压u_o不断在正负U_d间切换。由于在这种调制方式下，每个开关周期内输出电压波形都会出现正负两种电平，因此称为双极性SPWM。图5-10所示为p=15时的单相全桥双极性SPWM基本波形。

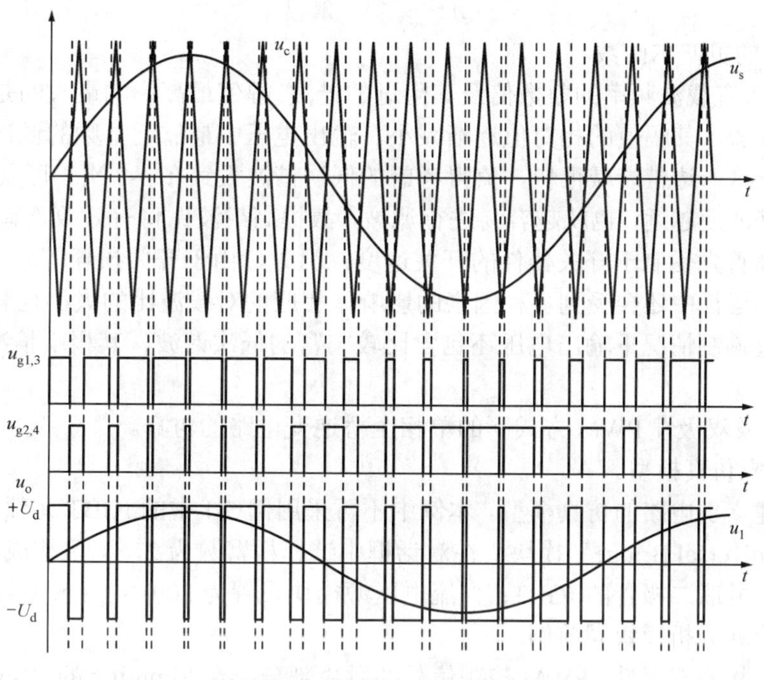

图5-10　双极性SPWM示意图

工程上对SPWM逆变器常采用电压平均值模型进行输出基波电压的计算。当载波频率远高于输出电压基频且调制深度$m \leqslant 1$时，可知基波电压u_1的幅值U_{1m}满足如下关系

$$U_{1m} = mU_d \tag{5-5}$$

这是SPWM的一个重要关系，它表明在$m \leqslant 1$和$f_c >> f_s$的条件下，SPWM逆变输出电压的基波幅值随调制深度m线性变化。因此通过控制调制信号，可方便地调节逆变器输出电压的频率和幅值。

在线性调制区内，m=1时输出电压的基波幅值达到最大，即U_d与单相方波逆变器相比，SPWM逆变器的直流电压利用率只有其0.7854倍。实际上，SPWM并未要求调制深度m一定要小于1，当m>1时称为过调制。m的增长可以使输出电压“缺口”减少，基波电压幅值增大。当m趋于无穷大时，电路工作情况将退化为方波逆变的情况。因此，提高m并不能无限地提升直流电压利用率，而是以方波逆变的情况为上限。过调制除了带来直流电压利用率的有限增加外，还导致输出电压的低次谐波大量出现，这与SPWM的初衷是有一定矛盾的。因此，过调制只在某些强调直流电压利用率而对谐波要求不高的场合有所应用。

PWM 逆变电路可以使输出电压、电流较方波逆变电路更接近正弦波，但由于使用了载波对正弦信号进行调制，故必然产生和载波有关的谐波分量。这些谐波分量的频率和幅值是衡量PWM逆变电路性能的重要指标之一。以载波周期为基础，再利用贝塞尔函数可推导出PWM波的傅里叶级数表达式。单相全桥逆变电路在双极性调制方式下输出电压包含的谐波角频率为

$$n\omega_{\mathrm{c}} \pm k\omega_{\mathrm{s}} = (np \pm k)\omega_{\mathrm{s}} \tag{5-6}$$

式中：当 n=1，3，5，…，时，k=0，2，4，…；当 n=2，4，6，…时，k=1，3，5，…。各谐波成分对应的幅值为

$$\frac{4U_{\mathrm{d}}}{n\pi} \times J_k\left(\frac{mn\pi}{2}\right) \tag{5-7}$$

式中：J_k 为 k 次的贝塞尔函数。

PWM波中含有载波频率的整数倍及其附近的谐波。幅值最高影响最大的是 p 次谐波分量，随调制深度的增加，其幅值的相对值逐渐减小。输出电压中最靠近基频的低次谐波是 n=1 时的下边带，由于这一边带衰减很快，值得考虑的低次谐波大致在 p-2 次。可见，载波比越高，最低次谐波离基波便越远，也就越容易进行滤波，故提高载波比将有效改善输出电压的质量。但载波比的提高首先受制于开关器件的开关速度，另外，由于开关损耗等原因，开关频率在逆变器的设计和运行中还会受到多种因素的影响，相应的对载波比的大小也有一定限制。

此外，在过调制情况下输出电压还包含比较丰富的低次谐波，其极端情况就是方波逆变的输出情况。

例 5-3 完成双极性 PWM 方式下的单相全桥逆变电路的仿真。

解 1）建立仿真模型。

第一步先建立主电路的仿真模型。本例中不再采用例 5-1 中的 IGBT 元件模型，而是采用例 5-2 中的“Universal Bridge”模块，在对话框中选择桥臂数为 2，即可构成单相全桥电路，开关器件选带反并联二极管的 IGBT；直流电压源模块设置为 300V；阻感负载分别设为 1Ω和 2mH。波形观测和分析模块同前例。

第二步再来构造双极性 SPWM 控制信号的发生部分。在 Simulink 的“Source”库中选择“Clock”模块，以提供仿真时间 t，乘以 $2\pi f$ 后再通过一个“sin”模块即为 $\sin\omega t$，乘以调整深度 m 后可得所需的正弦调整信号；三角载波信号由“Source”库中的“Repeating Sequence”模块产生，双击其对话框，设置“Time Values”为[0 1/fc/4 3/fc/4 1/fc]，设置“Output Values”为[0 -1 1 0]，便可生成频率为 f_{c} 的三角载波；调制波和载波通过 Simulink 的“Logic and Bit Operations”库中的“Relational Operator”模块进行比较后所得信号，再通过适当处理便可得四路开关信号，如图 5-11 所示。图中的“Boolean”和“double”为“Signal Attributes”库中的“Data Type Conversion”模块进行相应设置后所得，“NOT”则使用“Logic and Bit Operations”库中的“Logical Operator”模块。

为了使仿真界面简洁，仿真参数易于修改，可以对如图 5-11 所示的部分进行封装，使其成为一个便于调用的模块。用鼠标选中图中的所有部分，单击右键并选择“Create Subsystem”，则选中的部分全都放入一个子系统模块，只保留了对外的输入输出接口。右键单击该模块，选择“Mask Subsystem”可对其进行封装。如图 5-12 所示，设置 m、f 和 f_{c} 三个参数并确定后，再单击该子系统模块则会出现如图 5-13 所示的对话框，此时可根据仿真需要填写参数的具体数值。

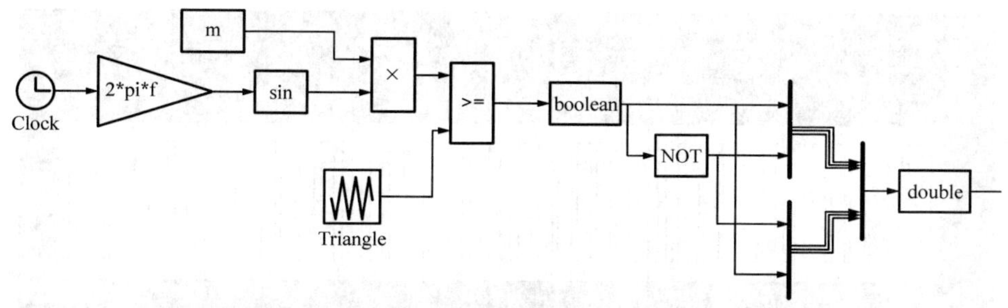

图 5-11　双极性 SPWM 信号的 Simulink 产生图

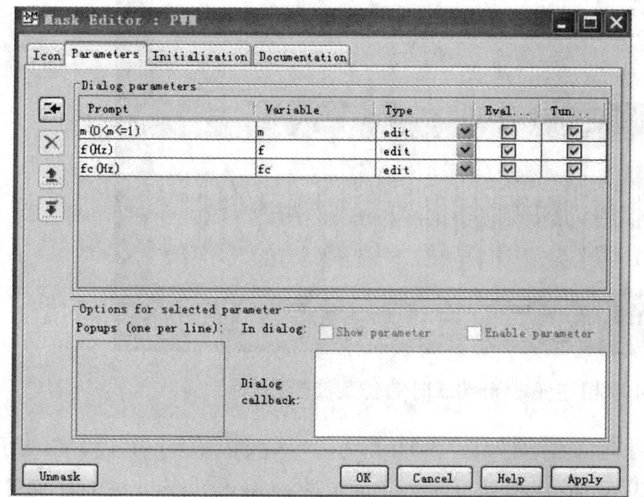

图 5-12　双极性 SPWM 模块封装设置示意图

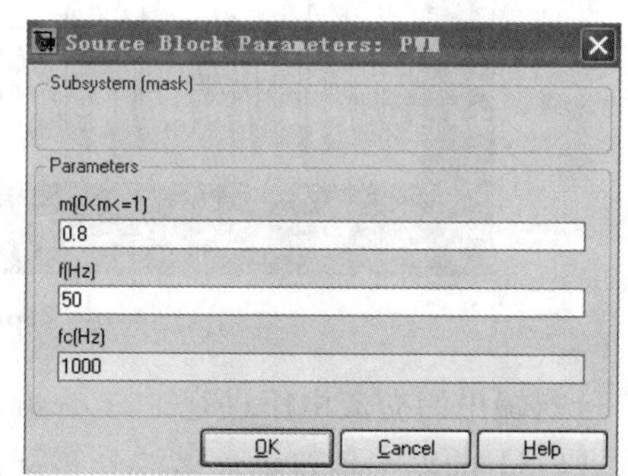

图 5-13　双极性 SPWM 模块对话框示意图

将双极性 SPWM 模块的输出连接到单相全桥模块的门极输入，最终得到的仿真模型如图 5-14 所示。

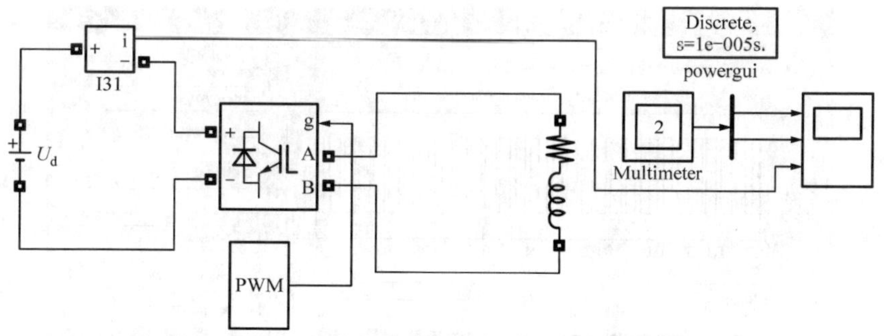

图 5-14　双极性 SPWM 模块对话框示意图

2）分析仿真结果。调制深度 m 设为 0.5，输出基波频率设为 50Hz，载波频率设为基频的 15 倍，即 750Hz。将仿真时间设为 0.06s，在 powergui 中设置为离散仿真模式，采样时间为 10^{-5}s，运行后可得仿真结果，输出交流电压、交流电流和直流电流波形如图 5-15 所示。输出电压为双极性 PWM 型电压，脉冲宽度符合正弦变化规律。交流电流较方波逆变器更接近正弦波形。直流电流除含有直流分量外，还含有两倍基频的交流分量以及与开关频率有关的更高次谐波分量。其中的直流部分是向负载提供有功功率，其余部分使得直流电源周期性吞吐能量，为无功电流。

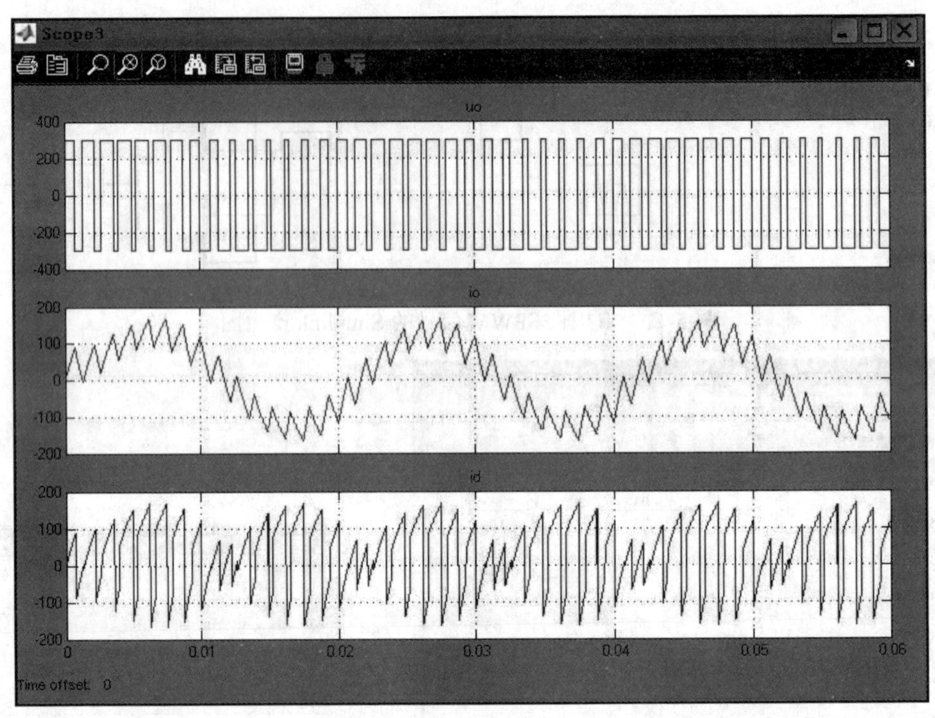

图 5-15 双极性 SPWM 单相逆变器 m=0.5 时的仿真波形图

对输出的交流电压进行 FFT 分析，可得频谱图如图 5-16 所示。基波幅值约为 152V，与式（5-5）的理论值接近。谐波分布符合式（5-6）和式（5-7）的规律，最严重的 15 次谐波分量达到基波的 2.12 倍，值得考虑的最低次谐波为 13 次，幅值为基波的 18.78%，最高分析频率为 3.5kHz 时的 THD 达到 245.82%。当载波比为奇数时，不含偶次谐波。由于感性负载的滤波作用，负载上交流电流的 THD 为 27.57%。

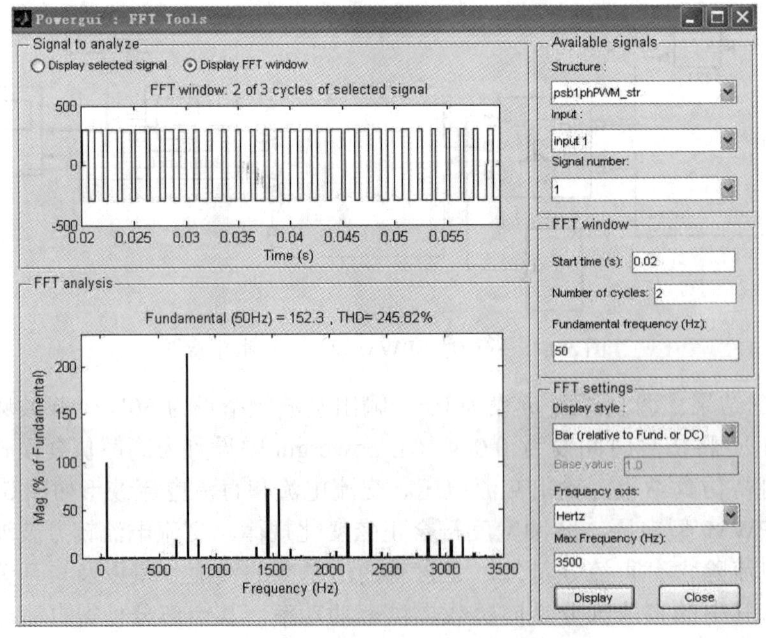

图 5-16 双极性 SPWM 单相逆变器 m=0.5 时的谐波分析图

若将调制深度设为 1，则仿真波形如图 5-17 所示。交流电压的中心部分明显加宽。由图 5-18 可知，基波幅值增加到 300V。其谐波特性也有较大变化，15 次谐波明显降低，只有基波的 59.81%，但 13 次谐波有所增大，THD 为 92.36%。交流电流的 THD 也降低到 9.81%。

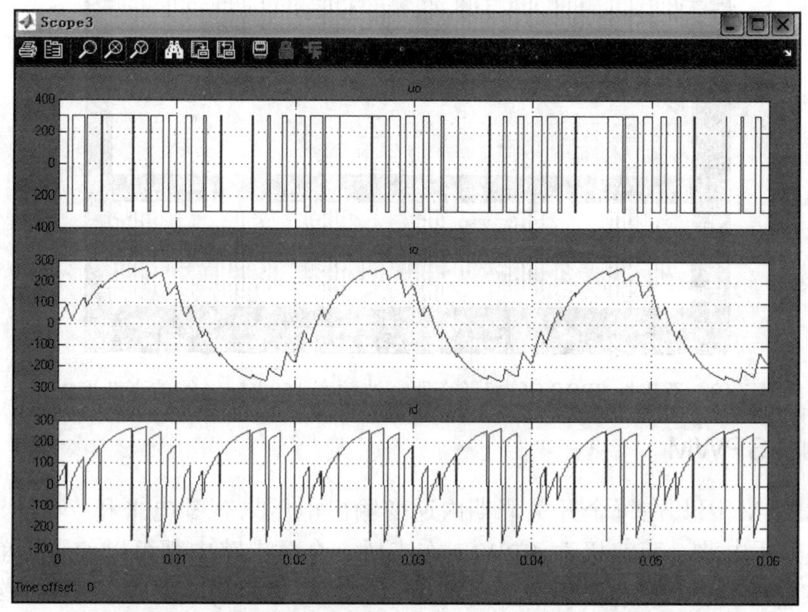

图 5-17 双极性 SPWM 单相逆变器 m=1 时的仿真波形图

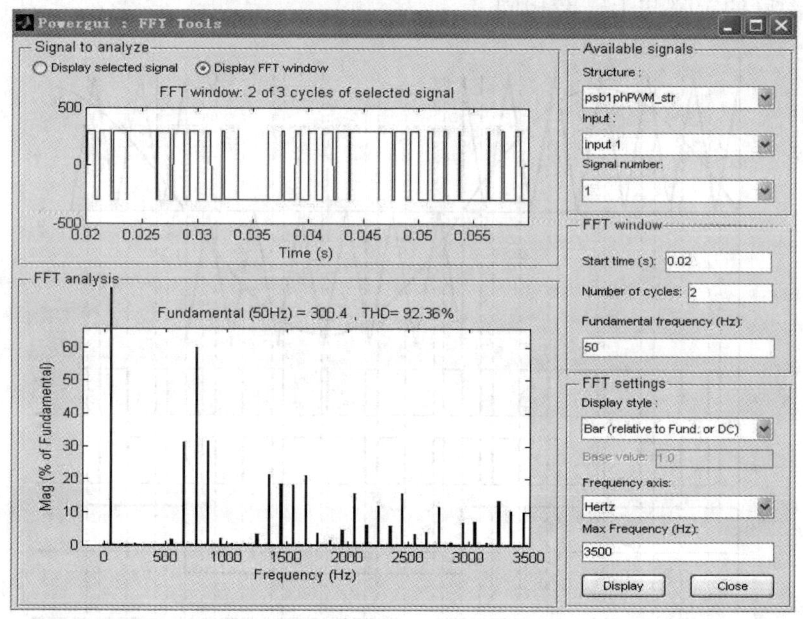

图 5-18 双极性 SPWM 单相逆变器 m=1 时的谐波分析图

如前所述，PWM 逆变器的谐波特性与载波频率有着密切关系。若将载波频率提高到 1500Hz，则仿真波形如图 5-19 所示。通过 FFT 分析可知，输出电压的最低次谐波增加到 28 次。交流电流的 THD 只有 4.88%，负载电流的正弦度更好。若进一步提高载波频率，则负载电流更加接近于正弦波形。

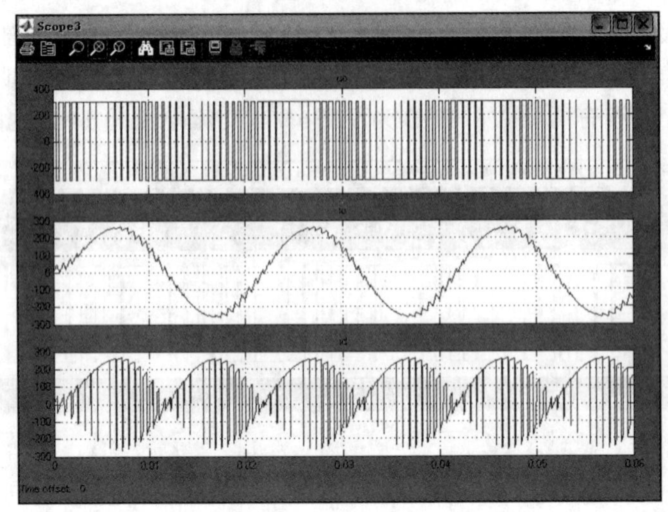

图 5-19　双极性 SPWM 单相逆变器载波频率 1500Hz 时的仿真波形析图

5.2.2　单极性 SPWM

单极性 SPWM 因其在每个开关周期内逆变输出电压只有零电平和一个正或负电平而得名，它不适于半桥电路，而双极性 SPWM 在半桥、全桥电路中都可以使用。单极性 SPWM 仍采用正弦波为调制波，三角波为载波，但按调制波每半个周期对调制波本身或者载波进行一次极性反转，本书采用载波反转的分析模型，载波为单极性不对称三角波，如图 5-20 所示。载波比和调制深度的定义与上一节相同。

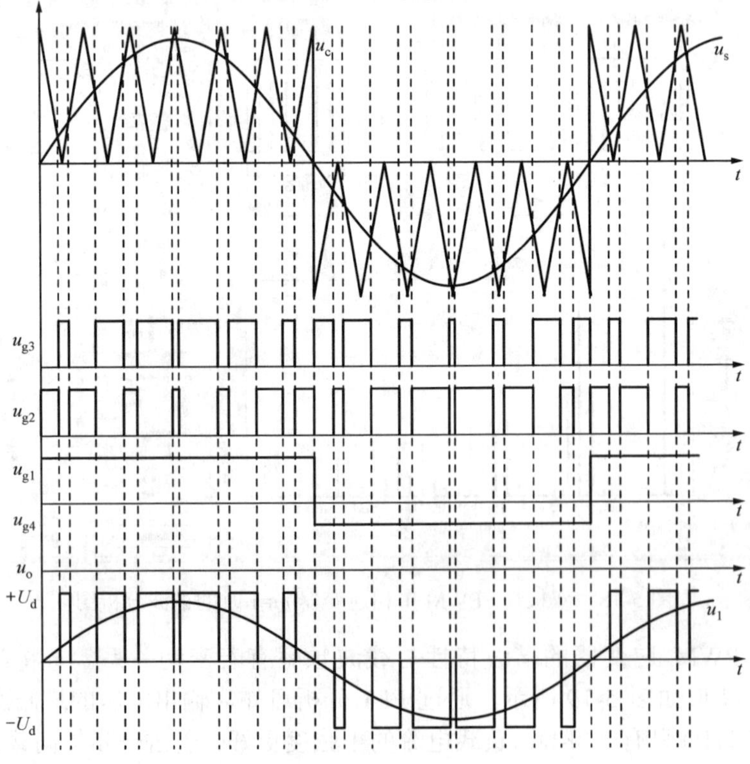

图 5-20　单极性 SPWM 示意图

全桥电路两个桥臂之一，例如开关 S_1 和 S_4，组成方向臂，当调制信号 $u_s>0$ 时，S_1 导通而 S_4 关断，输出的平均电压大于零，当调制信号 $u_s<0$ 时，S_4 导通而 S_1 关断，输出的平均电压小于零。另一个桥臂称为斩波臂，采用载波频率的互补控制信号，当 $u_s>u_c$ 时，S_3 导通而 S_2 关断，当 $u_s<u_c$ 时，S_2 导通而 S_3 关断。电路工作的基本波形如图 5-21 所示。

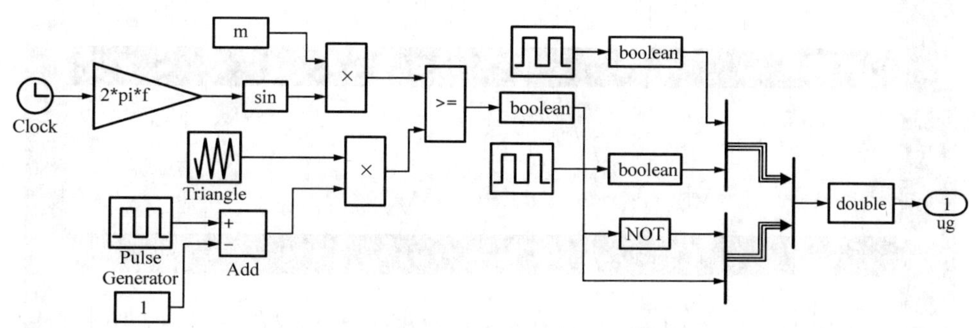

图 5-21　单极性 SPWM 信号的 Simulink 产生图

在单极性 SPWM 模式下，电路有三种工作模式：S_1、S_3（或其反并联二极管）载流，输出电压为正；S_2、S_4（或其反并联二极管）载流，输出电压为负；桥臂上侧或下侧一个主功率开关和另一臂同侧续流二极管载流，如 S_1、D_2 载流，输出电压为零。主电路在每个开关周期内输出电压在正和零（或负和零）间跳变，正、负两种电平不会同时出现在一个开关周期内，故称为单极性 SPWM。

与双极性 SPWM 相同，在 $m\leqslant1$ 和 $f_c\geqslant f_s$ 的条件下，单极性 SPWM 逆变电路输出的基波电压 u_1 的幅值 U_{1m} 满足如下关系

$$U_{1m}=mU_d$$

即输出电压的基波幅值随调制深度 m 线性变化，故其直流电压利用率与双极性时也相同。

就基波性能而言，单极性 SPWM 和双极性 SPWM 完全一致，但在线性调制情况下它的谐波性能明显优于双极性调制：开关次整数倍谐波消除，值得考虑的最低次谐波幅值较双极性调制时小得多，所需滤波器也较小。

例 5-4　完成单极性 PWM 方式下的单相全桥逆变电路的仿真。

解　1）建立仿真模型。主电路的仿真模型与例 5-3 相同，只需把双极性 SPWM 发生模块改为单极性 SPWM 即可，单极性 SPWM 的载波信号较为复杂，可以根据 Simulink 提供的模块组合而成，如图 5-21 所示。

2）分析仿真结果。调制深度 m 设为 0.5，输出基波频率设为 50Hz，载波频率设为基频的 15 倍，即 750Hz。将仿真时间设为 0.06s，在 powergui 中设置为离散仿真模式，采样时间为 10^{-5}s，运行后可得仿真结果，输出交流电压、交流电流和直流电流波形如图 5-22 所示。输出电压为单极性 PWM 型电压，脉冲宽度符合正弦变化规律。直流电流同样含有直流分量、两倍基频的交流分量以及与开关频率有关的更高次谐波分量。但负载电流以开关频率向直流电源回馈的情况较双极性调制时大大减少，因此直流电流的开关次谐波大大小于双极性情况。

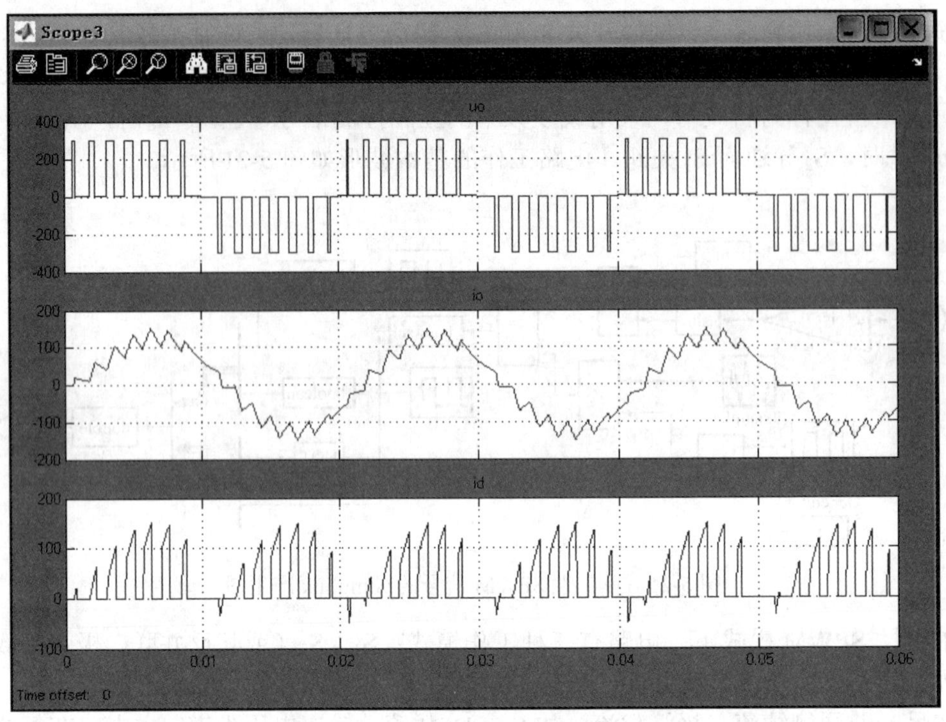

图 5-22　单极性 SPWM 单相逆变器 m=0.5 时的仿真波形图

对输出的交流电压进行 FFT 分析，可得频谱图如图 5-23 所示。谐波分布较双极性情况有明显不同，不再含有开关频率次即 15 次谐波，14 和 16 次谐波为基波的 72%左右，值得考虑的最低次谐波为 12 次，幅值为基波的 9.51%，最高分析频率为 3.5kHz 时的 THD 达到 117.46%。负载上交流电流的 THD 为 13.3%。可见，单极性调制时的谐波性能要优于双极性 SPWM。

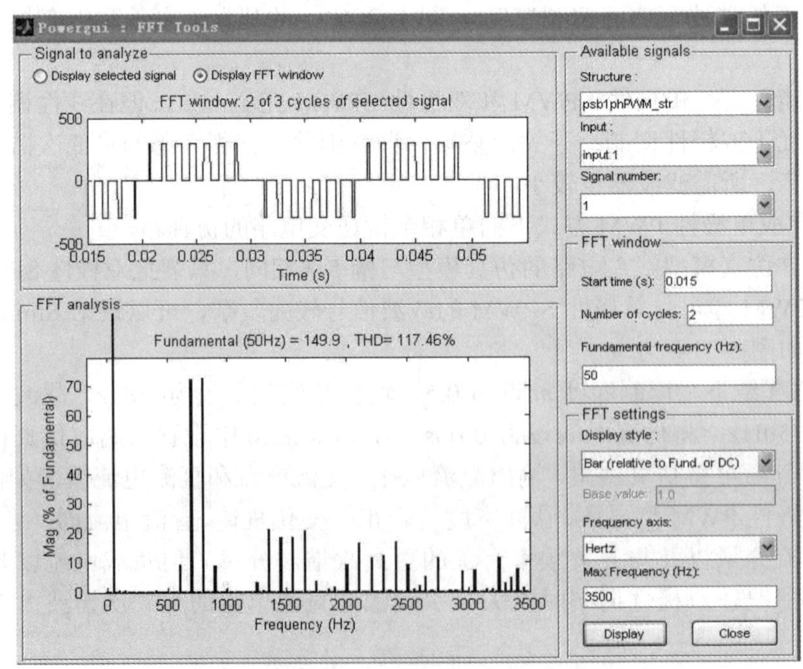

图 5-23　单极性 SPWM 单相逆变器 m=0.5 时的谐波分析图

调制深度为 1 时的仿真波形及谐波分析分别如图 5-24 和图 5-25 所示。输出电压中仍然不含 15 次谐波，但 12 次谐波稍大，THD 为 48.19%。交流电流的 THD 也降低到 5.37%。

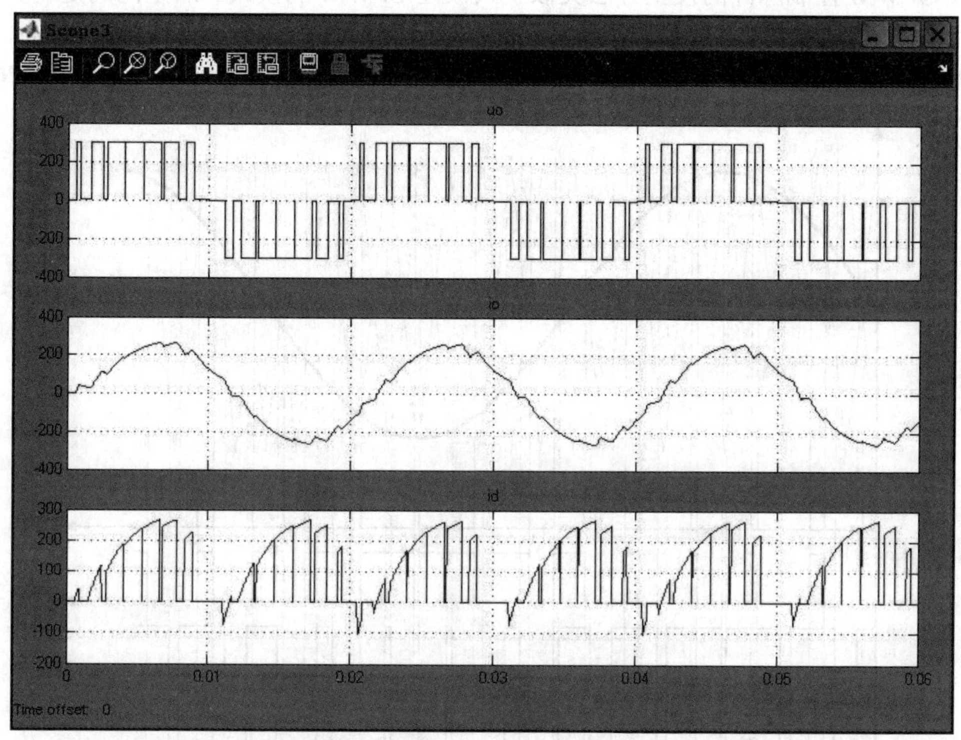

图 5-24　单极性 SPWM 单相逆变器 m=1 时的仿真波形图

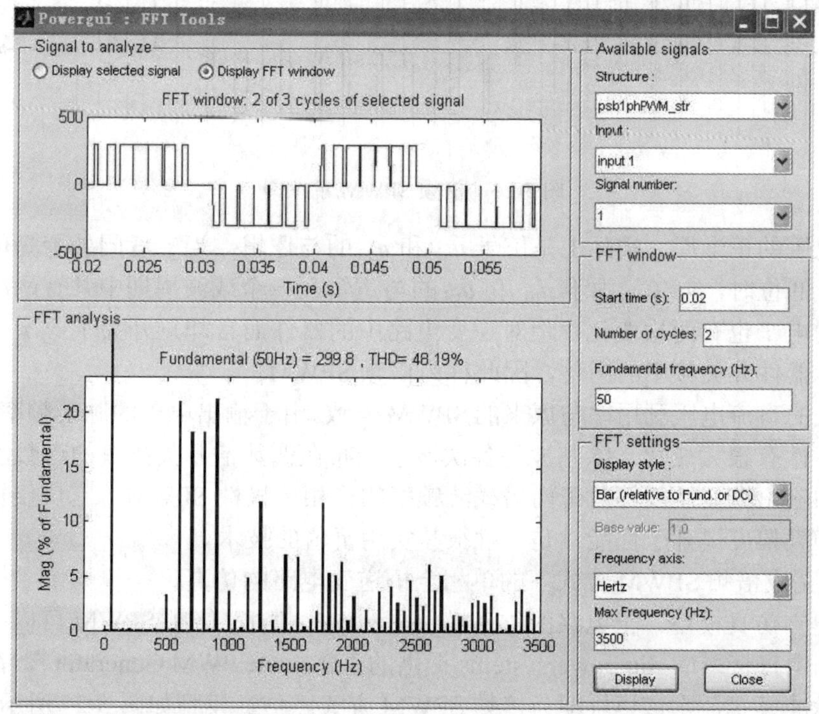

图 5-25　单极性 SPWM 单相逆变器 m=1 时的谐波分析图

5.2.3 倍频 SPWM

倍频 SPWM 控制脉冲的发生方法类似于双极性 SPWM 的模式。所不同的是，其桥臂之一所使用的互补控制脉冲由正弦调制波与三角载波比较产生，而另一桥臂脉冲由同一正弦波与反相的三角载波比较产生（或者是反相正弦波与同一三角载波比较产生），如图 5-26 所示。

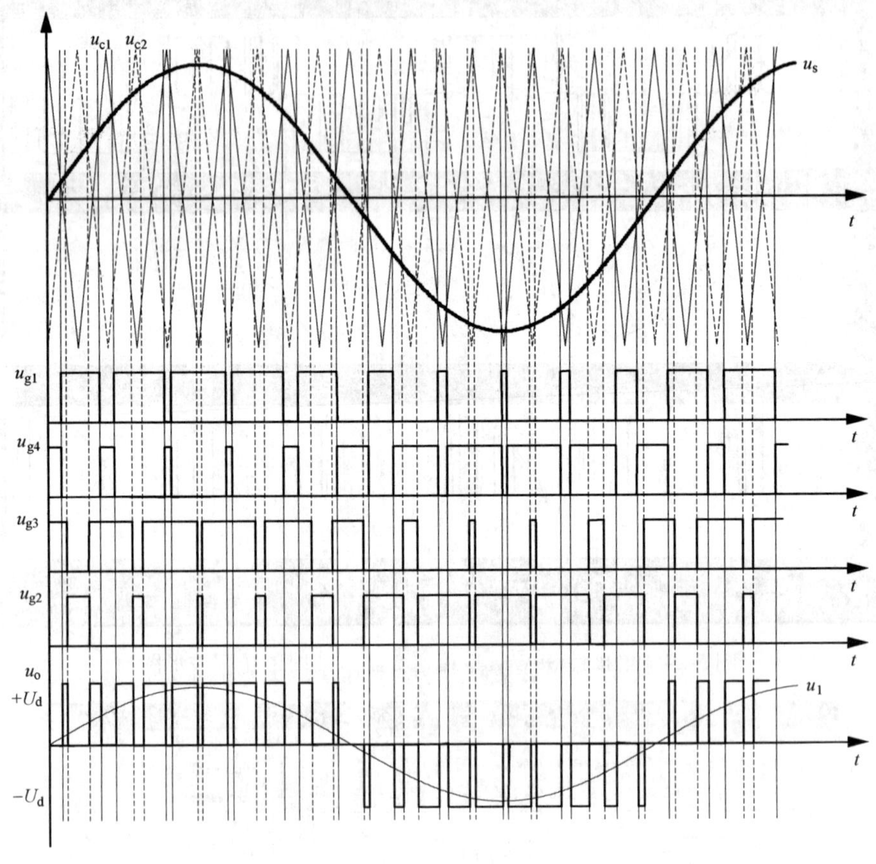

图 5-26　倍频 SPWM 示意图

在输出电压的正半周，实际上是信号 u_{g1} 和 u_{g3} 的与逻辑。当二者同处于高位时，u_o=U_d，当有一个处于低位时，u_o=0。由于 u_{g1} 和 u_{g3} 的与逻辑在一个载波周期中共有两次状态转换，故输出电压的电平也有两次变化，但对逆变电路中的器件而言却只开关了一次，相当于等效载波频率变为器件开关频率的两倍，因此称为倍频 SPWM。

倍频方式的直流电压利用率与原来的SPWM一致。由于输出电压的脉动频率增加了一倍，因此其谐波特性有很大变化，除基波外各次谐波分布在偶数倍开关频率的奇数次边带上。这种调制方式的输出谐波性能等效于两倍载波频率的单相单极性 SPWM。它仅仅在控制上作了简单改动，却大幅度提升了性能，是一种很具实用价值的技术。

例 5-5　完成倍频 SPWM 方式下的单相全桥逆变电路的仿真。

解　1）建立仿真模型。主电路的仿真模型与例 5-3 相同，倍频 SPWM 可以根据上述原理搭建，但本例中直接采用 Simpowersystems 提供的“Discrete PWM Generator”，在对话框中选择两桥臂四脉冲模式，则该模块即为倍频 SPWM 方式。仿真模型如图 5-27 所示。

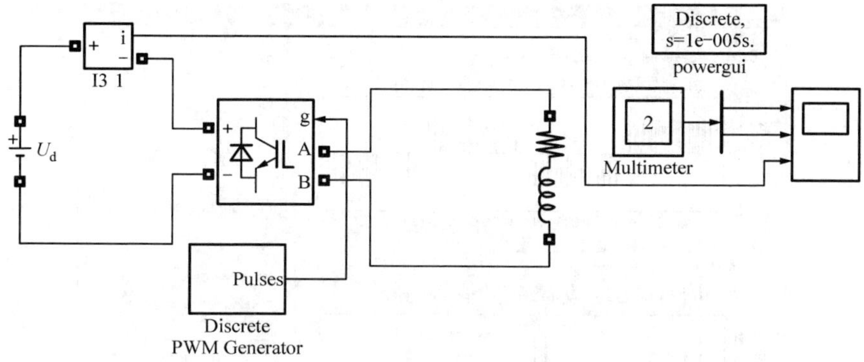

图 5-27　倍频 SPWM 仿真模型

2）分析仿真结果。调制深度 m 设为 0.5，输出基波频率设为 50Hz，载波频率设为基频的 15 倍，即 750Hz。将仿真时间设为 0.06s，在 powergui 中设置为离散仿真模式，采样时间为 10^{-5}s，运行后可得仿真结果，输出交流电压、交流电流和直流电流波形如图 5-28 所示。输出电压的谐波分析如图 5-29 所示。

从谐波分布可以看出，倍频 SPWM 实际上相当于载波频率加倍的单极性 SPWM，主要的谐波为 29 次和 31 次，其幅值为基波的 72%左右，值得考虑的最低次谐波为 27 次，幅值为基波的 10.02%，最高分析频率为 3.5kHz 时的 THD 为 109.89%。负载上交流电流的 THD 为 6.55%，比相同开关频率下的单极性 SPWM 减少了一半。可见，倍频 SPWM 能够极大地改善单相全桥逆变电路的谐波特性。

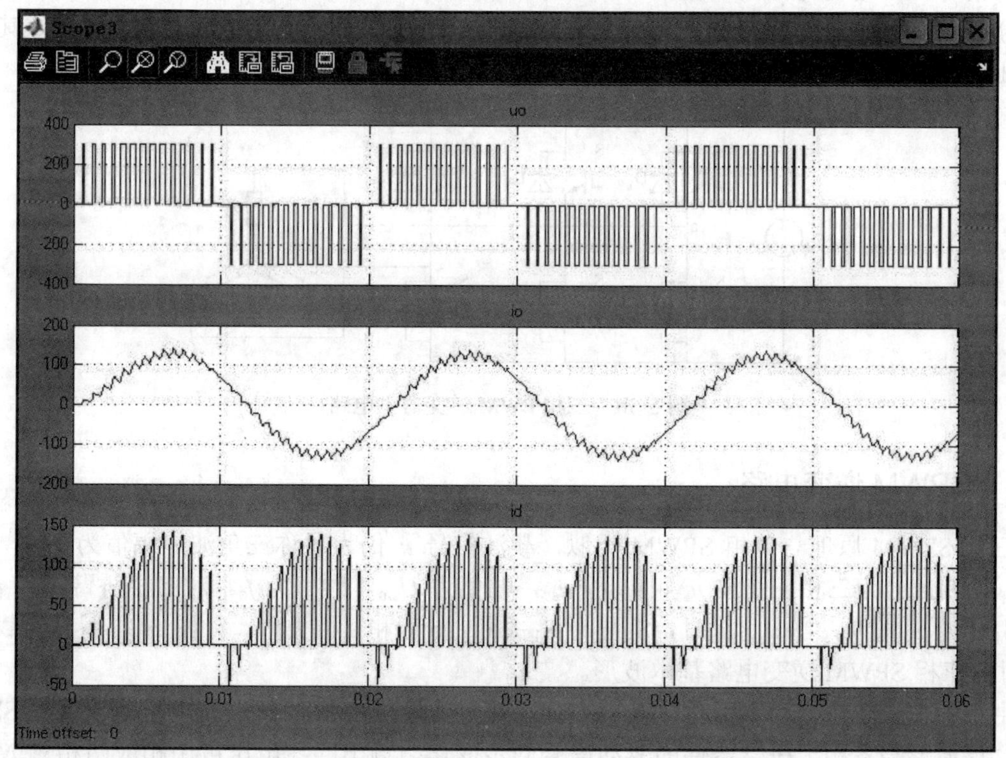

图 5-28　倍频 SPWM 单相逆变器 m=0.5 时的仿真波形图

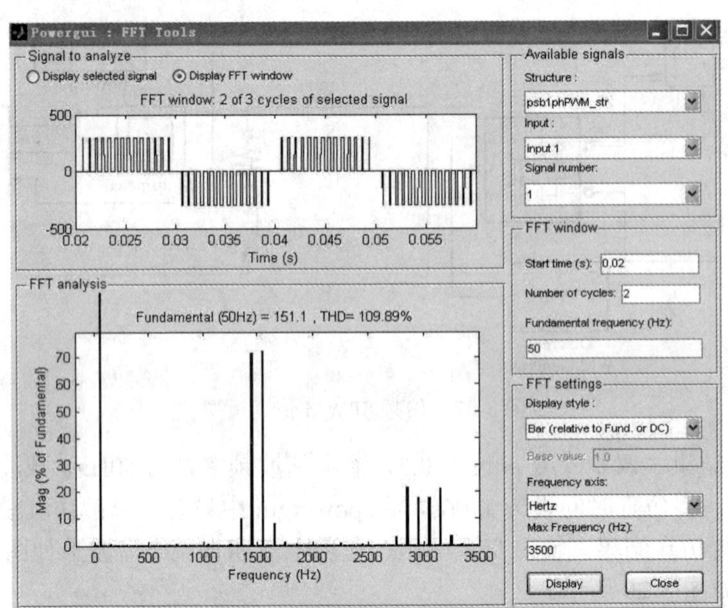

图 5-29 倍频 SPWM 单相逆变器 m=0.5 时的谐波分析图

5.3 三相 PWM 逆变电路

三相 PWM 逆变电路的主电路与三相方波逆变电路完全相同，其区别仅在于控制信号的时序分布，现重画于图 5-30 中。目前，三相逆变电路存在多种 PWM 技术，下面介绍其中常用的几种并进行仿真分析。

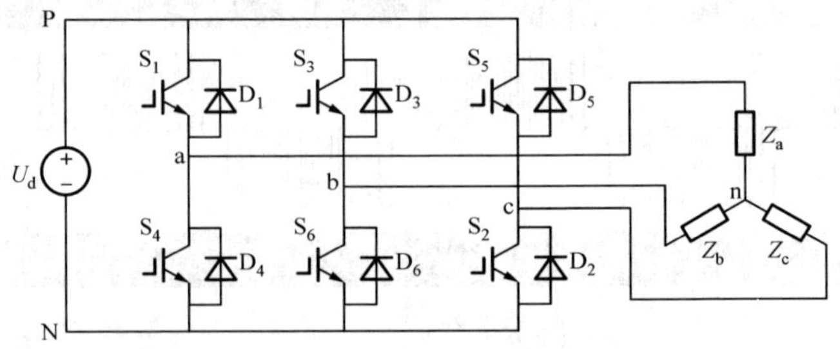

图 5-30 三相 PWM 逆变器主电路

5.3.1 SPWM 逆变电路

三相 SPWM 原理与单相 SPWM 类似，载波信号 u_c 仍为对称三角波，幅值为 U_{cm}，频率为 f_c，调制信号为三相正弦波 u_{sa}、u_{sb} 和 u_{sc}，幅值为 U_{sm}，频率为 f_s。对 a 相桥臂，当 $u_{sa}>u_c$ 时，S_1 导通 S_4 关断，当 $u_{sa}<u_c$ 时，S_4 导通 S_1 关断，b 相和 c 相类似。如图 5-31 所示为载波比 p=3 时的三相 SPWM 逆变电路基本波形。

由于各相上下桥臂功率器件以互补方式轮流导通，故各相对 N 点的电压为双极性 SPWM 波形，该波形与各相上桥臂器件的驱动信号同步变化。输出的线电压可由相应两相对 N 点的电压相减而得，线电压在 $\pm U_d$ 和 0 之间变动，总体呈现单极性形状。星型连接负载的相电压波形较为复杂，可能的电平为 0、$\pm U_d/3$ 和 $\pm 2U_d/3$。

逆变电路输出相电压的基波与调制波同相位，线电压与之相差 30°。为了保证三相之间的相位差，载波比应为 3 的整数倍。而且为了保证双极性调制时每相波形的正负半波对称，上述倍数须为奇数，这样在信号波的 180°处，载波的正负半周恰好分布在两侧。由于波形的左右对称，就不会出现偶次谐波。但实际中载波频率往往远高于调制波频率，此时载波的不对称对输出电流的影响甚微，可忽略不计。

与单相情况类似，同样可以利用贝塞尔函数推导 PWM 波的傅里叶级数。在线性调制区内，三相 SPWM 逆变器输出线电压的基波有效值为 $\frac{\sqrt{6}}{4}mU_{\mathrm{d}}$，幅值为 $\frac{\sqrt{3}}{2}mU_{\mathrm{d}}$，其直流电压利用率为 0.866，约为方波逆变电路的 78.5%。因此，若采用二极管整流桥为逆变器提供直流电源，则逆变器的输出电压往往达不到负载额定电压的要求，这是 SPWM 方法的主要缺点。

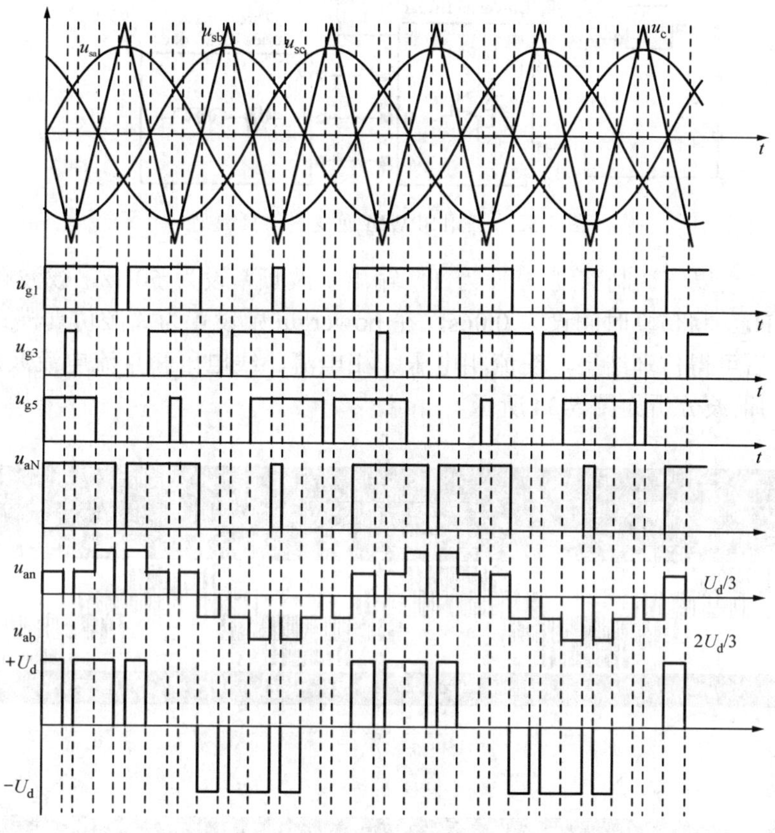

图 5-31　三相 SPWM 逆变电路基本波形

输出电压的谐波集中分布在 $n\omega_{\mathrm{c}} \pm k\omega_{\mathrm{s}} = (np \pm k)\omega_{\mathrm{s}}$ 处，其中

$$\begin{cases} n = 1,3,5,\cdots \text{时}，k = 3(2m-1) \pm 1, m = 1,2,3,\cdots \\ n = 2,4,6,\cdots \text{时}，k = 6m+1, m = 0,1,2,\cdots, \text{或} k = 6m-1, m = 1,2,3,\cdots \end{cases}$$

由上式可知，在载波频率的整数倍处的高次谐波不再存在。SPWM 的谐波分布带有明显的“集簇”特性，也就是一组一组地集中分布于载波频率的整数倍频率两侧，而且在每一组谐波中，随着 k 的增大，即远离该组谐波的中心，则谐波幅值通常逐渐减小。值得考虑的最低次谐波为 p–2 次。另外，由于 3 的整数倍次谐波属零序分量，故逆变器输出线电压中将不存在 3 的整数倍次谐波。

例 5-6 完成三相 SPWM 半桥逆变电路的仿真。

解 1）建立仿真模型。主电路的仿真模型与例 5-2 相同，三相负载中的有功为 1kW，感性无功为 500Var。SPWM 控制信号由 Simpowersystems 提供的“Discrete PWM Generator”产生，在对话框中选择三桥臂六脉冲模式。仿真模型如图 5-32 所示。

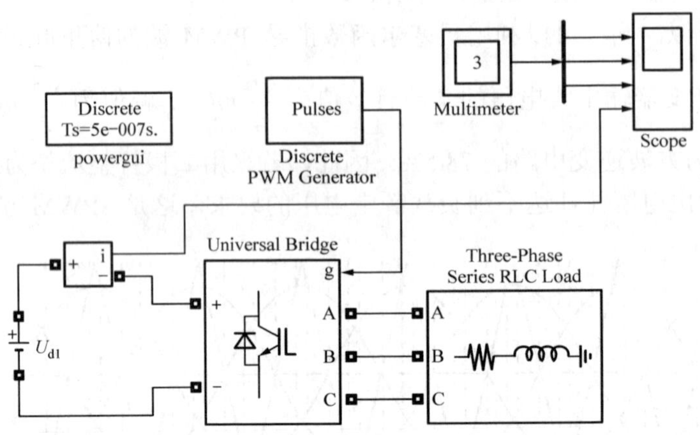

图 5-32 三相 SPWM 逆变器仿真模型

2）分析仿真结果。调制深度 *m* 设为 1，输出基波频率设为 50Hz，载波频率设为基频的 30 倍，即 1500Hz。将仿真时间设为 0.06s，在 powergui 中设置为离散仿真模式，采样时间为 5×10^{-7}s，运行后可得仿真结果，交流相电压、相电流、线电压和直流电流波形如图 5-33 所示。输出电压的谐波分析如图 5-34 所示。

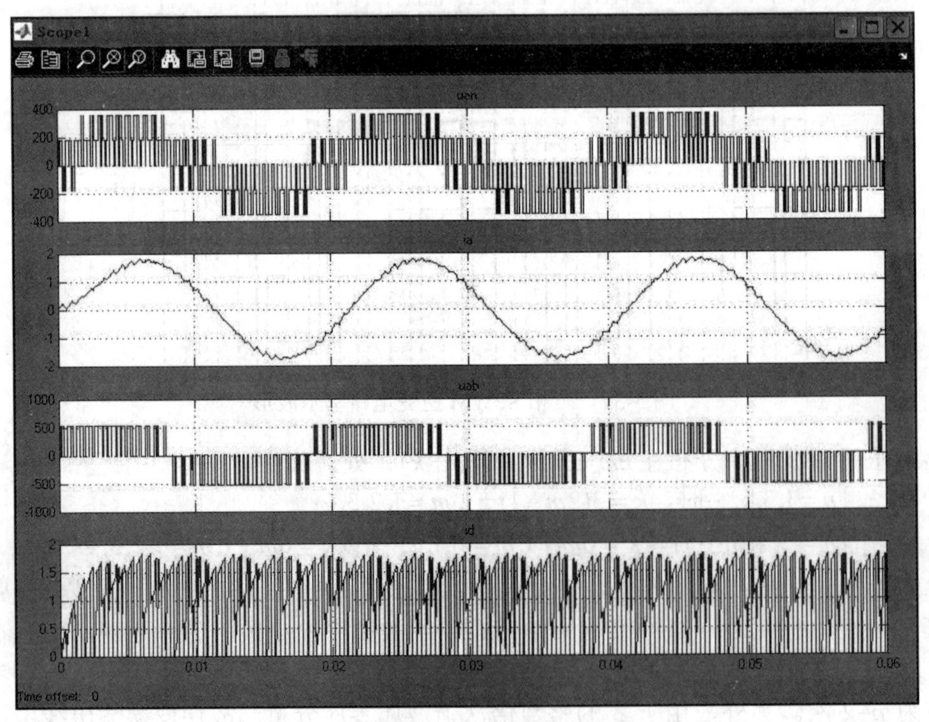

图 5-33 三相 SPWM 逆变器 *m*=1 时的仿真波形图

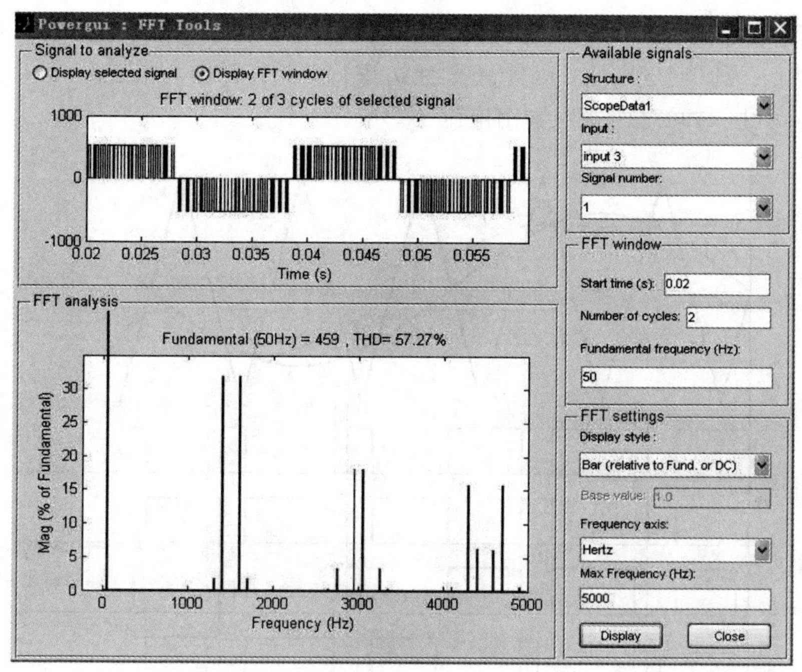

图 5-34　三相 SPWM 逆变器 m=1 时的谐波分析图

当 m=1 时，输出线电压的幅值为 0.866U_d。谐波分布符合前述分析结果，主要在开关频率的整数倍附近。经分析可知，相电流的 THD 仅为 3.56%，若进一步提高开关频率，则电流波形更加近似于正弦波。读者可自行修改调制深度和载波比，并在 FFT 分析模块中选择列表模式，比较不同 m 和 p 时谐波分布的变化情况。

5.3.2　死区时间的影响

桥式电路是大量实际逆变电路的基本结构，在理想情况下，每个桥臂的上下开关管严格轮流导通和关断。但实际情况是，每个开关管的通、断都需要一定时间，尤其是关断时间比导通时间更长。在一个开关管的关断过程中，若另一个开关管已经导通，则必然引起桥臂短路。为了防止这种情况发生，通常都让触发信号推迟一段时间，称为死区时间。在此期间内，桥臂上下开关管都没有触发信号，该桥臂的工作状态将取决于两个续流二极管和该相电流的方向。

在图 5-35 中，u_{g1}^* 和 u_{g4}^* 分别是无死区时 a 相桥臂上下开关管的互补驱动信号，u_{g1} 和 u_{g4} 分别是将理想互补信号的各上升沿均推迟了死区时间 t_d 的实际 SPWM 驱动脉冲。当电流 i_a 为负值时，电流由桥臂上管的反并联二极管 D_1 和下管 S_4 承载，因此在上下脉冲都不存在的死区时间里 D_1 工作，输出电压为正；当电流 i_a 为正值时，电流由桥臂下管的反并联二极管 D_4 和上管 S_1 承载，因此在上下脉冲都不存在的死区时间里 D_4 工作，输出电压为负。综上所述，图 5-35 中画出了有死区时的实际输出电压波形 u_{aN}、对照无死区时的理想输出电压 u_{an}^*。定义死区对输出电压的影响为死区畸变电压

$$u_e = u_{aN} - u_{aN}^*$$

如图 5-35 所示，u_e 为宽度为 t_d、高度为 U_d 的窄脉冲，其周期与调制波相同，其符号与电

流相反，正电流时u_e为负，负电流时u_e为正。桥臂逆变的实际输出电压即为无死区时的理想输出电压再叠加上死区畸变电压，因此只需对u_e进行分析，再结合第5.3.1节理想电压的分析结果，便可确定死区时间对逆变器输出电压的影响。

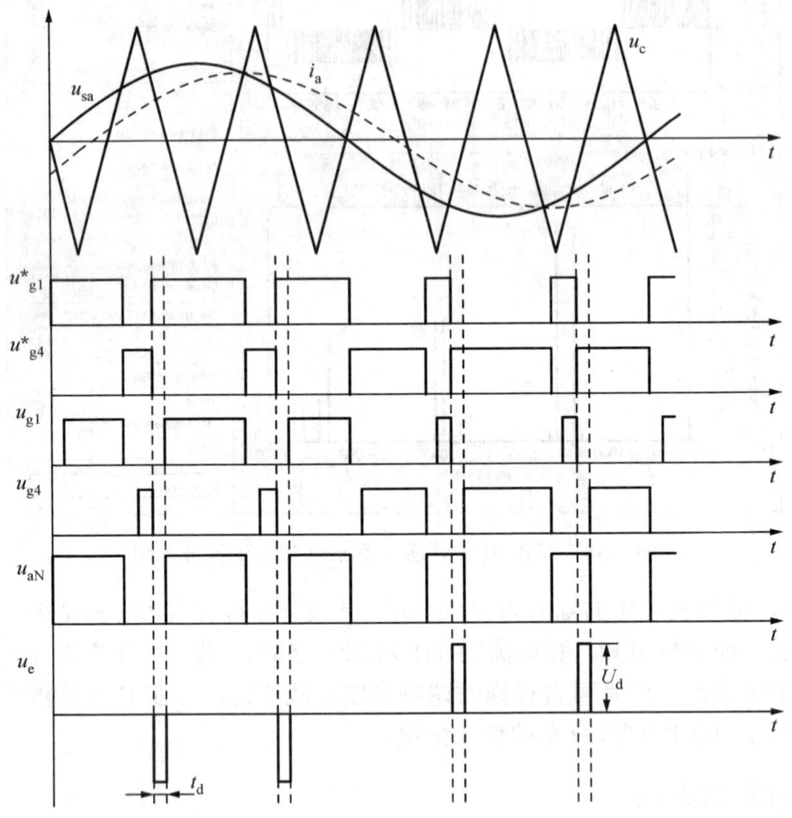

图5-35　死区时间对逆变桥臂输出的影响

在输出电流滞后于输出电压的情况下，死区时间降低了直流电压利用率，使得实际输出电压的基波相位超前于理想电压基波。在输出电流滞后角度恒定的情况下，增加死区时间会降低实际输出电压的基波幅值，增加相位的超前角。在死区时间恒定的情况下，增大电流滞后角会减少电压幅值的损失，同时增加相位超前角。

死区畸变电压的窄脉冲可用调制波周期的矩形脉冲等效，对其进行傅里叶分析可知其包含3次、5次、7次等奇数次谐波，因此死区将低次谐波（三相时无3的倍数次谐波）引入了SPWM逆变器，降低了逆变器的谐波性能。

由于死区时间的影响，输出电流波形将出现失真。若逆变器带电机负载，则会引起电机的转矩脉动，轻载时容易引起电机振荡。死区时间的影响可以从控制上进行补偿，但通常需检测电流的方向。

例5-7　在例5-6基础上通过仿真研究死区时间的影响。

解　1）建立仿真模型。本例中使用Simpowersystems/Extra Library/Discrete Control Blocks中的“Discrete On/Off Delay”模块来进行死区时间的模拟。如图5-36所示，在PWM发生器与三相桥的驱动信号输入端之间插入该模块，通过对话框选择上升沿滞后模式，并将死区时间设为2×10^{-5}s。

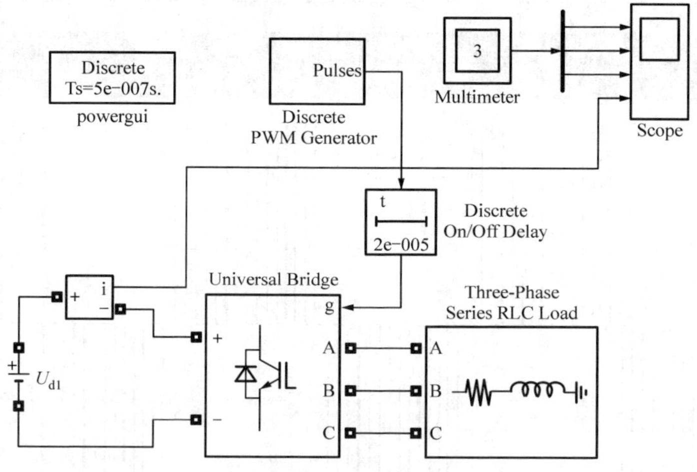

图 5-36　死区时间对三相 SPWM 逆变器影响的仿真模型

2）分析仿真结果。仿真设置与例 5-6 相同，运行后可得仿真结果，交流相电压、相电流、线电压和直流电流波形如图 5-37 所示，死区畸变电压如图 5-38 所示，此时输出电压的谐波分析如图 5-39 所示。由图 5-37 和图 5-38 可知，死区畸变电压与负载电流的关系符合上述分析。由图 5-39 可知，此时输出电压的基波幅值为 426.4V，小于图 5-34 中无死区时的 459V；输出电压的 THD 为 62.19%，略大于无死区时的 57.27%。从两个谐波频谱图的比较可以看到，加入死区后出现了较为明显的低次谐波。

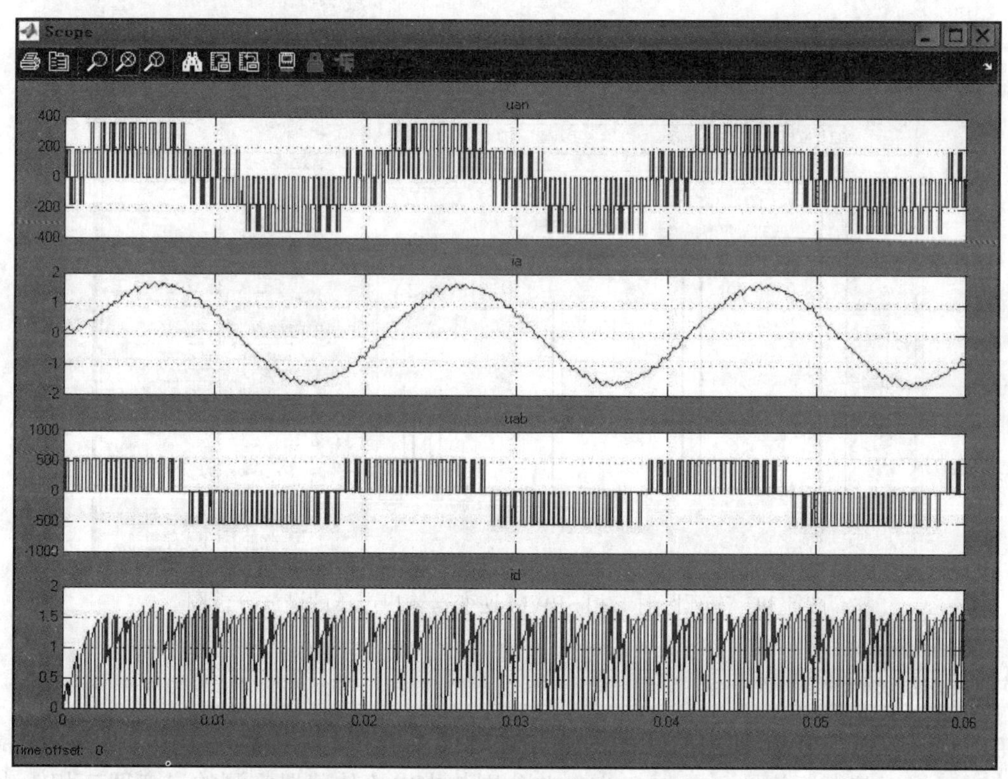

图 5-37　有死区时三相 SPWM 逆变器的仿真波形图

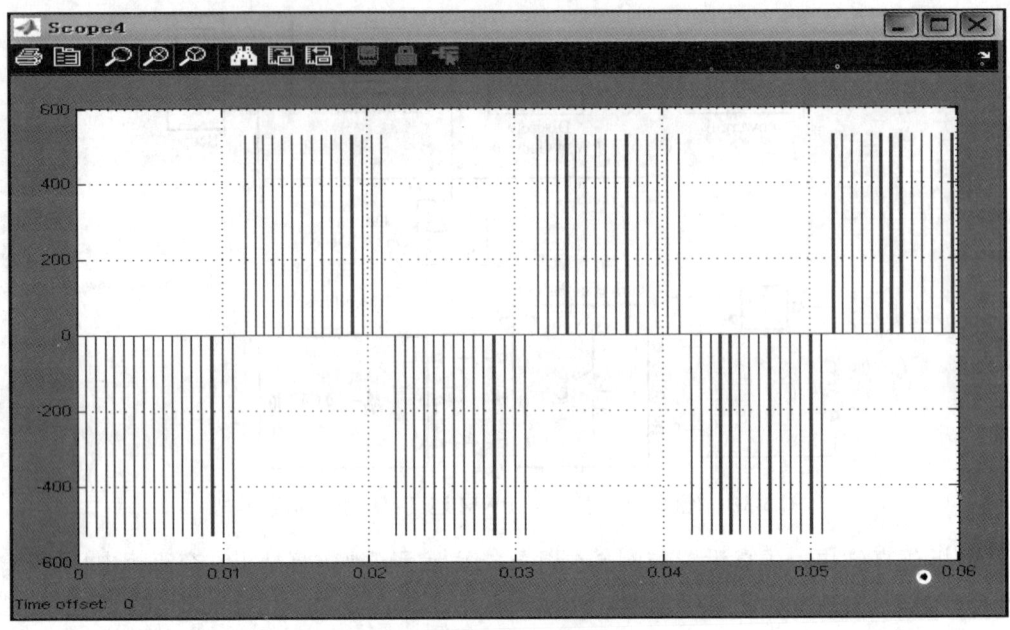

图 5-38　死区畸变电压波形图

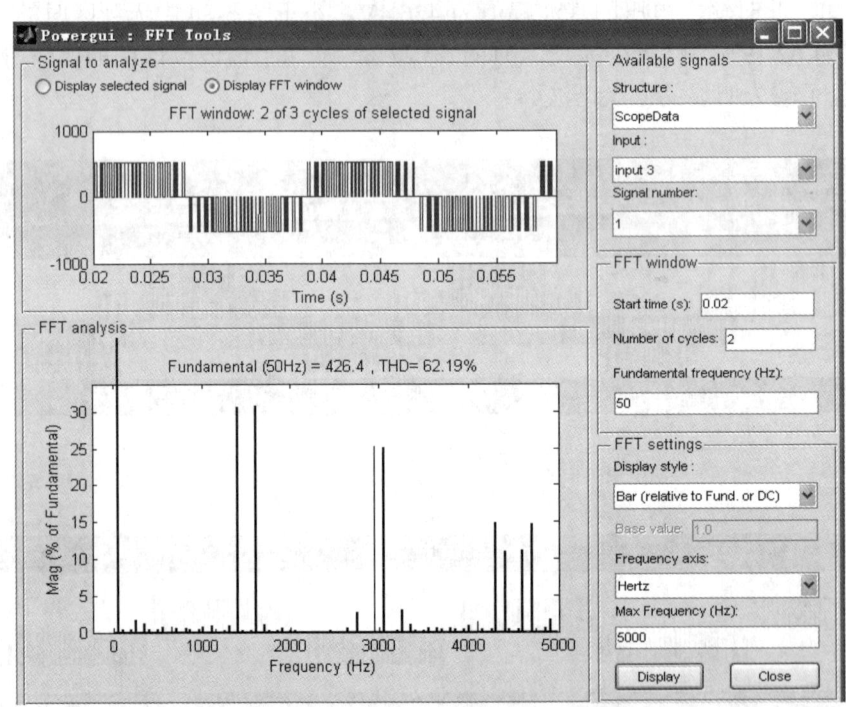

图 5-39　有死区时三相 SPWM 逆变器输出电压的谐波分析图

5.3.3　电流跟踪 PWM

电流跟踪控制的 PWM 逆变器由通常的 PWM 逆变器和电流控制环组成。其基本控制方法是，给定三相正弦电流信号 i^*_a、i^*_b、i^*_c，并分别与由电流传感器实测的逆变器三相输出电流信号 i_a、i_b、i_c 相比较，以其差值通过电流控制器控制 PWM 逆变器相应的功率开关器件。

电流跟踪控制的 PWM 逆变器有多种形式，其中最常用的是电流滞环跟踪控制。三相电流滞环 PWM 逆变器中 a 相的工作原理如图 5-40 所示，b、c 两相与之相同。图中 i^*_a 为给定的负载相电流参考值，也即是负载电流的跟踪目标。为了避免逆变器开关状态变换的速度过快，在 i^*_a 的基础上设计了上、下两个宽度为 h 的误差滞环。当 $i^*_a - i_a \geqslant h$ 时，滞环比较器输出高电平，驱动上桥臂的开关器件 S_1 导通，使负载电流 i_a 增大，当 i_a 增大到与 i^*_a 相等时，滞环比较器仍然输出高电平，S_1 保持导通，i_a 继续增大。直到 $i_a = i^*_a + h$ 时，滞环比较器翻转，输出低电平信号关断 S_1，并经过死区时间后驱动下桥臂的开关 S_4。但此时 S_4 未必导通，因为负载电流并未反向，而是通过续流二极管 D_4 维持原方向流通，其数值逐渐减小。通过滞环控制，逆变器的实际输出电流与给定值的偏差保持在 $-h \sim +h$ 之间，在给定电流上下作锯齿状变化。当给定电流为正弦波时，输出电流也十分接近正弦波。

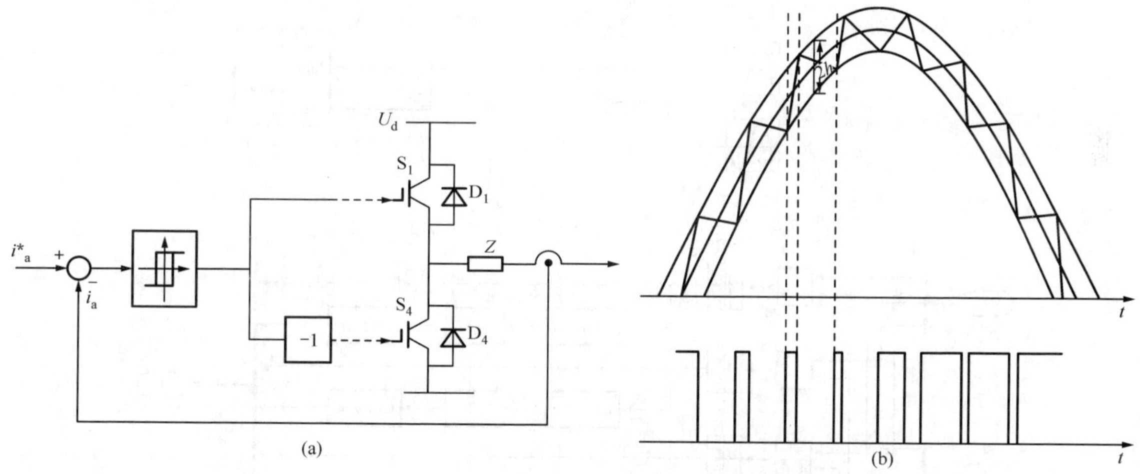

图 5-40　电流滞环跟踪型 PWM 逆变器工作原理

（a）电流跟踪控制电路；（b）电流波形

电流滞环跟踪型 PWM 逆变电路通过负载电流与指令电流的比较产生 PWM 脉冲，因此 PWM 脉冲的频率，即功率器件的开关频率 f_c 并不固定。f_c 与电流滞环的宽度 h 成反比，环宽 h 越小则 f_c 越大。虽然减小环宽可以提高负载电流的跟踪精度，但由于开关频率也会随之增大，因此必须合理设计滞环宽度，以兼顾开关频率和跟踪精度两方面的要求。f_c 会随直流电压的增大而增大，这是因为直流电压越大，负载电流的上升和下降速度越快，其达到滞环上下限的时间也就越短。同理，负载电感越大，负载电流的变化速率越小，则 f_c 越小。

由于电流滞环 PWM 的开关频率不固定，因此逆变器输出电压中不包含特定频率的谐波分量，可以避免特定谐波可能带来的对负载的不利影响，但同时也造成了滤波的困难。

例 5-8　完成电流滞环 PWM 控制的三相逆变器仿真。

解　1）建立仿真模型。

主电路与例 5-6 基本相同，如图 5-41 所示。三相电流指令为三个幅值为 1A、相位互差 120°的正弦信号。实际负载电流的检测使用了 Simpowersystems/Measurements 中的“Three-Phase V-I Measurement”模块。电流滞环控制子系统模块内部结构如图 5-42 所示。图 5-42 中的滞环比较器采用的是 Simulink/Discontinuities 中的“Relay”模块，其设置如图 5-43 所示，环宽为±0.2A。

Discrete
Ts=1e-006s.
powergui
3
Multimeter
Scope
Universal Bridge
g
A
B
C
Iabc
Three-Phase
Series RLC Load
a
b
c
Three-Phase
V-I Measurement
ia*
ib*
ic*
Current Regulator
Iabc*
Pulses
Iabc

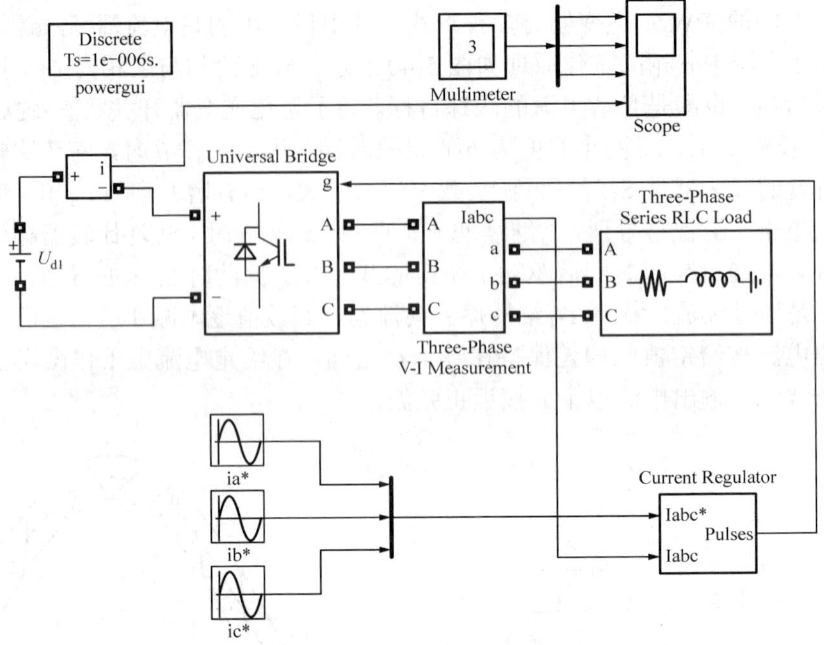

图 5-41　三相电流滞环 PWM 逆变器仿真模型图

2
Iabc
1
Iabc*
Convert
NOT
Convert
1
Pulses

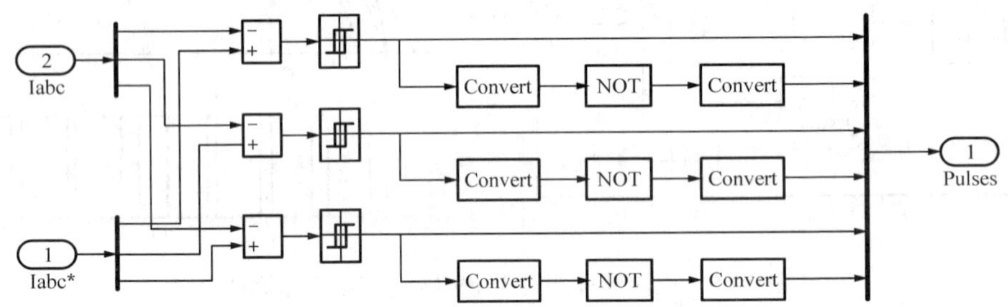

图 5-42　电流滞环控制器仿真模型图

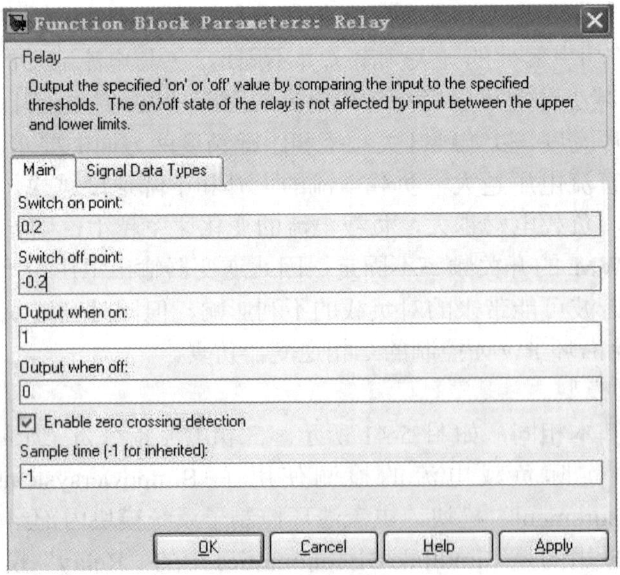

Function Block Parameters: Relay
Relay
Output the specified 'on' or 'off' value by comparing the input to the specified thresholds. The on/off state of the relay is not affected by input between the upper and lower limits.
Main
Signal Data Types
Switch on point:
0.2
Switch off point:
-0.2
Output when on:
1
Output when off:
0
Enable zero crossing detection
Sample time (-1 for inherited):
-1
OK
Cancel
Help
Apply

图 5-43　电流滞环设置图

2）分析仿真结果。

交流相电压、相电流、线电压和直流电流波形如图 5-44 所示，负载电流的谐波分析如图 5-45 所示。相电压和线电压的基本形状与 SPWM 逆变器类似。电流近似正弦波，基本能够跟踪其指令信号，在指令信号上下呈锯齿状波动。负载电流的频谱与 SPWM 逆变器有着明显不同，它含有各次谐波，不再像 SPWM 逆变器那样具有与载波频率有关的特定次谐波。

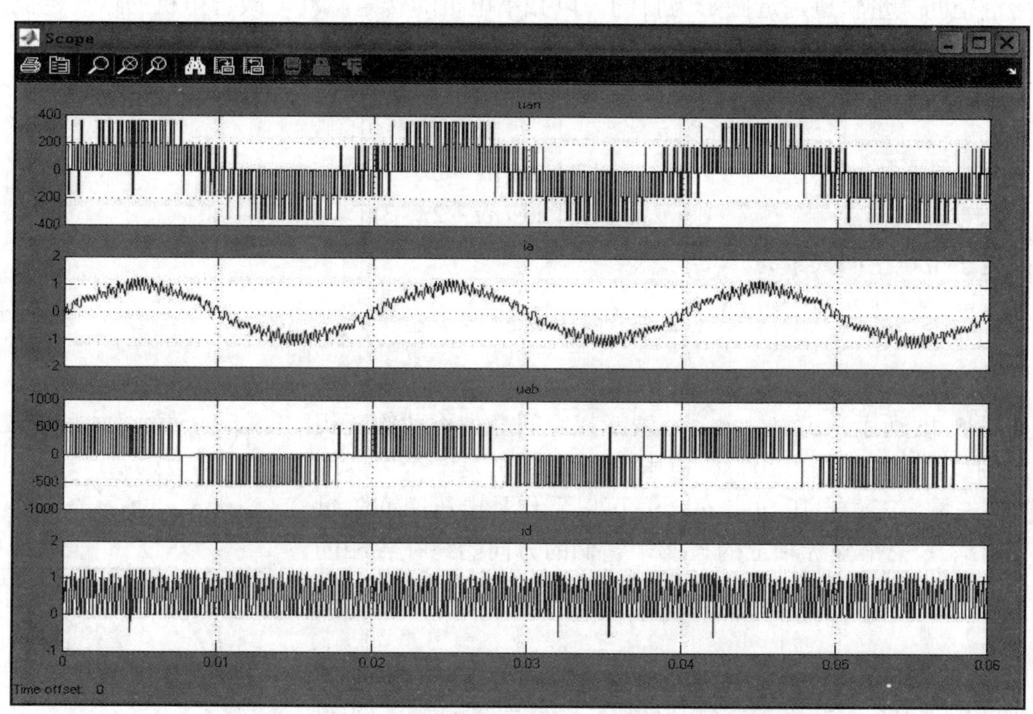

图 5-44　三相电流滞环 PWM 逆变器仿真波形图

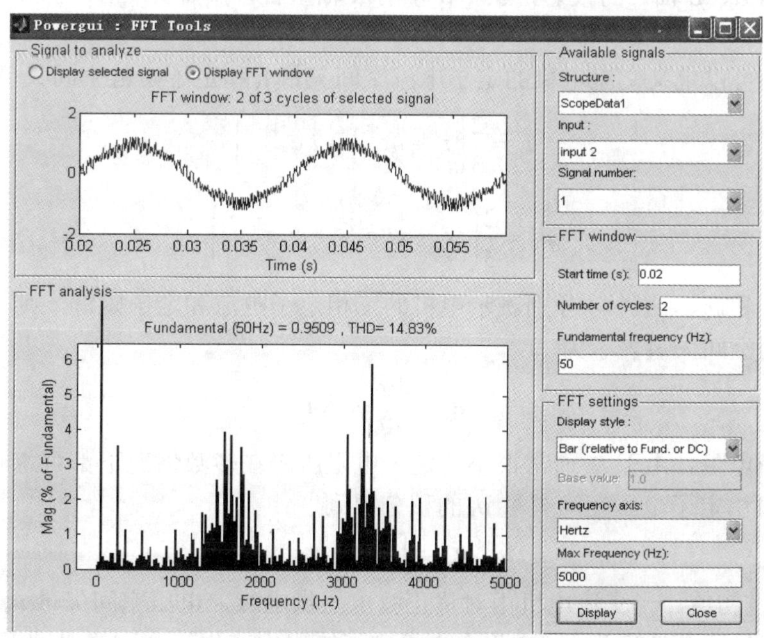

图 5-45　电流滞环 PWM 逆变器电流谐波分析图

5.3.4 空间矢量PWM

SPWM方法是从输出电压的角度出发，目的在于生成一个可以调频调压的三相对称正弦供电电源，而电流跟踪 PWM 着眼于输出电流的正弦化。本节将要介绍的空间矢量脉宽调制（space vector pulse width modulation, SVPWM）技术则是从交流电机的角度出发，以控制交流电机磁链空间矢量轨迹逼近圆形为目的，以减小电机的转矩脉动、改善电机的运行性能。这种控制方法又称为“磁链跟踪PWM控制”。

假设交流电机由理想的三相对称正弦电压供电，如式（5-8）所示。

$$\begin{bmatrix} u_a \\ u_b \\ u_c \end{bmatrix} = U_{\mathrm{m}} \begin{bmatrix} \cos\omega t \\ \cos(\omega t - 2\pi/3) \\ \cos(\omega t + 2\pi/3) \end{bmatrix} \tag{5-8}$$

可定义定子电压空间矢量为

$$\boldsymbol{u}_{\mathrm{s}} = \frac{2}{3}(u_a + u_b \mathrm{e}^{\mathrm{j}\frac{2}{3}\pi} + u_c \mathrm{e}^{-\mathrm{j}\frac{2}{3}\pi}) \tag{5-9}$$

式中：U_{m}为电压幅值，ω为电压的角频率。

如图5-46所示，a、b、c分别表示在空间静止不动的三相绕组的轴线，空间互差120°。电压空间矢量$\boldsymbol{u}_{\mathrm{s}}$是一个以速度$\omega$旋转的矢量，三相电压$u_a$、$u_b$、$u_c$可以看作是电压空间矢量$\boldsymbol{u}_{\mathrm{s}}$在$a$、$b$、$c$三个坐标轴上的投影，它们的方向始终在各相的轴线上，而大小随时间按正弦规律变化。将式（5-8）代入式（5-9）可得

$$\boldsymbol{u}_{\mathrm{s}} = U_{\mathrm{m}}(\cos\omega t + \mathrm{j}\sin\omega t) = u_\alpha + \mathrm{j}u_\beta \tag{5-10}$$

因此三相对称正弦电压可等效地用u_α、u_β表示，u_α、u_β为电压空间矢量$\boldsymbol{u}_{\mathrm{s}}$在$\alpha$、$\beta$轴上的投影，其中$\alpha$轴与$a$轴重合，$\beta$轴超前$\alpha$轴90°。

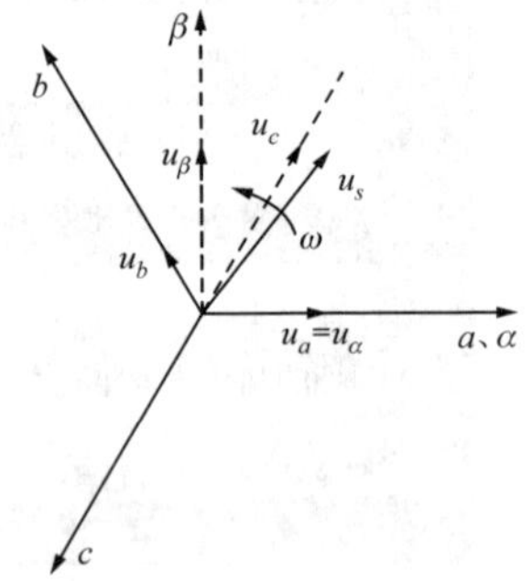

图5-46　电压空间矢量图

类似的，还可以定义交流电机的定子电流空间矢量$\boldsymbol{i}_{\mathrm{s}}$和定子磁链空间矢量$\boldsymbol{\psi}_{\mathrm{s}}$：

$$\boldsymbol{i}_{\mathrm{s}} = \frac{2}{3}\left(i_a + i_b \mathrm{e}^{\mathrm{j}\frac{2}{3}\pi} + i_c \mathrm{e}^{-\mathrm{j}\frac{2}{3}\pi}\right)$$

$$\boldsymbol{\psi}_{\mathrm{s}} = \frac{2}{3}\left(\psi_a + \psi_b \mathrm{e}^{\mathrm{j}\frac{2}{3}\pi} + \psi_c \mathrm{e}^{-\mathrm{j}\frac{2}{3}\pi}\right)$$

式中：i_a、i_b、i_c和ψ_a、ψ_b、ψ_c分别表示电机的三相定子电流和定子磁链。则交流电机的定子电压方程可利用空间矢量表示为

$$\boldsymbol{u}_{\mathrm{s}} = \frac{\mathrm{d}\boldsymbol{\psi}_{\mathrm{s}}}{\mathrm{d}t} + R_{\mathrm{s}}\boldsymbol{i}_{\mathrm{s}}$$

式中：R_{s}为定子电阻。由于R_{s}通常很小，定子电阻压降在多数情况下都可忽略，因此定子磁链空间矢量$\boldsymbol{\psi}_{\mathrm{s}}$可由定子电压空间矢量$\boldsymbol{u}_{\mathrm{s}}$的积分得到

$$\boldsymbol{\psi}_{\mathrm{s}} = \int \boldsymbol{u}_{\mathrm{s}}\mathrm{d}t + \boldsymbol{\psi}_{\mathrm{s0}} \tag{5-11}$$

式中：$\boldsymbol{\psi}_{\mathrm{s0}}$为磁链初值。当交流电机由对称正弦电压供电时，电压空间矢量$\boldsymbol{u}_{\mathrm{s}}$沿半径为$U_{\mathrm{m}}$的圆形轨迹匀速运动，其速度为$\omega$。它将在电机定子绕组中产生一个同样沿圆形轨迹运动的$\boldsymbol{\psi}_{\mathrm{s}}$，

其速度与 $\boldsymbol{u}_s$ 相同。电压空间矢量脉宽调制正是以调节交流电机定子磁链空间矢量 $\boldsymbol{\psi}_s$ 轨迹为目的对 $\boldsymbol{u}_s$ 进行控制的一种调制方法。

需要说明的是，空间矢量的概念并不仅仅适用于式（5-8）的三相对称正弦波形。逆变电路输出的三相电压也可以形成旋转的空间电压矢量。现将三相逆变电路重画于图 5-47 中，每相的上桥臂与下桥臂的开关动作相反，可以把上桥臂开关导通而下桥臂开关关断的状态记为“1”，把上桥臂开关关断而下桥臂开关导通的状态记为“0”。例如，当 a 相上桥臂导通，b、c 相下桥臂导通时，开关状态可记为（1 0 0），此时 $u_a=U_d$，$u_b=u_c=0$，代入式（5-9）可得此时电压空间矢量 $\boldsymbol{u}_s$ 的幅值为 $2U_d/3$，空间位置为 e^{j0}。依次类推，三相逆变电路一共有 8 种开关组合，对应 8 种输出电压状态，即 8 个基本电压矢量，分别如表 5-1 所示。其中，$\boldsymbol{V}_0$ 和 $\boldsymbol{V}_7$ 由于输出电压为零，被称为零矢量。$\boldsymbol{V}_1$~$\boldsymbol{V}_6$ 共六个非零矢量的幅值均为 $2U_d/3$，空间位置依次相差 60°。这 8 个基本电压空间矢量如图 5-48 所示，其中 6 个非零矢量分别位于一个正六边形的 6 个顶点位置，它们将空间划分为 I~VI6 个扇区，而两个零矢量位于原点。

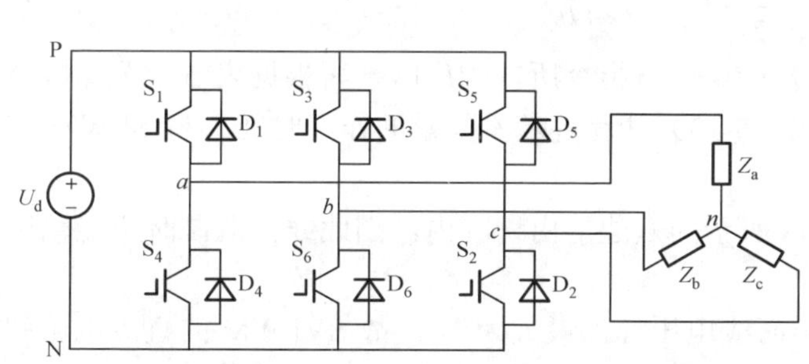

图 5-47　三相逆变器主电路

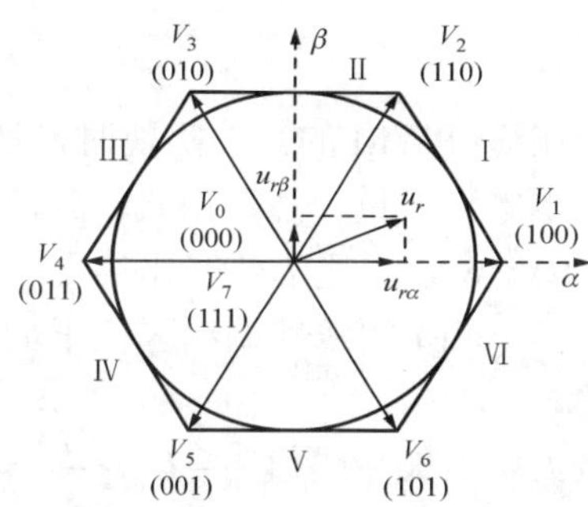

图 5-48　基本电压空间矢量图

表 5-1　三相逆变电路的开关状态与基本电压矢量

各相桥臂开关状态	(0 0 0)	(1 0 0)	(1 1 0)	(0 1 0)	(0 1 1)	(0 0 1)	(1 0 1)	(1 1 1)
基本电压矢量	$\boldsymbol{V}_0$	$\boldsymbol{V}_1$	$\boldsymbol{V}_2$	$\boldsymbol{V}_3$	$\boldsymbol{V}_4$	$\boldsymbol{V}_5$	$\boldsymbol{V}_6$	$\boldsymbol{V}_7$
空间位置		e^{j0}	$e^{j\pi/3}$	$e^{j2\pi/3}$	$e^{j\pi}$	$e^{j4\pi/3}$	$e^{j5\pi/3}$	

由于逆变器输出电压空间矢量只可能位于8个离散的状态，因此无法产生真正的连续电压空间矢量运行轨迹。对于给定的输出电压矢量指令 $\boldsymbol{u}_r$，只能通过这 8 个电压矢量的合成来实现。例如在图 5-48 中，电压指令 $\boldsymbol{u}_r=u_{r\alpha}+ju_{r\beta}$ 位于第一扇区，假设 PWM 周期 T_s 很小，$\boldsymbol{u}_r$ 在此期间内保持不变，则可以让逆变器输出 $\boldsymbol{V}_0$、$\boldsymbol{V}_7$、$\boldsymbol{V}_1$ 和 $\boldsymbol{V}_2$ 各一段时间，使其产生负载电机定子磁链的作用等效于指令 $\boldsymbol{u}_r$。各基本电压矢量的组合方式有多种，最常用的是所谓的7段式组合，如表 5-2 所示。

表 5-2　SVPWM 输出电压矢量的 7 段式组合

$\boldsymbol{u}_r$ 所在扇区	SVPWM 的 7 段式组合	$\boldsymbol{u}_r$ 所在扇区	SVPWM 的 7 段式组合
I	$V_0V_1V_2V_7V_2V_1V_0$	IV	$V_0V_5V_4V_7V_4V_5V_0$
II	$V_0V_3V_2V_7V_2V_3V_0$	V	$V_0V_5V_6V_7V_6V_5V_0$
III	$V_0V_3V_4V_7V_4V_3V_0$	VI	$V_0V_1V_6V_7V_6V_1V_0$

仍以第一扇区为例，在7段式工作方式下三相上桥臂的驱动信号时序如图5–49所示，其中 T_0、T_1 和 T_2 分别为半个开关周期内，零矢量、$\boldsymbol{V}_1$ 和 $\boldsymbol{V}_2$ 的作用时间。根据式（5-11），为了使

得对定子磁链的作用等效，须满足下式

$$\int_0^{T_s/2} \boldsymbol{u}_r \mathrm{d}t = \int_0^{T_0/2} \boldsymbol{V}_0 \mathrm{d}t + \int_{T_0/2}^{T_0/2+T_1} \boldsymbol{V}_1 \mathrm{d}t + \int_{T_0/2+T_1}^{T_0/2+T_1+T_2} \boldsymbol{V}_2 \mathrm{d}t + \int_{T_0/2+T_1+T_2}^{T_s/2} \boldsymbol{V}_7 \mathrm{d}t$$

$$T_0 + T_1 + T_2 = \frac{T_s}{2}$$

因此，可推导出各基本矢量的作用时间。一般地，对任一扇区内的电压指令 $\boldsymbol{u}_r = u_{r\alpha} + \mathrm{j}u_{r\beta}$，两个相邻非零矢量 $\boldsymbol{V}_k$ 和 $\boldsymbol{V}_{k+1}$（k=1，2，…，6，k=6 时，$\boldsymbol{V}_{k+1}$ 为 $\boldsymbol{V}_1$）的作用时间 T_k 和 T_{k+1} 分别为

$$\begin{pmatrix} T_k \\ T_{k+1} \end{pmatrix} = \frac{\sqrt{3}}{2}\frac{T_s}{U_d} \cdot \begin{bmatrix} \sin\frac{k\pi}{3} & -\cos\frac{k\pi}{3} \\ -\sin\frac{(k-1)\pi}{3} & \cos\frac{(k-1)\pi}{3} \end{bmatrix} \cdot \begin{pmatrix} u_{r\alpha} \\ u_{r\beta} \end{pmatrix} \tag{5-12}$$

而零矢量的作用时间为

$$T_0 = \frac{T_s}{2} - \left(T_k + T_{k+1}\right) \tag{5-13}$$

在 SVPWM 的具体实现时，通常先要计算电压指令所在的扇区，再根据表 5-2 选择恰当的基本电压矢量，然后由式（5-12）和式（5-13）计算各基本矢量的作用时间。与 SPWM 相比，SVPWM 更适于数字化实现。

SVPWM 的线性调制区位于如图 5-48 所示的六边形内切圆内，因此线性调制时所能输出的最大电压矢量幅值为 $\frac{2}{3}U_d \times \frac{\sqrt{3}}{2} = \frac{U_d}{\sqrt{3}}$，而线电压幅值最大为 U_d，故 SVPWM 的直流电压利用率为 100%，明显高于 SPWM，这是 SVPWM 的一大优势。

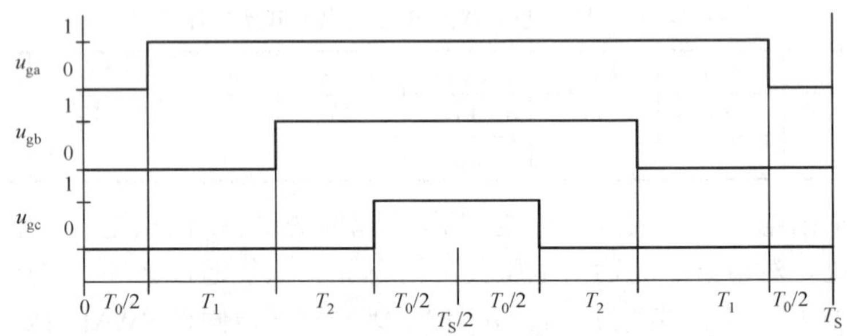

图 5-49　SVPWM 输出电压矢量工作时序图

例 5-9　完成 SVPWM 逆变电路的仿真。

解　1）建立仿真模型。

主电路的仿真模型与例 5-6 相同，三相负载中的有功为 1kW，感性无功为 500Var。SVPWM 控制信号由 Simpowersystems/Extra Library/Discrete Control Blocks 库中的“Discrete SV PWM Generator”模块产生。在对话框中选择“Internally generated”，即内部发生模式，此外还有两种外部信号指令模式，分别输入电压空间矢量的α、β轴分量或其幅值、角度。选择内部发生模式后，可在后面的选项中填写开关频率、调制深度、相位、基波频率等信息。此处的调制深度仍然要在 0 和 1 之间，当取为 1 时表示输出线性调制区的最大电压。另外，还可选择开关模式，开关模式选为 1 时就是本节所述的 7 段式工作方式。仿真模型如图 5-50 所示。

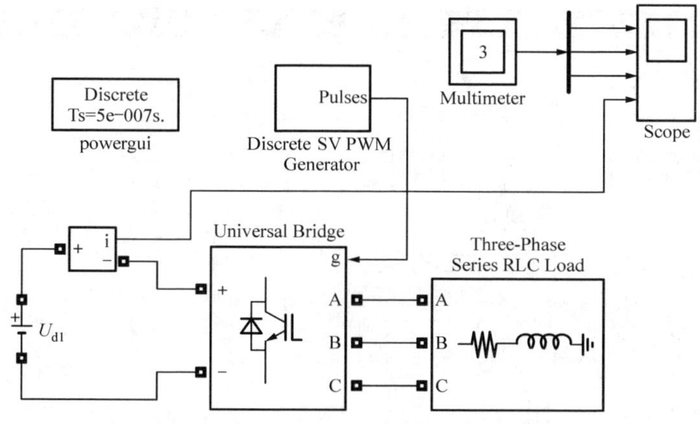

图 5-50　SVPWM 逆变器仿真模型

2）分析仿真结果。

调制深度 *m* 设为 1，输出基波频率设为 50Hz，开关频率设为 1500Hz。将仿真时间设为 0.06s，在 powergui 中设置为离散仿真模式，采样时间为 5×10^{-7}s，运行后可得仿真结果，交流相电压、相电流、线电压和直流电流波形如图 5-51 所示。输出线电压的谐波分析如图 5-52 所示。

当 m=1 时，输出线电压的幅值为 530V，即直流电压 U_d，说明 SVPWM 的直流电压利用率达到了 100%，较 SPWM 的 86.6%高。谐波分量的分布规律与 SPWM 类似，仍然是在开关频率的整数倍附近，但 THD 与 SPWM 比较略小。

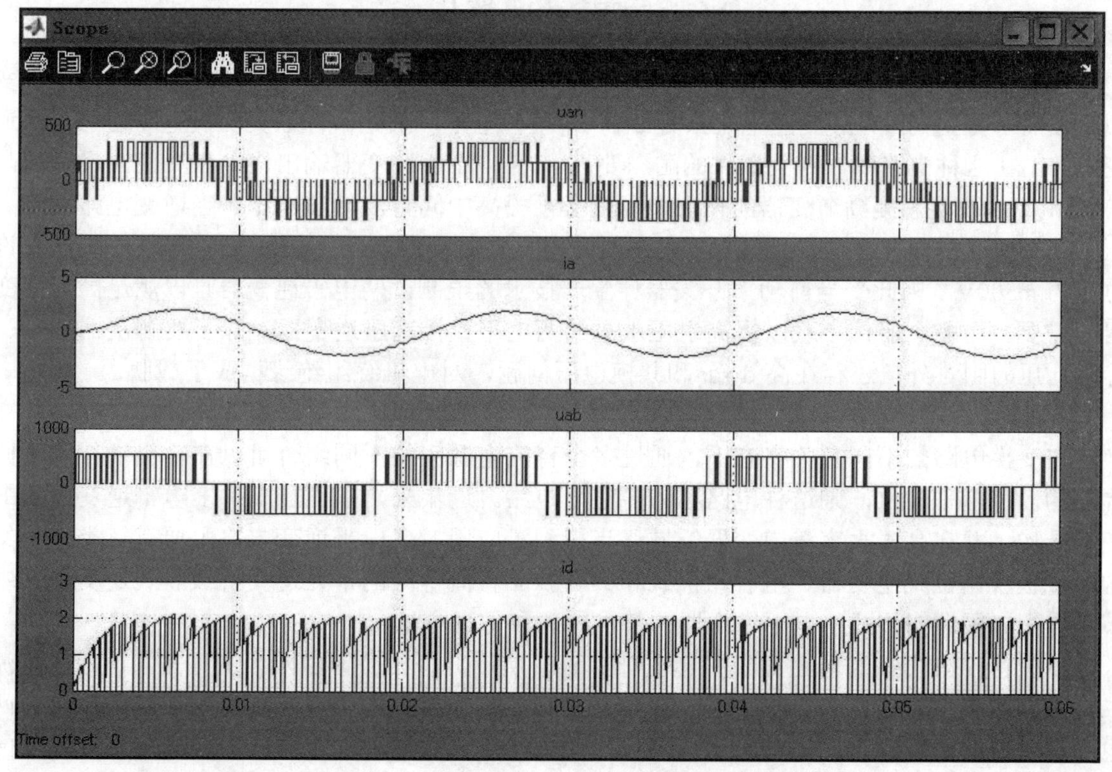

图 5-51　SVPWM 逆变器 m=1 时的仿真波形图

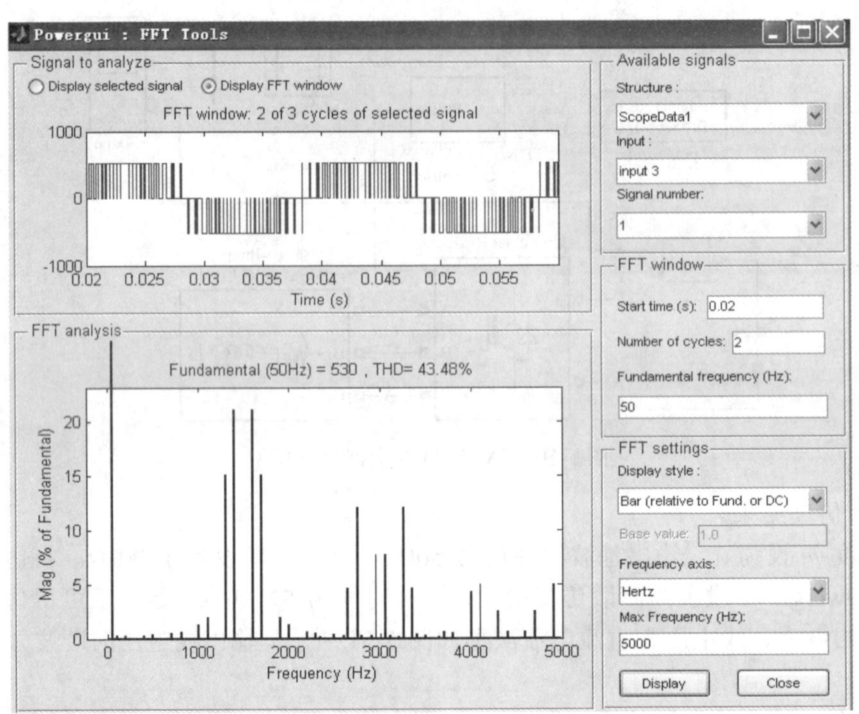

图 5-52　SVPWM 逆变器 m=1 时的谐波分析图

5.4　多电平逆变电路

在前述的逆变电路中，若直流源电压为 U_d，以低电压节点为零电位点，则经电力电子变换电路后，得到的 PWM 脉冲电压只有 0 和 U_d 两种电平，因此常称这类变换电路为两电平逆变电路。在这种电路中，开关器件的耐压要高于 U_d。由于逆变器输出线电压峰值的最大值与 U_d 成正比，故要想提高逆变器的输出电压就必须提高中间直流环节电压。当逆变电路用于高压大容量情况时，往往会受到开关器件最高允许电压的限制。常用的 IGBT 器件的最高允许电压为 6500V，因此受当前功率开关器件生产技术的限制，两电平逆变器难以满足高压逆变器的需要。而多个器件串联以提高耐压水平的两电平直接高压逆变器，除了要解决器件动、静态均压的困难外，还存在高 dv/dt 和共模电压问题，对电机绕组绝缘构成了威胁。

为此，人们发展了多电平逆变电路。如果多个直流源和电力电子器件经过特定的拓扑变换，在变换电路的不同开关状态下，通过多个直流电源间的不同组合可以在输出端得到不同幅值的多种电平输出，则这种电路称为多电平电路。近年来，提出了多种多电平逆变电路的拓扑结构，并在高压大容量逆变器领域逐步得到了应用。多电平逆变电路主要有三类拓扑结构：二极管钳位式逆变器、电容钳位式和具有独立直流电源的单元逆变桥级联式逆变器。本节将介绍二极管钳位式三电平逆变器的基本原理和仿真方法。

二极管钳位式三电平逆变器主电路如图 5-53 所示。每相桥臂由四个主开关管、四个续流二极管和两个中点钳位二极管组成。每个开关管在工作过程中所可能承受的最高电压只有两电平逆变器的一半，因此三电平逆变器可以大大降低开关器件的电压应力，满足高压逆变的要求。

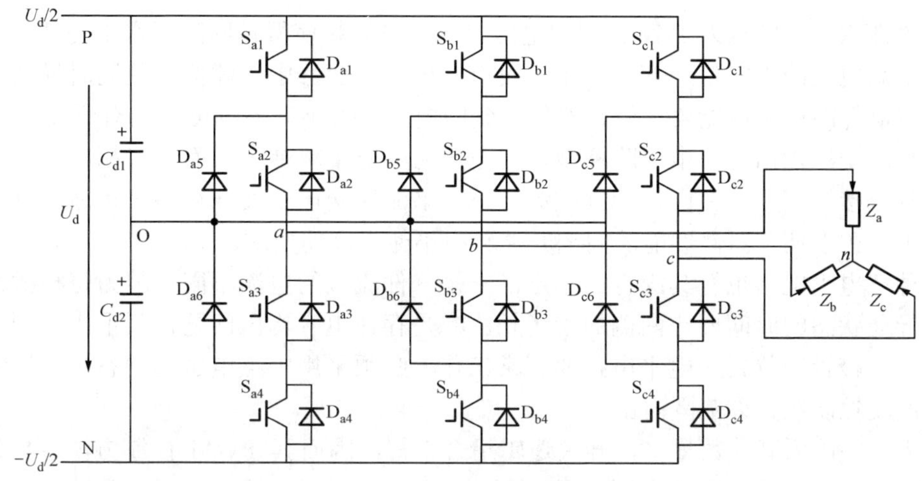

图 5-53　二极管钳位式三电平逆变器主电路

每相桥臂都有三个工作状态，输出三种电平：

（1）当 S_{a1} 和 S_{a2} 同为导通，S_{a3} 和 S_{a4} 同为关断时，若电流方向为正，则电流从 P 点经 S_{a1} 和 S_{a2} 到达 a 点，忽略开关器件的正向导通压降后，输出端 a 点的电位等同于 P 点电位，即 $U_d/2$；若电流方向为负，则电流从 a 点经过续流二极管 D_{a1} 和 D_{a2} 流进 P 点，此时输出端 a 点电位仍等同于 P 点电位。

（2）当 S_{a3} 和 S_{a4} 同为导通，S_{a1} 和 S_{a2} 同为关断时，若电流方向为正，则电流从 N 点经 D_{a3} 和 D_{a4} 到达 a 点，输出端 a 点的电位等同于 N 点电位，即 $-U_d/2$，若电流方向为负，则电流从 a 点经过续流二极管 S_{a3} 和 S_{a4} 流进 N 点，此时输出端 a 点电位仍等同于 N 点电位。

（3）当 S_{a2} 和 S_{a3} 同为导通，S_{a1} 和 S_{a4} 同为关断时，若电流方向为正，则电流从中性点 O 点经钳位二极管 D_{a5} 和开关管 S_{a2} 到达 a 点，输出端 a 点的电位等同于 O 点电位，即 0 电位，若电流方向为负，则电流从 a 点经过 S_{a3} 和 D_{a6} 流进 O 点，此时输出端 a 点电位仍等同于 O 点电位。

表 5-3 中列出了上述分析的结果。主开关管 S_{a1} 和 S_{a3}、S_{a2} 和 S_{a4} 的工作状态相反，即工作在互补状态，并且 S_{a1} 和 S_{a4} 不能同时导通。虽然二极管钳位式三电平逆变器仍存在两个器件的阻态串联耐压问题，例如在表 5-3 中的第一种工作状态下，S_{a3} 和 S_{a4} 同为关断时承受的耐压为 U_d，但是由于控制上不存在 S_{a3} 和 S_{a4} 两个器件同时由关断状态变为导通状态的现象，即逆变器不会在表 5-3 的第一和第三种工作状态间直接切换，因此对器件参数的要求不是非常严格，系统的安全系数较高。

表 5-3　二极管钳位式三电平逆变器开关状态和输出电平的关系（以 a 相为例）

输出电平	S_{a1}	S_{a2}	S_{a3}	S_{a4}
P	导通	导通	关断	关断
O	关断	导通	导通	关断
N	关断	关断	导通	导通

二极管钳位式三电平逆变器能够很好地解决电力电子器件耐压不够高的问题。每相输出电压在 P-O 或者 O-N 之间，因此器件承受的关断电压就是直流电压的一半。而在两电平拓扑

中，开关器件承受的电压为 P-N 之间的电压。三电平拓扑使得相同耐压水平的开关器件，可以应用于中高电压的大容量逆变器。由于没有两电平逆变器中串联器件的同时导通和同时关断问题，对器件的动态性能要求低，器件受到的电压应力小，系统可靠性有所提高。

三电平逆变器输出为三电平阶梯波，线电压为五电平阶梯波，而负载相电压为九电平阶梯波，形状更接近正弦，在同样的开关频率下，谐波比两电平要低得多，正适应高压大容量逆变器由于开关损耗及器件性能的问题开关频率不能太高的要求。

但这种三电平电路也有其固有的不足。一是器件流过的电流不同，因为每相桥臂中间的管子处于导通状态的时间要比两侧的管子长。二是存在电容均压问题，其根本原因是中点电流不为零。二极管钳位式三电平电路要正常工作，必须采用中点电压的动态平衡控制来把中点电压的波动控制在允许范围内。

三电平电路因为开关数量多，开关逻辑组合丰富，因而其 PWM 控制方法也更为灵活多样。主要有载波调制法和空间电压矢量调制法，其中后者目前更为常用。本节仅以三角载波层叠法为例介绍其简单原理。

三角载波层叠法是两电平载波 PWM 法的直接扩展，由两组频率和幅值相同的三角载波上下层叠，且两组载波对称分布于同一调制波的正负半波，如图 5-54 所示。设逆变器输出的三个电平从高到低依次为 P、O 和 N，当调制波的正半波大于上层载波时，输出电平为 P；而调制波的负半波小于下层载波时输出电平为 N；其余情况输出为 O。图 5-54 画出了一相桥臂的调制原理，三相时只需将调制波改为三相对称正弦波形即可。

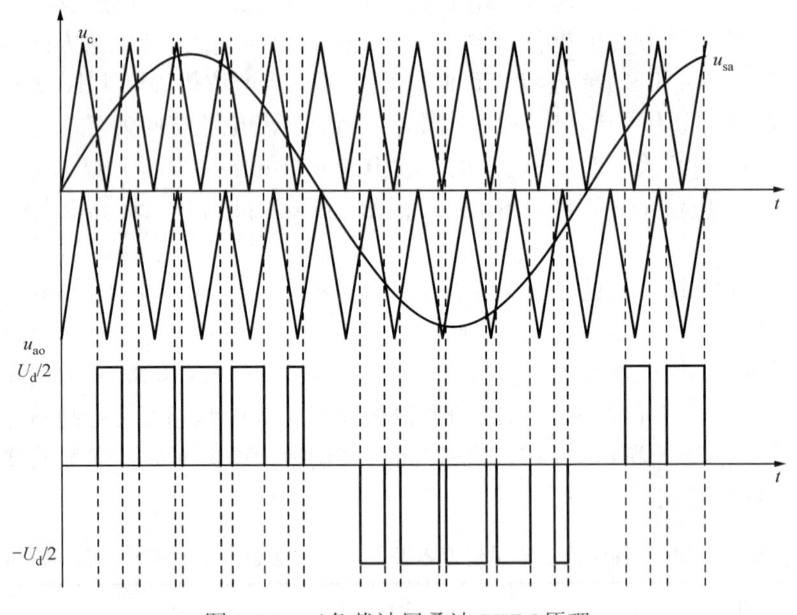

图 5-54　三角载波层叠法 PWM 原理

三角载波法的电压利用率低，对中点电压控制问题也未做特殊处理，因此可对其进行优化，或采用 SVPWM 方法。

例 5-10　完成二极管钳位式三相逆变电路的仿真。

解　1）建立仿真模型。

主电路的仿真模型如图 5-55 所示。Simpowersystems/PowerElectronics 库中的“Three-Level

Bridge”模块即为二极管钳位式逆变电路，在对话框中设置为三相，器件为 IGBT。相应的 PWM 发生器选用 Simpowersystems/Extra Library/Discrete Control Blocks 库中“Discrete 3-phase PWM Generator”模块，只需在对话框中设置为三电平模式，则该模块即可根据三角载波层叠法输出 PWM 信号。该模块提供了两个输出，此处需采用第一个输出。直流电压仍然为 530V，电容 C_{d1} 和 C_{d2} 均为 560μF，其电压初值设为 530/2V。由于 MATLAB 仿真时不允许电压源与电容直接相连，故在图 5-55 的直流电压源出口串联了一个 $10^{-4}\Omega$的小电阻。三相负载中的有功为 1kW，感性无功为 500Var。

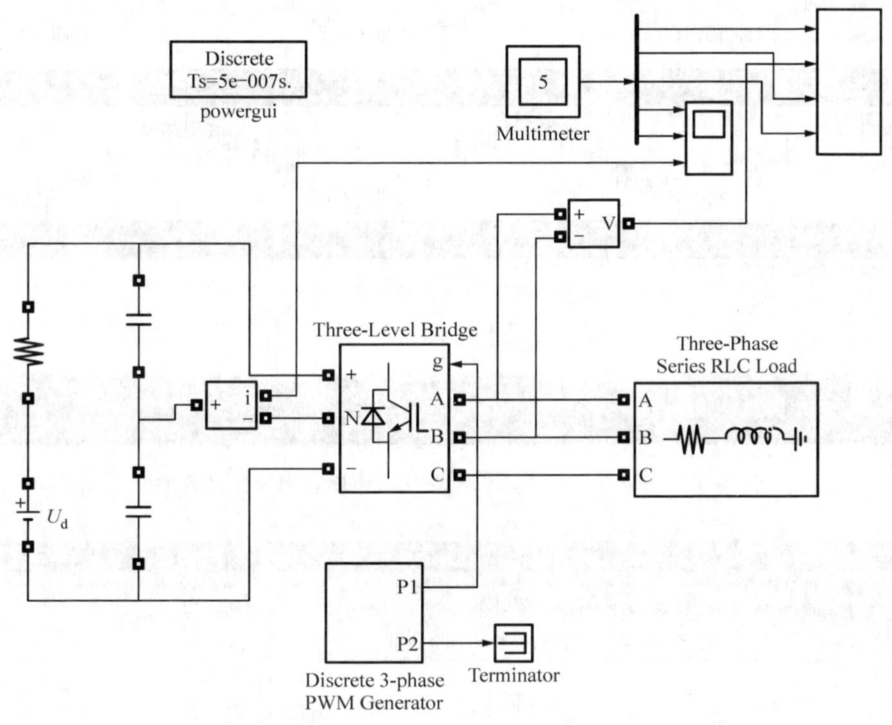

图 5-55　三相 SPWM 逆变器仿真模型

2）分析仿真结果。

在“Discrete 3-phase PWM Generator”模块中，选中内部发生模式，并将调制深度 m 设为 1，输出基波频率设为 50Hz，载波频率设为基频的 30 倍，即 1500Hz。将仿真时间设为 0.06s，在 powergui 中设置为离散仿真模式，采样时间为 5×10^{-7}s，运行后可得仿真结果。

逆变器输出端 a 点相对于中性点的电压 u_{ao}、线电压 u_{ab}、负载相电压 u_{an} 和负载相电流的仿真波形如图 5-56 所示。三个电压分别为 3、5、9 电平，随着电平数的升高，线电压和负载相电压较两电平逆变器更近似于正弦波。线电压的谐波分析如图 5-57 所示。其基波幅值仍然为 459V，可见此时的电压利用率与两电平的 SPWM 控制相同。但 THD 仅为 29.48%，较两电平时降低了一半。

电容 C_{d1} 和 C_{d2} 上的电压和流出中性点的电流如图 5-58 所示。正是由于中点电流不为零，造成了电容电压的波动，波动频率为基波频率的三倍。将逆变器输出电压的波形放大后，可以看到电容电压变化的影响。若电容增大，则波动幅度变小，而电容减小时，波动幅度会增大。

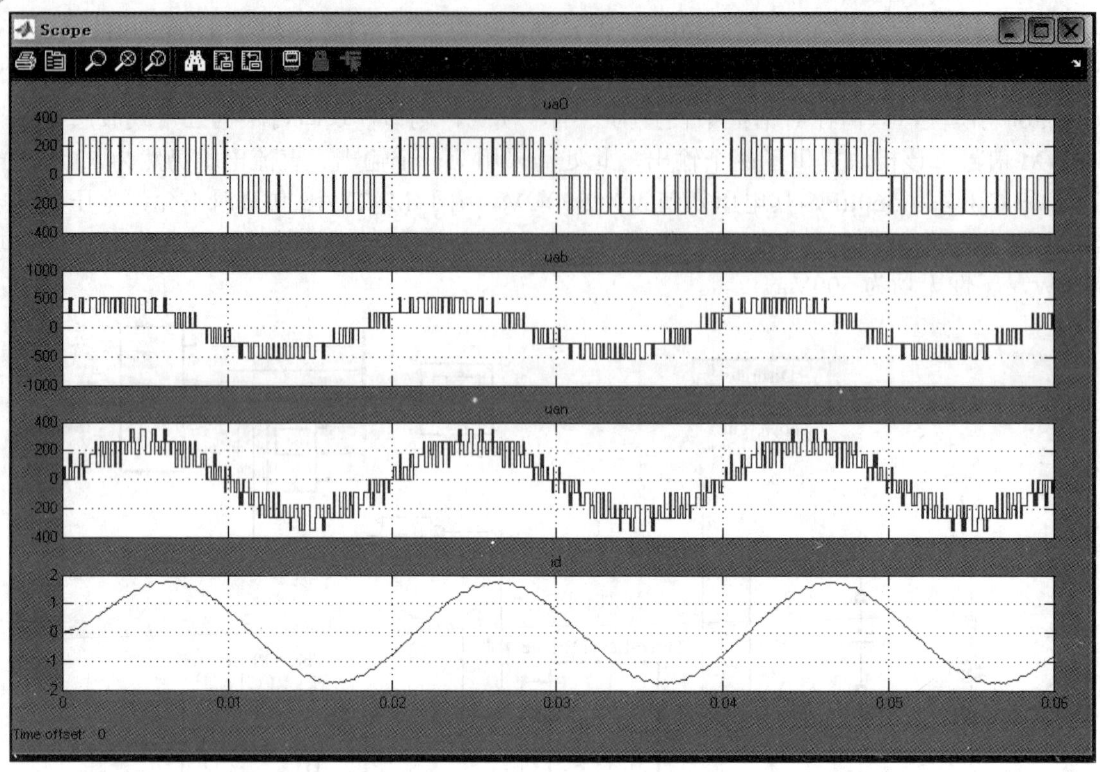

图 5-56　二极管钳位式三电平逆变器电压、电流仿真波形图

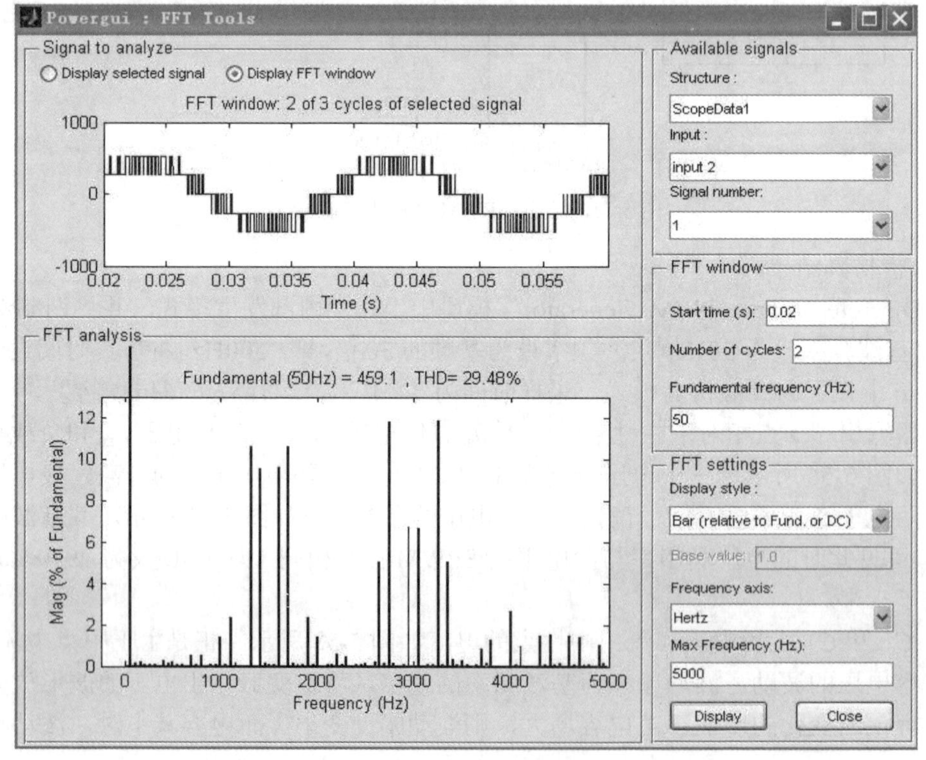

图 5-57　二极管钳位式逆变器线电压谐波分析图

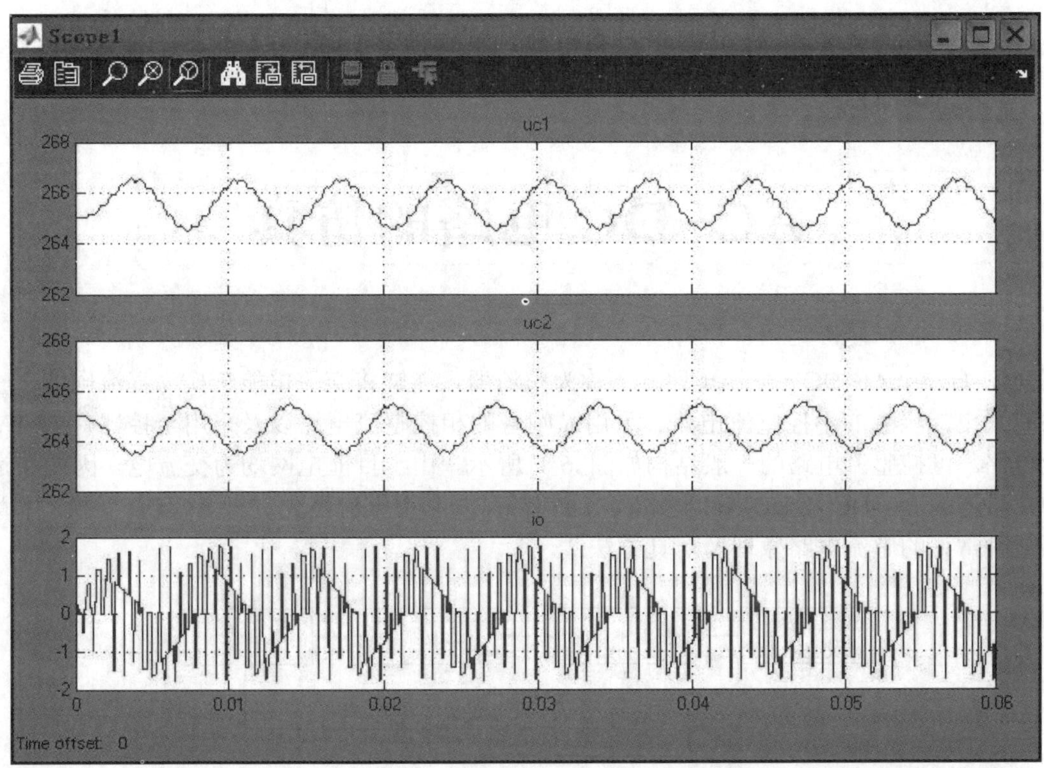

图 5-58　二极管钳位式三电平逆变器电容电压、中点电流仿真波形图

AC–DC 电路的仿真

交流-直流（AC-DC）变换电路，又称为整流器，能够将交流电能转换为直流电能。整流电路有采用二极管的不控整流电路、采用晶闸管的相控整流电路以及采用全控器件的 PWM 整流电路。可控整流电路的一般结构如图 6-1 所示。由于目前电网均为交流电，因此在运用前两章所述的 DC-DC 及 DC-AC 电路时，通常都需要利用整流器先进行 AC-DC 变换。本章将介绍几种常见的整流电路原理及仿真方法。

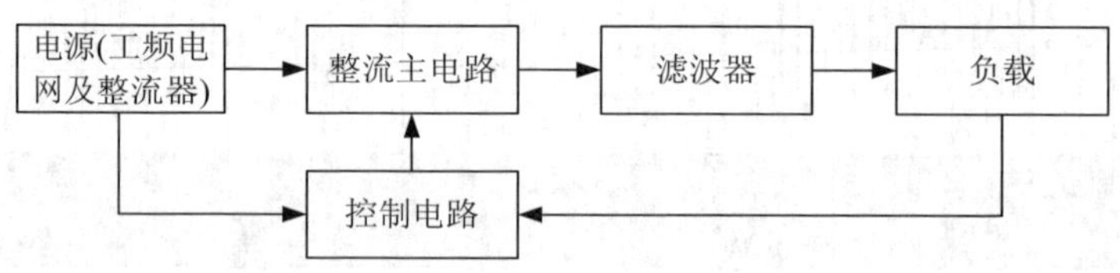

图 6-1　可控整流电路的一般结构

6.1　电容滤波的不可控整流电路

在交-直-交变频器、不间断电源、开关电源等应用场合中，大都采用不可控整流电路经电容滤波后提供直流电源，供后级的逆变器、斩波器等使用。目前最常用的是单相桥式和三相桥式两种接法。由于电路中的电力电子器件采用整流二极管，故也称这类电路为二极管整流电路。

6.1.1　电容滤波的单相不可控整流电路

本电路常用于小功率单相交流输入的场合。目前大量普及的微机、电视机等家电产品中所采用的开关电源中，其整流部分就是如图 6-2（a）所示的单相桥式不可控整流电路。

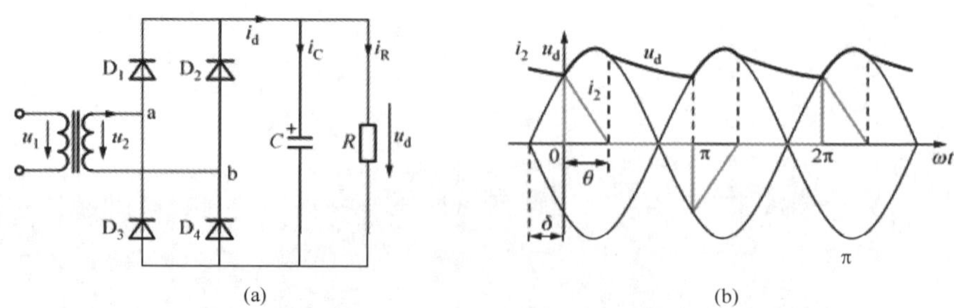

图 6-2　电容滤波的单相桥式不可控整流电路及其工作波形

（a）电路；（b）波形

图 6-2（b）为电路工作波形。假设该电路已工作于稳态，同时由于在实际中作为负载的

后级电路稳态时消耗的直流平均电流是一定的，所以分析中以电阻 R 作为负载。

该电路的基本工作过程是，在 u_2 正半周过零点至 $\omega t=0$ 期间，$u_2<u_d$，因此二极管均不导通，此阶段电容 C 向 R 放电，提供负载所需电流，同时 u_d 下降。至 $\omega t=0$ 之后，u_2 将要超过 u_d，使得 D_1 和 D_4 开通，$u_d=u_2$，交流电源向电容充电，同时向负载 R 供电。

设 D_1 和 D_4 开通的时刻与 u_2 过零点相距 δ 角，则 $u_2=\sqrt{2}U_2\sin(\omega t+\delta)$。

在 D_1 和 D_4 导通期间，以下方程成立

$$\begin{cases}u_d(0)=\sqrt{2}U_2\sin\delta \\ u_d(0)+\dfrac{1}{C}\int_0^t i_C \mathrm{d}t=u_2\end{cases} \tag{6-1}$$

式中：$u_d(0)$ 为 D_1、D_4 开始导通时刻的直流侧电压值。

将 u_2 代入式（6-1）并求解得

$$i_C=\sqrt{2}\omega CU_2\cos(\omega t+\delta)$$

而负载电流为

$$i_R=\frac{u_2}{R}=\frac{\sqrt{2}U_2}{R}\sin(\omega t+\delta)$$

于是

$$i_d=i_C+i_R=\sqrt{2}\omega CU_2\cos(\omega t+\delta)+\frac{\sqrt{2}U_2}{R}\sin(\omega t+\delta)$$

设 D_1 和 D_4 的导通角为 θ，则当 $\omega t=\theta$ 时，D_1 和 D_4 关断。将 $i_d(\theta)=0$ 代入式(6-1)可得 $\tan(\theta+\delta)=-\omega RC$。电容被充电到 $\omega t=\theta$ 时，$u_d=u_2=\sqrt{2}U_2\sin(\theta+\delta)$，$D_1$ 和 D_4 关断。电容开始以时间常数 RC 按指数函数放电，当 $\omega t=\pi$，即放电经过 $(\pi-\theta)$ 角时，u_d 降至开始充电时的初值 $\sqrt{2}U_2\sin\delta$，另一对二极管 D_2 和 D_3 导通，此后 u_2 又向 C 充电，与 u_2 正半周的情况一样。由于二极管导通后 u_2 开始向 C 充电时的 u_d 与二极管关断后 C 放电结束时的 u_d 相等，故有式 $\sqrt{2}U_2\sin(\theta+\delta)\times e^{-\frac{\pi-\theta}{\omega RC}}=\sqrt{2}U_2\sin\delta$ 成立。注意到 $\delta+\theta$ 为第 2 象限的角，由式（2-42）和式（2-43）得 $\pi-\theta=\delta+\arctan(\omega RC)$。

$$\frac{\omega RC}{\sqrt{(\omega RC)^2+1}}e^{-\frac{\arctan(\omega RC)}{\omega RC}}e^{-\frac{\delta}{\omega RC}}=\sin\delta \tag{6-2}$$

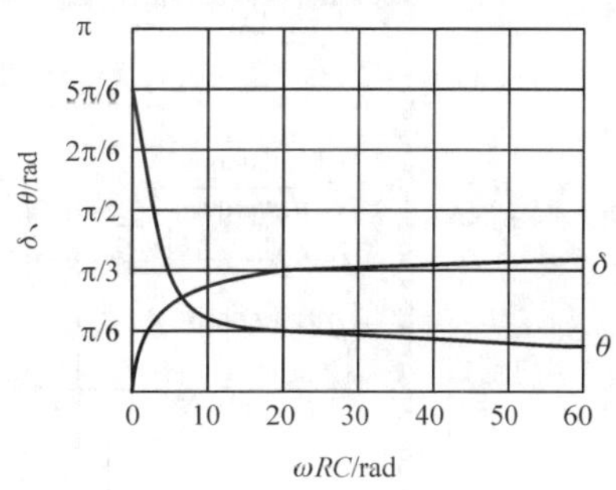

图 6-3　δ、θ 与 ωRC 的关系曲线

在 ωRC 已知时，即可求出 δ，进而求出 θ。显然 δ 和 θ 仅由乘积 ωRC 决定。图 6-3 给出了根据式（6-1）和式（6-2）求得 δ 和 θ 角随 ωRC 变化的曲线。

在空载时，$R=\infty$，放电时间常数为无穷大，输出电压最大，$U_d=\sqrt{2}U_2$。

整流电压平均值 u_d 可根据前述波形及有关计算公式推导得出，u_d 与输出到负载的电流平均值 I_R 之间的关系如图 6-4 所示。在空载时，$U_d=\sqrt{2}U_2$。在重载时，R 很小，电容放电很快，几乎失去储能作用，

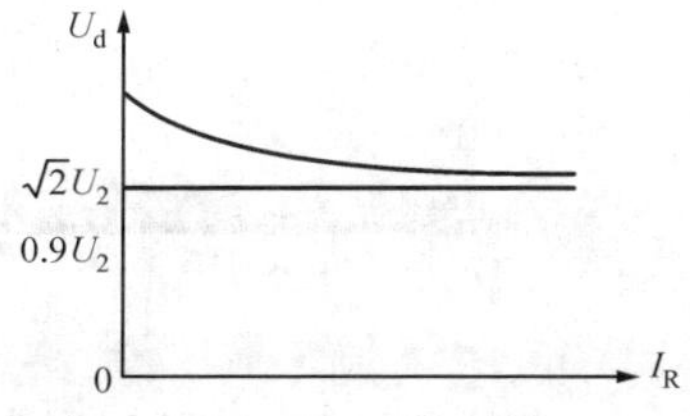

图 6-4　电容滤波的单相不可控整流电路输出电压与输出电流的关系

随负载加重 u_d 逐渐趋近于 $0.9u_2$。通常在设计时根据负载的情况选择电容 C 值，使 $RC \geqslant \frac{3\sim5}{2}T$，$T$ 为交流电源的周期，此时输出电压为 $U_d \approx 1.2U_2$。

在实际应用中为了抑制电流冲击，常在直流侧串入较小的电感，成为感容滤波的电路，如图 6-5（a）所示。此时输出电压和输入电流的波形如图 6-5（b）所示，由波形可见，u_d 波形更平直，而电流 i_2 的上升段平缓了许多，这对电路的工作是有利的。当 L 与 C 的取值变化时，电路的工作情况会有很大的不同，这里不再详细介绍。

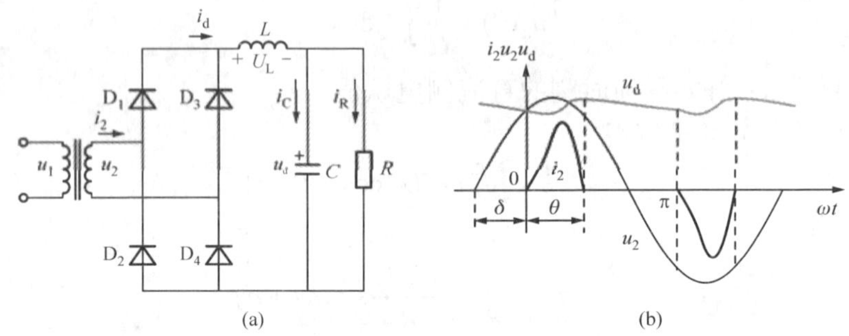

图 6-5 感容滤波的单相桥式不可控整流电路及电压电流波形

（a）电路图；（b）电压电流工作波形

例 6-1 完成单相不可控整流电路仿真。

解 1）建立仿真模型。利用 SimPowerSystems 建立单相不可控整流桥的仿真模型，如图 6-6 所示。其中子系统“功率因数计算”用来计算整流器交流侧的功率因数，其内部电路模型如图 6-7 所示。

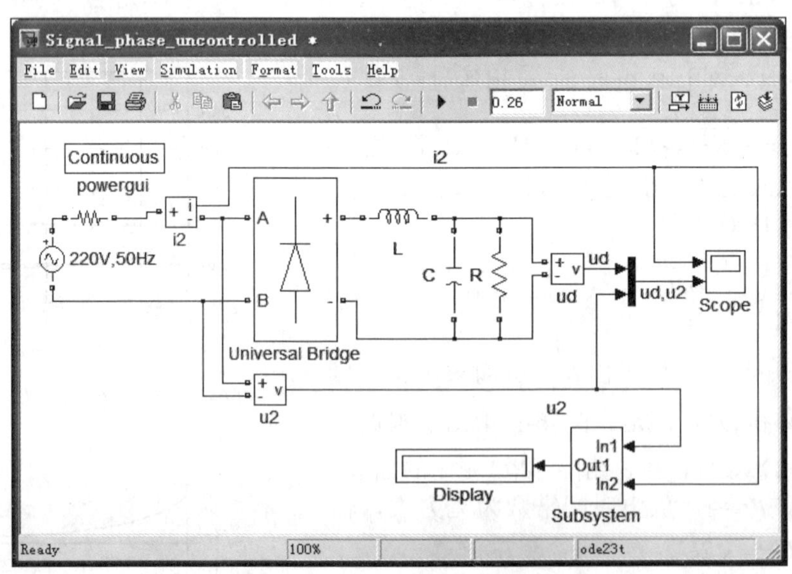

图 6-6 单相桥式不可控整流电路仿真模型

图 6-6 中其他模型中采用的模块分述如下。

输入单相电压源：采用 SimPowerSystems \ Electrical Sources \ AC Voltage Source。相电压

220V，50Hz，内阻 0.001Ω。参数设置如图 6-8 所示。

1
In1
2
In2
V
I
PQ
Active & Reactive
Power
Display
P
Q
×
Divide
×
Divide1
+
+
Add
sqrt
Math
Function
复功率S
×
÷
Divide2
1
Out1

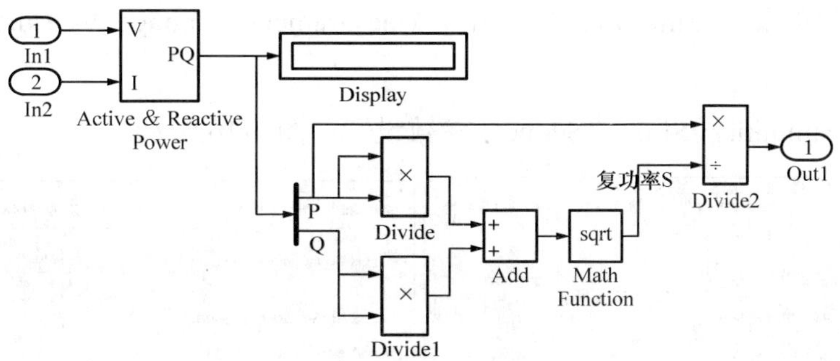

图 6-7　用于功率因数计算的 Subsystem 模型

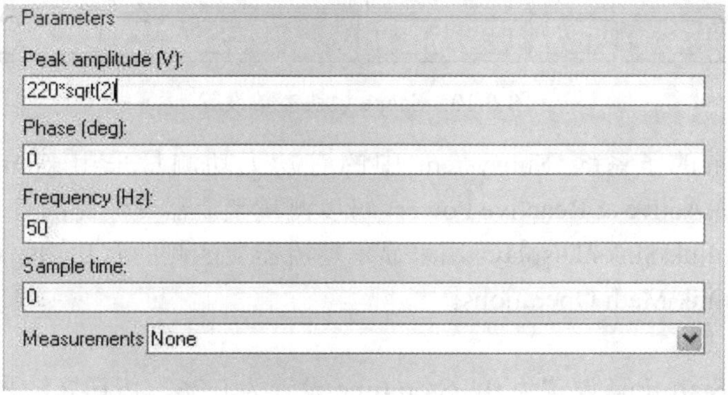

Parameters
Peak amplitude (V):
220*sqrt(2)
Phase (deg):
0
Frequency (Hz):
50
Sample time:
0
Measurements None

图 6-8　电压源参数设置

二极管整流桥：采用 SimPowerSystems \ Power Electronics \ Universal Bridge，二极管采用默认参数。参数设置如图 6-9 所示。

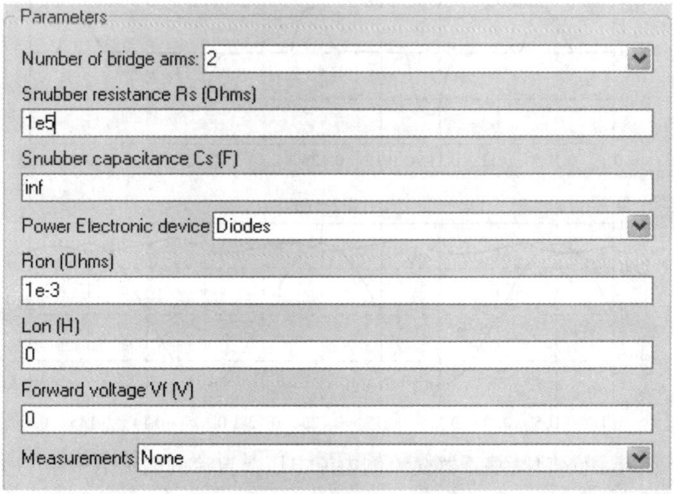

Parameters
Number of bridge arms: 2
Snubber resistance Rs (Ohms)
1e5
Snubber capacitance Cs (F)
inf
Power Electronic device Diodes
Ron (Ohms)
1e-3
Lon (H)
0
Forward voltage Vf (V)
0
Measurements None

图 6-9　整流桥参数设置

直流滤波电感 1mH，电容 3300μF，负载为电阻 R，取 10Ω，采用 SimPowerSystems \ Elements \ Series RLC Branch 完成。

信号合成模块“Mux”采用 Simulink \ Signal Routing \ Mux。

电压和电流测量采用 SimPowerSystems \ Measurement \ Voltage Measurement 和 Current Measurement。

示波器采用 Simulink \ Sinks \ Scope，参数设置如图 6-10 所示。

General
Data history
Tip: try right clicking on axes
Axes
Number of axes: 2
floating scope
Time range: auto
Tick labels: all
Sampling
Sample time
1/50/512
OK
Cancel
Help
Apply
General
Data history
Tip: try right clicking on axes
Limit data points to last: 5000
Save data to workspace
Variable name: ScopeData
Format: Structure with time
OK
Cancel
Help
Apply

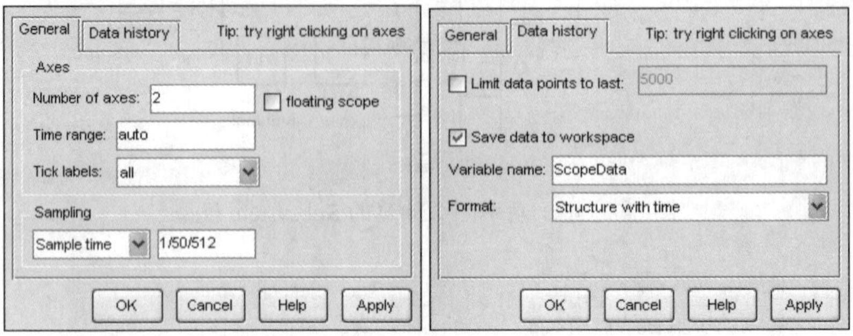

图 6-10　Scope 模块参数设置

如图 6-10 所示的子系统 Subsystem 中的有功无功测量采用 SimPowerSystems\Extra Library\Measurement\Active & Reactive Power，可以测量整流器交流侧的有功功率和无功功率；“Display”采用 Simulink\Sinks\Display，用来显示整流器交流侧的有功功率和无功功率的数值；其他模块来自 Simulink\Math Operations。

2）分析仿真结果。

将仿真参数的 Start time 设置为 0，Stop time 设置为 0.26，仿真算法采用 ode23t。其他为默认参数。单击仿真快捷键图标▶，启动仿真程序。

整流器交流侧电流电压、直流侧输出电压如图 6-11 所示。

i2
200
100
0
−100
−200
0.1
0.105
0.11
0.115
0.12
0.125
0.13
0.135
0.14
0.145
0.15
i_2
u2，ud
400
200
0
−200
−400
u_d
u_2

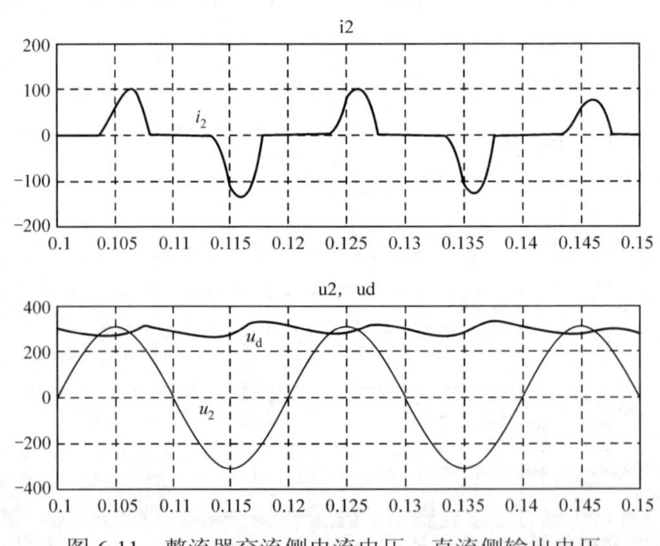

图 6-11　整流器交流侧电流电压、直流侧输出电压

双击模型图 6-6 中的 powergui 模块，在弹出来的窗口中单击“FFT Analysis”，对整流器交流侧电流的谐波进行分析，参数设置和傅里叶分析结果如图 6-12 所示。

根据傅里叶分析结果，可知电容滤波的单相不可控整流电路交流侧谐波组成有如下规律：

（1）谐波次数为奇次。

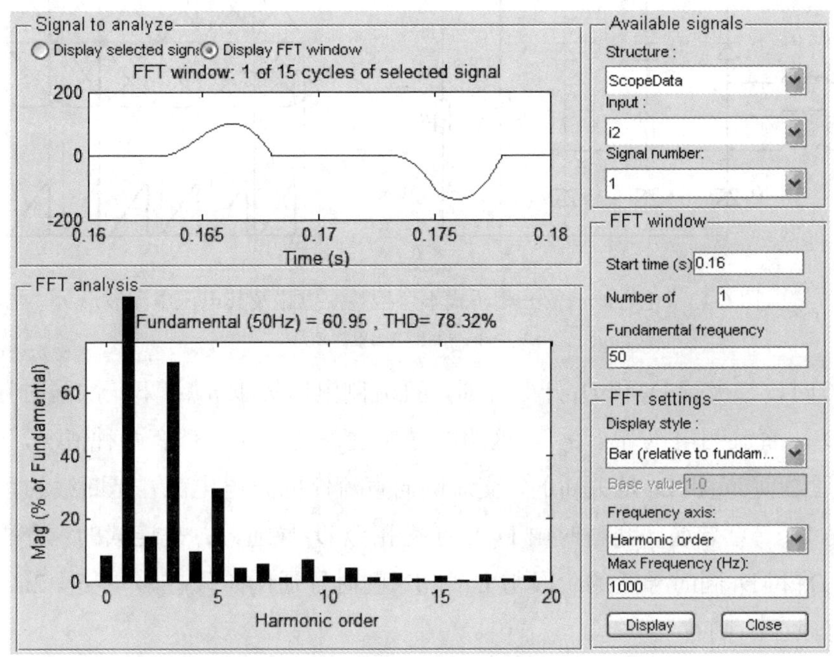

图 6-12　傅里叶分析参数设置和分析结果

（2）谐波次数越高，谐波幅值越小。

（3）ωRC 越大，则谐波越大、基波越小。这是因为，ωRC 越大，意味着负载越轻，二极管的导通角越小，则交流侧电路波形的底部就越窄，波形畸变也越严重。

（4）$\omega\sqrt{LC}$ 越大，则谐波越小，这是因为串联电感 L 抑制冲击电流从而抑制了交流电路的畸变。

关于功率因数的结论如下：

（1）通常位移因数接近 1。轻载时略超前，但随负载加重（ωRC 减少）会逐渐变为滞后，且随滤波电感加大滞后的角度也增大。

（2）由于谐波的大小受负载大小（ωRC）的影响，随 ωRC 增大，谐波增大，而基波减小，也就使基波因数减小，使得总的功率因数降低。同时，谐波受滤波电感的影响，滤波电感越大，谐波越小，基波因数越大，总功率因数越大。

6.1.2　电容滤波的三相不可控整流电路

在电容滤波的三相不可控整流电路中，最常用的是三相桥式结构，图 6-13 给出了其电路及其理想的电压电流波形。

在该电路中，当某一对二极管导通时，输出直流电压等于交流侧电压中最大的一个，该线电压既向电容供电，也向负载供电。当没有二极管导通时，由电容向负载放电，u_d 按指数规律下降。

设二极管在距线电压过 0 点 δ 角处开始导通，并将二极管 D_6 和 D_1 开始同时导通的时刻作为时间零点，则线电压为 $u_{ab}=\sqrt{6}U_2\sin(\omega t+\delta)$，而相电压为 $u_a=\sqrt{2}U_2\sin\left(\omega t+\delta-\dfrac{\pi}{6}\right)$。

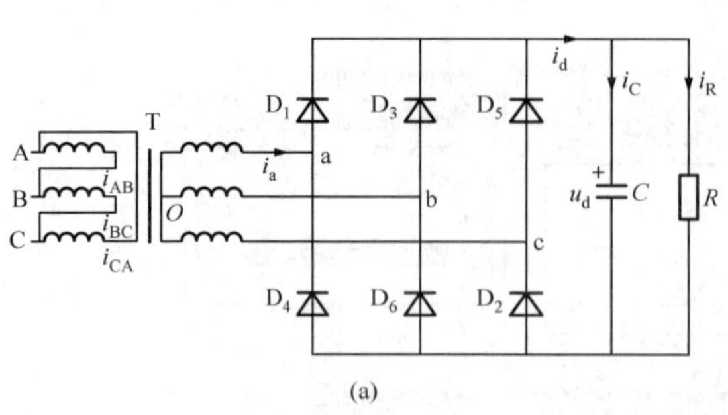

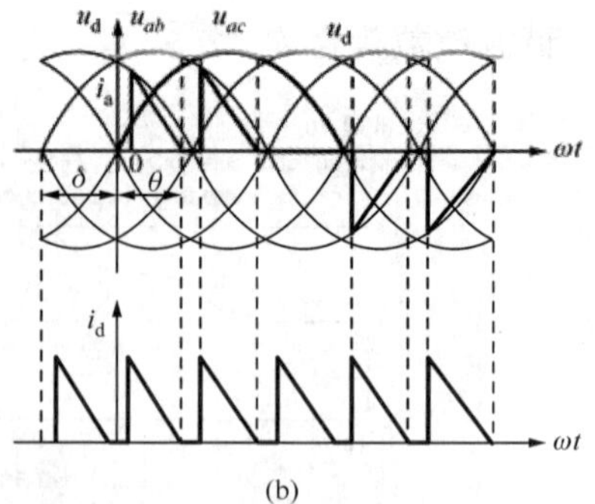

图 6-13　电容滤波的三相桥式不可控整流电路及其电压电流波形

（a）电路；（b）电压电流波形

在 $\omega t=0$ 时，二极管 D_6 和 D_1 开始导通，直流侧电压等于 u_{ab}；下一次同时导通的一对管子是 D_1 和 D_2，直流侧电压等于 u_{ac}。这两段导通过程之间的交替有两种情况，一种是在 D_1 和 D_2 同时导通之前 D_6 和 D_1 是关断的，交流侧向直流侧的充电电流 i_d 是断续的，如图 6-13 所示；另一种是 D_1 一直导通，交替时由 D_6 导通换相至 D_2 导通，i_d 是连续的。介于二者之间的临界情况是，D_6 和 D_1 同时导通的阶段与 D_1 和 D_2 同时导通的阶段在 $\omega t+\delta=2\pi/3$ 的时刻“速度相等”恰好发生，则有

$$\left|\frac{\mathrm{d}[\sqrt{6}U_2\sin(\omega t+\delta)]}{\mathrm{d}(\omega t)}\right|_{\omega t+\delta=2\pi/3}=\left|\frac{\mathrm{d}\left\{\sqrt{6}U_2\sin\dfrac{2\pi}{3}\mathrm{e}^{-\frac{1}{\omega RC}[\omega t-(\frac{2\pi}{3}-\delta)]}\right\}}{\mathrm{d}(\omega t)}\right|_{\omega t+\delta=2\pi/3}$$

可得 $\omega RC=\sqrt{3}$，这就是临界条件。$\omega RC>\sqrt{3}$ 和 $\omega RC\leqslant\sqrt{3}$ 分别是电流 i_d 断续和连续的条件。图 6-14 给出了 $\omega RC\leqslant\sqrt{3}$ 时的电流波形。对一个确定的装置来讲，通常只有 R 是可变的，它的大小反映了负载的轻重。因此，在轻载时直流侧获得充电电流是断续的，在重载时是连续的，分界点就是 $R=\sqrt{3}/(\omega C)$。

当 $\omega RC>\sqrt{3}$ 时，交流侧电压电流波形如图 6-14（b）所示，其中 δ 和 θ 的求取可仿照单相电路的方法。δ 和 θ 确定之后，即可推导出交流侧电流 i_a 的表达式，在此基础上可对交流侧电流进行谐波分析。

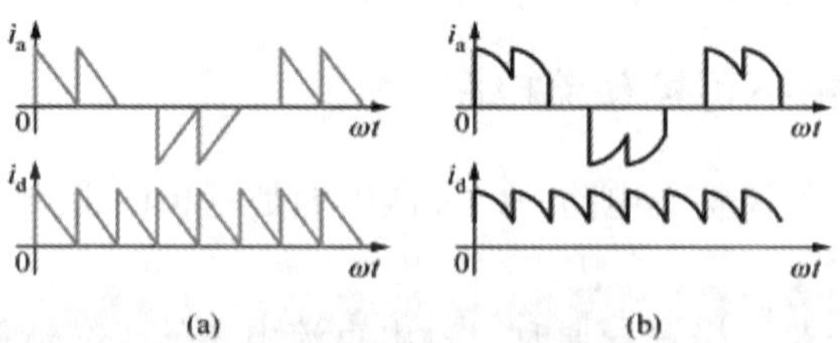

图 6-14　电容滤波的三相桥式整流电路当 ωRC 等于或小于 $\sqrt{3}$ 时的电流波形

（a）$\omega RC=\sqrt{3}$；（b）$\omega RC<\sqrt{3}$

以上分析的是理想的情况，未考虑实际电路中存在的交流侧电感以及为抑制冲击电流而串联的电感。当考虑上述电感时，电路的工作情况发生变化，其电路图和交流侧电流波形如图 6-15 所示，其中图 6-15（a）为电路原理图，图 6-15（b）、图 6-15（c）分别为轻载和重载

时的交流侧电流波形。将电流波形与不考虑电感时的波形比较可知，有电感时，电流波形的前沿平缓了许多，有利于电路的正常工作。随着负载加重，电流波形与电阻负载时的交流侧电流波形逐渐接近。

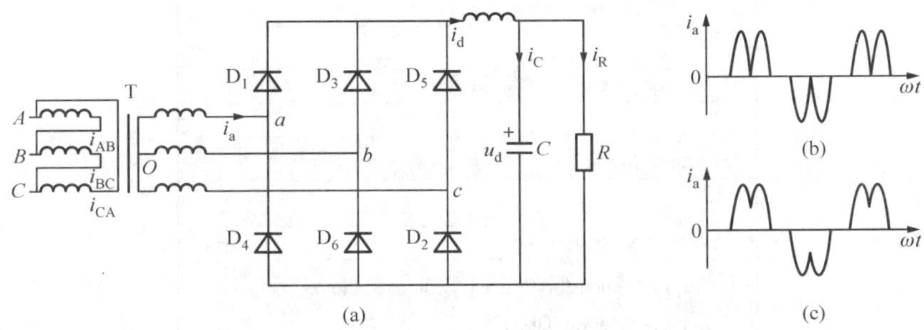

图 6-15　考虑电感时电容滤波的三相桥式不可控整流电路及其电压电流波形

（a）电路原理图；（b）轻载时的交流侧电流波形；（c）重载时的交流侧电流波形

三相桥式不可控整流电路的输出电压平均值 U_d 在（$2.34U_2$ ~$2.45U_2$）之间变化。输出电流平均值为 $I_R = U_d/R$。二极管承受的电压为线电压的峰值，为 $\sqrt{2}\times\sqrt{3}U_2$。

例 6-2　完成三相不可控整流电路仿真。

解　1）建立仿真模型。

利用 SimPowerSystems 建立三相不控整流桥的仿真模型，如图 6-16 所示。其中子系统“功率因数计算”用来计算整流器交流侧的功率因数，其内部电路模型如图 6-17 所示。

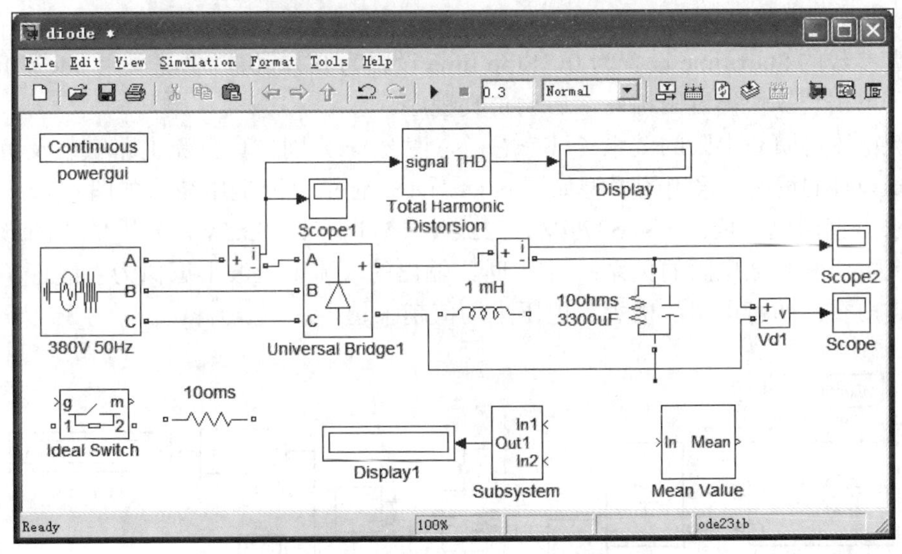

图 6-16　三相桥式不可控整流电路模型

图 6-16 中采用的模块分述如下。

输入三相电压源：采用 SimPowerSystems \ Electrical Sources \ Three-Phase Source。线电压 380V，50Hz，内阻 0.001Ω。参数设置如图 6-17 所示。

理想开关采用 SimPowerSystems \ Power Electronics \ Ideal Switch。

电流总谐波畸变率的计算采用 SimPowerSystems \ Extra Library \ Measurement \ Total Harmonic Distorsion 模块，可用来计算整流器交流侧电流总谐波畸变率。

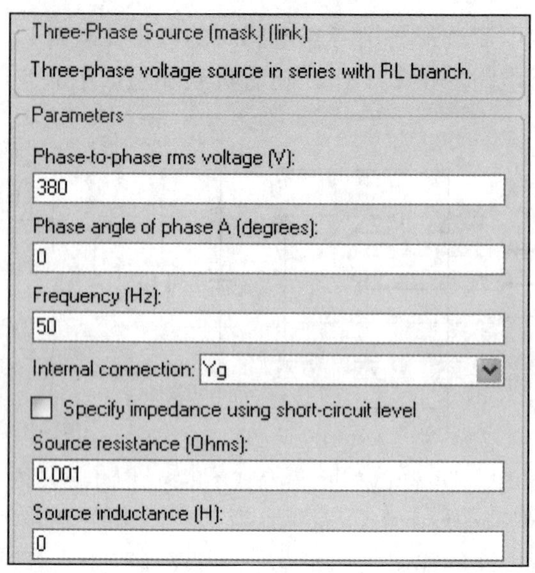

图 6-17　三相电压源参数设置

电压平均值的计算采用 SimPowerSystems \ Extra Library \ Measurement \ Mean Value 模块，用来计算输出电压平均值。

三相二极管整流桥采用“Universal Bridge”模块，二极管采用默认参数。直流滤波电容3300μF，负载为电阻。其他模块类似于第 6.1.2 节单相不控整流电路模型。

2）分析仿真结果。

将仿真参数的 Start time 设置为 0，Stop time 设置为 0.3，仿真算法采用 ode23tb。其他为默认参数。单击仿真快捷键图标▶，启动仿真程序。

①直流电压与负载电阻的关系（只考虑稳态情况）。分别仿真整流电路空载及负载电阻为10、1 和 0.1Ω时的情况，采用的模型如图 6-18 所示。记录直流电压波形如图 6-19 所示，根据仿真结果求出直流电压依次为：537.4V、522.3V、511.1V、493.5V。分析仿真图形和数据可以得出直流电压和负载电阻的关系： 空载时，输出的直流电压波形近似为直线，负载越大电压的纹波越严重；随着电阻的增大，电压平均值越来越小。

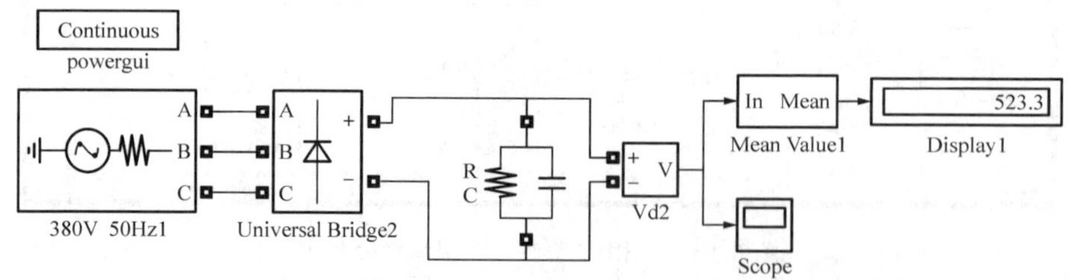

图 6-18　研究直流电压和负载电阻关系的仿真模型

② 电流波形与负载的关系（只考虑稳态情况）。分别仿真负载电阻为 10、1.67 和 0.5 时的情况，采用的模型如图 6-20 所示。记录直流电流和 *a* 相交流电流分别如图 6-21 和图 6-22 所示。分析波形图可知：

随着负载的加大（10、1.67、0.5），直流侧的电流逐渐增大，且直流侧电流起伏逐渐增大，纹波增加。同时，a 相的电流也逐渐增大，并更接近正弦。当负载为 10 时，直流侧电流为断续；负载为 1.67 时，直流侧电流为临界状态；负载为 0.5 时，直流侧电流为连续。

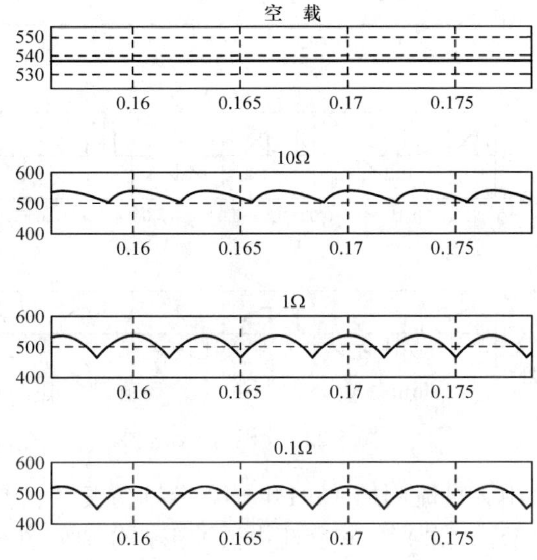

图 6-19　不同负载时整流器输出电压波形

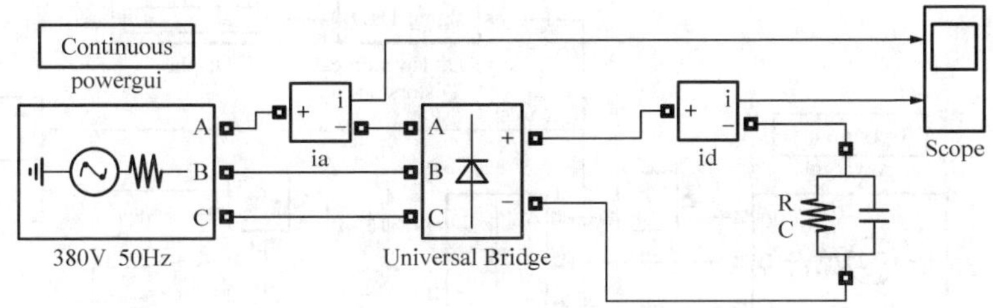

图 6-20　研究电流波形与负载关系的仿真模型

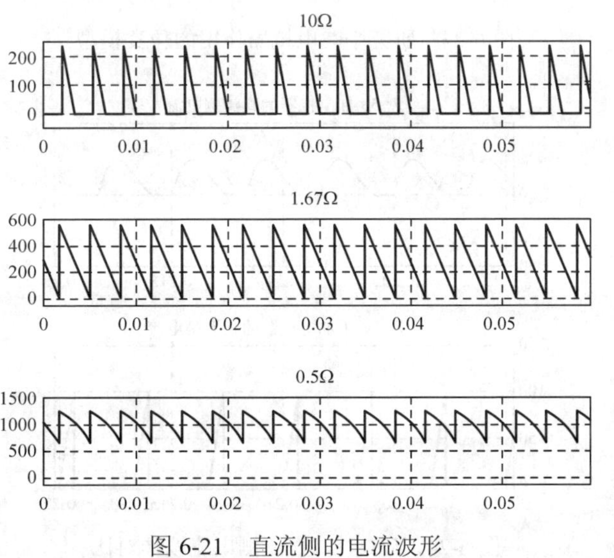

图 6-21　直流侧的电流波形

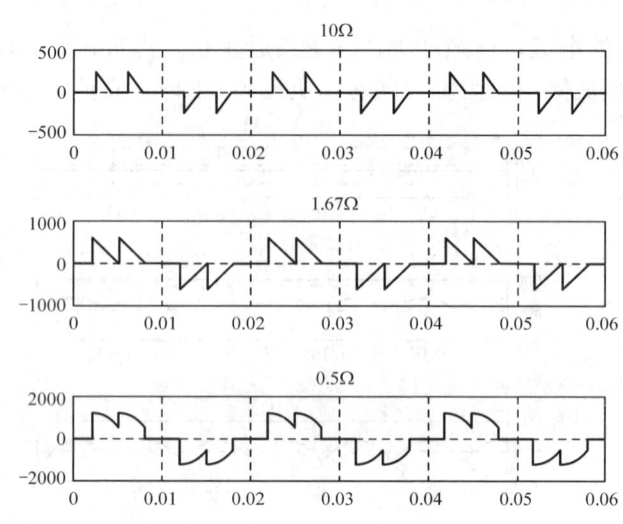

图 6-22　*a* 相的电流波形

③ 平波电抗器的作用。直流侧加 1mH 电感。分别仿真轻载 50Ω和重载 0.5Ω时的情况，采用的模型如图 6-23 所示。记录直流和交流电流波形，分别如图 6-24～图 6-27 所示，计算出交流电流的 THD 如表 6-1 所示。

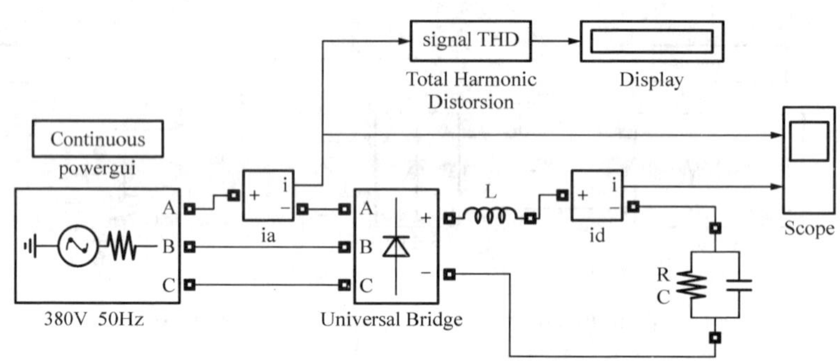

图 6-23　研究平波电抗器作用的仿真模型

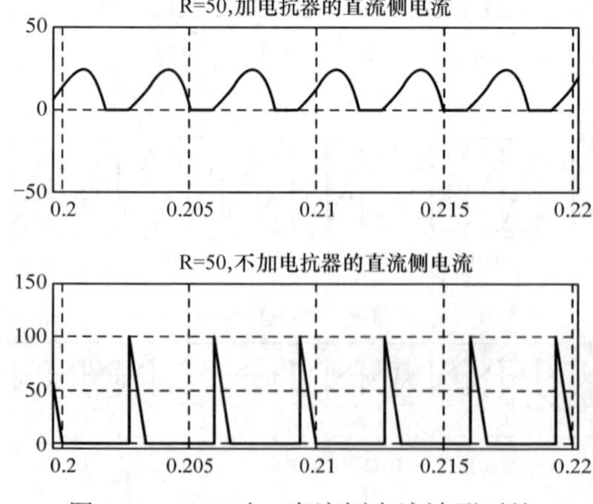

图 6-24　50Ω时，直流侧电流波形对比

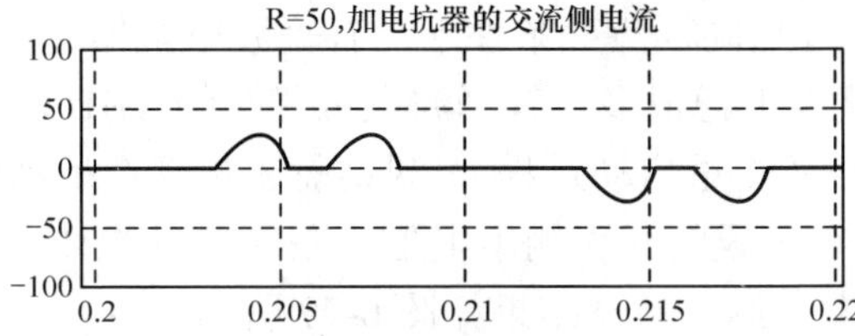

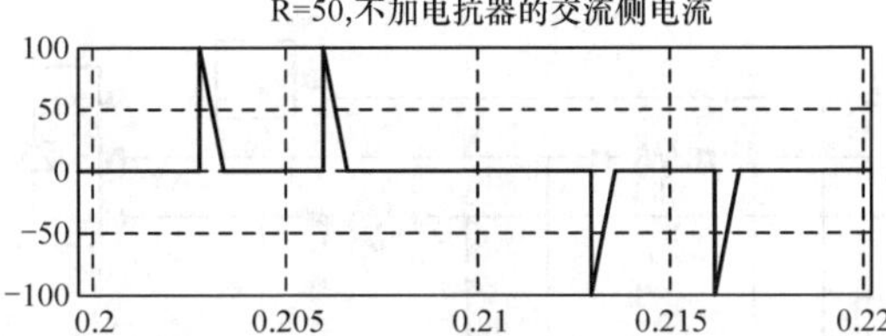

图 6-25 50Ω时，交流侧电流波形对比

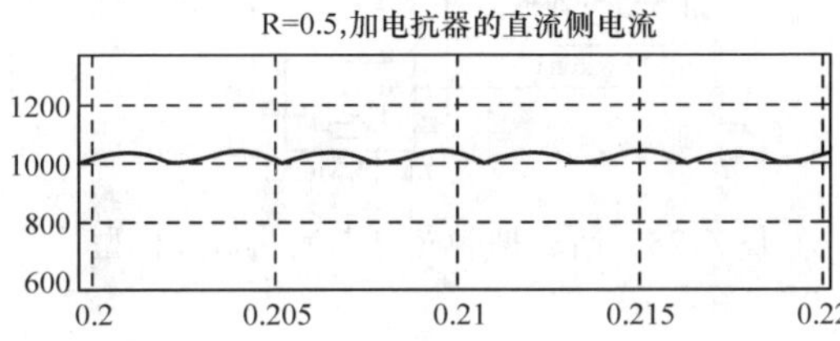

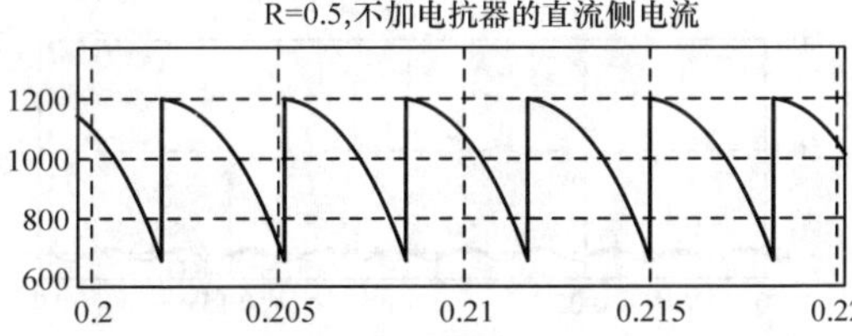

图 6-26 0.5Ω时，直流侧电流波形对比

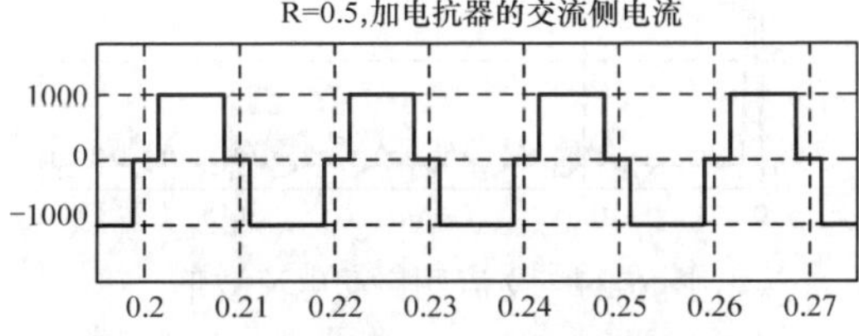

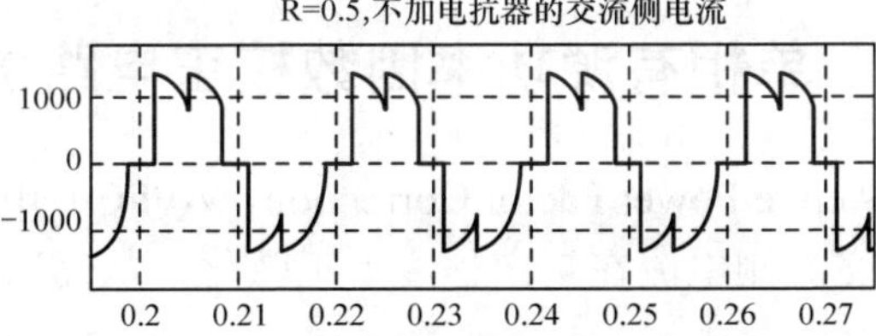

图 6-27 0.5Ω时，交流侧电流波形对比

表 6-1 交流电流的 THD（%）值

负载	平波电抗器	交流电流的 THD（%）
50Ω	加	0.9045
	不加	2.402
0.5Ω	加	0.3089
	不加	0.3439

分析波形和 THD 值，可知同样负载条件下：有平波电抗器时，直流电流明显平稳很多；有平波电抗器时，a 相电流也平稳很多；有平波电抗器时的 THD 较小。

④抑制充电电流的方法（注重启动过程）。观察前述仿真在启动时的交流电流有一个很大的冲击。如图 6-28 所示，在负载的交流侧串电阻，在启动后的某个时间内再将电阻切除，可以减小启动时大的交流冲击电流，仿真结果如图 6-29 所示。

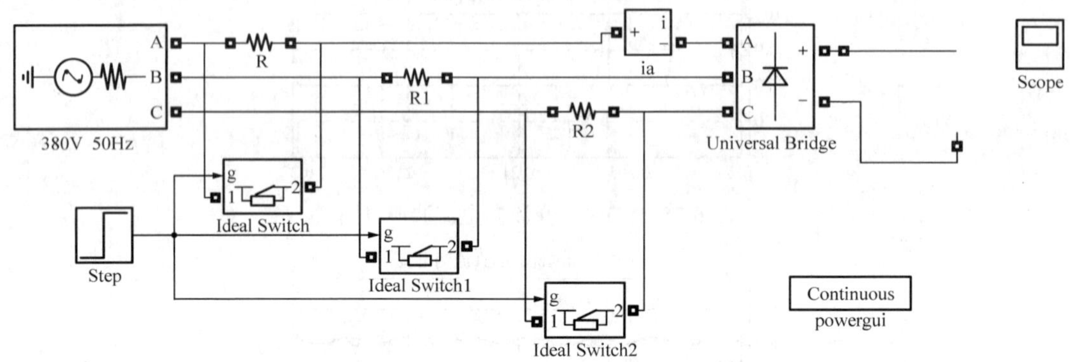

图 6-28　研究抑制充电电流的仿真模型

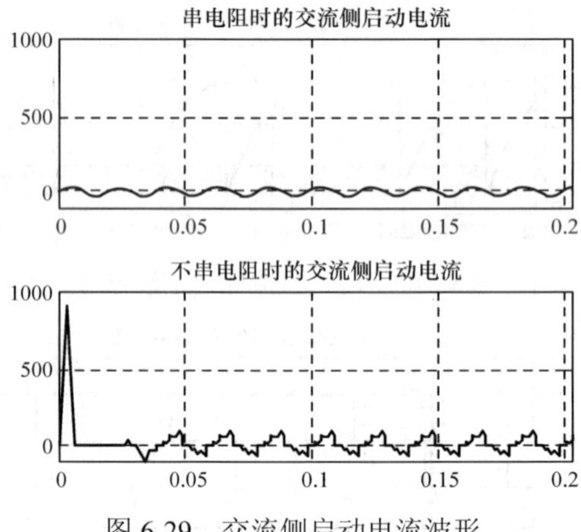

图 6-29　交流侧启动电流波形

6.2　单相有源功率因数校正电路仿真

有源功率因数校正（Active Power Factor Correction，APFC）电路，是指在传统的不控整流中融入有源器件，使得交流侧电流在一定程度上正弦化，从而减小装置的非线性、改善功率因数的一种高频整流电路。

基本的单相 APFC 电路在单相桥式不可控整流器和负载电阻之间增加一个 DC-DC 功率变换电路，通常采用 Boost 电路。通过适当的控制 Boost 电路中开关管的通断，将整流器的输入电流校正成为与电网电压同相位的正弦波，消除谐波和无功电流，将电网功率因数提高到近似为 1。其电路原理图如图 6-30 所示。

假定开关频率足够高，保证电感 L 的电流连续；输出电容 C 足够大，输出电压 u_0 可认为

是恒定直流电压。电网电压 u_i 为理想正弦，即 $u_i = U_m \sin \omega t$，则不可控整流桥的输出电压 u_d 为正弦半波，$u_d = |u_i| = U_m |\sin \omega t|$。

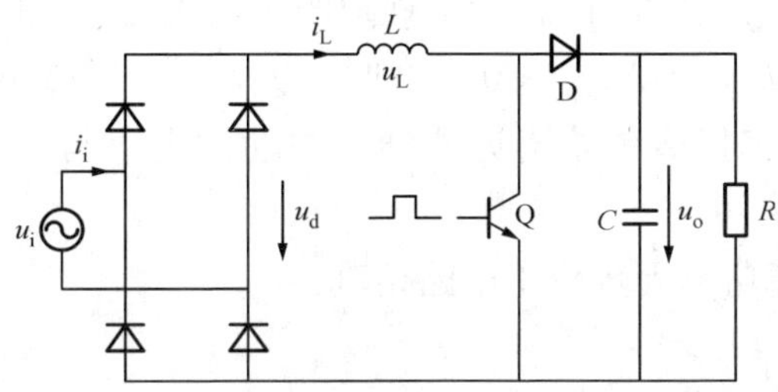

图 6-30　APFC 电路原理图

当开关管 Q 导通时，u_d 对电感充电，电感电流 i_L 增加，电容 C 向负载放电；当 Q 关断、二极管 D 导通时，电感两端电压 u_L 反向，u_d 和 u_L 对电容充电，电感电流 i_L 减小。电感电流满足式（6-3）

$$L\frac{\mathrm{d}i_L}{\mathrm{d}t} = u_L = \begin{cases} U_m |\sin \omega t|, & t_k < t < t_k + t_{on} \\ U_m |\sin \omega t| - u_o, & t_k + t_{on} < t < t_k + T_s \end{cases} \tag{6-3}$$

通过控制 Q 的通断，即调节占空比 D，可以控制电感电流 i_L。若能控制 i_L 近似为正弦半波电流，且与 u_d 同相位，则整流桥交流侧电流 i_i 也近似为正弦电流，且与电网电压 u_i 同相位，即可达到功率因数校正的目的。为此需要引入闭环控制。

控制器必须实现以下两个要求：一是实现输出直流电压 u_o 的调节，使其达到给定值；二是保证网侧电流正弦化，且功率因数为 1。即在稳定输出电压 u_o 的情况下，使电感电流 i_L 与 u_d 波形相同。采用电压外环、电流内环的单相 APFC 双闭环控制原理如图 6-31 所示。

电压外环的任务是得到可以实现控制目标的电感电流指令值 i_L^*。给定输出电压 u_o^* 减去测量到的实际输出电压 u_o 的差值，经 PI 调节器后输出电感电流的幅值指令 I_L^*。测量到的整流桥出口电压 u_d 除以其幅值 U_m 后，可以得到表示 u_d 波形的量 u_d'，u_d' 为幅值为 1 的正弦半波，相位与 u_d 相同。I_L^* 与 u_d' 相乘，便可以得到电感电流的指令值 i_L^*。i_L^* 为与 u_d 同相位的正弦半波电流，其幅值可控制直流电压 u_o 的大小。

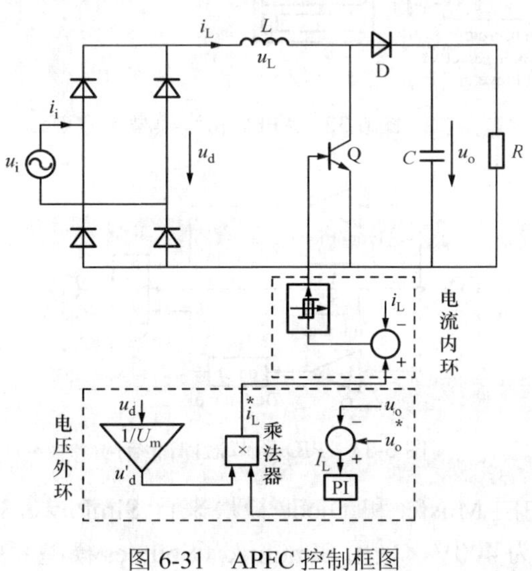

图 6-31　APFC 控制框图

电流内环的任务是通过控制开关管 Q 的通断，使实际的电感电流 i_L 跟踪其指令值 i_L^*。此处采用滞环电流控制方法。根据电感电流的公式，当 Q 导通时电感电流增大，而当 Q 关断时电感电流减小。令 i_L^* 减去 i_L，若差值 Δi_L 大于规定的上限 $\Delta i_{L\max}$，则令 Q 导通，以增大 i_L；若差值 Δi_L 小于规定的下限 $\Delta i_{L\min}$（$\Delta i_{L\min}<0$），则令 Q 关断，以减小 i_L。通过滞环控制，可以保证实际的电感电流 i_L 在其指令值 i_L^* 附近波动，波动的大小与滞环宽度有关，即与设定的 $\Delta i_{L\max}$ 和 $\Delta i_{L\min}$ 有关。

例 6-3 完成单相有源功率因数校正电路仿真。

解 1）建立仿真模型。

采用 Boost 电路的单相有源功率因数校正电路的仿真模型如图 6-32 所示。鼠标右键单击图 6-32 中的 PID Controller 模块，在弹出来的下拉菜单中点击“Look Under Mask”，可以看见 PID 调节器的内部结构，如图 6-33 所示。

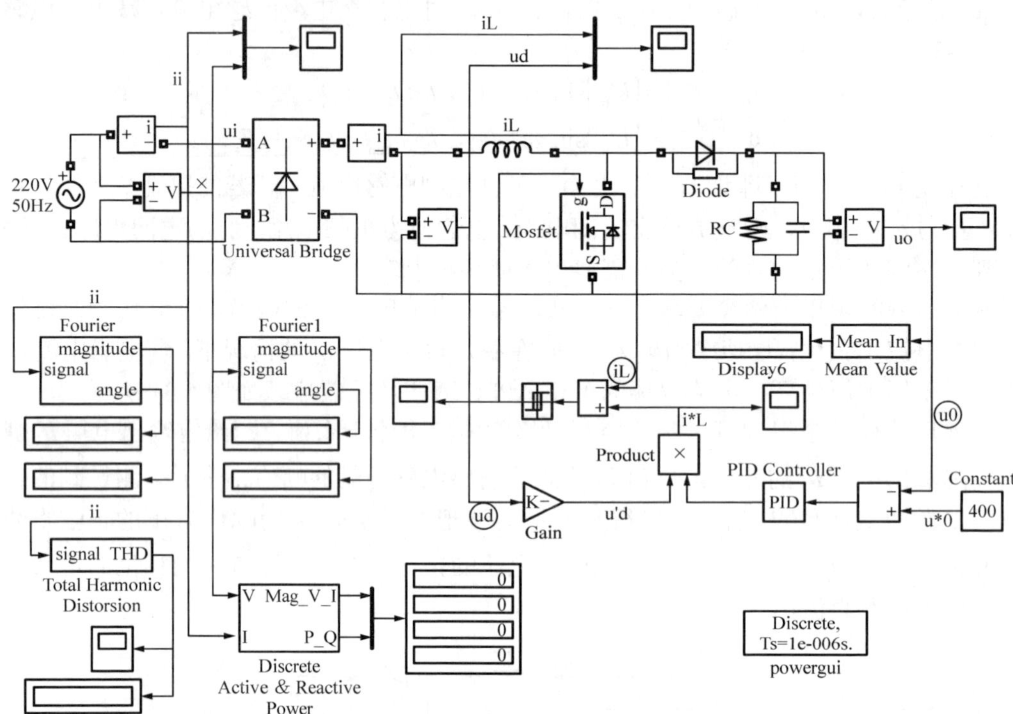

图 6-32 APFC 仿真模型

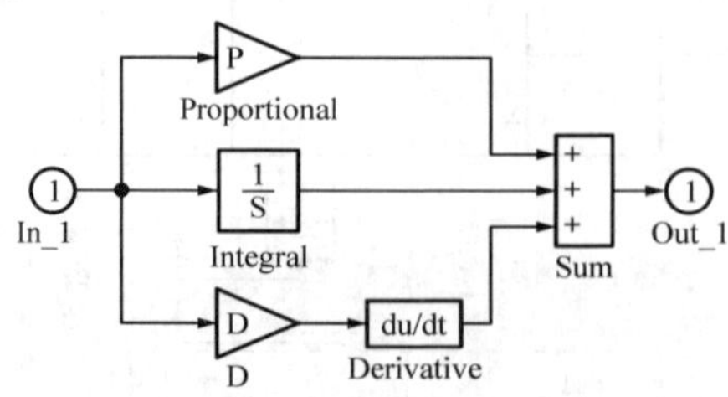

图 6-33 PID 调节器内部结构

图 6-32 的仿真模型中的 Mosfet 和 Diode 模块来自 SimPowerSystems \ Power Electronics 模型库中。直流电压指令为 400V，采用 Simulink \ Sources 模型库中的 Costant 实现。

“PID Controller”模块在 Simulink Extras \ Additional Linear 模型库中，参数设置方法如图 6-34 所示。

滞环比较器采用 Simulink \ Discontinuities 模型库中的“Relay”模块。滞环宽度设为[-1, 1]，即 Relay 中的 Switch on point 为 1，Switch off point 为-1，如图 6-35 所示。

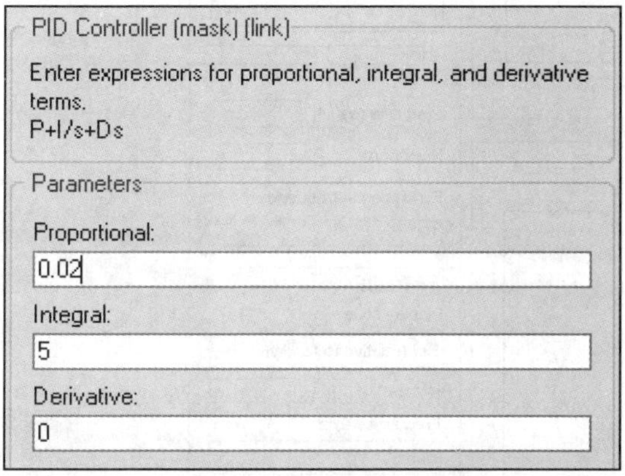

PID Controller (mask) (link)

Enter expressions for proportional, integral, and derivative terms.
P+I/s+Ds

Parameters

Proportional:
0.02

Integral:
5

Derivative:
0

图 6-34　PID 模块参数设置

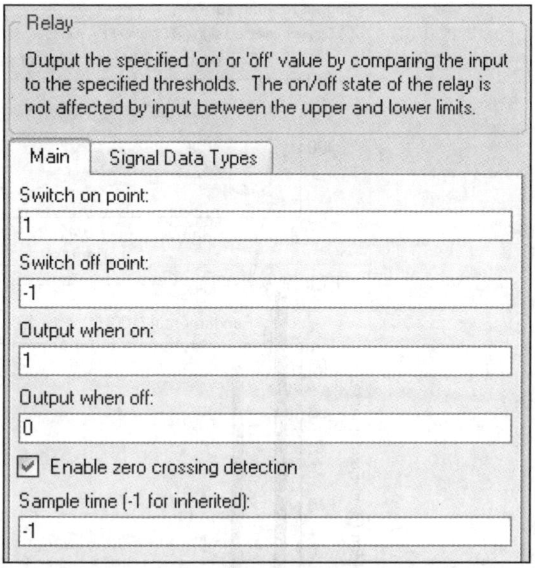

Relay

Output the specified 'on' or 'off' value by comparing the input to the specified thresholds. The on/off state of the relay is not affected by input between the upper and lower limits.

Main | Signal Data Types

Switch on point:
1

Switch off point:
-1

Output when on:
1

Output when off:
0

☑ Enable zero crossing detection

Sample time (-1 for inherited):
-1

图 6-35　Relay 模块参数设置

输入电压有效值为 220V，频率 50Hz；输出直流电压指令 u_o^* 为 400V；电感 L=6mH；电容 C=320μF；负载电阻 R=160Ω；在二极管整流桥中，Rs=1e5Ω，Cs=1e-6F，Ron=1e-3Ω，Lon=0，Vf=0；开关管 Q 采用 MOSFET，Ron=0.001Ω，Lon=0，Rd=0.01Ω，Vf=0，Ic=0，Rs=1e5Ω，Cs=inf；Boost 电路中二极管参数，Ron=0.001Ω，Lon=0，Vf=0.8V，Ic=0，Rs=500Ω，Cs=250e-9F。

2）分析仿真结果。

利用 powergui 将仿真设置为离散模型，Ts=1e-6。将仿真参数的 Start time 设置为 0，Stop time 设置为 0.5。其他为默认参数。单击仿真快捷键图标▶，启动仿真程序。

直流电压波形如图 6-36 所示。直流电压的平均值为 400.1，如图 6-37 所示，基本满足控制器实现输出直流电压 u_o 调节的要求。从图 6-36 中可以看出直流侧电压值随时间波动，对其进行 FFT 分析，如图 6-38 和图 6-39 所示，可知直流电压波动周期为 0.01s，频率为工频的两倍。

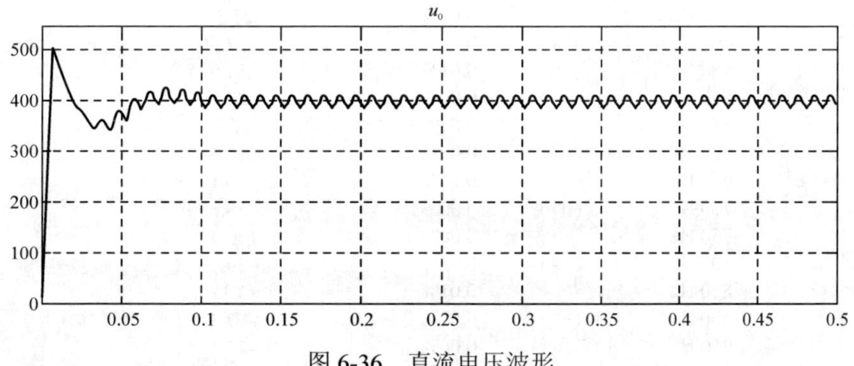

图 6-36　直流电压波形

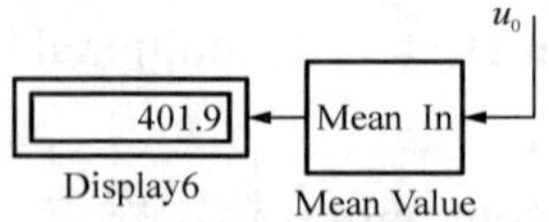

图 6-37　直流电压平均值

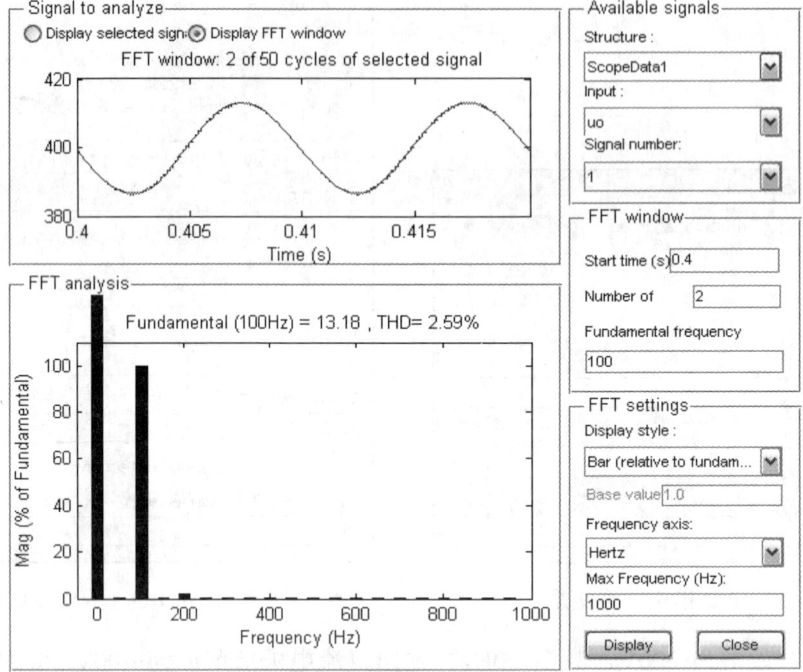

图 6-38　FFT 分析参数设置对话框及分析结果

Total Harmonic Distortion（THD）=2.59%

Maximum harmonic frequency

used for THD calculation = 499900.00 Hz

0 Hz	（DC）	3035.15%	90.0°
50Hz		0.03%	4.9°
100 Hz	（Fnd）	100.00%	184.1°
150 Hz		0.04%	–13.8°
200 Hz	（h2）	2.15%	49.0°
250 Hz		0.01%	2.5°
300 Hz	（h3）	0.39%	–23.1°
350 Hz		0.01%	25.3°
400 Hz	（h4）	0.15%	–27.4°
450 Hz		0.01%	–54.9°
500 Hz	（h5）	0.09%	–27.2°
550 Hz		0.01%	31.3°
600 Hz	（h6）	0.05%	–34.5°
650 Hz		0.01%	–20.1°
700 Hz	（h7）	0.03%	–38.6°
750 Hz		0.00%	140.4°
800 Hz	（h8）	0.02%	–34.1°
850 Hz		0.01%	3.1°
900 Hz	（h9）	0.02%	–67.3°
950 Hz		0.00%	–77.1°

图 6-39　FFT 分析结果

这是由于单相电路的瞬时功率波动引起的。

记录u_d与i_L波形、u_i与i_i波形分别如图 6-40 和图 6-41 所示，两图中的右上角图形皆为局部波形放大图。

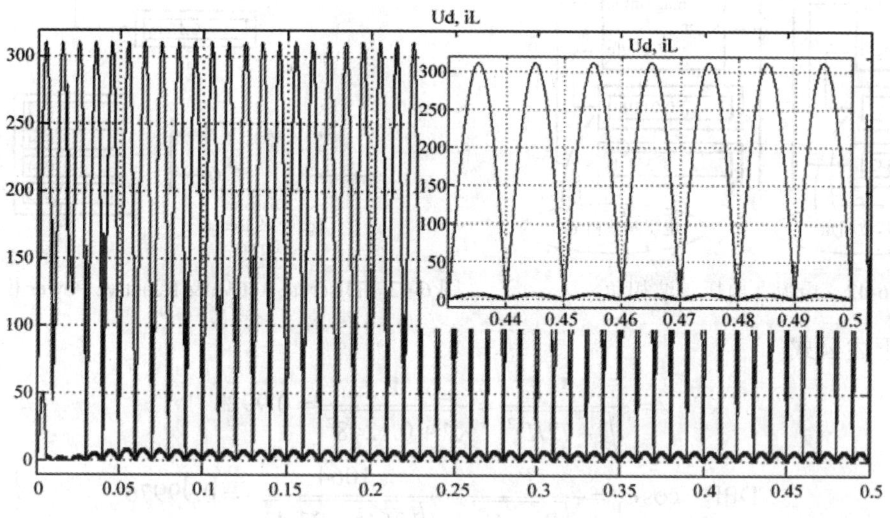

图 6-40　u_d与i_L波形

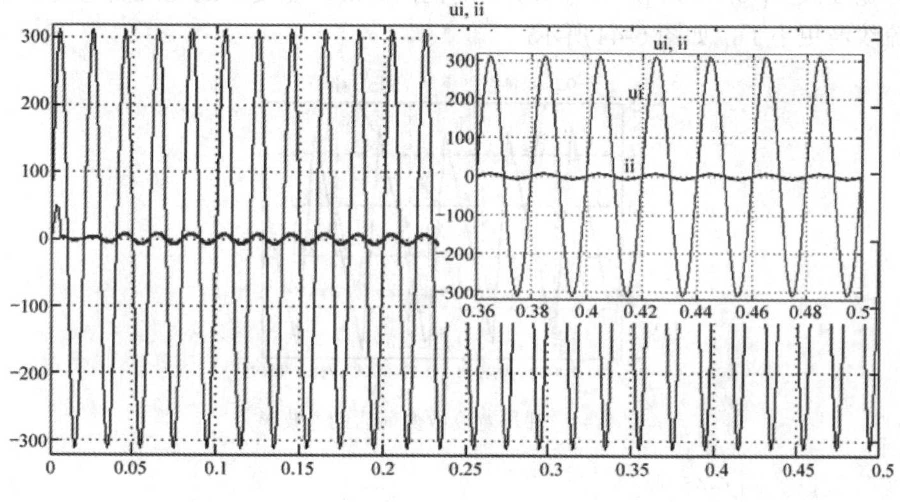

图 6-41　u_i与i_i波形

从图 6-41 中可以看出电流与电压是同相位的，即功率因数基本为 1。也可以观察 Fourier 模块的相角（如图 6-42 所示）来判断电流与电压是否同相位。从图 6-42 稳态值的相角可以看出电流和电压基本同相位。这满足控制器实现网侧电流正弦化，且功率因数为 1 的要求，从而达到了 APFC 的目的。

交流侧电流 THD 及基波功率的计算如图 6-43 所示。i_i的$THD_i = 0.1248$，P=1064，Q=−23.43。

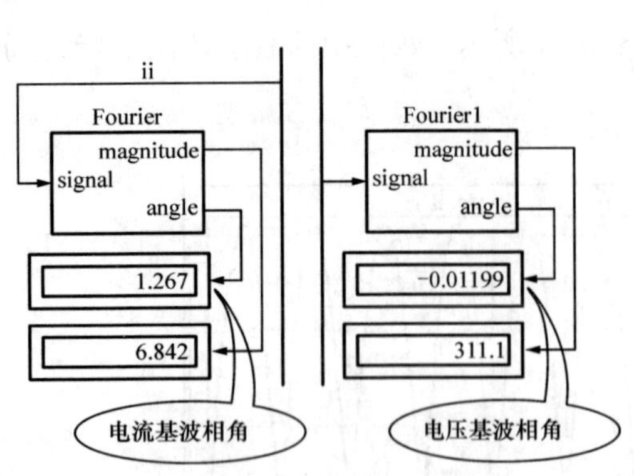

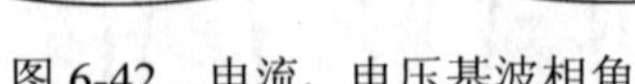
图 6-42　电流、电压基波相角

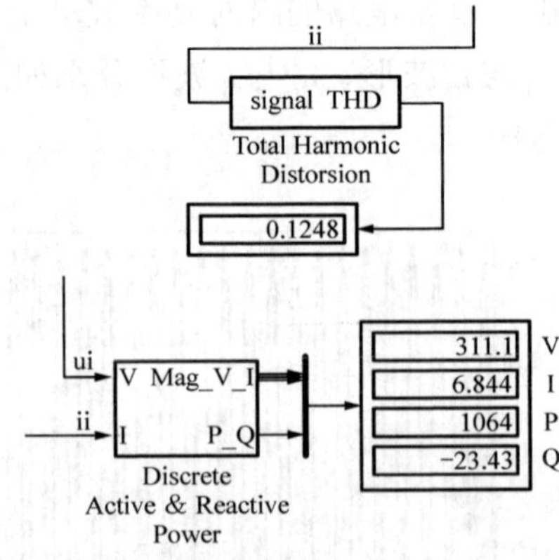

图 6-43　Discrete Active & Reactive Power 模块测量值

则由下述公式

$$\nu = \frac{1}{\sqrt{1+THD_i^2}} = \frac{1}{\sqrt{1+0.1248^2}} = 0.9923$$

$$\text{DPF} = \cos\varphi_1 = \frac{P}{\sqrt{P^2+Q^2}} = \frac{1064}{\sqrt{1064^2+23.43^2}} = 0.99976$$

可计算总的功率因数 $\lambda = \nu\cos\varphi_1 = 0.9921 \approx 1$。

将滞环宽度改为[-0.5，0.5]后进行仿真。对比两种滞环宽度下的交流侧电流，经放大后可以看出电流纹波更小了，如图 6-44 所示。

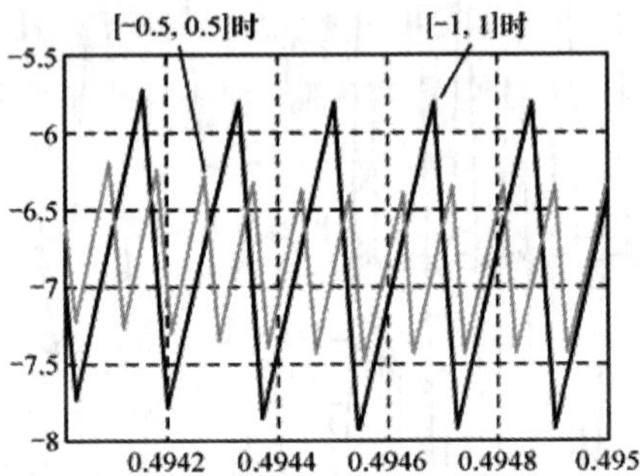

图 6-44　滞环宽度改变前后的 i_i 波形

其他实验数据如图 6-45 所示。

功率因数计算，即

$$THD_i = 0.06675,\ P=1065,\ Q=-22.33$$

$$\nu = \frac{1}{\sqrt{1+THD^2}} = \frac{1}{\sqrt{1+0.06675^2}} = 0.99778$$

$$\text{DPF} = \cos\varphi_1 = \frac{P}{\sqrt{P^2+Q^2}} = \frac{1065}{\sqrt{1065^2+22.33^2}} = 0.99978$$

$$\lambda = \nu\cos\varphi_1 = 0.9976$$

可见，滞环宽度改为[−0.5，0.5]后，功率因数提高了，更接近于 1。这是因为滞环宽度变小了后，就意味着流过电感的电流在其指令值附近波动的范围更小了，这样就使谐波电流得到了抑制，抑制了谐波电流。THD_i 值变小，导致 ν 值增大，从而使功率因数增大。功率因数的提高和交流侧的谐波减小，对于交流电网来说能够使干扰变小。

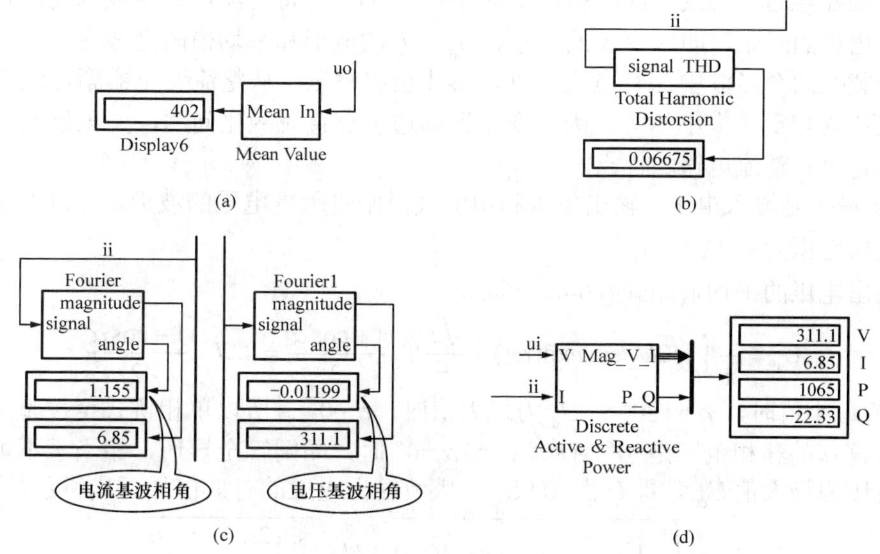

图 6-45　滞环宽度为[-0.5，0.5]时的实验数据

（a）输出直流电压平均值；（b）THD_i；（c）电流、电压基波相角；（d）Discrete Active & Reactive Power 模块测量值

6.3　桥式相控整流电路

6.3.1　单相桥式全控整流电路

1. 电阻性负载单相桥式全控整流电路

单相全控桥式整流电路的线路如图 6-46（a）所示，晶闸管 T_1 和 T_2 组成一对桥臂，T_3 和 T_4 组成另一对桥臂。当交流电压 u_2 进入正半周时，a 端电位高于 b 端电位，两个晶闸管 T_1 和 T_2 同时承受正向电压，如果此时门极无触发信号 u_g，则两个晶闸管处于正相阻断状态，电源电压

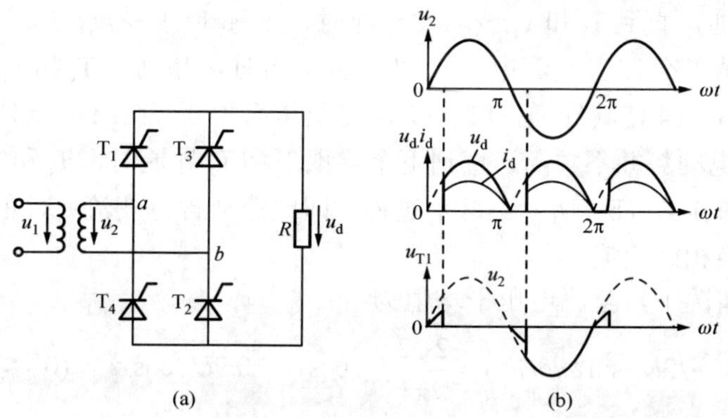

图 6-46　电阻性负载单相桥式全控整流电路及波形

（a）单相全控桥式整流电路；（b）电压、电流波形

u_2 将全部加在 T_1 和 T_2 上。在 $\omega t=\alpha$ 时刻，给 T_1 和 T_2 同时加触发脉冲，则两个晶闸管立即触发导通。当电流过零时，T_1 和 T_2 关断。在交流电源的正、负半周里，T_1、T_2 和 T_3、T_4 两组晶闸管轮流触发导通，触发脉冲在相位上应相差 180°，可将交流电源变成脉动的直流电。改变触发脉冲出现的时刻，即改变 α 的大小，u_d、i_d 的波形和平均值随之改变。

由于负载在两个半波中都有电流流过，形成全波整流。从整流变压器副边绕组来看，两个半波电流方向相反，大小相等；因而变压器副边没有直流磁化问题，变压器的利用率也较高，这些都是桥式整流电路的优点。

图 6-46（b）是输入电压、输出电压和电流及晶闸管承受电压的波形，可以看出晶闸管承受的最大反向电压为 $\sqrt{2}U_2$。

整流输出电压的平均值如式（6-4）所示。

$$U_d=\frac{1}{\pi}\int_{\alpha}^{\pi}\sqrt{2}U_2\sin\omega t\mathrm{d}(\omega t)=\frac{\sqrt{2}}{\pi}U_2\frac{1+\cos\alpha}{2}=0.9U_2\frac{1+\cos\alpha}{2} \tag{6-4}$$

即 U_d 为最小值时，α=180°；U_d 为最大值时，α=0°。所以单相桥式全控整流电路带电阻性负载时，α 的移相范围是 0°~180°。当 α=0° 时，晶闸管全导通，相当于不可控整流，此时输出电压为最大值 U_{d0}，即 $U_{d0}=0.9U_2$。整流输出电压的有效值如下式所示

$$U=\sqrt{\frac{1}{\pi}\int_{\alpha}^{\pi}(\sqrt{2}U_2\sin\omega t)^2\mathrm{d}(\omega t)}=U_2\sqrt{\frac{\sin 2\alpha}{2\pi}+\frac{\pi-\alpha}{\pi}}$$

在负载上，输出电流的平均值和有效值分别为

$$I_d=\frac{U_d}{R}=\frac{0.9U_2}{R}\times\frac{1+\cos\alpha}{2}，\quad I=\frac{U}{R}=\frac{U_2}{R}\sqrt{\frac{\sin 2\alpha}{2\pi}+\frac{\pi-\alpha}{\pi}}$$

2. 电感性负载单相桥式全控整流电路

在实际应用中，大功率整流器给纯电阻负载供电是很少的。经常碰到的是在负载中既有电阻又有电感，当负载的感抗与电阻的数值相比不可忽略时称为电感性负载，例如，各种电机的激磁绕组。另外，为了滤平整流后输出的电流波形，有时也在负载回路串联所谓平波电抗器，电阻和电感一并作为整流器的负载，也称为电感性负载。

单相桥式全控整流电路接电感性负载，其接线如图 6-47（a）所示。假设电感很大，负载电流连续而基本平直。当交流电压 u_2 进入正半周时，两个晶闸管 T_1 和 T_2 同时承受正向电压。在 $\omega t=\alpha$ 时刻，触发 T_1 和 T_2 导通。由于大电感的存在，当 u_2 过零变负时，电感上的感应电动势使 T_1 和 T_2 继续导通，直到 T_3 和 T_4 被触发导通时，T_1 和 T_2 承受反压而关断。此时，输出电压的波形出现了负值部分。当交流电压 u_2 进入负半周时，晶闸管 T_3 和 T_4 同时承受正压，在 $\omega t=\pi+\alpha$ 时触发 T3、T4 使其导通，T1、T2 承受反压而关断。在 $\omega t=2\pi$ 时电压 u_2 过零，T_3 和 T_4 因电感中的感应电动势并不关断，直到下个周期 T_1 和 T_2 导通时，T_3 和 T_4 加上反压才关断，电压、电流波形如图 6-47（b）所示。这个过程，即电流从含有变流元件的一个支路转移到另一个支路的过程叫换相或换流。

在电流连续的情况下，整流电压平均值为

$$U_d=\frac{1}{\pi}\int_{\alpha}^{\pi+\alpha}\sqrt{2}U_2\sin\omega t\mathrm{d}(\omega t)=\frac{2\sqrt{2}}{\pi}U_2\cos\alpha=0.9U_2\cos\alpha，(0°\leqslant\alpha\leqslant 90°) \tag{6-5}$$

整流电压有效值为

$$U=\sqrt{\frac{1}{\pi}\int_{\alpha}^{\pi+\alpha}(\sqrt{2}U_2\sin\omega t)^2\mathrm{d}(\omega t)}=U_2$$

而输出电流波形因电感很大而呈一条水平线，其平均值为

$$I_d = \frac{U_d}{R} = \frac{0.9U_2}{R} \times \cos\alpha$$

当 $\alpha = 0^\circ$ 时，$U_d = 0.9U_2$；当 $\alpha = 90^\circ$ 时，$U_d = 0$。因此，适应电感性负载的移相范围为 $0^\circ \sim 90^\circ$，晶闸管承受的最大正反向电压都是 $\sqrt{2}U_2$。

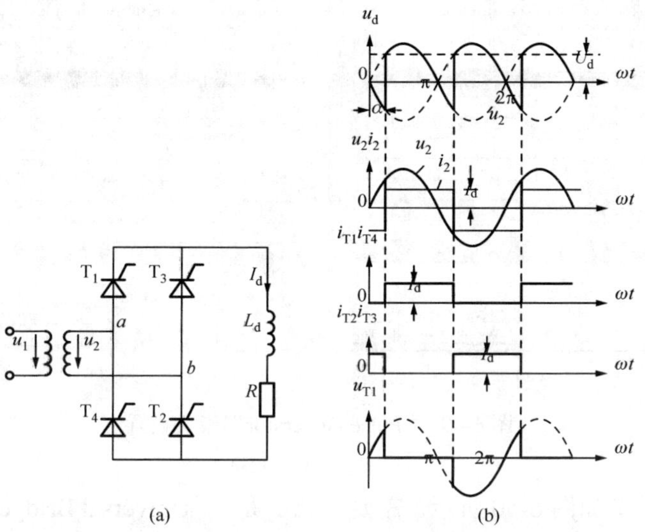

图 6-47　电感性负载、单相桥式整流电路及波形

（a）整流电路接线；（b）电压电流波形

如果电感不够大，电感中储藏的能量不足以维持电流导通到 $\pi+\alpha$，则负载电流出现断续现象，如图 6-48 所示。

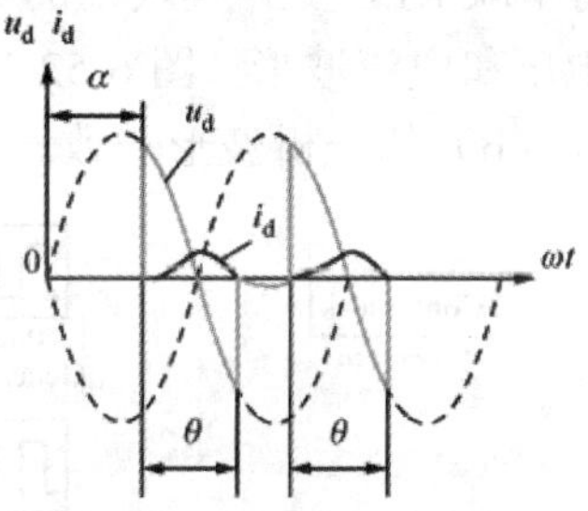

图 6-48　电感不够大时，整流电压和电流波形

例 6-4　完成单相桥式全控电路仿真。

解　1）建立仿真模型。

①首先建立主电路的仿真模型。在 SimPowerSystems 的“Electrical Sources”库中选择交流电压源模块，在对话框中将其幅值设置为“220*sqrt（2）”V，频率设为 50Hz；然后在“Power Electronics”库中选择“Universal Bridge”模块，在其对话框中选择桥臂数为 2，器件为晶闸管，即可组成单相全桥电路；在“Elements”库中选择串联 RLC 支路模块。将各模块按前述主电路相连，便完成了仿真模型的主电路部分。

②其次构造控制部分。在 Simulink 的“Sources”库中选择两个“Pulse Generator”模块，其设置分别如图 6-49（a）和（b）所示。幅值设为 1，周期设为 0.02 秒，即频率为 50Hz，占空比设为为 10%。若触发角为 α（单位为度），则两个模块需分别设滞后为 $\alpha*0.02/360$ 和 $\alpha*0.02/360+0.01$，图 6-49 所示为触发角为 60° 的全控。第一个模块的输出为图 6-46 中晶闸管 T_1 和 T_2 的门极驱动脉冲，另一个为晶闸管 T_3 和 T_4 的门极驱动脉冲。

③然后根据需要完成波形观测及分析部分。此处使用了“Extra Library”中“Measurements”子库的“Mean Value”模块，用于测量平均值，注意要把模块中的基波频率设为 50Hz。

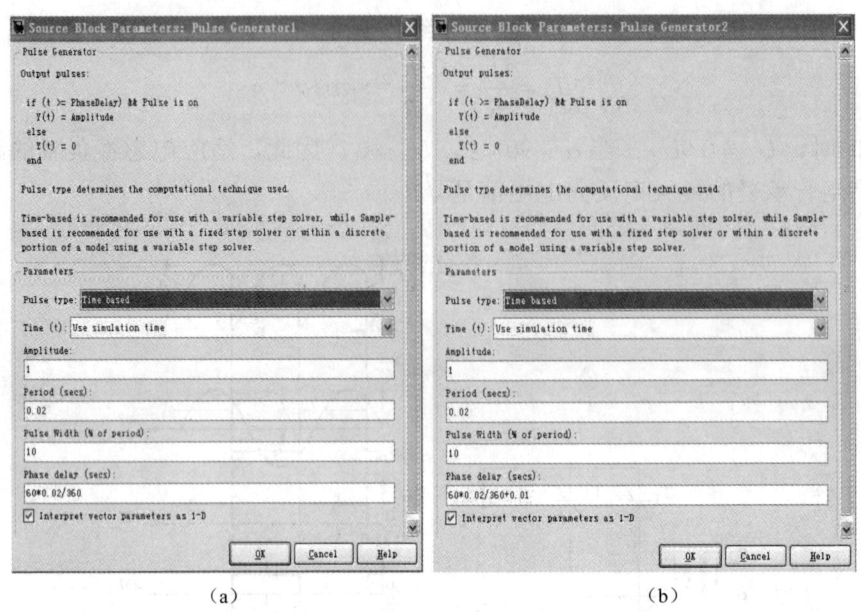

（a）　　　　　　　　　　（b）

图 6-49 “Pulse Generator”模块设置

（a）模块 1；（b）模块 2

最终完成仿真模型如图 6-50 所示。需要注意的是，“Universal Bridge”模块中各开关管顺序的定义与图 6-46 不同，读者可参考其帮助文件进行设置。

2）分析仿真结果。

将仿真时间设为 0.1s，选择 ode23tb 仿真算法，最大步长设为 1e-5。首先仿真电阻负载的情况，将串联 RLC 支路模块中的电阻设为 1Ω，去掉电感和电容。图 6-51 为触发角为 60° 时的直流电压和电流波形，图 6-52 为交流电压和电流波形，图 6-53 为晶闸管 T_1 所承受的电压，与图 6-46（b）的分析波形一致。此时，直流电压平均值为 148.2V。

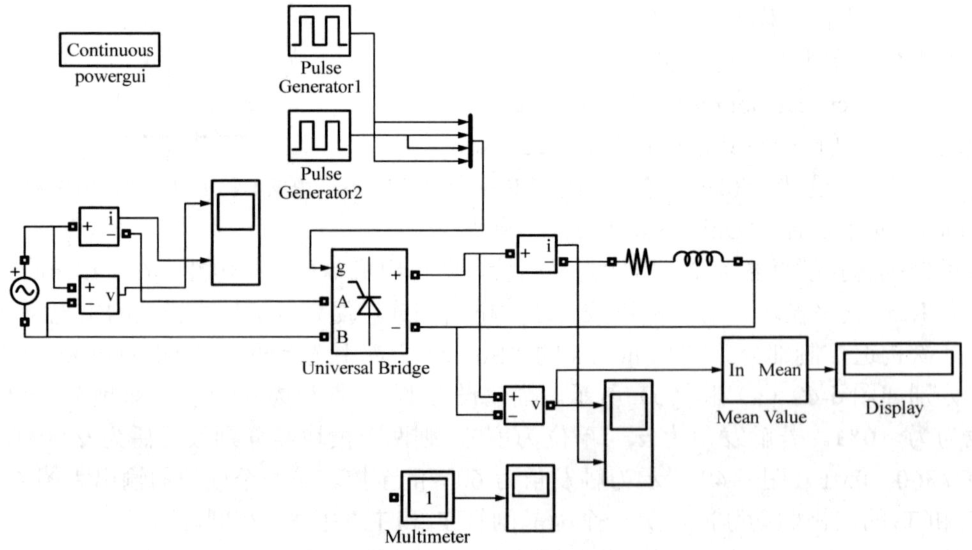

图 6-50 单相桥式全控电路仿真模型图

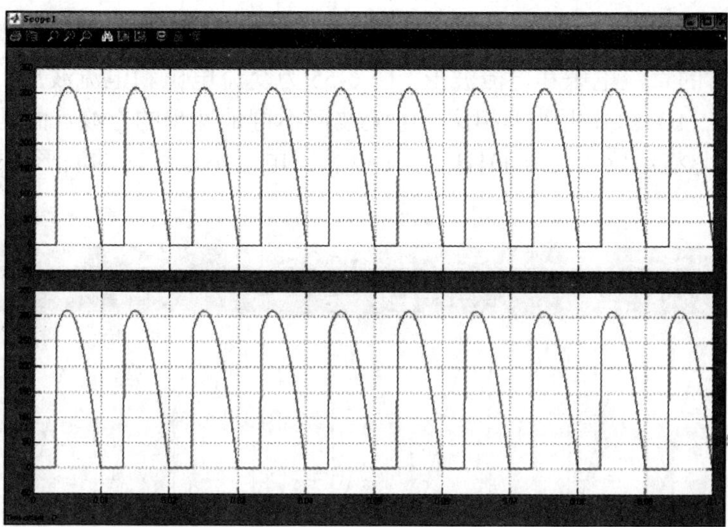

图 6-51　电阻负载时直流电压和电流波形

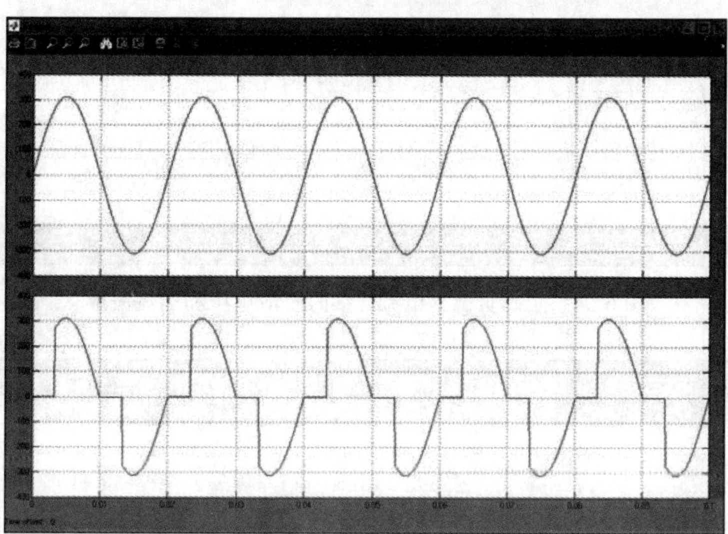

图 6-52　电阻负载时交流电压和电流波形

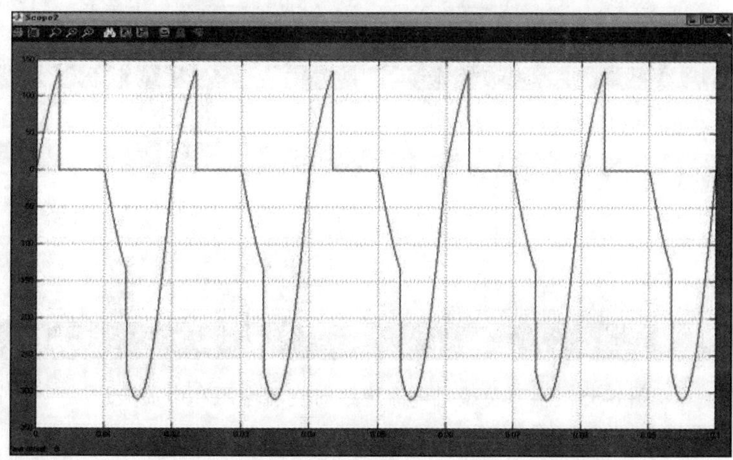

图 6-53　电阻负载时晶闸管 T_1 的电压波形

将串联 RLC 支路模块中的电阻设为 1Ω，电感设为 0.01H，仿真阻感负载的情况。图 6-54 为触发角为 60° 时的直流电压和电流波形，图 6-55 为交流电压和电流波形，此时电流处于连续状态。与图 6-47（b）的分析波形相比，电流波形不再是理想的方波，而是更加真实地反映了电路的实际电流。将电感改为 0.001H，则可以看到电流不连续时的波形如图 6-56 和图 6-57 所示。

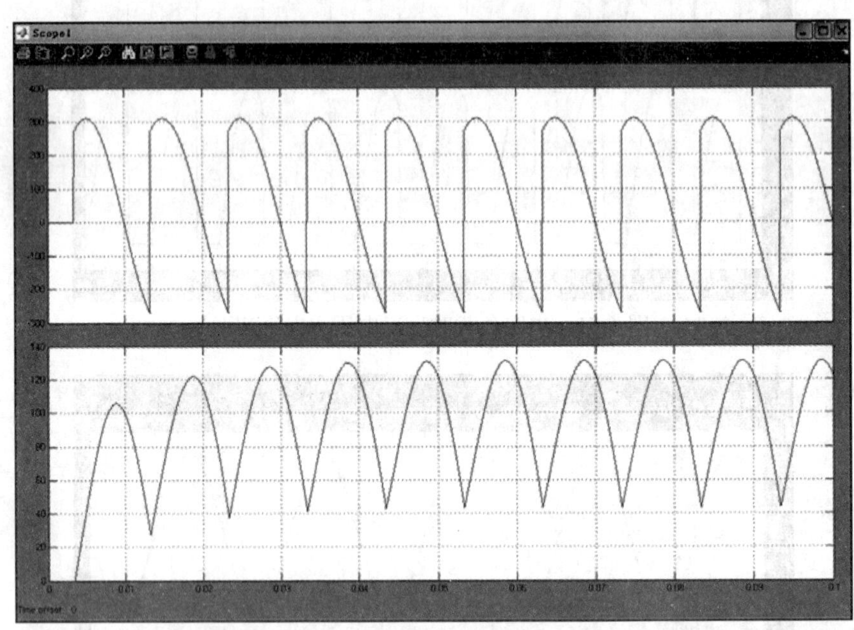

图 6-54　阻感负载且电流连续时直流电压和电流波形

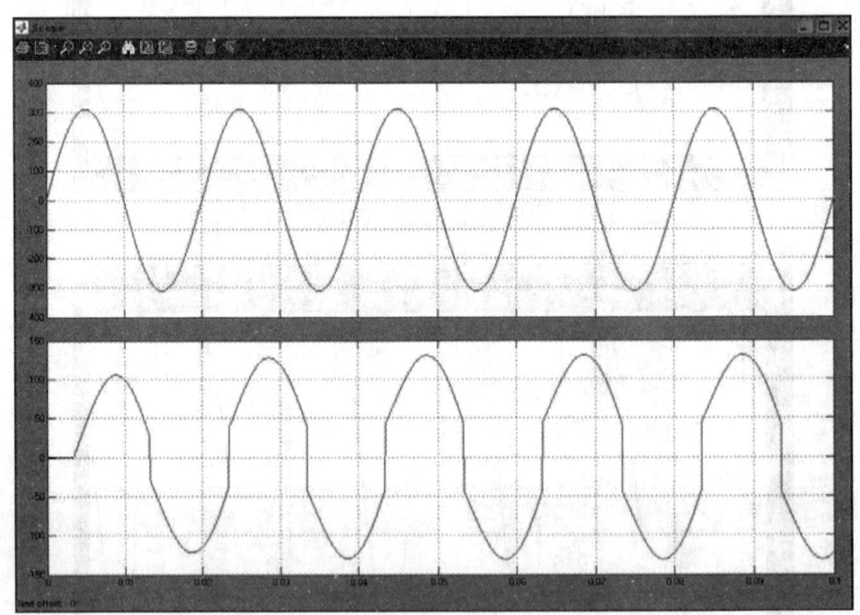

图 6-55　阻感负载且电流连续时交流电压和电流波形

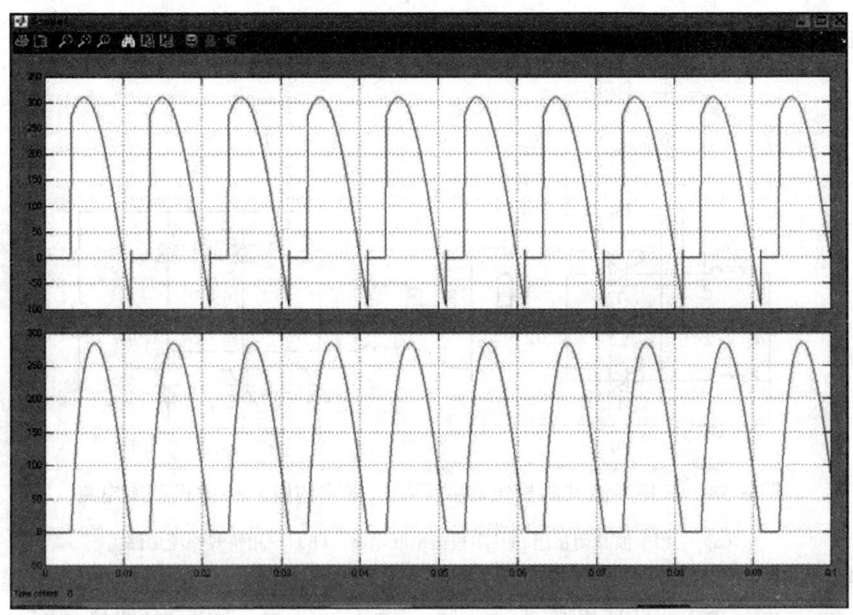

图 6-56　阻感负载且电流不连续时直流电压和电流波形

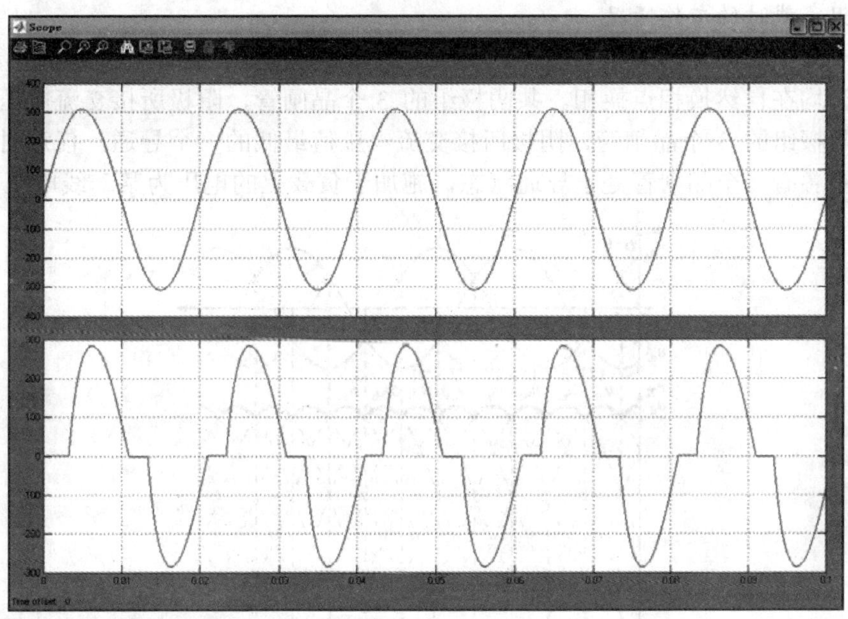

图 6-57　阻感负载且电流不连续时交流电压和电流波形

6.3.2　三相桥式全控整流电路

三相桥是应用最为广泛的整流电路，它是由两组三相半波整流电路串联而成的，一组为共阴极接线，另一组为共阳极接线，如图 6-58（a）所示。若工作条件相同，则负载电流 $I_{d1}=I_{d2}$，在零线中流过的电流平均值 $I_0=I_{d1}-I_{d2}$，如果将零线切断，不影响电路工作，成为三相桥式全控整流电路，如图 6-58（b）所示。共阴极组正半周触发导通，共阳极组在负半周触发导通，在一个周期中变压器绕组中没有直流磁势，且每相绕组在正负半周都有电流流过，延长了变压器的导电时间，提高了变压器绕组的利用率。

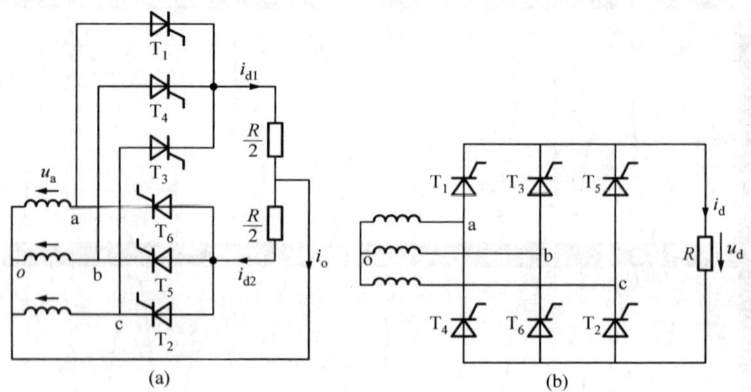

图 6-58　三相半波共阴极组和共阳极组串联构成三相桥式整流电路

（a）三相半波共阴极组和共阳极组串联电路；（b）三相桥式整流电路

共阴极组为阴极连接在一起的 3 个晶闸管（T_1、T_3、T_5），共阳极组为阳极连接在一起的 3 个晶闸管（T_2、T_4、T_6），导通顺序为 $T_1 \to T_2 \to T_3 \to T_4 \to T_5 \to T_6$。自然换向时，每时刻导通的两个晶闸管分别对应阳极所接交流电压值最高的一个和阴极所接交流电压值最低的一个。

1. 带电阻负载时的工作情况

假设将电路中的晶闸管换作二极管，相当于晶闸管触发角α=0 时，电路波形如图 6-59 所示，各晶闸管均在自然换相点换相。共阴极组的 3 个晶闸管，阳极所接交流电压值最高的一个导通，共阳极组的 3 个晶闸管，阴极所接交流电压值最低的一个导通。任意时刻共阳极组和共阴极组中各有一个晶闸管处于导通状态，施加于负载上的电压为某一线电压。

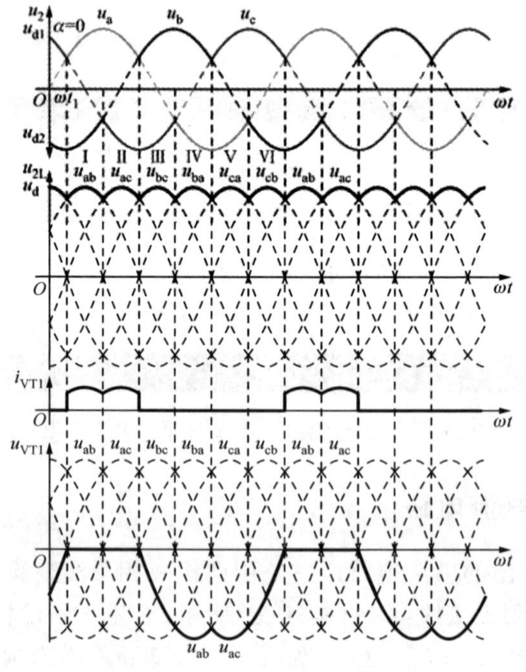

图 6-59　三相桥式全控整流电路带电阻负载$\alpha = 0°$时的波形

当共阴极组晶闸管导通时，整流输出电压 u_{d1} 为相电压在正半周的包络线；当共阳极组晶闸管导通时，整流输出电压 u_{d2} 为相电压在负半周的包络线。总的整流输出电压 $u_d=u_{d1}-u_{d2}$，其是两条包络线的差值，将其对应在线电压波形上，即为线电压在正半周上的包络线。

直流电压也可以从线电压波形分析。共阴极组处于通态的晶闸管对应最大的相电压；共阳极组处于通态的晶闸管对应最小的相电压；输出整流电压 u_d 为这两个相电压相减，输出整流电压 u_d 的波形为线电压在正半周上的包络线。

晶闸管及输出整流电压的情况如表 6-2 所示。

表 6-2　三相桥式全控整流电路电阻负载 $\alpha=0$ 时晶闸管工作情况

时 段	I	II	III	IV	V	VI
共阴极组中导通的晶闸管	T_1	T_1	T_3	T_3	T_5	T_5
共阳极组中导通的晶闸管	T_6	T_2	T_2	T_4	T_4	T_6
整流输出电压 u_d	$u_a-u_b=u_{ab}$	$u_a-u_c=u_{ac}$	$u_b-u_c=u_{bc}$	$u_b-u_a=u_{ba}$	$u_c-u_a=u_{ca}$	$u_c-u_b=u_{cb}$

三相桥式全控整流电路任意时刻都有两个晶闸管同时导通从而形成供电回路，其中共阴极组和共阳极组各 1 个，且不能为同一相器件。触发脉冲为 $T_1 \to T_2 \to T_3 \to T_4 \to T_5 \to T_6$ 的顺序，相位依次差 60°。同一相的上下两个桥臂脉冲相差 180°。

直流电压一周期脉动 6 次，每次脉动的波形都一样，故该电路为 6 脉波整流电路。为保证同时导通的 2 个晶闸管均有脉冲，可采用宽脉冲触发或双脉冲触发，如图 6-60 所示。

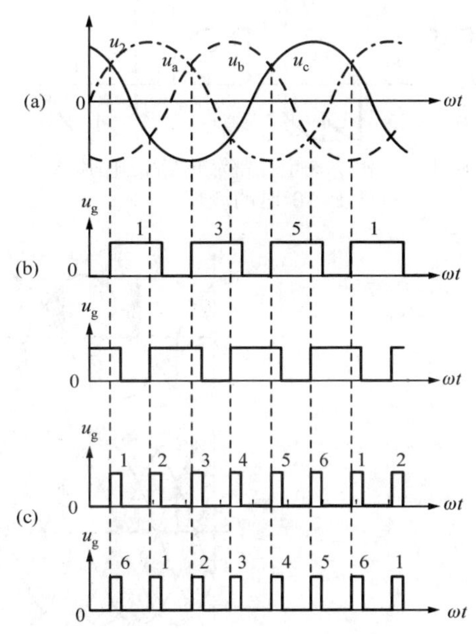

图 6-60　三相全控桥 $\alpha=0°$ 时触发脉冲的两种形式

（a）变压器副边三相电压波形；（b）宽脉冲触发；（c）双窄脉冲触发

触发角为 30° 时的波形如图 6-61 所示。每一段导通晶闸管的编号仍符合表 2-1 的规律。区别在于晶闸管起始导通时刻推迟了 30°，组成 u_d 的每一段线电压因此推迟了 30°，u_d 平均值降低。

触发角为 60° 时的波形如图 6-62 所示。由于直流电压中每段线电压的波形继续向后移，平均值降低，此时直流电压出现了零点。触发角为 90° 时的波形如图 6-63 所示。

当 $\alpha \leqslant 60°$ 时，u_d 波形均连续；对于电阻负载，i_d 波形与 u_d 波形形状一样，也连续。而 $\alpha>60°$ 时，u_d 波形每 60° 中有一段为零。一旦 u_d 降为零，i_d 也降为零，流过晶闸管的电流即降为零，晶闸管关断。带电阻负载时三相桥式全控整流电路 α 角的移相范围是 0°～120°。

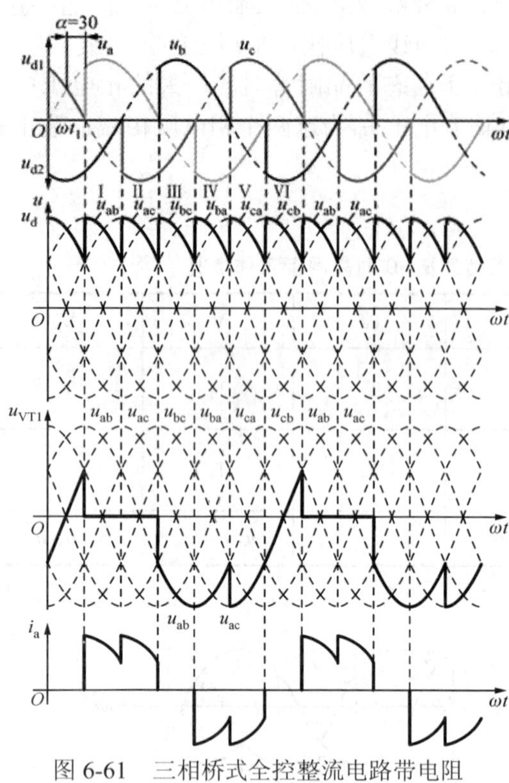

图 6-61 三相桥式全控整流电路带电阻负载α=30°时的波形

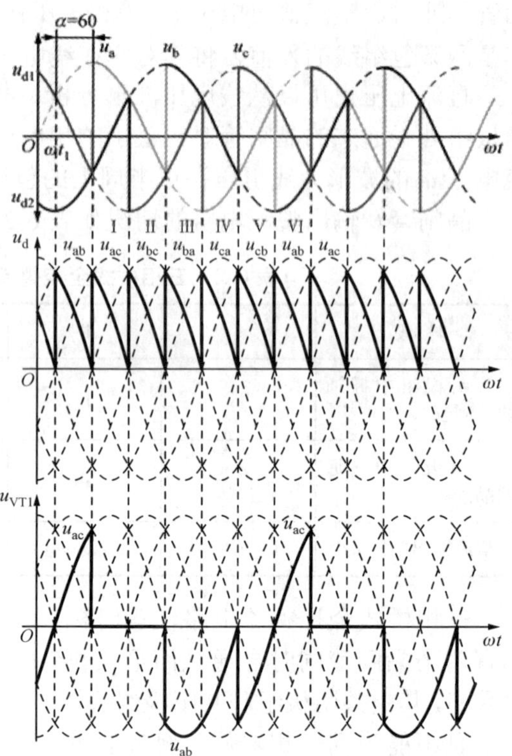

图 6-62 三相桥式全控整流电路带电阻负载 α = 60°时的波形

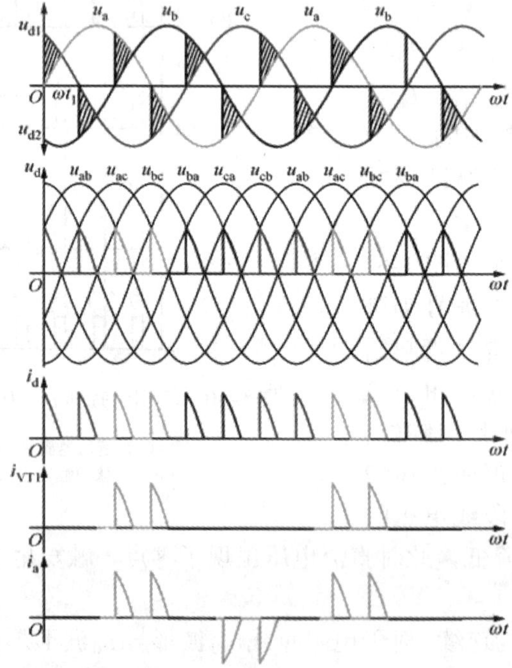

图 6-63 三相桥式全控整流电路带电阻负载 α = 90°时的波形

2. 阻感负载时的工作情况

当触发角$\alpha \leqslant 60°$时，波形如图 6-64 和图 6-65 所示，分别为α=0°和α=30°时的情况。

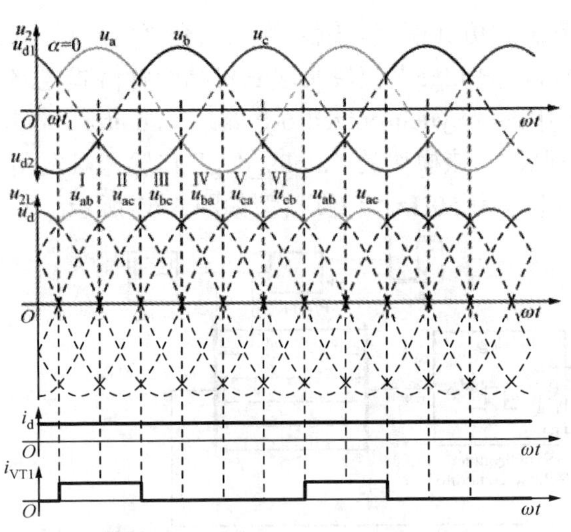

图 6-64　三相桥式全控整流电路带阻感负载α＝0°时的波形

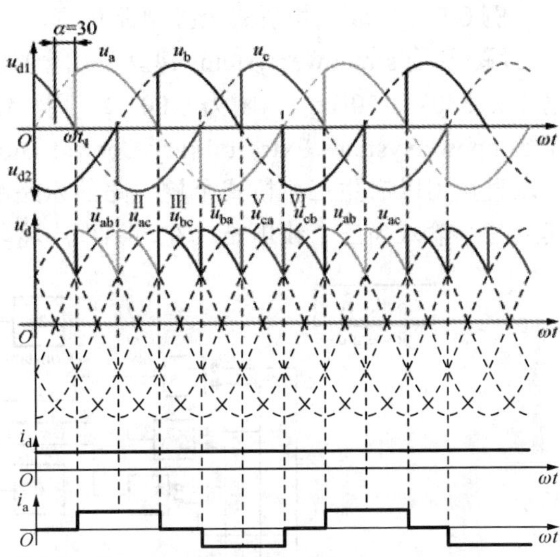

图 6-65　三相桥式全控整流电路带阻感负载 α＝30°时的波形

u_d 波形连续，电路的工作情况与带电阻负载十分相似。当阻感负载时，由于电感的作用，使得负载电流波形变得平直，当电感足够大的时候，负载电流 i_d 的波形可近似为一条水平线。在晶闸管的导通段，其电流波形由负载电流波形决定，与 u_d 波形不同。

当触发角α >60°时波形会发生变化，图 6-66 为α =90° 的情况。当电阻负载时，u_d 波形不会出现负的部分，而当阻感负载时，u_d 波形会出现负的部分。当带阻感负载时，三相桥式全控整流电路的α角移相范围为 0°～90°。

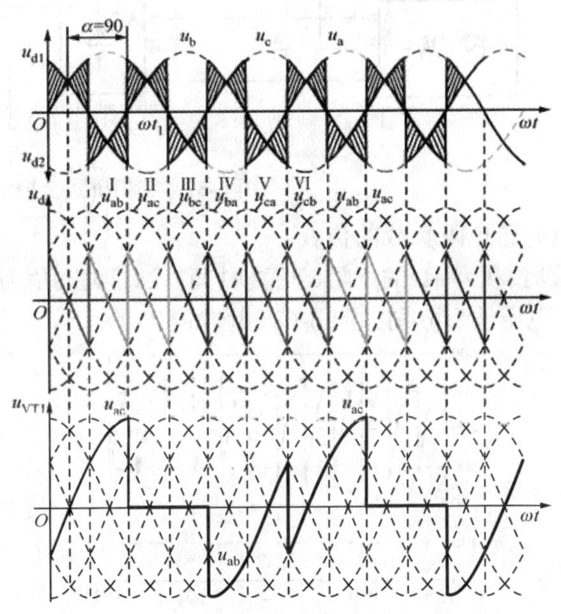

图 6-66　三相桥式全控整流电路带阻感负载 α＝90°时的波形

当整流输出电压连续时（即带阻感负载时，或带电阻负载且α≤60°时）的直流平均值为

$$U_d = \frac{1}{\pi/3}\int_{\frac{\pi}{3}+\alpha}^{\frac{2\pi}{3}+\alpha}\sqrt{2}\times\sqrt{3}U_2\sin\omega t\mathrm{d}(\omega t) = 2.34U_2\cos\alpha = 1.35U_{21}\cos\alpha = U_{d0}\cos\alpha$$

式中：U_{21} 为线电压有效值。

带电阻负载且α >60°时，整流电压平均值为

$$U_d = \frac{3}{\pi}\int_{\frac{\pi}{3}+\alpha}^{\pi}\sqrt{6}U_2\sin\omega t\mathrm{d}(\omega t) = 2.34U_2\left[1+\cos\left(\frac{\pi}{3}+\alpha\right)\right]$$

例 6-5 完成三相桥式全控电路仿真。

解 利用 simpowersystems 建立三相全控整流桥的仿真模型。输入为三相交流电压源，线电压为 380V，50Hz，内阻为 0.001Ω。用“Universal Bridge”模块实现三相晶闸管桥式电路。在 Simpowersystems/Extra Library/Control Blocks 中的“Synchronized 6-Pulse Generator”模块可以直接用以产生三相桥式全控电路的六路触发脉冲，该模块的“alpha_deg”口输入触发角，其余三个输入为三个线电压，在对话框中将其频率设为 50Hz。仿真模型如图 6-67 所示。

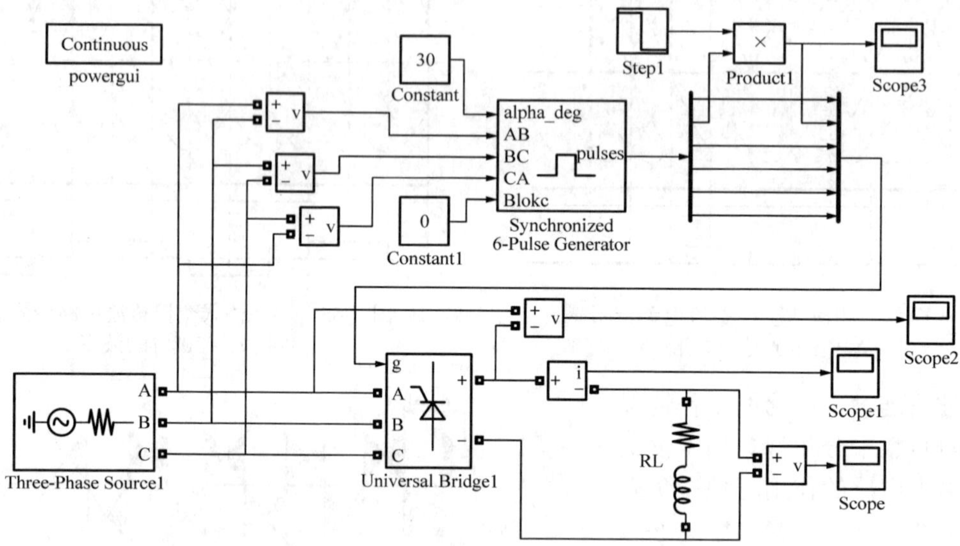

图 6-67 三相桥式全控电路仿真模型图

1）带电阻负载的仿真。

设负载为 1Ω的电阻。仿真时间 0.2s。触发角为 30°和 90°时的直流电压、直流电流及晶闸管 T_1 电压波形分别如图 6-68 和图 6-69 所示。

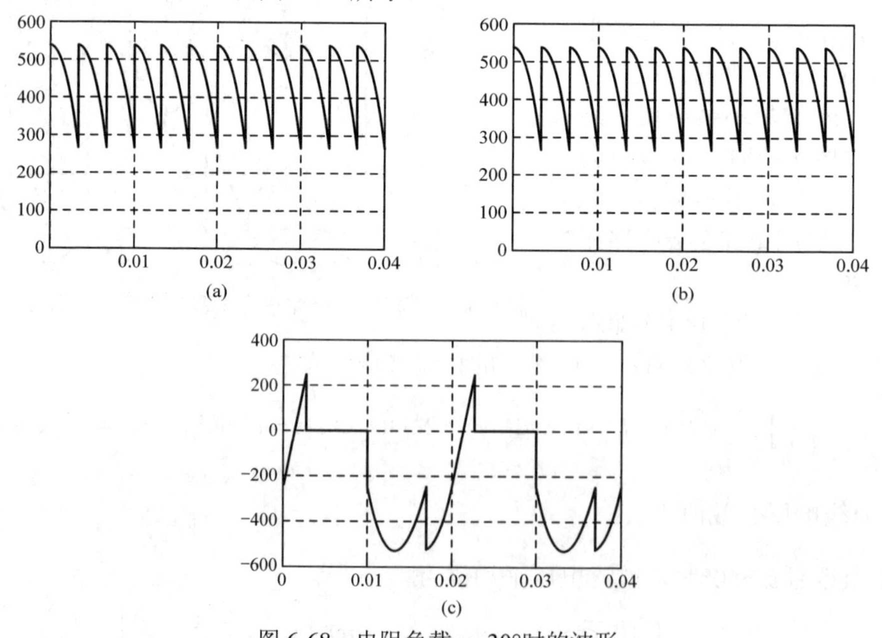

图 6-68 电阻负载α=30°时的波形

（a）直流电压；（b）直流电流；（c）晶闸管 T_1 电压

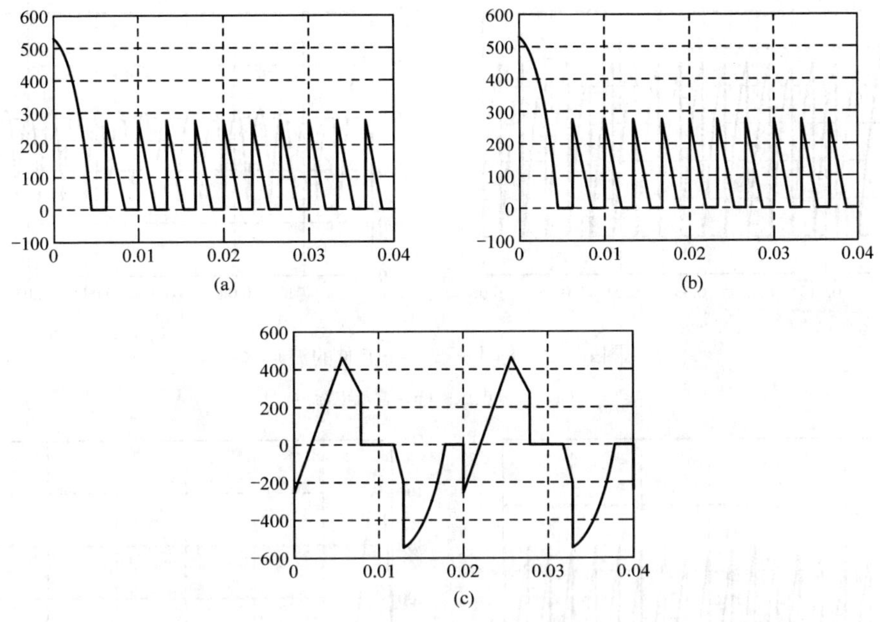

图6-69　电阻负载α=90°时的波形

（a）直流电压；（b）直流电流；（c）晶闸管 T_1 电压

在移相范围内改变触发角进行多次仿真，记录每个触发角对应的直流电压平均值，便可以画出电路的移相特性如图6-70所示。

2）带阻感负载。

设阻感负载中 R=1Ω，L=1mH。不接续流二极管。触发角为30°、60°和90°时的直流电压及直流电流波形分别如图6-71～图6-73所示。

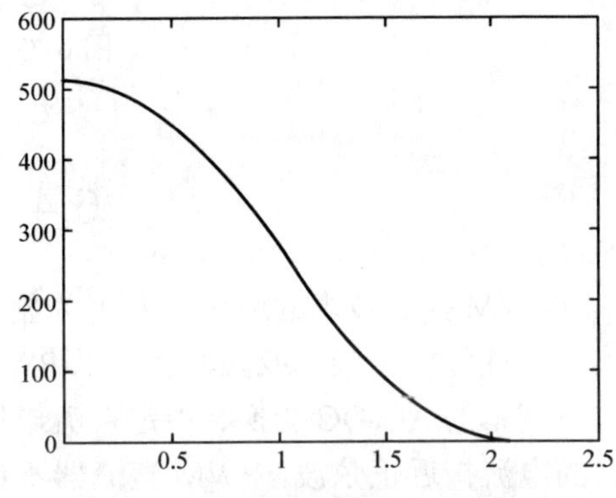

图6-70　带电阻性负载的移相特性曲线

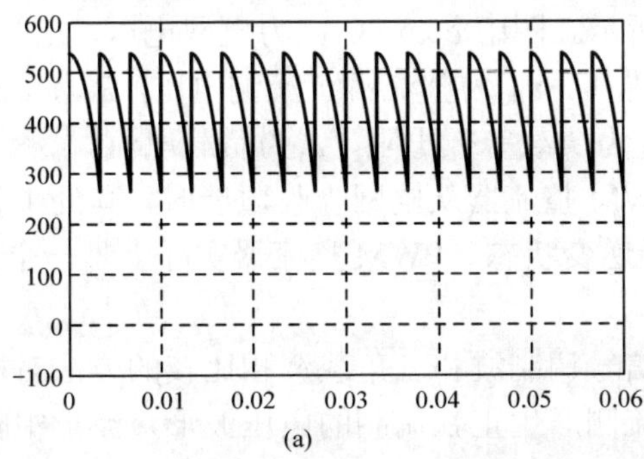

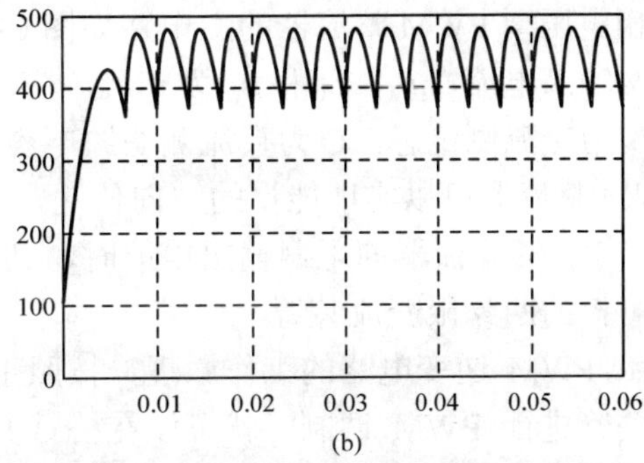

图6-71　电阻负载α=30°时的波形

（a）直流电压；（b）直流电流

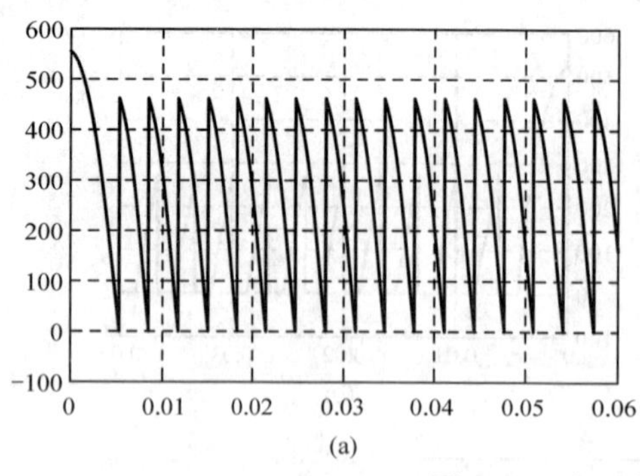

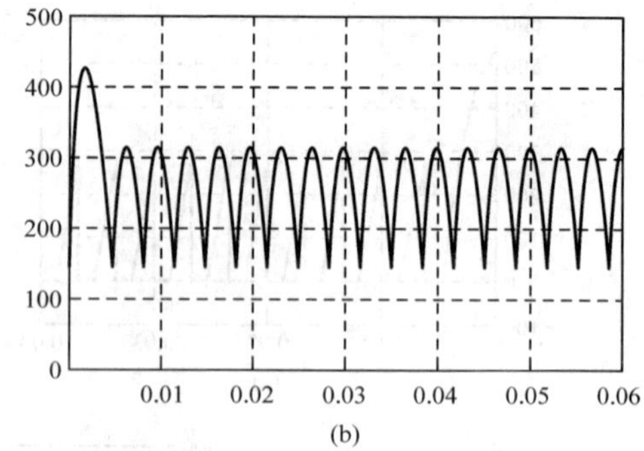

图 6-72　电阻负载α=60°时的波形

（a）直流电压；（b）直流电流

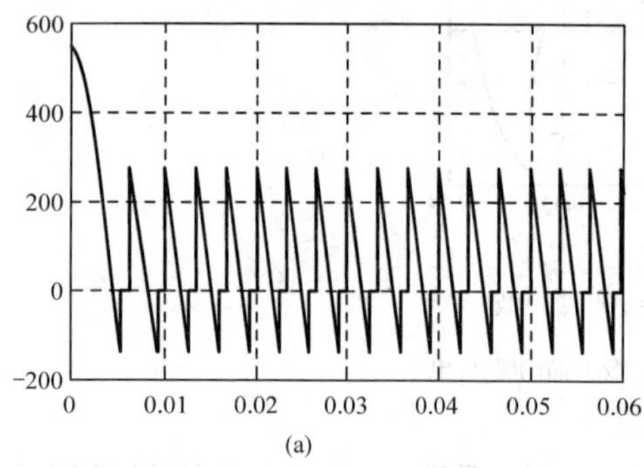

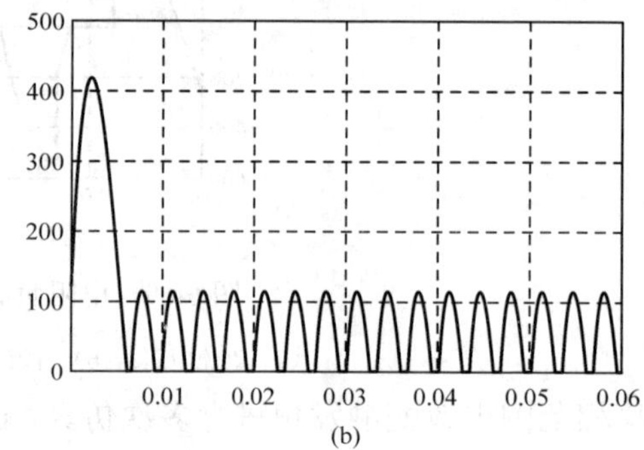

图 6-73　电阻负载α=90°时的波形

（a）直流电压；（b）直流电流

6.4　PWM 整流电路

PWM 控制技术的应用与发展为整流器性能的改进提供了变革性的思路和手段，它采用全控型器件代替二极管或晶闸管，以 PWM 控制方式代替相控整流或不控整流。PWM 整流器在完成基本的 AC-DC 变换、稳定直流电压的同时，能够实现能量的双向流动，并使得交流侧电网的电流接近正弦波。PWM 整流器不仅可以在单位功率因数下运行，还可以进行电网无功调节。随着对电能质量要求的日益提高和电力电子器件技术的发展，PWM 整流器将广泛应用于变频调速、无功补偿、有源滤波、可再生能源并网发电等领域中。

三相电压型 PWM 整流器的主电路如图 6-74 所示。图中 e_a、e_b、e_c 为电网电压，i_{sa}、i_{sb}、i_{sc} 为电网输入电流，u_{ra}、u_{rb} 和 u_{rc} 为整流桥交流侧电压，u_{dc} 为整流桥直流侧电压，R 为交流侧电阻，L_s 为交流侧电感，C 为直流侧滤波电容，R_L 为负载等效电阻，i_L 为负载电流。

PWM 整流器可以实现能量的双向传输，当 PWM 整流器从电网吸收电能时，其处于整流状态；当 PWM 整流器向电网输出电能时，其处于逆变状态。PWM 整流器实际上是一个交、直流侧可控的四象限变流装置。

参照 PWM 逆变电路的工作原理，按照正弦信号调制波和三角载波相比较的方法对桥臂上下开关管进行 PWM 调制，就可以在桥臂的交流侧产生正弦调制的电压波形，波形中除了含有与正弦信号波同频率且幅值成比例的基波分量外，还含有与三角载波有关的频率很高的谐波。由于电感的滤波作用，这些高次谐波只会使交流电流产生很小的脉动。如果忽略这种脉动，当正弦信号的频率和电源频率相同时，交流电流为频率与电网频率相同的正弦波。

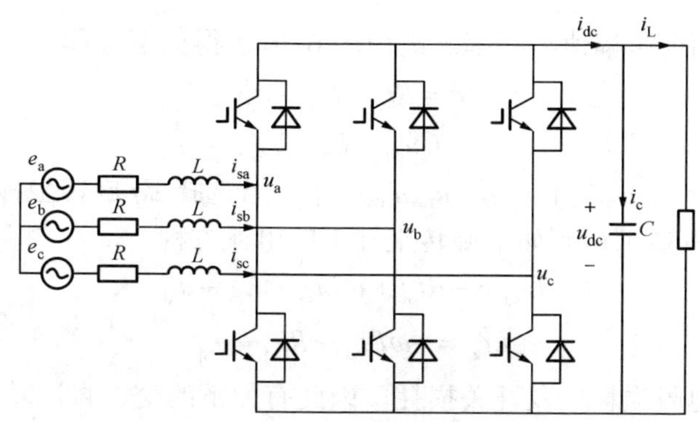

图 6-74　三相电压型 PWM 整流器主电路原理图

若只考虑基波分量，忽略 PWM 谐波分量，则下面的矢量方程式成立。

$$\bar{E}=\bar{V}+(\mathrm{j}\omega L+R)\bar{I} \tag{6-6}$$

式中：$\bar{E}$、$\bar{I}$ 为电网电动势、电网电流矢量；$\bar{V}$ 为整流桥的交流侧 PWM 波的基波分量。

由此可知，当把电网电动势作为参考时，通过控制交流电压矢量 $\bar{V}$ 即可实现 PWM 整流器的四象限运行。图 6-75 中的向量图说明了 PWM 整流器的 4 种典型的运行状态。

图 6-75（a）中 $\bar{V}$ 滞后 $\bar{E}$ 的相角为 δ，$\bar{I}$ 和 $\bar{E}$ 同相位，电路工作在整流状态，且功率因数为 1，这是 PWM 整流器的基本工作状态。图 6-75（b）中 $\bar{V}$ 超前 $\bar{E}$ 的相角为 δ，$\bar{I}$ 和 $\bar{E}$ 相位正好相反，电路工作在逆变状态，为负阻性运行，实现了能量的回馈。图 6-75（c）中 $\bar{V}$ 滞后 $\bar{E}$ 的相角为 δ，$\bar{I}$ 超前 $\bar{E}$ 相位 90º，电路在向交流电源送出无功功率，纯容性运行。图 6-75（d）中 $\bar{V}$ 超前 $\bar{E}$ 的相角为 δ，$\bar{I}$ 滞后 $\bar{E}$ 相位 90º，纯感性运行。

这四种情况只是 PWM 整流器运行的四个特殊的工作状态。通过控制交流电压矢量 $\bar{V}$，可以调节电网电动势和电流之间的相位差以及电网电流幅值的大小，同时，既可以控制交直流侧有功功率的传递，又可以控制整流器从电网吸收或发出的无功功率，即实现四象限运行。

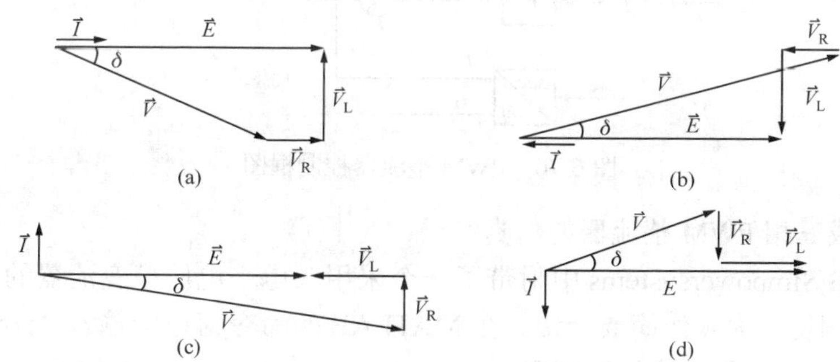

图 6-75　PWM 整流器四象限运行矢量图

（a）正阻性运行；（b）负阻性运行；（c）纯容性运行；（d）纯感性运行

假定如图 6-76 所示系统电压三相对称，即如下所示：

$$e_a=E_m\cos(\omega t)$$

$$e_b=E_m\cos\left(\omega t-\frac{2}{3}\pi\right)$$

$$e_c=E_m\cos\left(\omega t+\frac{2}{3}\pi\right)$$

式中：E_m与ω分别为相电压幅值与频率。则由图6-76可得如下方程

$$\boldsymbol{e}=R\boldsymbol{i}_s+L\dot{\boldsymbol{i}}_s+\boldsymbol{u}_r \tag{6-7}$$

$$C\dot{u}_{dc}=i_{dc}-i_L \tag{6-8}$$

式中：$\boldsymbol{e}=[e_a,e_b,e_c]^T$，$\boldsymbol{i}_s=[i_{sa},i_{sb},i_{sc}]^T$，$\boldsymbol{u}_r=[u_{ra},u_{rb},u_{rc}]^T$。若选择$dq$旋转坐标系中的$d$轴与电压矢量重合，则进行Park变换可得到如下旋转坐标下的电流方程

$$L\dot{i}_{sd}=-Ri_{sd}+\omega Li_{sq}+E_m-u_{rd} \tag{6-9}$$

$$L\dot{i}_{sq}=-\omega Li_{sd}-Ri_{sq}-u_{rq} \tag{6-10}$$

通常忽略交流侧电阻损耗以及开关损耗，因此有如下的交、直流功率平衡式

$$p=\frac{3}{2}(e_di_{sd}+e_qi_{sq})=\frac{3}{2}E_mi_{sd}=u_{dc}i_{dc} \tag{6-11}$$

代入式（6-8）可得

$$Cu_{dc}\dot{u}_{dc}=\frac{3}{2}E_mi_{sd}-u_{dc}i_L$$

对于dq轴电流，有功功率只与i_{sd}有关，称为有功电流；无功功率只与i_{sq}有关，称为无功电流。直流电压可由有功电流控制，而功率因数可由无功电流控制。因此，PWM整流器通常采用同步旋转坐标系下的电压电流双闭环控制，如图6-76所示。

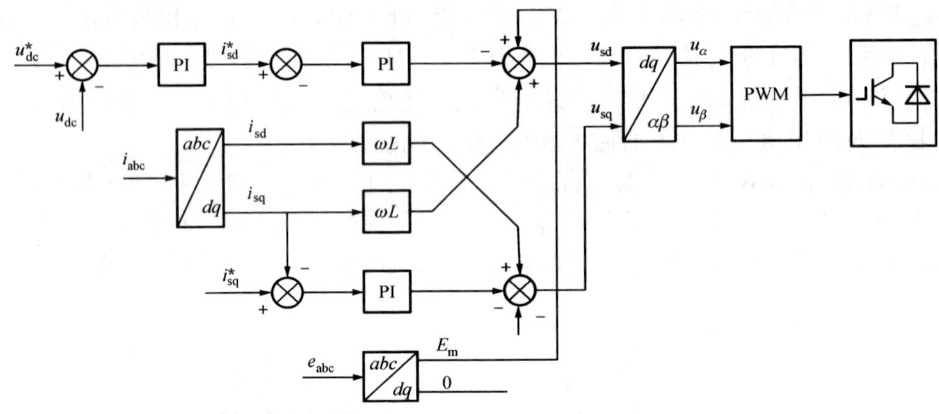

图6-76 PWM整流器控制框图

例6-6 完成三相PWM整流器的仿真。

解 MATLAB/Simpowersystems中附带了一个采用三电平电压型变流器的PWM整流器仿真示例程序，本例将为大家作简要介绍。在MATLAB的命令窗口中输入“power_3levelVSC”命令，可打开如图6-77所示的仿真模型。

该模型上面部分为主电路部分，由左至右依次为交流电源、交流负载、电压电流测量模块、变压器、电阻电感、三电平变流器、直流电容和负载电阻。交流电源的线电压为600V，60Hz，短路容量为30MVA，外接500kVar和1MW的负载，变压器变比为600/240V。在0.05s之前，直流负载为200kW的电阻（直流电压500V），0.05s之后通过断路器并联一个相同大小的电阻，因此功率变为400kW。“B1”模块为“Three-Phase V-I Measurements”模块，可以测量三相电路的电压和电流。

图6-77下面有两个主要模块，左边的为测量模块，读者可自行双击它后研究其内部构成；右边的为控制模块，采用的即为前述的同步坐标系下的双环控制，其内部结构如图6-78所示。

左边的模块为滤波器模块，采用二阶低通滤波器对测量的交流电压、交流电流和直流电压信号进行滤波，截止频率为 750Hz。右边的为离散 PWM 发生器模块。中间的“Controller”模块完成的就是如图 6-76 所示的控制框图，其内部结构如图 6-79 所示。图 6-77 中的“Step”模块在 0.1s 时，其输出由 1 变为 0，目的是 0.1s 后关断所有 PWM 脉冲，PWM 整流器作不控整流运行。

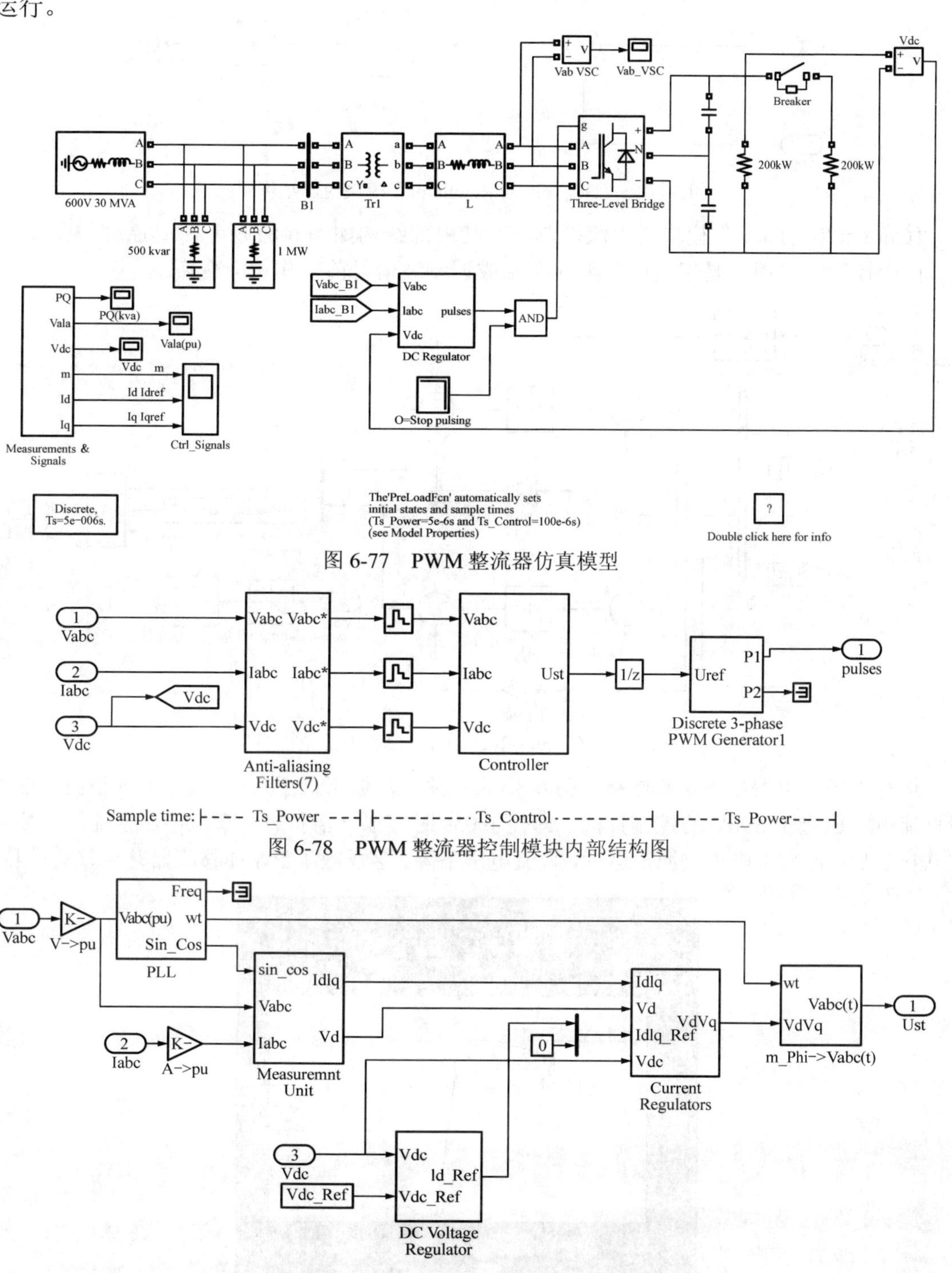

图 6-77　PWM 整流器仿真模型

图 6-78　PWM 整流器控制模块内部结构图

图 6-79　“Controller”模块内部结构图

在图 6-79 中，“PLL”为 simpowersystems 中的锁相环模块，用以获得电网交流电压的相位。“Measurement Unit”模块中为两个 Park 变换模块，将 abc 三相静止坐标系下的交流电压和电流变换为与电网电压矢量同步旋转的 *dq* 轴下的变量。“DC Voltage Regulator”模块内部结构如图 6-80 所示，即为采用 PI 调节器的直流电压控制环。

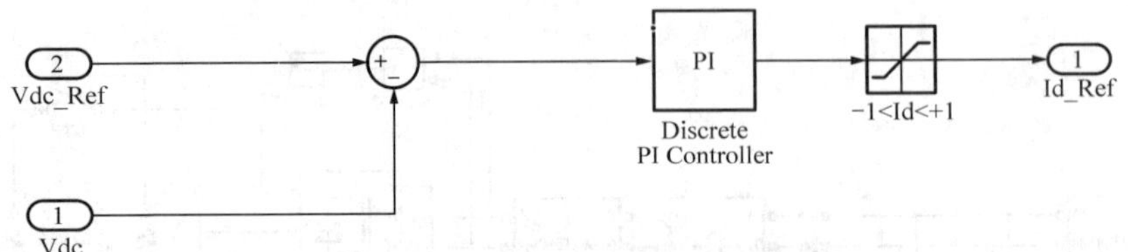

图 6-80 “DC Voltage Regulator”模块内部结构图

“Current Regulator”模块为电流控制环，其内部结构如图 6-81 所示。其原理与图 6-76 一致。由于控制中采用的是标么值，因此在生成调制波信号前需作相应变换。

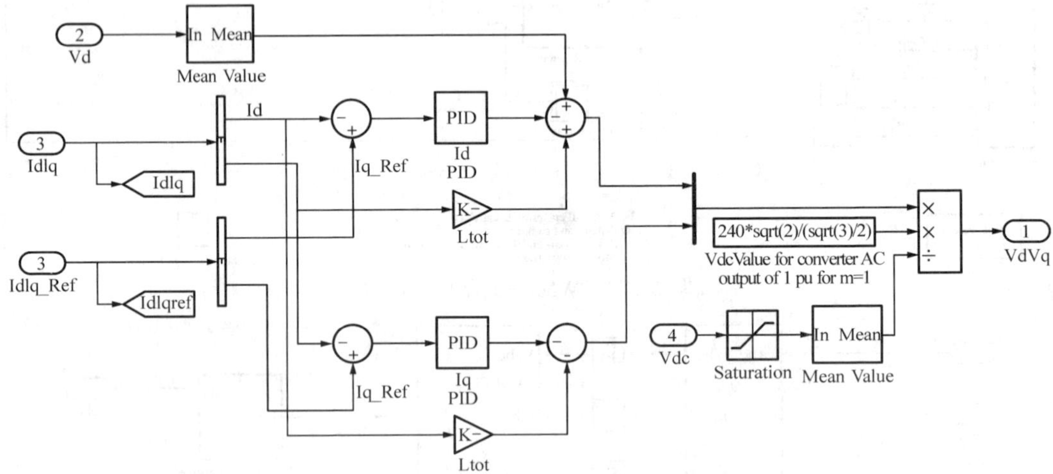

图 6-81 “Current Regulator”模块内部结构图

运行程序后可得如下仿真结果。图 6-82 为直流电压波形，在 0.1s 前，PWM 整流器能够实现直流电压稳定在 500V 的控制目标，即使 0.05s 时突加一倍负载，直流电压也能迅速恢复。在 0.1s 之后，转为二极管整流桥运行，直流电压下降，这反映了 PWM 整流器升压整流的特性。

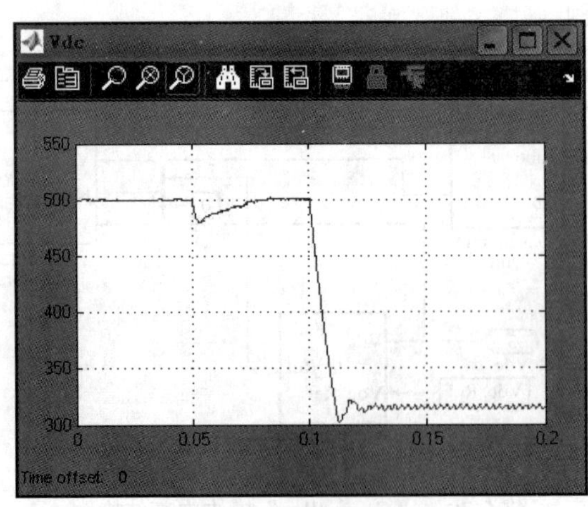

图 6-82 直流电压波形

图 6-83 为交流电压电流波形，在 PWM 整流器运行时，电流波形近似正弦波，较二极管整流时有明显改善。且交流电流与电网电压同相位，实现了功率因数为 1 的控制目标。图 6-84 所示为 PWM 整流器交流侧的电压波形。

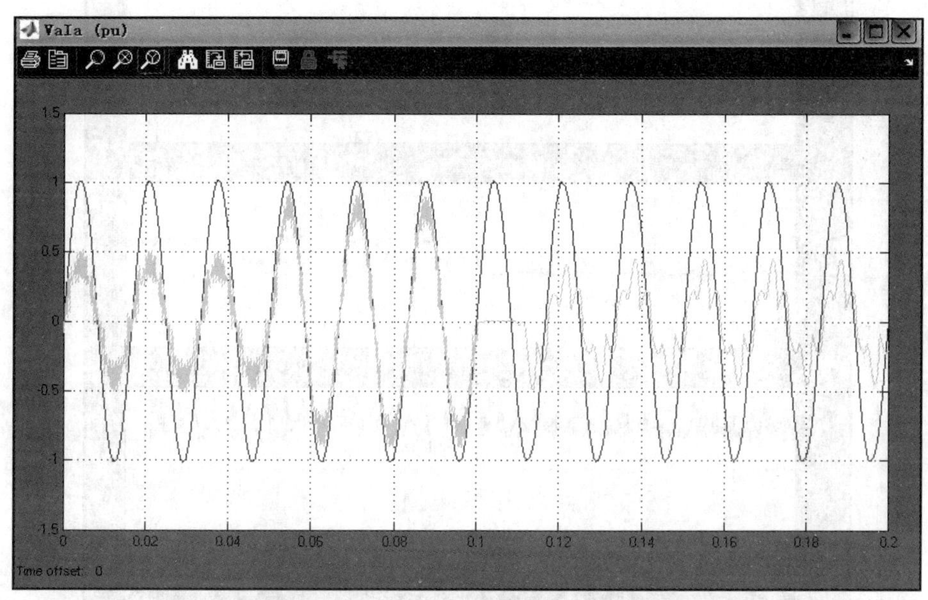

图 6-83　交流电压和电流波形

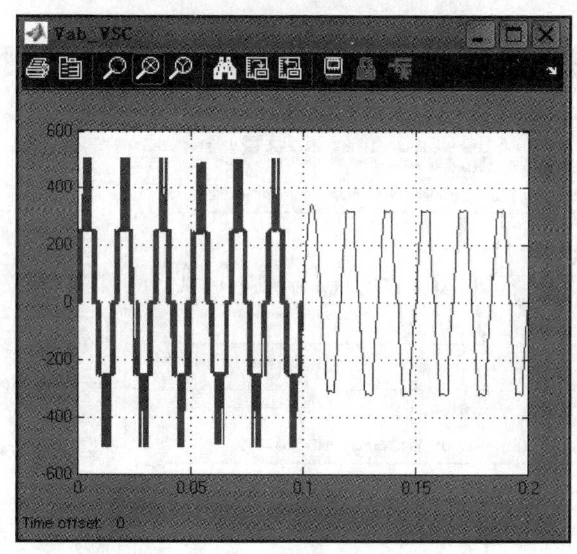

图 6-84　PWM 整流器交流侧电压波形

图 6-85 为调制度、*dq* 轴电流的实际波形及指令值，只显示了 PWM 整流器运行时的部分波形。在功率变化时，调制度只有较小的变化，主要是电网电压与 PWM 整流器交流侧电压间的相位会有较大变化。可以看到，当有功变化时，有功电流随之发生改变，而无功电流基本不受影响，实现了较好的解耦控制。

图 6-86 和图 6-87 分别为 PWM 整流器运行时和二极管整流器运行时的交流电流谐波频谱图。可见，PWM 整流器的谐波性能有了明显提高。

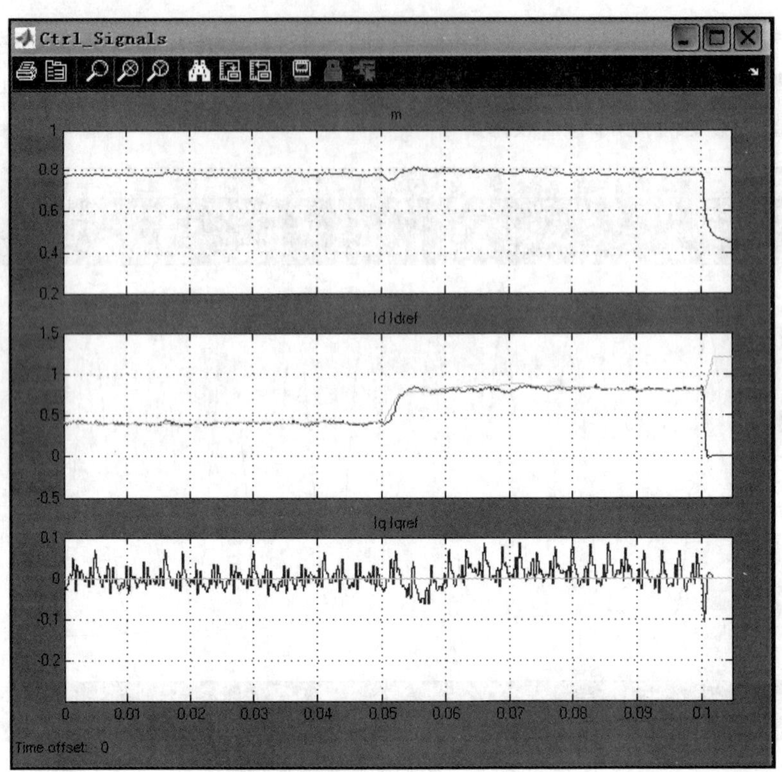

图 6-85　调制度、*d*轴电流、*q*轴电流波形

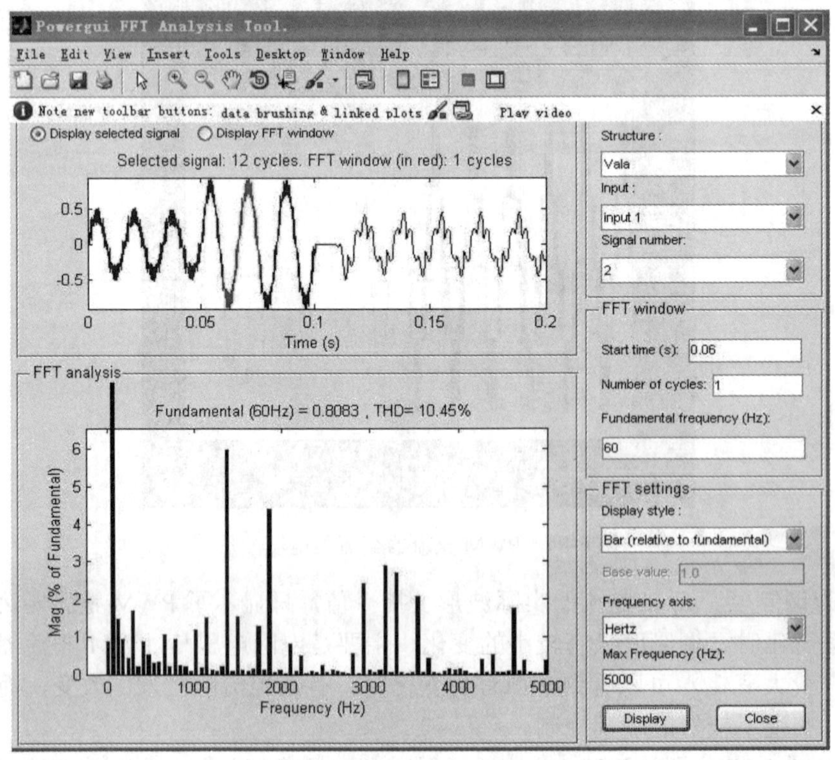

图 6-86　PWM 整流器运行时交流电流谐波分析

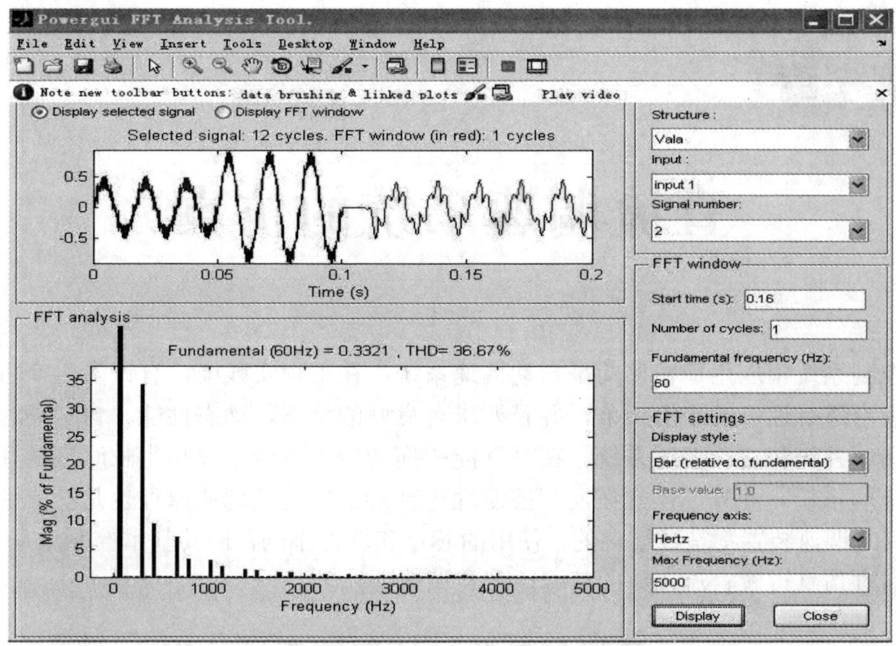

图 6-87　二极管整流器运行时交流电流谐波分析

第 7 章 直流调速系统的仿真

运动控制系统中应用最普遍的是自动调速系统，在工程实践中，有许多生产机械要求在一定的范围内进行速度的平滑调节，并且要求有良好的稳态、动态性能。自动调速系统主要包括直流调速系统和交流调速系统。在高性能的拖动技术领域中，相当长时期内几乎都采用直流电力拖动系统。此外，建立在反馈控制理论基础上的直流调速原理也是交流调速控制的基础。现有的调速装置都是数字化的，使用的芯片和软件不同，但其基本控制原理是一样的。本章主要通过仿真讲解直流调速的基本原理和调速性能。

7.1 晶闸管开环直流调速系统仿真

晶闸管直流调速系统电气原理如图 7-1 所示。直流电动机电枢由晶闸管整流电路经平波电抗器供电，通过改变触发器移相控制信号 U_C 调节晶闸管的控制角α，从而获得可调的直流电压，以实现直流电动机的调速。

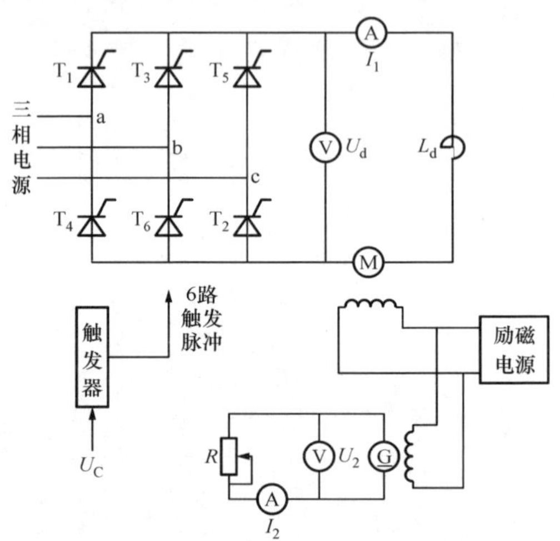

图 7-1　晶闸管直流调速系统电气原理图

例 7-1　完成晶闸管开环直流调速系统仿真。

解　1）模型建立。

利用 SimPowerSystems 中的模块，建立晶闸管直流调速系统仿真模型，如图 7-2 所示。

晶闸管整流桥采用 SimPowerSystems \ Power Electronics \ Universal Bridge，参数设置如图 7-3 所示。

Continuous
powergui
alpha_deg
AB
BC
CA
Block
pulses
Synchronized
6-Pulse Generator
移相控制信号Uc
50
0
g
A
B
C
+
-
Va
Vb
Vc
负载
DC Machine
TL
m
L
A+
dc
A-
F+
F-
励磁电源
Ia
If
Te

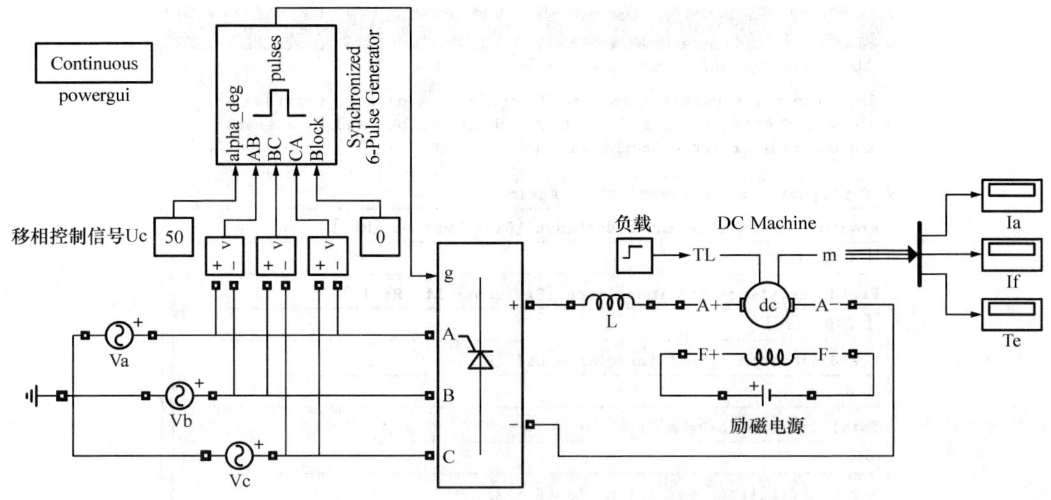

图 7-2　晶闸管开环直流调速系统的仿真模型

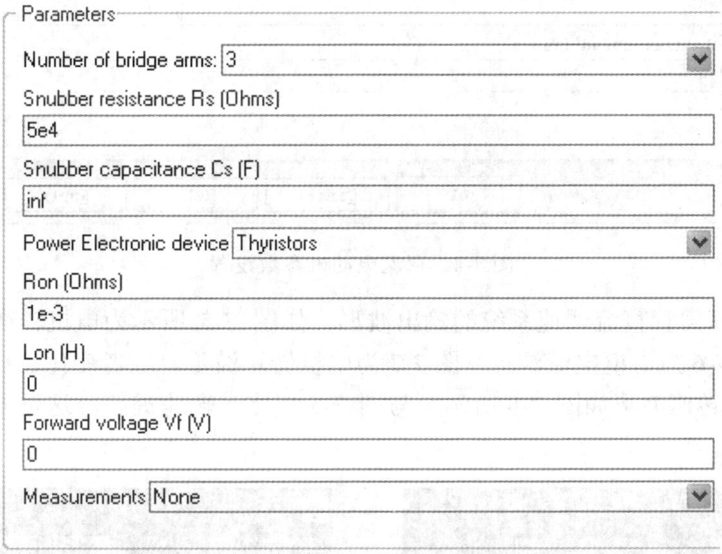

Parameters
Number of bridge arms: 3
Snubber resistance Rs (Ohms)
5e4
Snubber capacitance Cs (F)
inf
Power Electronic device Thyristors
Ron (Ohms)
1e-3
Lon (H)
0
Forward voltage Vf (V)
0
Measurements None

图 7-3　晶闸管整流桥参数设置

移相控制信号，即触发角为 50°，在实际调速时，给定信号是在一定范围内变化的，可通过仿真实践，确定给定信号允许的变化范围。平波电抗器电感为 5e-3H，励磁电源为 220V。三相交流电源为 220V，50Hz。

直流电动机采用 SimPowerSystems\Machines\DC Machine，参数设置如图 7-4 所示。直流电动机的励磁绕组“F+−F-”接直流恒定励磁电源，即他励方式。电枢绕组“A+−A-”经平波电抗器接晶闸管整流桥的输出，经 *m* 端口输出转速 *n*、电枢电流 I_a、励磁电流 I_f、电磁转矩 T_e，通过示波器观察仿真输出图形。电动机经 TL 端口接负载转矩信号，本例中负载转矩 1s 前为 50Nm，1s 后为 100Nm。

2）仿真结果。

将仿真参数的 Start time 设置为 0，Stop time 设置为 2s，仿真算法采用 ode23s。其他为默认参数。单击仿真快捷键图标▶，启动仿真程序。

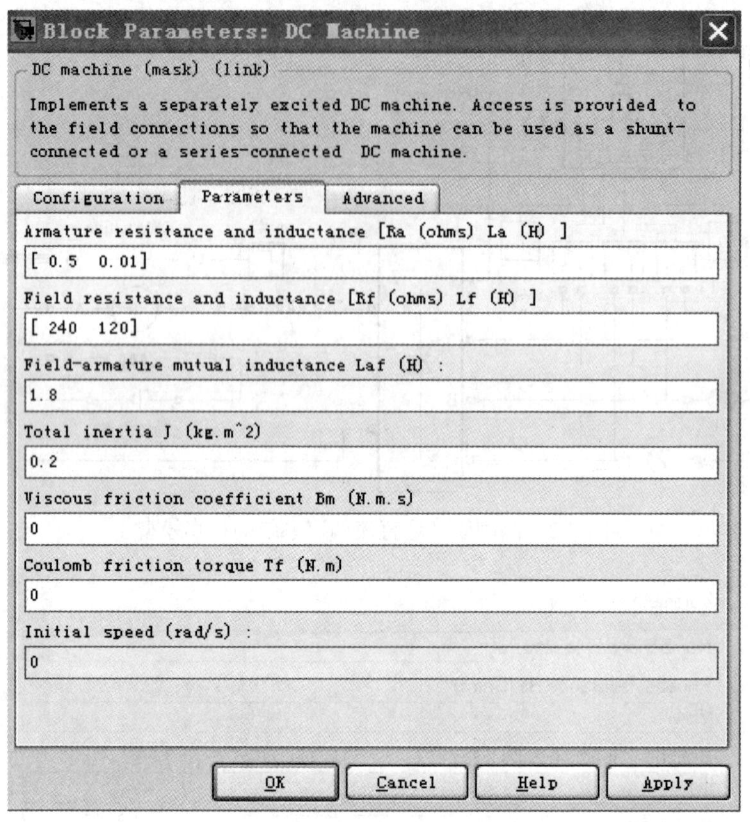

图 7-4　直流电动机参数设置

仿真可得到晶闸管直流调速系统的输出波形。如图 7-5 所示为电机转速波形，突加负载后转速下降。图 7-6 为电枢电流波形，图 7-7 为电机转矩波形，二者变化趋势一致。若将触发角改为 30°，则转速波形如图 7-8 所示，与图 7-5 相比，转速提高，这是因为直流电压增大的原因。

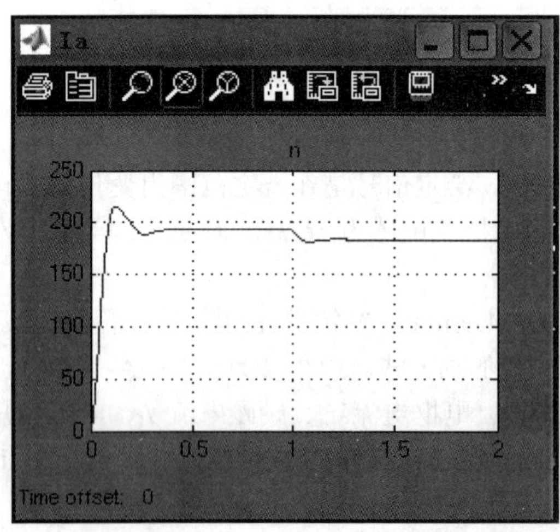

图 7-5　晶闸管开环直流调速系统的转速波形

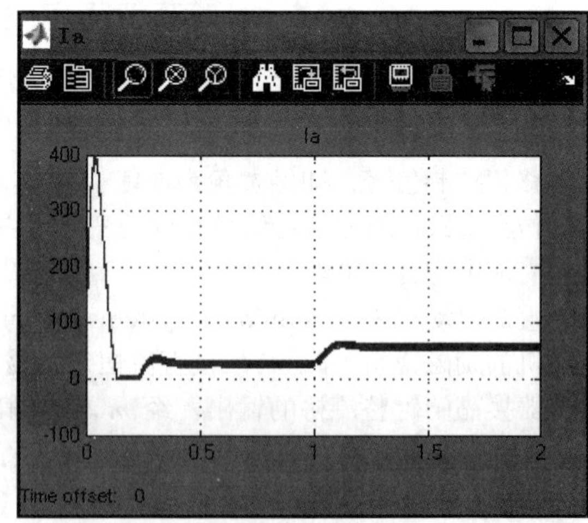

图 7-6　晶闸管开环直流调速系统的电枢电流波形

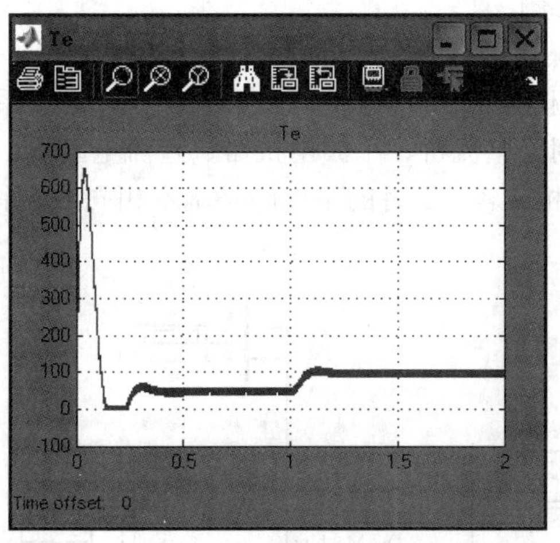

图 7-7 晶闸管开环直流调速系统的转矩波形

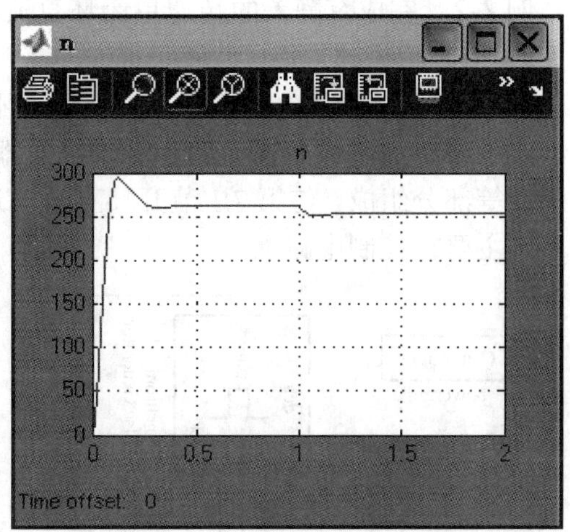

图 7-8 改变触发角后的转速波形

7.2 转速单闭环直流调速系统仿真

由第 7.1 节可知，晶闸管开环直流调速系统启动电流大，转速随负载变化而变化，负载越大，转速降落越大，因此，无法在负载变动时保持转速的稳定，影响生产。为了提高直流调速系统的动静态性能指标，通常采用闭环控制系统（单闭环或双闭环）。对调速指标要求不高的场合，采用单闭环系统；对调速指标要求高的场合，采用双闭环系统。按反馈的方式不同，可分为转速反馈、电流反馈、电压反馈。在单闭环系统中，一般采用转速反馈。

转速单闭环直流调速系统原理如图 7-9 所示。图 7-9 中将反映转速变化的电压信号作为反馈信号，经过速度变换后接到电流调节器的输入端，与给定的电压 U_n^* 相比较经放大后，得到移相控制电压信号 U_C，用作控制整流桥的触发电路，触发脉冲经功放后加到晶闸管的门极和阴极之间，以改变整流桥的输出电压，这就构成了速度负反馈闭环系统。

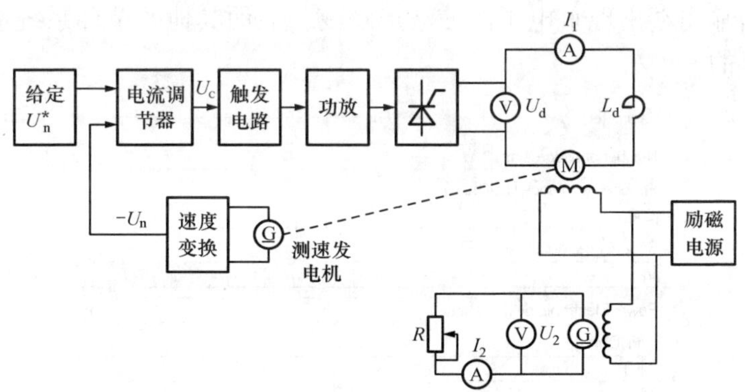

图 7-9 转速单闭环直流调速系统原理图

该系统在电机负载增加时，转速 n 将下降，转速反馈 U_n 减小，导致转速的偏差 ΔU_n 将增大（$\Delta U_n = U_n^* - U_n$），U_C 增加，并经移相触发器使整流器输出电压 U_1 增加，电枢电流 I_d 也就增加了，从而使电动机电磁转矩增加，转速 n 也随之升高，补偿了负载增加造成的转速降。

在 MATLAB 仿真中，通常省略 AD 采样中的变换环节，直接用测量模块得到实际物理量。

例 7-2 完成有静差的转速单闭环直流调速系统仿真。

解 1）模型建立。

利用 Simulink 建立有静差的转速单闭环直流调速系统仿真模型，如图 7-10 所示。该系统由给定信号、速度调节器、同步脉冲触发器、晶闸管整流桥、平波电抗器、直流电动机、速度反馈等部分组成。与第 7.1 节开环直流调速系统相比较，二者的主电路是基本相同的，系统的差别主要在控制电路上。

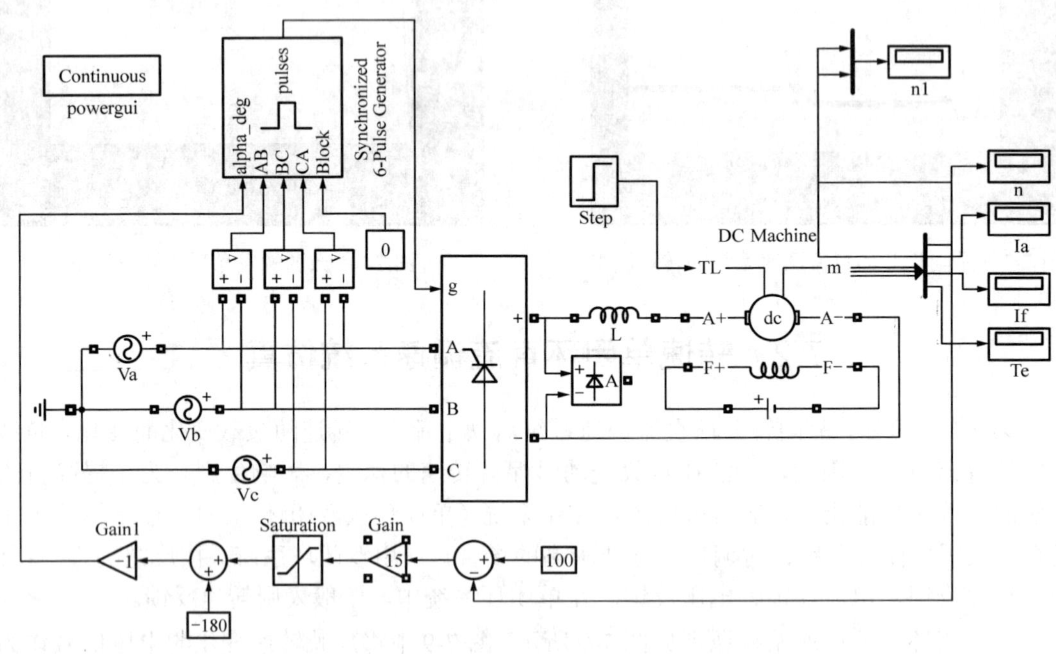

图 7-10 有静差的转速单闭环直流调速系统仿真模型

图 7-10 中的二极管桥模块采用 SimPowerSystems \ Power Electronics \ Universal Bridge。参数设置如图 7-11 所示。在整流桥后面并一个二极管桥，主要是为了加快电动机的减速过程，同时避免在整流桥输出端出现负电压而使波形畸变。后面其他的单环系统也使用了这样的二极管，作用是一样的。

Parameters

Number of bridge arms: 1

Snubber resistance Rs (Ohms)

500

Snubber capacitance Cs (F)

inf

Power Electronic device Diodes

Ron (Ohms)

1e-3

Lon (H)

0

Forward voltage Vf (V)

0

Measurements None

图 7-11 二极管参数设置

仿真中根据需要，在控制电路中增加了限幅器、偏置、反相器等模块。

转速给定信号采用 Simulink\Sources\Constant，设置为 100。有静差调速系统的速度调节器采用比例调节器，设置为 15。

限幅器采用 Simulink\Commonly Used Blocks\Saturation。参数设置如图 7-12 所示，将限幅器的上下幅值设置为[180，0]，用加法器加上偏置“–180”后调整为[0，–180]，再经过反相器转换为[0，180]。这样就可将速度调节器的输出限制在使同步脉冲触发器能够正常工作的范围内了。

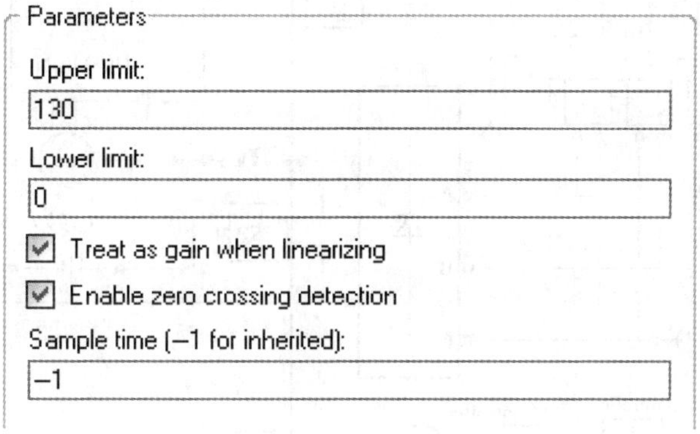

Parameters
Upper limit:
130
Lower limit:
0
☑ Treat as gain when linearizing
☑ Enable zero crossing detection
Sample time (–1 for inherited):
–1

图 7-12　限幅器参数设置

反相器采用 Simulink\Commonly Used Blocks\Gain。

2）仿真结果。

将仿真参数的 Start time 设置为 0，Stop time 设置为 2s，仿真算法采用 ode23s。其他为默认参数。单击仿真快捷键图标▶，启动仿真程序。

图 7-13 和图 7-14 分别为有静差转速单闭环直流调速系统的转速和电枢电流曲线。转速接近指令值，但有静差，而且转矩增大后，静差也加大。

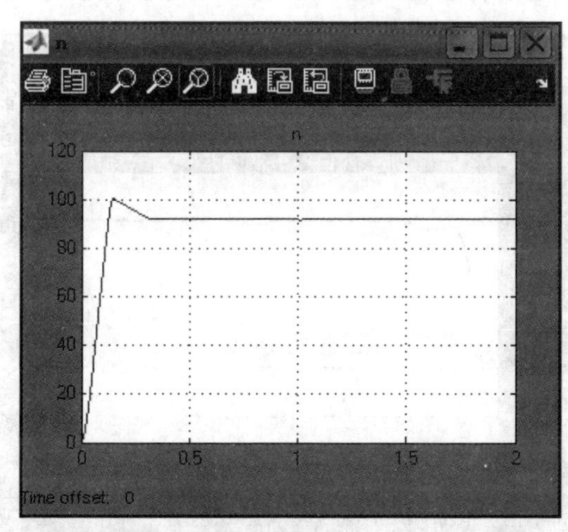

图 7-13　有静差的转速单闭环直流调速系统的转速波形

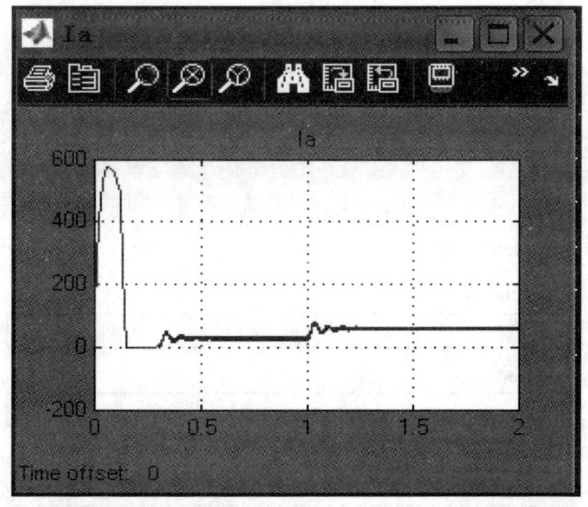

图 7-14　有静差的转速单闭环直流调速系统的电枢电流波形

例 7-3　完成无静差转速单闭环直流调速系统仿真。

解　1）模型建立。

利用 Simulink 建立无静差的转速单闭环直流调速系统仿真模型，如图 7-15 所示。该系统与上述有静差的转速单闭环直流调速系统基本相同，只是控制电路中的速度调节器采用了 PI 调节器。

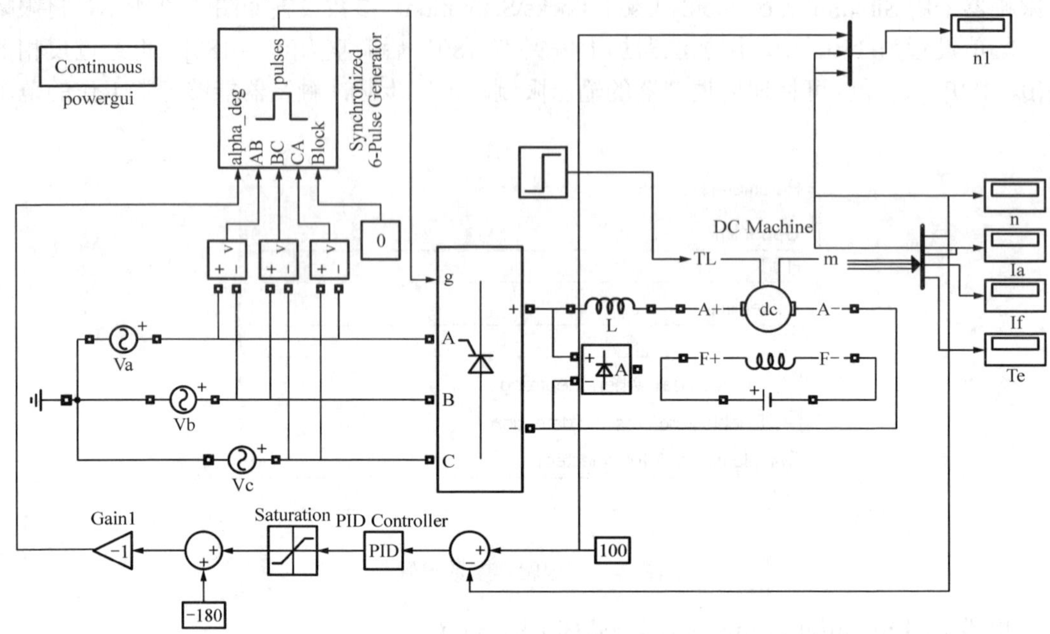

图 7-15　无静差的转速单闭环直流调速系统仿真模型

PI 调节器采用 Simulink Extras\Additional Linear\PID Controller。参数设置如图 7-16 所示。

2）仿真结果。

图 7-17 是无静差的转速单闭环直流调速系统的转速曲线。在 PI 调节器的控制下，电机转速在 0.2s 左右达到了指令值。而在转矩突变时，转速会有小的降落，但能够迅速恢复指令值。

Parameters

Proportional:

1.2

Integral:

12

Derivative:

0

图 7-16　PI 调节器参数设置

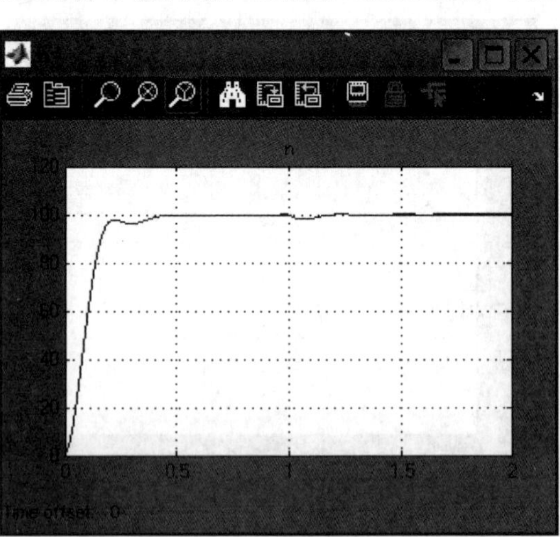

图 7-17　无静差转速单闭环直流调速系统的转速波形

7.3 带电流截止负反馈的无静差转速负反馈调速系统

直流电动机全压启动时会产生很大的冲击电流，这不仅对电动机换向不利，对过载能力低的晶闸管来说也是不允许的。另外，有些生产机械的电动机可能会遇到堵转情况。例如，由于故障使机械轴被卡住或挖土机工作时遇到坚硬的石头等。在这些情况下，由于闭环系统的静特性很硬，若无限流环节，电枢电流将远远超过允许值。

因此，对调速系统来说应具备以下两点：

（1）在启动过程中和堵转状态下能自动保持电流不超过允许值；

（2）在稳定运行时，仍具备闭环调速系统的一切优越性。

为了解决上述问题，系统中必须设有自动限制电枢电流的环节。从第（1）点考虑，可引入电流负反馈来限流；从第（2）点考虑，这种限流反馈作用只能在启动和堵转时存在，在电动机正常运行时应自动取消。这种当电流达到一定程度时才出现的电流负反馈叫作电流截止负反馈。

例 7-4 完成带电流截止负反馈的无静差转速负反馈调速系统仿真。

解 1）模型建立。

带电流截止负反馈的无静差转速负反馈调速系统仿真模型如图 7-18 所示，与例 7-3 相比较增加了电流截止负反馈环节。

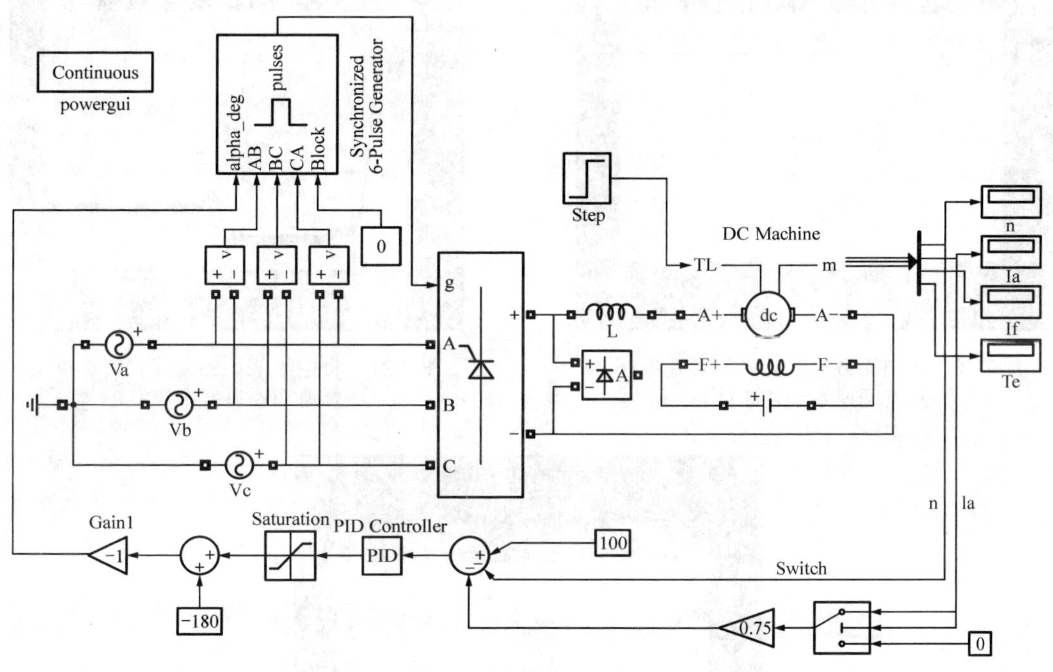

图 7-18 带电流截止负反馈的无静差转速负反馈调速系统仿真模型

开关选择器为 Simulink\Commonly Used Blocks\Switch。参数设置如图 7-19 所示。当电流小于设定值（200）时，电流截止环节不起作用；当电流大于这个设定值时，电流截止环节立刻起作用，参与对系统的调节。当设置不同值时，图 7-19 中截止电流的值也不一样。

2）仿真结果。

将仿真参数的 Start time 设置为 0，Stop time 设置为 3s，仿真算法采用 ode23s。其他为默认参数。单击仿真快捷键图标▶，启动仿真程序。

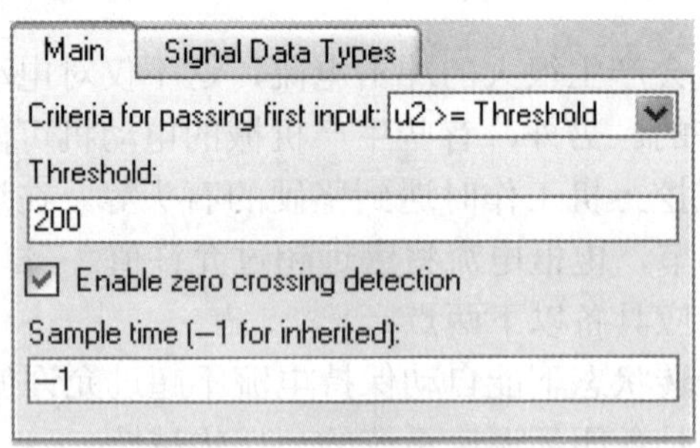

图 7-19　选择器参数设置

图 7-20 和图 7-21 分别是带电流截止环节的无静差转速单闭环直流调速系统的转速、电流和转矩波形。在启动时，电流短时超过了截止电流，但很快就被控制在 200A 以内，转矩也随之减小。当电枢电流小于 200 时，电流截止环节不参与调节，这时的系统就是一个转速负反馈系统了。转速调节的性能不受影响。

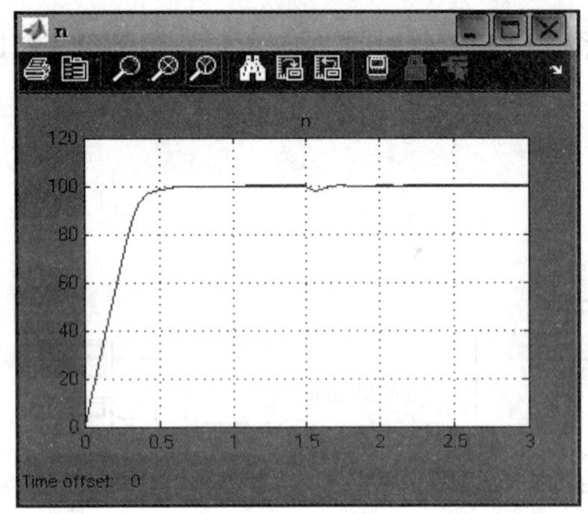

图 7-20　带电流截止的无静差转速单闭环直流调速系统转速波形

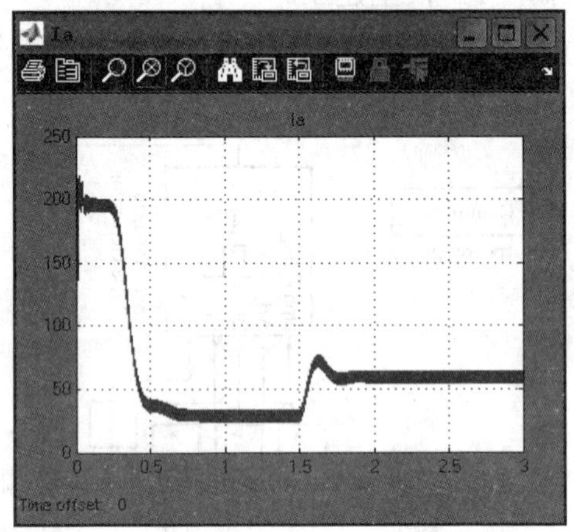

图 7-21　带电流截止的无静差转速单闭环直流调速系统电流波形

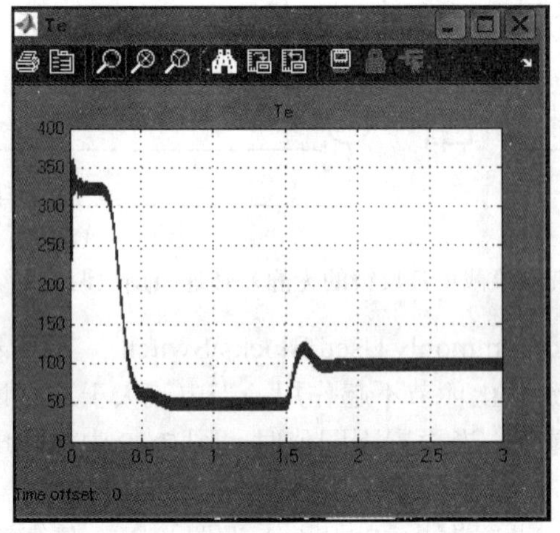

图 7-22　带电流截止的无静差转速单闭环直流调速系统转矩波形

7.4 转速电流双闭环直流调速系统仿真

采用 PI 调节器、带电流截止环节的转速负反馈调速系统，既实现了系统的稳定运行和无静差调速，又限制了启动时的最大电流，这对一般要求不太高的调速系统，已基本上满足要求了。但许多生产机械，由于加工和运行的需要，电动机经常处于启动、制动、反转的过渡过程，因此过渡过程的时间长短在很大程度上决定了生产机械的生产效率。为缩短时间，仅采用 PI 调节器的转速单闭环直流调速系统的性能还不完美。因此，可采用转速、电流双闭环的直流调速系统来获得良好的静、动态性能（转速和电流均采用 PI 调节器）。

转速电流双闭环直流调速系统的原理如图 7-23 所示。由于调整系统的主要参数为转速，故将转速反馈作为外环，电流反馈作为内环，这样可以抑制电网电压扰动对转速的影响。

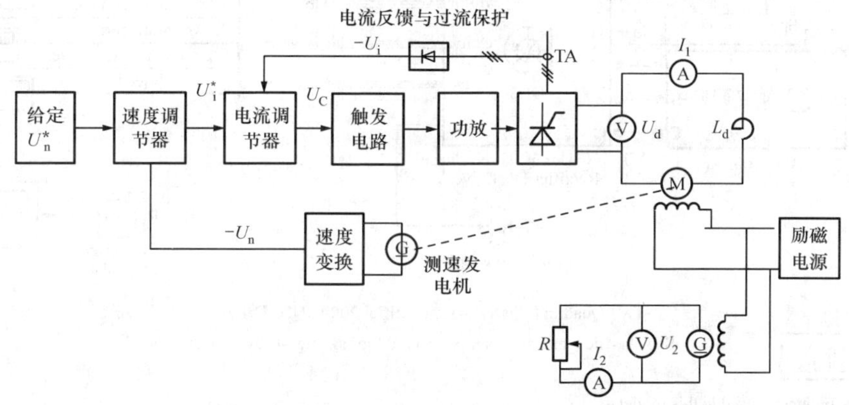

图 7-23 双闭环直流调速系统电气原理图

在启动时，加入给定电压U_n^*，“速度调节器 automatic speed regulator (ASR)”和“电流调节器 automatic current regulator (ACR)”以饱和限幅值输出，使得电动机以限定的最大启动电流加速启动，直到电动机转速达到给定转速，并在出现超调后，ASR 和 ACR 退出饱和，最后稳定在给定转速下运行。

在调速系统工作时，要先给电动机加励磁，ASR 的输出作为 ACR 的输入，利用 ASR 的输出限幅可达到限制启动电流大小的目的。ACR 的输出作为“触发电路”的控制电压U_C，利用 ACR 的输出限幅可以限制整流桥的最大导通角α_{max}。

总的来说，双闭环调速系统中两个调节器的作用为：

（1）ASR 的作用：使转速 n 跟随给定电压U_n^*变化，稳态无静差；对负载变化起抗扰作用；其输出限幅值决定允许的最大电流。

（2）ACR 的作用：在电动机启动时，保证获得最大电流，起动时间短，使系统具有较好的动态特性；在转速调节过程中，使电流跟随其给定电压U_i^*变化；当电动机过载甚至堵转时，限制电枢电流的最大值，起到安全保护作用；在故障消失后，系统能够自动恢复正常；对电网电压波动起快速抑制作用。

例 7-5 完成转速电流双闭环直流调速系统的仿真。

解 MATLAB/Simpowersystems 中附带了 10 余个直流电机调速系统的示例，其中“dc3_example”为两象限的转速电流双闭环直流调速系统仿真模型，本例将作简要介绍。

在 MATLAB 的命令窗口中输入“dc3_example”命令，即可打开该程序。但该程序默认的是进行转矩调节而非速度调节，因此需略做修改。首先，将左上方的“Torque reference”改为“Speed reference”，即输入速度指令而非转矩指令。仍然采用“Timer”模块，转速指令为6s前800rpm，6s后400rpm。原来模型的负载转矩与转速有关，此处将其改为阶跃负载转矩，5s前空载，5s后负载100Nm。修改后仿真模型如图7-24所示。

双击“Two-Quadrant Three-Phase Rectifier DC Drive”可打开如图7-25所示的对话框，包括电机参数、变流器主电路参数和控制参数设置三个部分。在控制参数对话框中，需将调节类型由转矩调节（Torque regulation）改为转速调节（Speed regulation）。控制参数对话框中又分转速调节器、电流调节器和触发单元三个部分。“Two-Quadrant Three-Phase Rectifier DC Drive”模块的内部结构如图7-26所示。

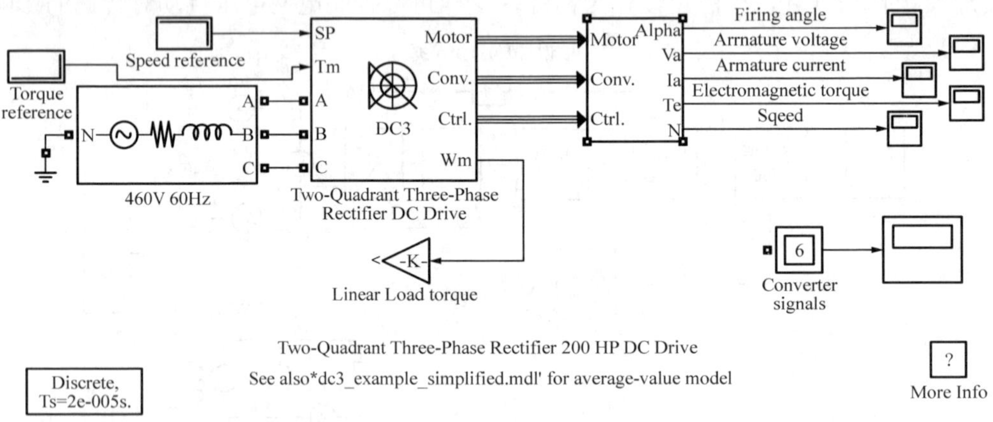

图7-24 转速电流双闭环直流调速系统仿真模型

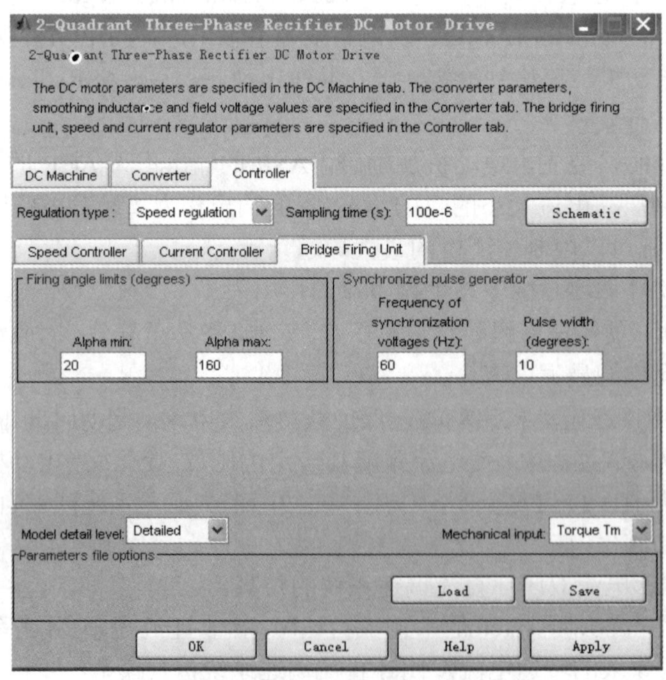

图7-25 直流调速系统对话框

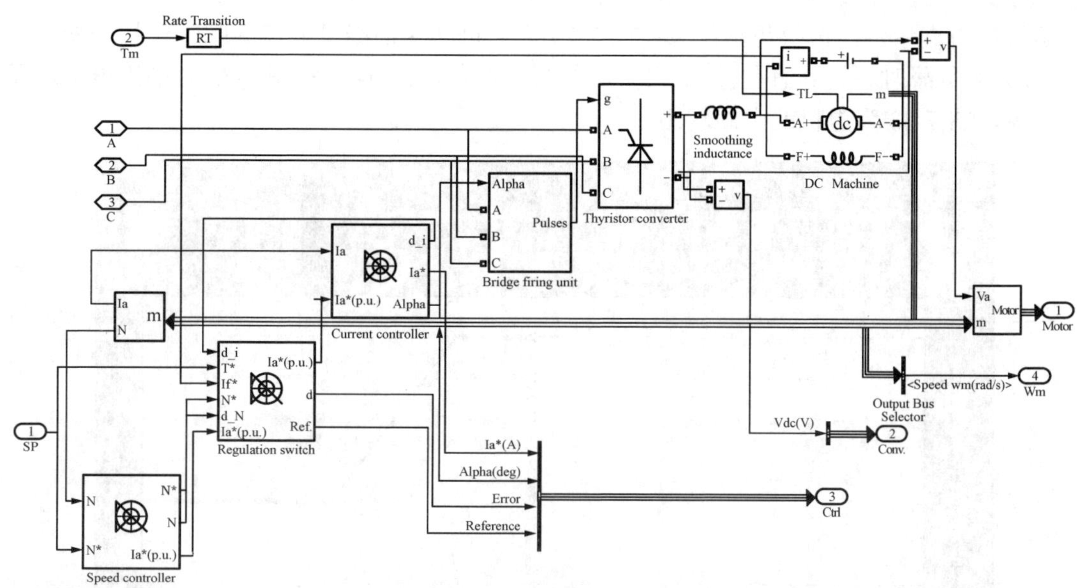

图 7-26 “Two-Quadrant Three-Phase Rectifier DC Drive”模块内部结构图

在图 7-26 中，左下方为速度控制器，其内部结构如图 7-27 所示。速度直流 N*需经过一个变化速率限制模块，即将阶跃变化的转速指令改为斜坡变化，以减小冲击。实测的转速信号 N 需先经过一个低通滤波器。二者的差值经 PI 调节器后，输出为电枢电流指令。

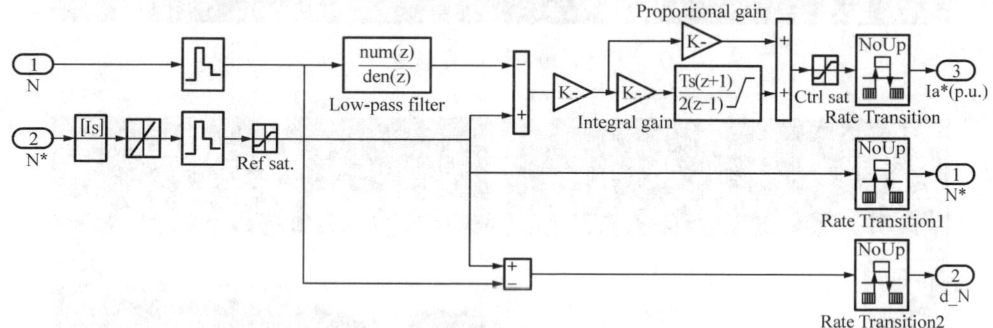

图 7-27 速度控制器模块内部结构图

图 7-26 中的“Regulation switch”模块为速度调节和转矩调节两种控制方式的选择器。其上方的“Current controller”为电流控制器，其内部结构如图 7-28 所示。实测的电枢电流信号先经过一个低通滤波器，然后与电流指令的差值送入 PI 调节器。加入前馈补偿后，输出晶闸管变流器的触发角。

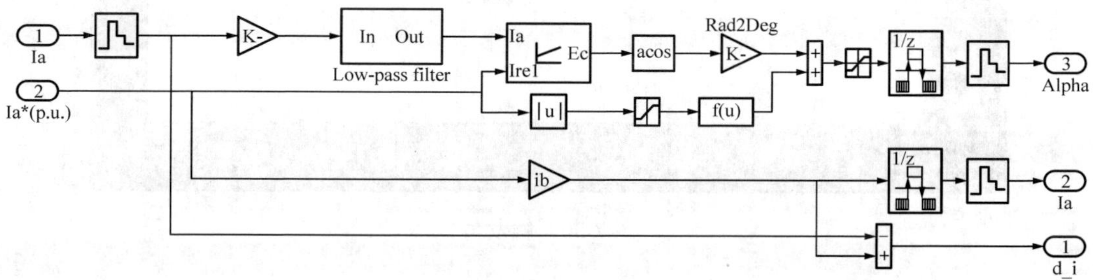

图 7-28 电流控制器模块内部结构图

运行该仿真示例，可得仿真结果。图 7-29 为电机转速曲线，能够跟踪转速指令变化。如果是 5s 突加负载时，转速有些波动。图 7-30 为触发角，图 7-31 和图 7-32 分别为电枢电压和电枢电流，图 7-33 为电机的电磁转矩。

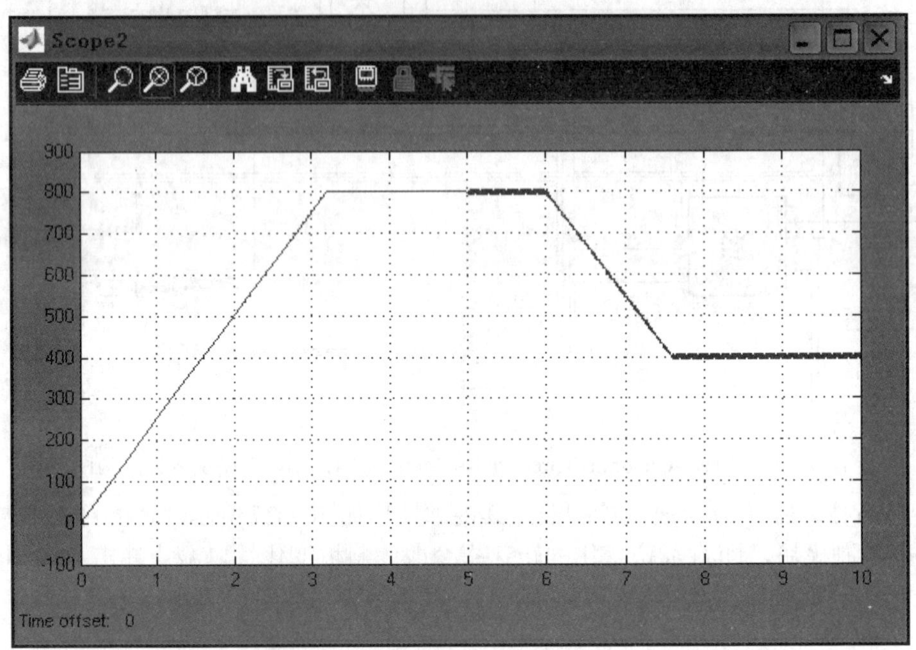

图 7-29 转速波形图

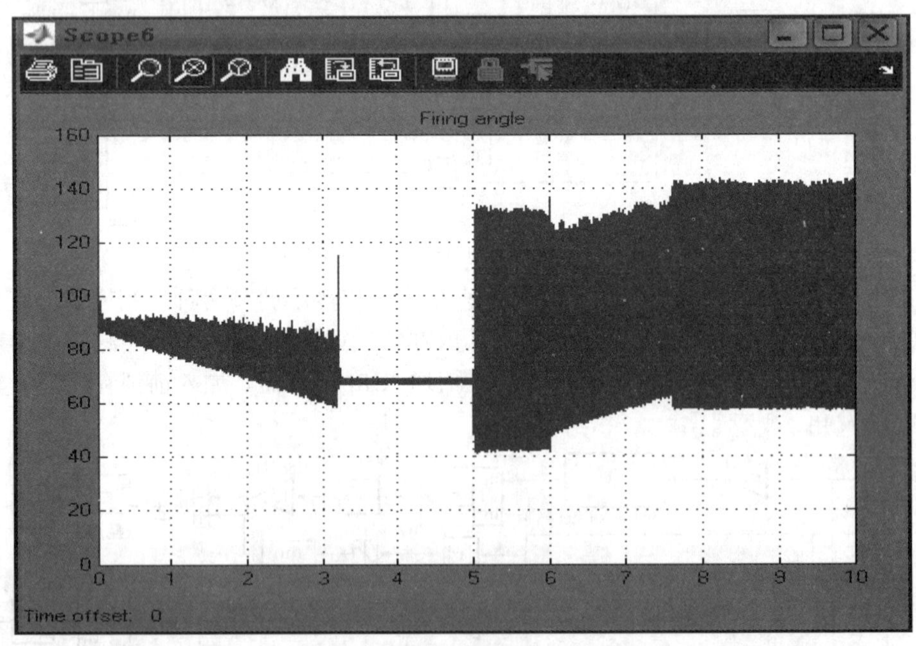

图 7-30 触发角

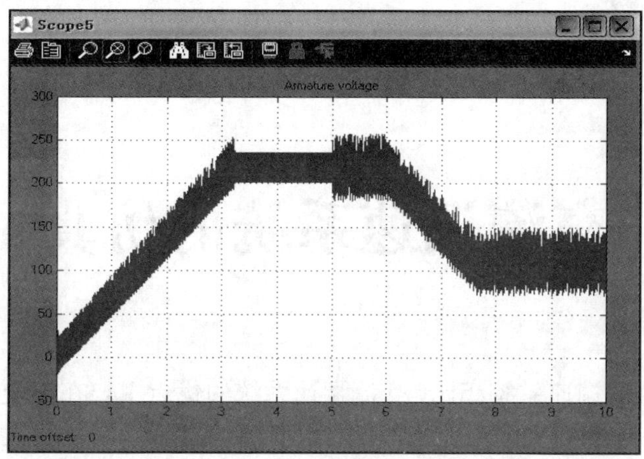

图 7-31　电枢电压

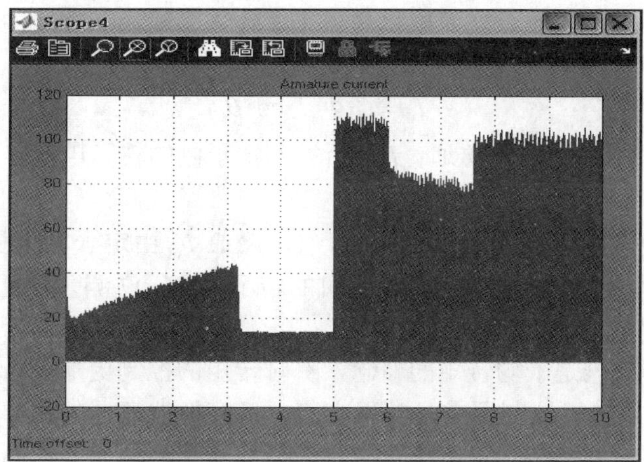

图 7-32　电枢电流

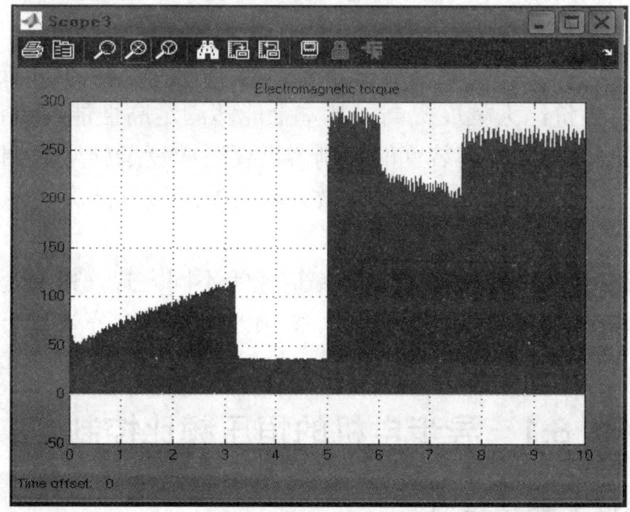

图 7-33　电磁转矩

第8章 交流调速系统的仿真

与第7章所述的直流调速系统相比，交流调速系统的优点主要在于交流电机相对于直流电机而言，具有结构简单、成本低、安装环境要求低等特点，尤其是在大容量、高转速应用领域，更受到大家的青睐。但是长期以来，直流调速一直在电机调速领域占据着统治地位，直至近几年随着技术水平的提高，交流调速才逐渐开始取代直流调速，这主要是因为：

1）交流电机转矩控制困难。交流电机是一个多输入多输出、非线性、强耦合且时变的被控对象，其转矩关系远较直流电机复杂。例如，稳态时异步电机的转矩公式为

$$T_e = C_T \Phi_m I_r \cos\theta_r \tag{8-1}$$

式中：C_T为转矩系数；Φ_m为气隙磁通；I_r为折算到定子侧的转子电流；θ_r为转子侧等效电路的功率因数角。

在转矩公式中，θ_r是与转速相关的时变量，气隙磁通Φ_m由定子电流和转子电流共同产生，Φ_m与转子电流相互耦合，而一般鼠笼异步电机的转子电流无法测量，更难以直接控制。这些因素造成了异步电机转矩控制的困难。

而且在式（8-1）中只是平均转矩的概念，瞬时转矩的控制更加复杂。由于转速控制的本质是对转矩的控制，故转矩控制困难是实现交流电机高性能调速的主要障碍。随着20世纪70～80年代磁场定向矢量控制、直接转矩控制等高性能交流调速方法的提出，交流调速的性能已可以达到直流调速的水平。

2）电力电子器件发展的限制。交流调速装置需要能够产生幅值和频率可变的交流电源的变频器，而大功率电力电子器件作为变频器中的主要器件，从可控硅、GTO到IGBT、IGCT，每一次更新换代都对交流调速的发展起了重要的推动作用。进入20世纪90年代后，这些电力电子器件日渐成熟，性价比大幅度提高，基本上能够满足高性能交流调速系统的需要。

3）微处理器的限制。交流调速装置的控制器需要适应复杂的交流调速控制算法，传统的模拟控制器难以胜任。经过近20年的发展，微处理器的运算性能突飞猛进，目前的交流调速已经进入了数字化时代。

交流调速有变极调速、变频调速、变转差率调速等不同方式，其中变频调速是目前公认的最优方案。根据所采用的数学模型的差别不同，变频调速又可以分为基于电机稳态模型和动态模型的不同控制方法，其控制性能有较大差异，这也决定了几种方法各自不同的应用范围。

8.1 异步电机的恒压频比控制

8.1.1 异步电机的稳态数学模型

由电机学可知，当正弦电压供电、忽略磁饱和及铁损时，异步电机一相的等效电路如图

8-1 所示。这一等效电路是在分析稳态条件下异步电机性能的重要工具，也被称为异步电机的稳态模型。图 8-1 中，U_s 为定子电压，I_s、I_r 和 I_m 分别为定子电流、折算到定子侧的转子电流和励磁电流，R_s、R_r 分别为定子电阻和折算到定子侧的转子电阻，L_{ls}、L_{lr} 和 L_m 分别为定子漏感、折算到定子侧的转子漏感和励磁电感，E_g 为气隙感应电势，s 为转差率。

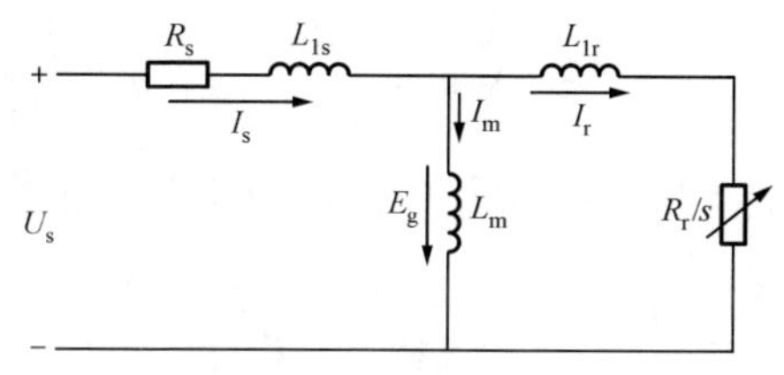

图 8-1　异步电机一相等效电路

在电动机正常工作时，从电网吸收的总电功率也就是输入功率为

$$P_1 = mU_s I_s \cos\varphi \tag{8-2}$$

式中：m 为电机定子相数，通常为 3；$\cos\varphi$ 为输入功率因数。

定子铜损为

$$P_{\rm Cus} = mI_s^2 R_s \tag{8-3}$$

输入功率减去定子铜损后，余下的部分为通过磁场经过气隙传到转子上的电磁功率 $P_{\rm M}$

$$P_{\rm M} = P_1 - P_{\rm Cus} = mI_r^2 \frac{R_r}{s} \tag{8-4}$$

电磁功率进入转子后，在转子电阻 R_r 上产生转子铜损

$$P_{\rm Cur} = mI_{\rm r}^2 R_{\rm r} = sP_{\rm M} \tag{8-5}$$

转子铜损有时也称转差功率。

电磁功率减掉转子铜损，余下的部分全部转换为机械功率，用 $P_{\rm m}$ 表示，有

$$P_{\rm m} = P_{\rm M} - P_{\rm Cur} = mI_r^2 R_r \frac{1-s}{s} = (1-s)P_{\rm M} \tag{8-6}$$

异步电动机的电磁转矩是指转子电流与主磁通相互作用产生电磁力形成的总转矩，若从转子产生机械功率的角度出发，电磁转矩 $T_{\rm e}$ 等于异步电动机总机械功率 $P_{\rm m}$ 除以转子的角速度 Ω，即

$$T_{\rm e} = P_{\rm m} / \Omega \tag{8-7}$$

根据转差率的公式可知，$\Omega = (1-s)\Omega_1$，若将式（8-6）代入式（8-7），可得

$$T_{\rm e} = \frac{P_{\rm m}}{\Omega} = \frac{(1-s)P_{\rm M}}{(1-s)\Omega_1} = \frac{P_{\rm M}}{\Omega_1} \tag{8-8}$$

式中：$\Omega_1 = 2\pi f_1 / n_{\rm p}$ 为旋转磁场的角速度，也称为同步角速度；f_1 为定子电源频率；$n_{\rm p}$ 为电机极对数。式（8-8）表明，电磁转矩也可以用电磁功率除以同步角速度获得。

忽略励磁阻抗后，由等效电路图可知转子电流为

$$I_{\rm r} = \frac{U_{\rm s}}{\sqrt{(R_{\rm s} + R_{\rm r}/s)^2 + (2\pi f_1)^2 (L_{\rm ls} + L_{\rm lr})^2}} \tag{8-9}$$

将式（8-9）代入式（8-8）中可得电磁转矩的表达式为

$$T_{\rm e} = \frac{mn_{\rm p} R_{\rm r}/s}{2\pi f_1} \frac{U_{\rm s}^2}{(R_{\rm s} + R_{\rm r}/s)^2 + (2\pi f_1)^2 (L_{\rm ls} + L_{\rm lr})^2} \tag{8-10}$$

式（8-10）可改写为

$$T_e = mn_p\left(\frac{U_s}{2\pi f_1}\right)^2 \frac{s\cdot 2\pi f_1\cdot R_r}{(sR_s+R_r)^2+(s\cdot 2\pi f_1)^2(L_{ls}+L_{lr})^2} \tag{8-11}$$

当转差率 s 很小时，可忽略分母上含有 s 的项，近似认为

$$T_e = mn_p\left(\frac{U_s}{2\pi f_1}\right)^2 \frac{\omega_{sl}}{R_r} \tag{8-12}$$

其中，$\omega_{sl}=s\cdot 2\pi f_1$ 称为转差频率。可见，当 s 很小时，转矩近似与转差频率成正比。

当异步电机的定子电压 U_s 及频率 f_1 给定时，可画出异步电机的机械特性如图 8-2 所示。

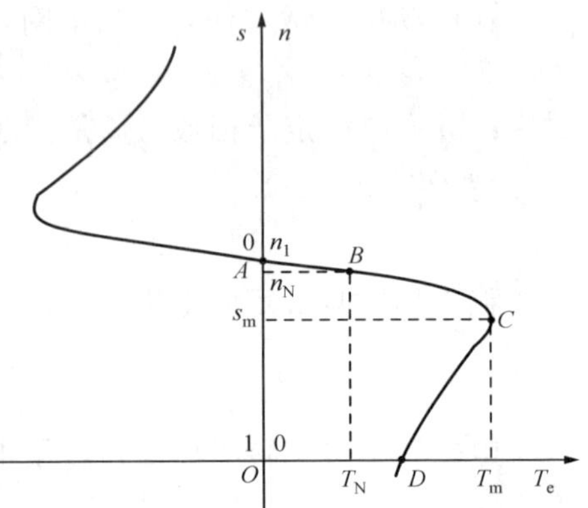

图 8-2　异步电机机械特性曲线

当转差率满足 $0<s<1$ 时，异步电机工作在电动机状态，当 $s<0$ 时，其工作在发电机状态。在电动机状态下，电机转子与旋转磁场的旋转方向相同。当电机以同步转速旋转，即转差率为零时，转矩为零；当转差率较小时，转矩随转差率的增大而近似线性增大；当转差率 $s=s_m$ 时，转矩达到最大值 T_m；此后转差率若继续增大，转矩反而逐步减小，电机处于不稳定工作区。若电机转子速度超过了同步转速，转差率变为负值，则电机进入发电状态，此时电机转矩为制动转矩，即转矩为负值。对式（8-10）求导，并令 $dT_e/ds=0$，则可求解出最大转矩时对应的临界转差率 s_m 为

$$s_m = \pm\frac{R_r}{\sqrt{R_s^2+(2\pi f_1)^2(L_{ls}+L_{lr})^2}} \tag{8-13}$$

其中，“+”和“−”分别对应电动机状态和发电机状态。将式（8-13）代入式（8-10）可得电动机状态下的最大转矩 T_m 为

$$T_m = \frac{mn_pU_s^2}{4\pi f_1[R_s+\sqrt{R_s^2+(2\pi f_1)^2(L_{ls}+L_{lr})^2}]} \tag{8-14}$$

例 8-1　完成三相异步电机接额定电压直接启动情况下的动态仿真。电机参数如下：额定功率为 2.2kW，额定线电压为 380V，额定频率为 50Hz，额定转速为 1423rpm，定子电阻为 3.478Ω，定子漏感为 0.01254H，转子电阻为 2.546 Ω，转子漏感为 0.01226H，励磁电感为 0.3329H，转动惯量为 0.0131，极对数为 2。

解　1）建立仿真模型。

在 Simpowersystems 的“Electrical Sources”库中选择三相电源模块，在对话框中设置线电压有效值为 380V，频率为 50Hz，电源内阻为 0.0001 欧。在“Machines”库中选择“Asynchronous Machine SI Units”模块，即异步电机的有名值模型。在其对话框中的“Configuration”中选择机械输入接口形式为转矩（Torque T_m），转子类型为鼠笼型（Squirrel-cage），在“Parameters”中根据给定值设置好电机参数。在“Machines”库中选择“Machines Measurement Demux”模块用于测量电机状态，首先选择电机类型为异步电机，然后在下面的列表中选择需要输出的变量，并在后面接示波器观察。在“Extra Library”的“Control Blocks”中选择“Timer”模块，可灵活设置输出所需的阶跃信号，作为异步电机的负载转矩

输入。将以上各模块适当连接，便完成了仿真模型的建立，如图 8-3 所示。由于所用的“Asynchronous Machine SI Units”模块采用的是异步电机的动态模型，因此该仿真为时域动态仿真，其结果比上面基于稳态模型的分析更加准确。

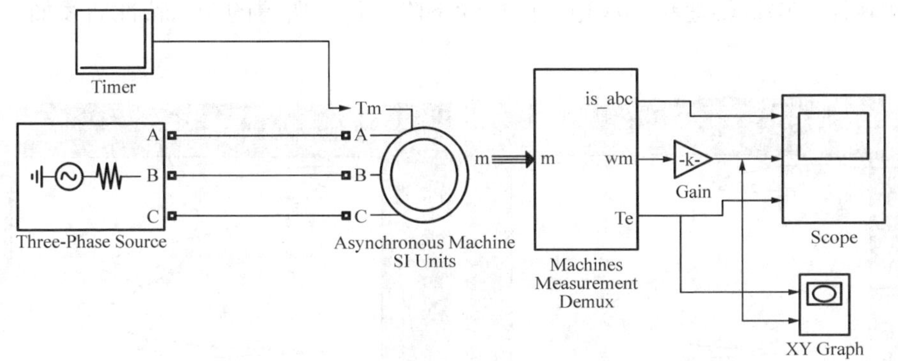

图 8-3　异步电机直接启动仿真模型

2）仿真结果。

根据电机参数计算可得额定转矩为 14.795Nm，利用“Timer”设置当 0～1s 时电机空载，即负载转矩为 0，当 1～2s 时电机带额定负载。选择并用示波器观察电机的定子电流、转速和电磁转矩，注意“Machines Measurement Demux”模块中的转速为电角频率，需转换成常用的 rpm 单位。将仿真时间设为 2s，选择 ode23tb 的仿真算法，运行后可得仿真结果如图 8-4 所示。

图 8-4 中自上而下为电机的定子电流、转速和转矩。可以看到，当异步电机直接接额定电压启动时，启动电流较大，最大电流峰值超过额定情况的 5 倍。由于 1s 之前电机空载，所以当电机转速稳态时的空载同步转速为 1500rpm，电磁转矩为 0，空载电流有效值为 2A。当 1s 时突加额定转矩后，电流增大，电机转速降落为额定转速，在稳态时电磁转矩仍然与负载转矩相等。

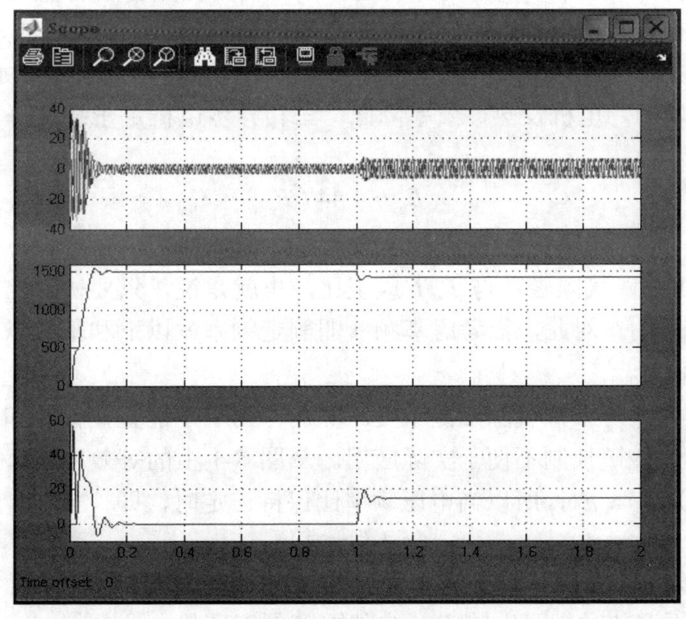

图 8-4　异步电机直接启动仿真波形

利用“XY Graph”模块可以画出上述仿真过程中电机的动态转矩-转速特性曲线，如图8-5（a）所示。其中横坐标为转矩，纵坐标为转速，可见与图8-2根据稳态模型得到的特性有着很大差别。当1s时加入4倍额定转矩时，经计算可知超过了电机的最大转矩，因此电磁转矩小于负载转矩，电机转速将不能稳定而持续下降，仿真所得的动态特性曲线如图8-5（b）所示。

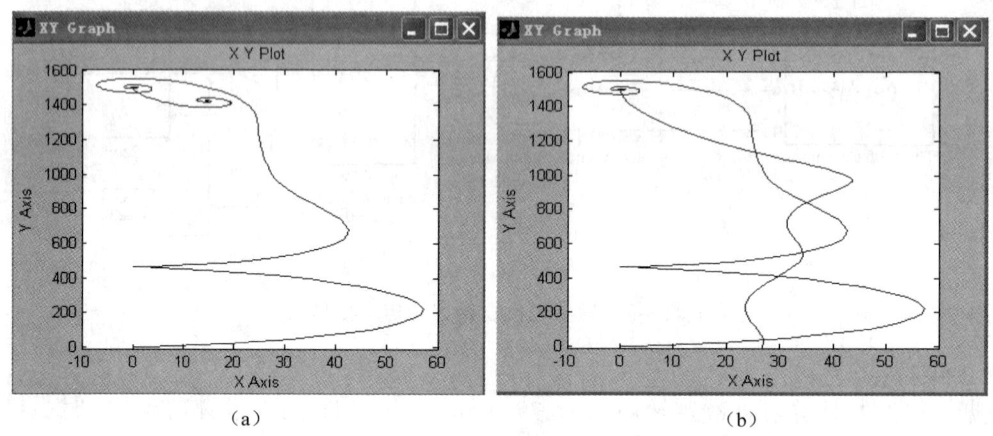

（a）　　（b）

图8-5　异步电机启动时转矩-转速特性曲线

（a）负载为额定转矩；（b）负载超过最大转矩

8.1.2　基于稳态模型的恒压频比控制

异步电机的转速公式为

$$n = 60 f_1 (1 - s) / n_p \tag{8-15}$$

可见，可以通过改变异步电机的定子频率、转差率和极对数来实现异步电机调速。其中变频调速是最优方案，利用第五章中所述的逆变器，便可输出变频变压的电压。

为了在调速中有效利用电机，在整个调速范围内电机的气隙磁场都应保持适当强度。如果磁场过弱，则电机的铁磁材料未得到充分利用，不能产生应用的转矩；如果磁场过于饱和，则会造成励磁电流增加，电机发热，效率降低。三相异步电机定子绕组每相感应电动势的有效值为

$$E_g = 4.44 f_1 \varPsi_g \tag{8-16}$$

式中：$\varPsi_g$为气隙磁链。

由式（8-16）可知，气隙磁链与E_g/f_1成正比，也就是说，只要协调控制好电压和频率，便达到了控制$\varPsi_g$的目的。对此，需考虑基频（即额定频率）以下和基频以上两种情况。

（1）基频以下调速。

保持E_g/f_1为常数即可维持气隙磁链不变。然而，由于不能直接检测和控制绕组中的气隙感应电势E_g，使得恒磁链控制不便于实际应用。从图8-1中的等效电路可知，当定子阻抗压降较小时，可以认为$U_s \approx E_g$，所以当电压频率比保持一定时，即

$$U_s / f_1 = 常值 \tag{8-17}$$

便可近似认为气隙磁链不变。一般把这种调速方法称为恒压频比控制，或V/F控制。当定子频率从额定频率向下调节时，同步转速n_1自然要随频率变化，

$$n_1 = \frac{60 f_1}{n_p} \tag{8-18}$$

带负载时的转速降落 Δn 为

$$\Delta n = s n_1 = \frac{60 s f_1}{n_p} = \frac{60 \omega_{sl}}{2\pi n_p} \tag{8-19}$$

由式（8-12）可知，当采用恒压频比控制时，对于同一转矩 T_e，不同频率下的转差频率 ω_{sl} 近似相等，从而转速降落 Δn 近似相等。这就是说，在恒压频比条件下改变电源频率时，异步电机的机械特性基本上是平行下移的。

式（8-14）可整理为

$$T_m = \frac{m n_p}{2}\left(\frac{U_s}{2\pi f_1}\right)^2 \frac{1}{\frac{R_s}{2\pi f_1} + \sqrt{\left(\frac{R_s}{2\pi f_1}\right)^2 + (L_{ls} + L_{lr})^2}} \tag{8-20}$$

由式（8-19）可知，恒压频比控制时的最大转矩 T_m 随着定子频率的降低而减小。这是因为在低频时 U_s 和 E_g 都较小，定子漏磁阻抗压降所占的比例显著增加，破坏了 $U_s \approx E_g$ 的假设，造成等效励磁电流减小。此时，可在低频段人为地把电压 U_s 抬高，以便近似地补偿定子压降。基频以下，基于恒压频比控制的变频调速下的异步电机机械特性如图 8-6 所示。

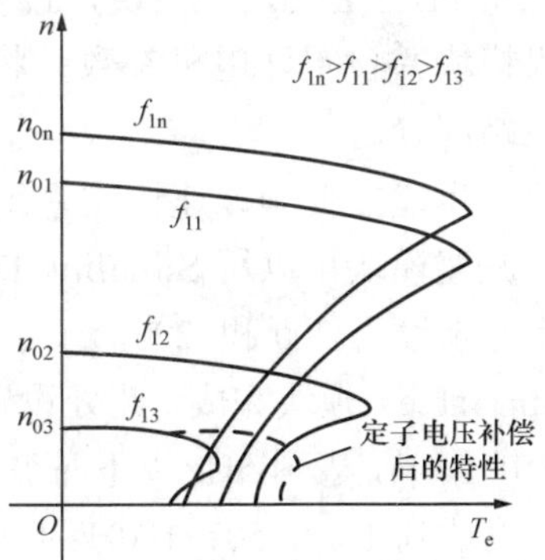

图 8-6　基频以下采用恒压频比控制的变频调速异步电机机械特性

（2）基频以上调速。

在基频以上调速时，频率应该从额定频率向上增加，但定子电压受到电机额定电压和变频器最大输出电压的限制而不能进一步升高，此时只能保持定子电压不变而只增加定子频率。由于压频比减小，电机将运行于弱磁状态。由式（8-14）可推出，基频以上调速时的最大转矩与频率的平方成反比，因此异步电机弱磁时的带负载能力急剧下降。

图 8-7 画出了整个调速范围内电压与频率的关系曲线。其中虚线 1 和 2 分别为两种常用的定子电压补偿方法。

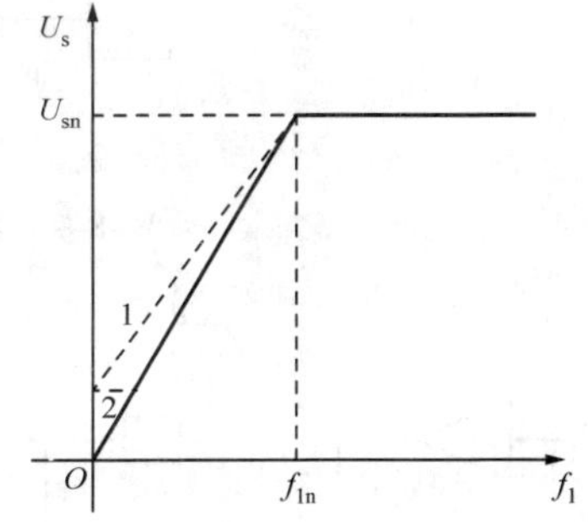

图 8-7　异步电机恒压频比控制的 V/F 曲线

基于上述的恒压频比控制，异步电机变频调速控制系统的一般框图如图 8-8 所示。图 8-8 中，f_1^* 为系统最终要输出的频率指令，经过加、减速时间设定环节得到逆变器实际输出的频率 f_1。以电机从零开始加速为例，如果设定 f_1 从 0 加速到 f_1^* 所需的时间为 T_{rise}，则在 $0<t<T_{rise}$ 时间内的输出频率为

$$f_1 = \frac{t}{T_{rise}} f_1^* \tag{8-21}$$

减速时类似。设置加、减速时间的目的是避免频率突变引起的转差频率过大问题。频率

f_1经积分可得 t 时刻逆变器输出电压的相角 θ_{Us}，根据 f_1 和设定的 V/F 曲线可得输出的电压幅值 U_s，由 U_s 和 θ_{Us} 便可计算出所需的正弦电压，通过 PWM 调制算法可得逆变器的驱动信号。

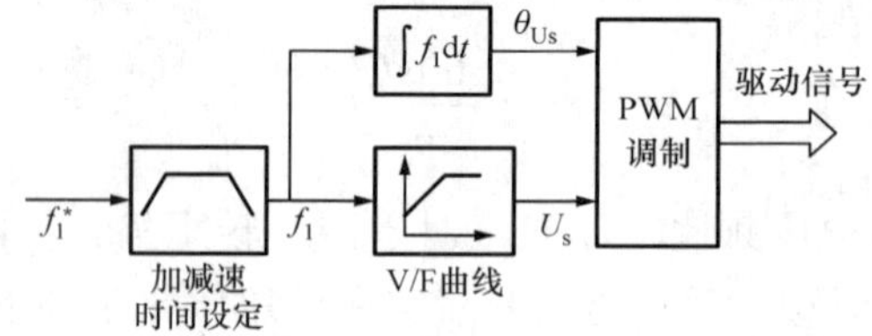

图 8-8　异步电机恒压频比控制系统示意图

例 8-2　完成基于 IGBT 逆变电路的异步电机变频调速系统仿真。电机参数同例 8-1。

解　1）建立仿真模型。

第一步先建立主电路的仿真模型。在 Simpowersystems 的“Electrical Sources”库中选择直流电压源模块，在对话框中将直流电压设置为 621V；然后在“Power Electronics”库中选择 “Universal Bridge”模块，设置为 IGBT 的三相半桥逆变器；在“Machines”库中选择异步电机模块并设置好电机参数；将直流电压源、逆变器和电机依次相连，便完成了仿真模型的主电路部分。

第二步建立变频调速控制系统部分，如图 8-9 所示。利用“Step”模块设定频率指令 f_1^*，而加、减速模块可以用 Simulink/Discontinuites 中的“Rate Limiter”模块实现，此处加、减速的斜率分别设为 200 和–200，表示 0~50Hz 的加速时间为 0.25s。V/F 曲线可以用 Simulink 中的“Lookup Table”模块完成，此处设置表中的频率点为[0，5，25，50，100]，对应的调制度为[0.1，0.1，0.5，1，1]，表示 5Hz 以下时调制度均为 0.1，在 5~50Hz 时调制度随频率线性增长，在 50Hz 时调制度达到 1，在 50～100Hz 时调制度保持为 1。得到的频率和调制度送入自行编制的 PWM 模块，该模块内部结构如图 8-10 所示，可结合图 8-8 及第五章所述的 PWM 原理进行分析。PWM 模块的输出连接到三相逆变器的驱动信号输入端，此处载波频率设置为 2000Hz。

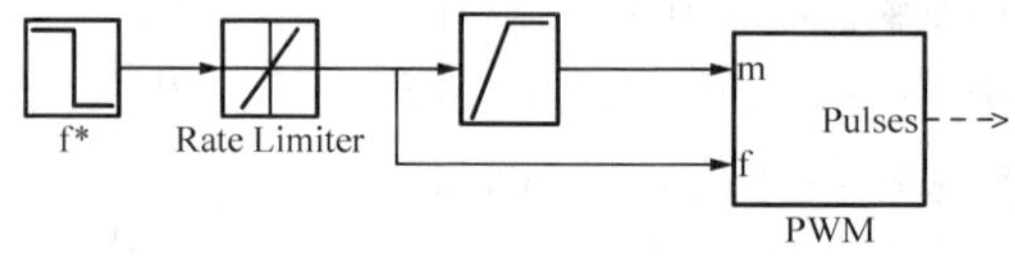

图 8-9　异步电机恒压频比控制系统仿真框图

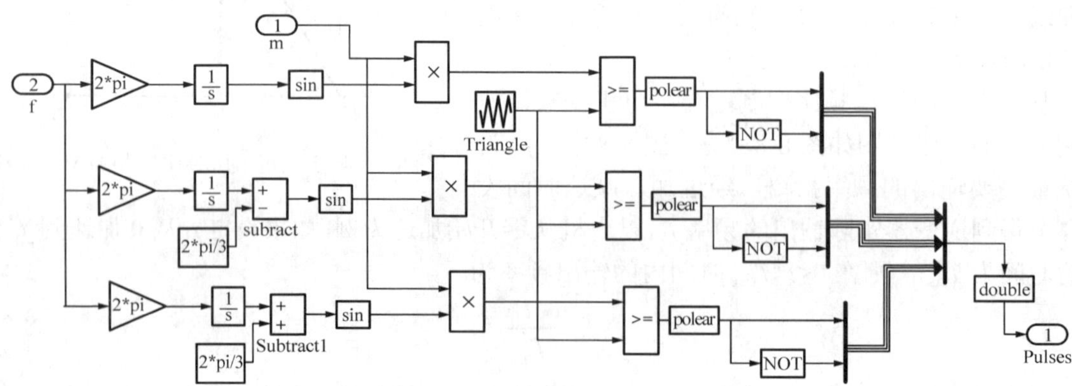

图 8-10　PWM 模块内部框图

第三步完成测试部分。仍然选用“Machines Measurement Demux”模块测量电机状态，此处采用 Simulink/Signal Routing 中的“Selector”模块对三相信号进行分离，只观察其中的一相。

整体仿真模型如图 8-11 所示。

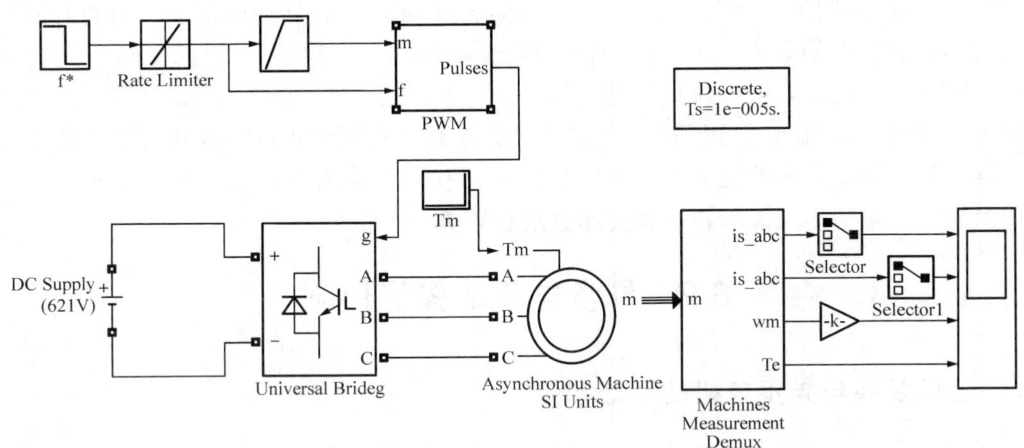

图 8-11　异步电机变频调速仿真模型

2）仿真结果。

利用“Timer”设置 0～0.5s 时电机空载，0.5s 之后电机带额定负载。利用“Step”设置 0～1s 时频率指令为 50Hz，1s 之后为 30Hz。将仿真设为离散仿真模式，周期为 1e-5s，运行后可得仿真结果如图 8-12 所示。图中自上而下依次为转子 a 相电流、定子 a 相电流、电机转速和电机转矩。

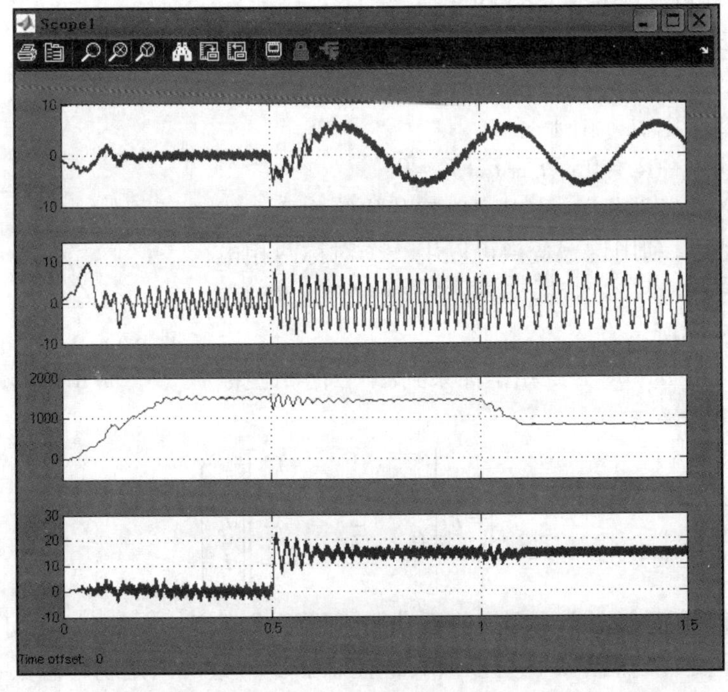

图 8-12　异步电机变频调速仿真波形

在 0~0.25s 时，电机处于加速过程，0.25s 之后进入稳态。由于是空载，所以转速稳定在同步转速 1500rpm 附近，定子电流为空载电流，频率为 50Hz，转子电流基本为 0。在 0.5s 时突加额定负载，定、转子电流迅速增加，输出转矩也相应增加，电机转速振荡下降，最后稳定在 1420rpm 附近，转速降落为 80rpm。在 1s 时，电机频率指令变为 30Hz，电机开始减速并最终稳定于 820rpm 附近，相对于 30Hz 下的同步转速 900rpm，转速降落同样为 80rpm，这与前面对变频调速特性的分析一致。由于转子电流频率即为转差频率，因此在同一负载下，无论定子频率是否变化，转子电流频率基本不变。

另外，与图 8-4 相比，在同样的空载启动条件下，变频启动的启动电流比直接启动时小得多，这也是采用变频器的优势之一。但从图 8-12 中也可以看到，由于采用了逆变器，定、转子电流谐波含量明显加大，转矩和转速波动也较大。

8.2 异步电机的矢量控制

8.2.1 坐标变换与异步电机的动态模型

上述对于异步电机的分析都是建立在稳态等效电路基础之上的，并不适用于处理异步电机的暂态过程。对于高性能的调速系统，需要建立在异步电机的动态模型之上。异步电机在三相静止坐标系下的数学模型是一组复杂的非线性方程，定、转子绕组之间的耦合关系随转子位置角变化，造成电感参数时变。必须对此模型进行简化处理，才便于分析、求解和应用，简化的工具就是坐标变换。

坐标变换从数学角度上讲就是将一组变量用另一组新的变量等价代替，两组变量之间有单值的对应关系。常用的坐标变换有三相-两相变换、两相-两相旋转变换等。

1）三相与两相静止坐标系之间的变换。

这一变换是 a、b、c 对称三相静止坐标系与α、β 两相正交静止坐标系之间的变换，又称 Clarke 变换或 3/2 变换。考虑到三相三线交流电机，由于有

$$u_a + u_b + u_c = 0\ ,\ \ i_a + i_b + i_c = 0$$

即各组变量之间线性相关，所以可以将其化简为两个线性独立的变量。因此，利用这一变换可以用一个对称两相电机代替一个对称三相电机。通常，α轴与 a 轴重合，β轴超前α轴90°，如图8-13所示。

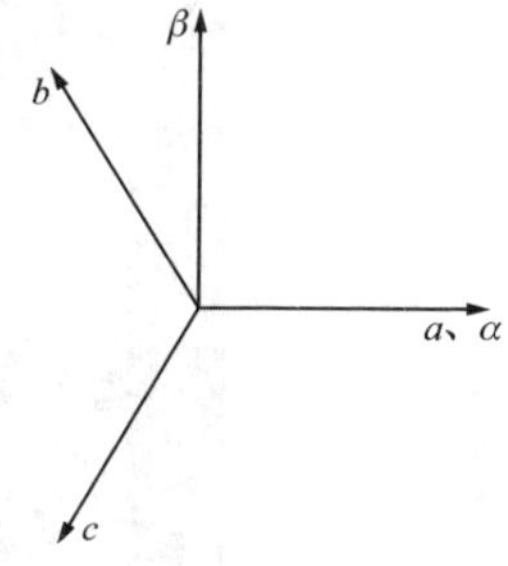

图 8-13　a、b、c 三相与α、β两相静止坐标系的位置关系

以电流为例，由 a、b、c 三相坐标系到α、β两相坐标系的变换关系为

$$\begin{bmatrix} i_\alpha \\ i_\beta \end{bmatrix} = m \begin{bmatrix} 1 & -\frac{1}{2} & -\frac{1}{2} \\ 0 & \frac{\sqrt{3}}{2} & -\frac{\sqrt{3}}{2} \end{bmatrix} \begin{bmatrix} i_a \\ i_b \\ i_c \end{bmatrix} \tag{8-22}$$

其中，$m = \sqrt{2/3}$ 时为正交变换，变换前后功率方程形式不变，$m = 2/3$ 时可保持变换前后电流空间矢量幅值不变。当然，m 也可以取其他任意非零常数，只是物理意义不明确。

由α、β两相坐标系到 a、b、c 三相坐标系的逆变换关系为

$$\begin{bmatrix} i_a \\ i_b \\ i_c \end{bmatrix} = m' \begin{bmatrix} 1 & 0 \\ -\dfrac{1}{2} & \dfrac{\sqrt{3}}{2} \\ -\dfrac{1}{2} & -\dfrac{\sqrt{3}}{2} \end{bmatrix} \begin{bmatrix} i_\alpha \\ i_\beta \end{bmatrix} \tag{8-23}$$

当式（8-20）中的 $m=\sqrt{2/3}$ 时，此处的 $m'=\sqrt{2/3}$；当式（8-20）中的 $m=2/3$ 时，此处的 $m'=1$。应用坐标变换时二者必须对应。

上述变换同样适用于电压、磁链等物理量。

2）两相静止坐标系与两相旋转坐标系之间的变换。

这一变换是 α、β 两相静止坐标系与 d、q 两相旋转坐标系之间的变换，又称 Park 变换或2s/2r 变换。图 8-14 所示 d、q 两相旋转坐标系以角速度 ω 逆时针旋转，d 轴与 α 轴的夹角为 θ。

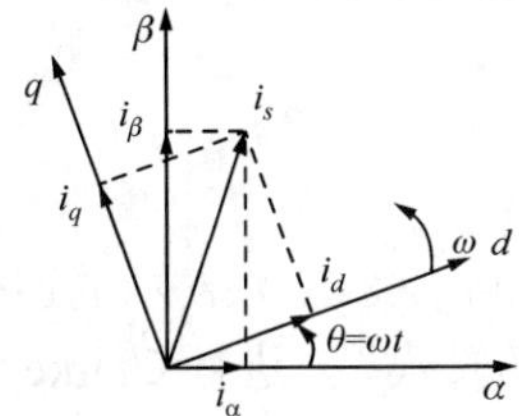

图 8-14　两相静止坐标系与两相旋转坐标系之间的变换

以电流为例，由 α、β 两相静止坐标系到 d、q 两相旋转坐标系的变换关系为

$$\begin{bmatrix} i_d \\ i_q \end{bmatrix} = \begin{bmatrix} \cos\theta & \sin\theta \\ -\sin\theta & \cos\theta \end{bmatrix} \begin{bmatrix} i_\alpha \\ i_\beta \end{bmatrix} \tag{8-24}$$

若旋转坐标系的旋转速度与电流正弦波的角速度相等，则经推导可知，此时电流在 d、q 两轴上的分量均为直流形式。若 d 轴总与电流空间矢量重合，则显然有 d 轴分量就等于有空间矢量幅值、q 轴分量为0的结果。

由 d、q 坐标系到 α、β 坐标系的变换关系为

$$\begin{bmatrix} i_\alpha \\ i_\beta \end{bmatrix} = \begin{bmatrix} \cos\theta & -\sin\theta \\ \sin\theta & \cos\theta \end{bmatrix} \begin{bmatrix} i_d \\ i_q \end{bmatrix} \tag{8-25}$$

由以上两个变换，还可以推导出 a、b、c 三相静止坐标系与 d、q 两相旋转坐标系之间的变换关系。对于不满足三相之和为零条件的物理量，还需引入零轴分量，组成 $\alpha\beta0$ 坐标系和 $dq0$ 坐标系。

例 8-3　完成 Clarke 和 Park 变换的仿真。

解　在 Simulink/Ports & Subsystems 库中选择 Atomic Subsystem 模块，按照如图 8-15 所示进行设置，便可得到式（8-21）表示的 Clarke 变换，并封装为一个子系统。

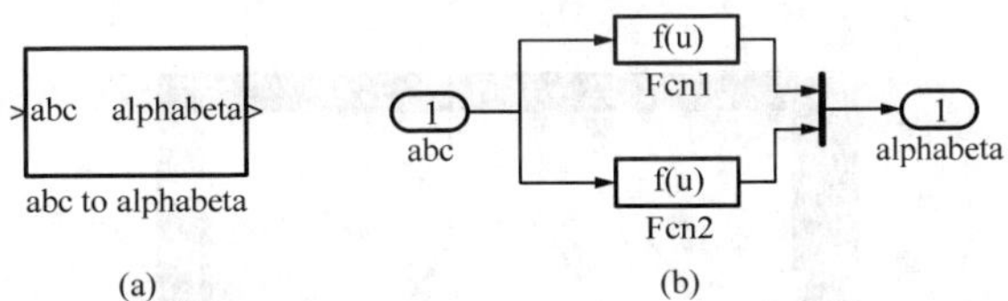

图 8-15　Clarke 变换模块

（a）子系统模块；（b）内部示意图

图 8-15 中的“Fcn1”和“Fcn2”均为 Simulink/User-Defined Functions 中的 Fcn 模块，可设定较为复杂的函数表达式。两个函数的设置如图 8-16 所示，可实现式（8-21）表示的变换公式，此处采用等幅值变换。

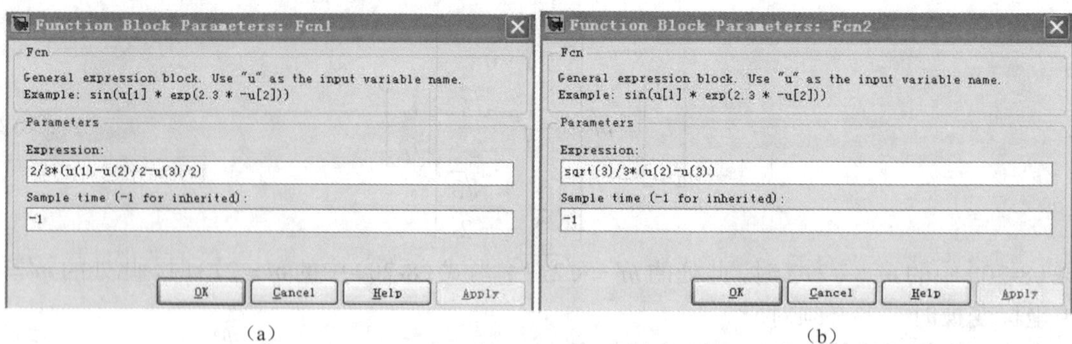

（a）　　　　　　　　　　（b）

图 8-16　函数设置示意图

（a）Fcn1 模块设置；（b）Fcn2 模块设置

而式（8-22）表示的逆变换可按照类似的过程生成。利用这两个模块可以建立如图 8-17 所示的仿真模型，进行 Clarke 变换的验证。其中的三个正弦信号分别为 $2\cos(\omega t)$ 、$2\cos(\omega t-120°)$ 和 $2\cos(\omega t+120°)$ ，表示 a、b、c 三相坐标系下的分量，频率为 50Hz，代入式（8-21）可得两相静止坐标系下的量为 $2\cos(\omega t)$ 和 $2\sin(\omega t)$ ，再经式（8-22）的逆变换后又可得原来的三相正弦信号。图 8-18 为仿真结果，可见与上述分析结果相同，说明这两个模块设置正确。

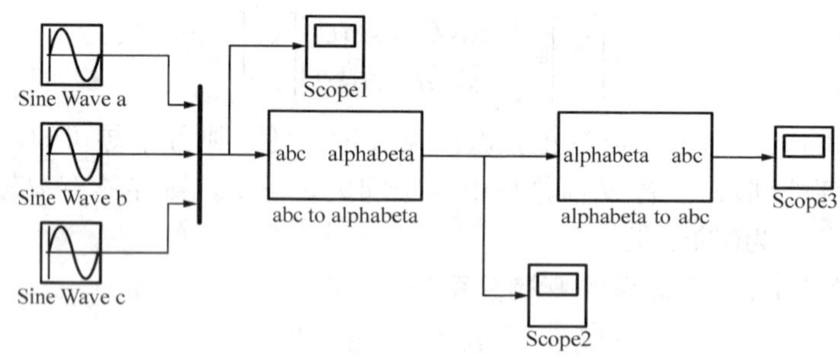

图 8-17　Clarke 变换仿真模型

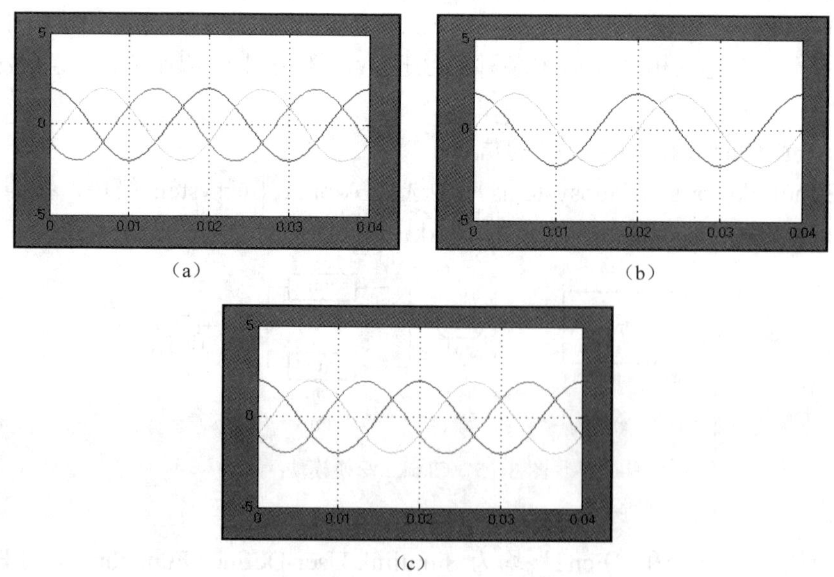

（a）　　　　　　　　　　（b）

（c）

图 8-18　Clarke 变换示意图

（a）原信号；（b）Clarke 变换后信号；（c）逆变换后信号

式（8-23）表示的Park变换模块如图8-19所示。输入为两相静止坐标系下的分量，以及d轴与α轴的夹角。

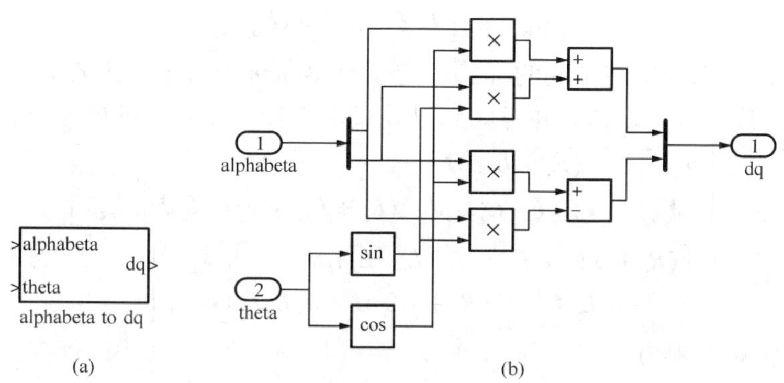

图8-19　Park变换模块

（a）子系统模块；（b）内部示意图

把图8-17中经Clarke变换后得到的两相静止坐标系下的分量输入到Park变换模块，并令d轴与a、b、c三相分量合成的空间矢量重合，即Park变换模块输入的角度为ωt，则可得变换后的d轴分量为2，q轴分量为0。这与式（8-23）的计算结果相同，读者可自行验算，此处不再给出仿真波形。

在研究异步电机的多变量非线性数学模型时，常作如下假设：

（1）忽略空间谐波，设三相绕组对称，在空间互差120°电角度；

（2）忽略磁路饱和；

（3）忽略铁损；

（4）忽略频率和温度对电机参数的影响。

异步电机在三相静止坐标系下的数学模型非常复杂，为一组时变参数的非线性微分方程组不便于分析与应用。本书对此不再介绍，而直接利用前述的坐标变换方法对其进行简化，首先利用Clarke变换将三相电机变换为等效的两相电机，然后将静止坐标系下的两相电机模型变换到旋转坐标系下。

（1）异步电机在两相静止坐标系下的数学模型。

异步电机的数学模型通常包括电压方程、磁链方程、转矩方程和运动方程。为使表达式简洁，以下采用向量和矩阵表示。

异步电机的电压方程为

$$\begin{cases} \boldsymbol{u}_{s\alpha\beta} = R_s \boldsymbol{i}_{s\alpha\beta} + p\boldsymbol{\psi}_{s\alpha\beta} \\ \boldsymbol{u}_{r\alpha\beta} = R_r \boldsymbol{i}_{r\alpha\beta} + p\boldsymbol{\psi}_{r\alpha\beta} - \omega_r \boldsymbol{J}\boldsymbol{\psi}_{r\alpha\beta} \end{cases} \tag{8-26}$$

其中，p为微分算子，定子电压向量$\boldsymbol{u}_{s\alpha\beta}=[u_{s\alpha}\ u_{s\beta}]^{\mathrm{T}}$，转子电压向量$\boldsymbol{u}_{r\alpha\beta}=[u_{r\alpha}\ u_{r\beta}]^{\mathrm{T}}$，定子电流向量$\boldsymbol{i}_{s\alpha\beta}=[i_{s\alpha}\ i_{s\beta}]^{\mathrm{T}}$，转子电流向量$\boldsymbol{i}_{r\alpha\beta}=[i_{r\alpha}\ i_{r\beta}]^{\mathrm{T}}$，定子磁链向量$\boldsymbol{\psi}_{s\alpha\beta}=[\psi_{s\alpha}\ \psi_{s\beta}]^{\mathrm{T}}$，转子磁链向量$\boldsymbol{\psi}_{r\alpha\beta}=[\psi_{r\alpha}\ \psi_{r\beta}]^{\mathrm{T}}$均为各物理量在$\alpha\beta$两相静止坐标系下的分量组成的向量，$\omega_r$为电机转子角频率，而矩阵$\boldsymbol{J}$满足下式

$$\boldsymbol{J} = \begin{bmatrix} 0 & -1 \\ 1 & 0 \end{bmatrix}$$

式中磁链的导数项常称为变压器电动势，而$-\omega_r \boldsymbol{J}\boldsymbol{\psi}_{r\alpha\beta}$项称为旋转电动势。

异步电机的磁链方程为

$$\begin{bmatrix} \boldsymbol{\psi}_{s\alpha\beta} \\ \boldsymbol{\psi}_{r\alpha\beta} \end{bmatrix} = \begin{bmatrix} L_s\boldsymbol{I} & L_m\boldsymbol{I} \\ L_m\boldsymbol{I} & L_r\boldsymbol{I} \end{bmatrix} \begin{bmatrix} \boldsymbol{i}_{s\alpha\beta} \\ \boldsymbol{iI}_{r\alpha\beta} \end{bmatrix} \tag{8-27}$$

其中，L_m、L_s和L_r分别为定转子间的互感、定子自感和转子自感，矩阵$\boldsymbol{I}$为二阶单位阵。

将式（8-26）代入式（8-25）并考虑到鼠笼式电机转子短路，即转子电压为0，可得

$$\begin{aligned} \begin{bmatrix} \boldsymbol{u}_{s\alpha\beta} \\ \boldsymbol{0} \end{bmatrix} &= \begin{bmatrix} (R_s + L_s p)\boldsymbol{I} & L_m p\boldsymbol{I} \\ L_m p\boldsymbol{I} - \omega_r L_m \boldsymbol{J} & (R_r + L_r p)\boldsymbol{I} - \omega_r L_r \boldsymbol{J} \end{bmatrix} \begin{bmatrix} \boldsymbol{i}_{s\alpha\beta} \\ \boldsymbol{i}_{r\alpha\beta} \end{bmatrix} \\ &= \begin{bmatrix} (R_s + \sigma L_s p)\boldsymbol{I} & (L_m / L_r) p\boldsymbol{I} \\ -R_r L_m \boldsymbol{I} & (R_r + pL_r)\boldsymbol{I} - \omega_r L_r \boldsymbol{J} \end{bmatrix} \begin{bmatrix} \boldsymbol{i}_{s\alpha\beta} \\ \boldsymbol{\psi}_{r\alpha\beta} \end{bmatrix} \end{aligned} \tag{8-28}$$

异步电机的转矩方程为

$$T_e = \frac{3}{2} n_p L_m (\boldsymbol{i}_{s\alpha\beta}^{\mathrm{T}} \boldsymbol{J} \boldsymbol{i}_{r\alpha\beta}) = \frac{3}{2} n_p L_m (i_{s\beta} i_{r\alpha} - i_{s\alpha} i_{r\beta}) \tag{8-29}$$

由于此处采用了等幅值的坐标变换，所以转矩方程中出现了3/2项，若采用等功率变换，则无此项。实际上，根据磁链方程，可以选择不同变量构成电磁转矩的各种表达式。例如，转矩可以用定子电流和转子磁链表示为

$$T_e = \frac{3 n_p L_m}{2 L_r} (\boldsymbol{i}_{s\alpha\beta}^{\mathrm{T}} \boldsymbol{J} \boldsymbol{\psi}_{r\alpha\beta}) = \frac{3 n_p L_m}{2 L_r} (i_{s\beta} \psi_{r\alpha} - i_{s\alpha} \psi_{r\beta}) \tag{8-30}$$

异步电机的运动方程为

$$\frac{J}{n_p} p\omega_r = T_e - T_L \tag{8-31}$$

为了便于研究，还可将上述方程整理成状态方程的形式。由式（8-27）和式（8-30）可知，异步电机状态方程应该是5阶的，定子电压为控制输入，负载转矩为扰动输入，定子电流和转速为可测输出。根据控制系统构成的需要，有多种选取状态变量的方法，常见的是选择定子电流、转子磁链（或定子磁链）和转速作为状态变量。由于方程中出现了状态变量乘积的形式，因此异步电机的数学模型为典型的非线性方程。

（2）异步电机在两相任意旋转坐标系下的数学模型。

两相坐标系可以是静止的，也可以是旋转的。若能够得到以任意速度旋转的坐标系下的数学模型，则可以涵盖各种坐标系的情况。

设两相旋转坐标系的d轴相对于三相静止的定子坐标a轴的角速度为ω_{dq}，则可以推导出异步电机在dq坐标系下的电压方程为

$$\begin{aligned} \begin{bmatrix} \boldsymbol{u}_{sdq} \\ \boldsymbol{0} \end{bmatrix} &= \begin{bmatrix} R_s\boldsymbol{I} + L_s(p\boldsymbol{I} + \omega_{dq}\boldsymbol{J}) & L_m(p\boldsymbol{I} + \omega_{dq}\boldsymbol{J}) \\ L_m p\boldsymbol{I} + (\omega_{dq} - \omega_r) L_m \boldsymbol{J} & (R_r + L_r p)\boldsymbol{I} + (\omega_{dq} - \omega_r) L_r \boldsymbol{J} \end{bmatrix} \begin{bmatrix} \boldsymbol{i}_{sdq} \\ \boldsymbol{i}_{rdq} \end{bmatrix} \\ &= \begin{bmatrix} R_s\boldsymbol{I} + \sigma L_s(p\boldsymbol{I} + \omega_{dq}\boldsymbol{J}) & (L_m / L_r)(p\boldsymbol{I} + \omega_{dq}\boldsymbol{J}) \\ -R_r L_m \boldsymbol{I} & (R_r + pL_r)\boldsymbol{I} + (\omega_{dq} - \omega_r) L_r \boldsymbol{J} \end{bmatrix} \begin{bmatrix} \boldsymbol{i}_{sdq} \\ \boldsymbol{\psi}_{rdq} \end{bmatrix} \end{aligned} \tag{8-32}$$

转矩方程和运动方程分别为

$$T_e = \frac{3 n_p L_m}{2 L_r} (\boldsymbol{i}_{sdq}^{\mathrm{T}} \boldsymbol{J} \boldsymbol{\psi}_{rdq}) = \frac{3 n_p L_m}{2 L_r} (i_{sq} \psi_{rd} - i_{sd} \psi_{rq}) \tag{8-33}$$

$$\frac{J}{n_p} p\omega_r = T_e - T_L \tag{8-34}$$

可见，只需令ω_{dq}为 0，即可得到两相静止坐标系下的数学模型。若令ω_{dq}等于定子频率的同步转速，即$\omega_{dq}=\omega_1$，则$\omega_{dq}-\omega_r=\omega_{sl}$为转差角频率，代入式（8-34）可得两相同步旋转坐标系下的数学模型。两相同步旋转坐标系的突出优点是，三相坐标系中为正弦波的电压、电流、磁链等物理量，变换后均表现为直流的形式。

最后需要指出的是，各种坐标系下的电机模型都是等效的，只是便于实现不同的控制策略，并不能改变电机的性质。

Simpowersystmes 中的异步电机模型，即是根据上述方程搭建的动态仿真模型。其对话框中的参考坐标系选择只是便于观察同一物理量在不同坐标系下的表现形式，对仿真结果并无实质影响。

8.2.2 转子磁场定向矢量控制

由第 8.1 节可知，异步电机的动态数学模型是一个高阶、非线性、强耦合的系统，虽然可以通过坐标变换进行适当简化，但并不能改变其非线性、多变量的本质。因此，第 8.1 节所述的基于稳态模型的 V/F 控制很难满足高性能调速的要求，要实现高动态调速性能的控制方案，必须基于异步电机的动态模型。转子磁场定向的矢量控制就是目前常用的方法之一。

在第 8.1 节中讲到异步电机在同步旋转坐标系下的数学模型，只规定了 dq 轴的相互垂直关系以及与定子频率同步的旋转速度，但未规定坐标系与电机旋转磁场的相对位置。如果取 d 轴与转子磁链矢量$\boldsymbol{\psi}_r$重合，即得到按转子磁场定向的旋转坐标系。因为 q 轴与转子磁链矢量$\boldsymbol{\psi}_r$垂直，因此转子磁链矢量$\boldsymbol{\psi}_r$在 q 轴上的分量为零，即此时有

$$\psi_{rd}=|\boldsymbol{\psi}_r|,\psi_{rq}=0 \tag{8-35}$$

代入式（8-34）中可得转子磁场定向下的方程为

$$\begin{bmatrix} u_{sd} \\ u_{sq} \\ 0 \\ 0 \end{bmatrix}=\begin{bmatrix} R_s+\sigma L_s p & -\omega_1\sigma L_s & (L_m/L_r)p & 0 \\ \omega_1\sigma L_s & R_s+\sigma L_s p & \omega_1 L_m/L_r & 0 \\ -R_r L_m & 0 & R_r+L_r p & 0 \\ 0 & -R_r L_m & \omega_{sl} & 0 \end{bmatrix}\begin{bmatrix} i_{sd} \\ i_{sq} \\ \psi_{rd} \\ 0 \end{bmatrix} \tag{8-36}$$

其中，ω_1为转子磁链的旋转速度，ω_{sl}为转差角频率，且有

$$\omega_{sl}=\omega_1-\omega_r=\frac{R_r L_m i_{sq}}{\psi_{rd}} \tag{8-37}$$

由式（8-35）还可得

$$\psi_{rd}=\frac{R_r L_m}{L_r p+R_r}i_{sd} \tag{8-38}$$

可见，转子磁链仅由 d 轴定子电流控制，因此 i_{sd} 又称为定子电流的励磁分量或励磁电流。转子磁链与励磁电流之间的传递函数为一阶惯性环节，其时间常数为转子时间常数$T_r=L_r/R_r$，当励磁电流突变时，转子磁链的变化要受到励磁惯性的阻挠，这与直流电动机励磁绕组的惯性是一致的。稳态时有

$$\psi_{rd}=L_m i_{sd} \tag{8-39}$$

将式（8-37）代入转矩表达式（8-35）中可得转子磁场定向下的转矩为

$$T_e=\frac{3n_p L_m}{2L_r}i_{sq}\psi_{rd} \tag{8-40}$$

可见，转子磁场定向后异步电机转矩表达式简化为转子磁链与 q 轴电流的乘积，i_{sq} 称为定子电流的转矩分量或转矩电流。

转子磁场定向实现了定子电流励磁分量与转矩分量的解耦，转子磁链仅由励磁电流 i_{sd} 产生，而与转矩电流 i_{sq} 无关。但转矩要受到转子磁链和转矩电流的影响，因此仍然是耦合的。只是在转子磁链保持不变的假设下，异步电机的电磁转矩仅由转矩电流控制且呈线性关系。因此，转子磁场定向控制需要控制励磁电流保证转子磁链恒定，而控制转矩电流以控制电磁转矩。

转子磁场定向矢量控制的关键是要得到转子磁链矢量的幅值和位置，从而才可以实现异步电机电磁转矩的解耦控制。最初曾尝试通过传感器直接检测磁链，但至今尚未有实用的方法。因此只能通过异步电机磁链模型进行计算，或者构造状态观测器进行转子磁链观测。模型计算法简便易行，但没有误差校正功能，受系统中不确定因素的影响较大。目前，主要有电压模型法和电流模型法两种，二者均可由式（8-30）表示的异步电机数学模型推导出来。在得到转子磁链在静止坐标系下的$\alpha\beta$轴分量后，则由下式可得转子磁链的幅值和相角

$$\begin{aligned}\psi_{rd} &= |\boldsymbol{\psi}_r| = \sqrt{\psi_{r\alpha}^2 + \psi_{r\beta}^2} \\ \theta_r &= \arccos(\psi_{r\alpha} / |\boldsymbol{\psi}_r|)\end{aligned} \tag{8-41}$$

这种通过磁链计算器或观测器而得到转子磁场角度的方法又称为直接矢量控制，其控制框图如图 8-20 所示。

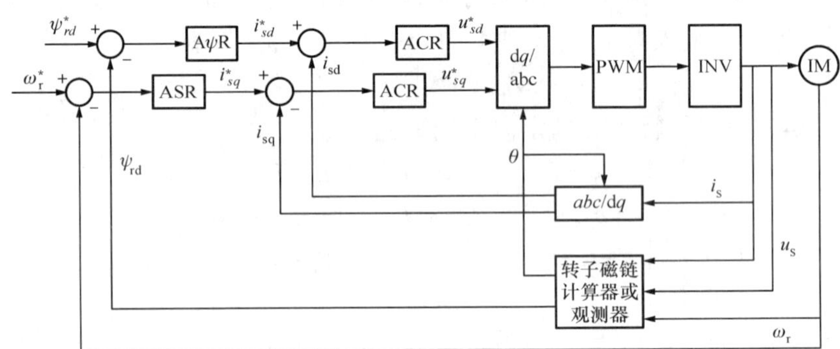

图 8-20　直接矢量控制框图

控制系统可分为转速（转矩）和磁链两个近似解耦的子系统，每个子系统均为双环控制结构，外环为转速和磁链控制环，内环为转矩电流和励磁电流控制环。转速指令 ω_r^* 与实测的电机转速 ω_r 的误差送入转速调节器 ASR，得到转矩电流指令 i_{sq}^*，而磁链指令 ψ_r^* 与磁链观测器所得的转子磁链的误差经过磁链调节器 AΨR 可得励磁电流指令 i_{sd}^*，ASR 和 AΨR 通常均为 PI 调节器。有时为了简化控制系统可省略 AΨR，由式（8-41）直接计算得到励磁电流指令。根据观测所得的转子磁链角度，实测的定子三相电流经坐标变换后可得励磁电流 i_{sd} 和转矩电流 i_{sq}，它们与其指令值的误差经电流调节器 ACR 后分别可得 dq 轴电压指令 u_{sd}^* 和 u_{sq}^*，再由坐标变换为静止坐标系下的电压指令，最后经 PWM 模块得到逆变器的控制脉冲。ACR 通常也采用 PI 调节器，但由式（8-38）可知，d 轴和 q 轴电流仍然存在耦合项，且与电机转速有关，这为电流环 PI 参数的设计带来困难。为此，工程中常在电压指令中引入解耦项，与电流环 PI 调节器的输出相加即为 ACR 的输出 u_{sd}^* 和 u_{sq}^*。ACR 也可采用滞环电流控制方式，直接得到逆变器的驱动脉冲。

此外，利用式（8-39）表示的转差频率公式也可以估计磁链位置，这种方法称为转差频率矢量控制，又称间接矢量控制。由于矢量控制中定子电流环可以保证 dq 轴电流的无静差跟踪，因此工程中常用各物理量的指令值代替实际值，此时式（8-36）变为

$$\omega_{sl}^{*}=\frac{R_r L_m i_{sq}^{*}}{\psi_{rd}^{*}} \tag{8-42}$$

则通过式（8-43）可得转子磁链位置，即

$$\theta=\int_0^t(\omega_r+\omega_{sl}^{*})\mathrm{d}t \tag{8-43}$$

间接矢量控制的框图如图 8-21 所示，其控制部分与直接矢量控制类似，只是通常省略 AΨR，由磁链指令直接计算励磁电流指令。

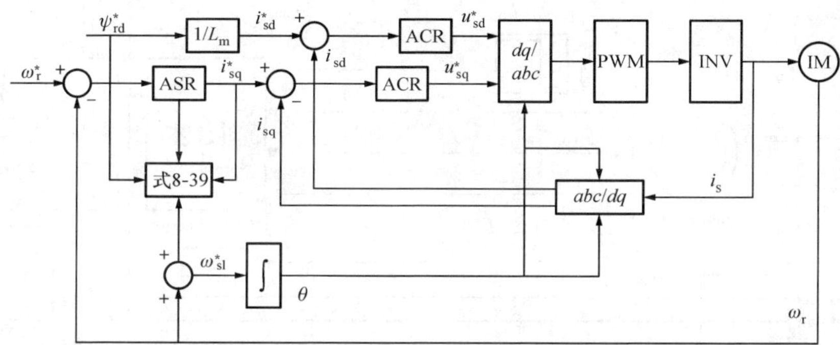

图 8-21 间接矢量控制框图

例 8-4 完成三相异步电机直接矢量控制的仿真。电机参数如下：额定线电压为 380V，额定频率为 50Hz，定子电阻为 0.087Ω，定子漏感为 0.8×10^{-3}H，转子电阻为 0.228Ω，转子漏感为 0.8×10^{-3}H，励磁电感为 34.7×10^{-3}H，转动惯量为 0.862，极对数为 2。

解 1）建立仿真模型。

建立主电路仿真模型的方法与例 8-2 基本相同，只需修改电机参数，并将直流电压设为 750V。本例中不研究磁链观测问题，假设磁链可测。为此，在电机对话框中选择参考坐标系为静止坐标系，则可根据式（8-41），利用电机测量模块所得的实际磁链计算转子磁链的幅值和相角。值得指出的是，simpowersystems 的电机模型中坐标系的定义与本节所介绍的略有差别，在应用时要注意。异步电机矢量控制仿真模型如图 8-22 所示，其中矢量控制模块“Vector Control”是本例的核心。

矢量控制模块的内部结构如图 8-23 所示，与图 8-20 所示的原理完全一致，读者可对照分析。其中，“Speed Controller”“Flux Controller”“id Controller”和“iq Controller”四个模块均为离散的 PI 调节器，内部结构完全相同。“Speed Controller”模块的内部结构如图 8-24 所示，需要填写 k_p、k_i 和限幅值等参数。为了获得更好的控制性能，本例在电流 PI 调节器后中加入了前馈解耦环节，dq 轴电压解耦项分别如式（8-44）所示。

$$\begin{aligned}u_{dd}&=-\omega_1\sigma L_s i_q^{*}\\u_{qd}&=\omega_1 L_s i_d^{*}\end{aligned} \tag{8-44}$$

解耦模块内部结构如图 8-25 所示。由于在电机启动时加入前馈解耦项会产生较大的启动电流，因此本例中采用了“Enable”子系统，延迟一段时间后再加入解耦项。利用式（8-39），可计算

式（8-44）中所需的 ω_1 。图 8-23 中的坐标变换模块可由如图 8-15 和图 8-19 所示的两种变换模块组合而成，变换所用的角度就是转子磁链的角度。PWM 模块使用 simpowersystems 自带的离散 PWM 发生器，载波频率设为 2000Hz。

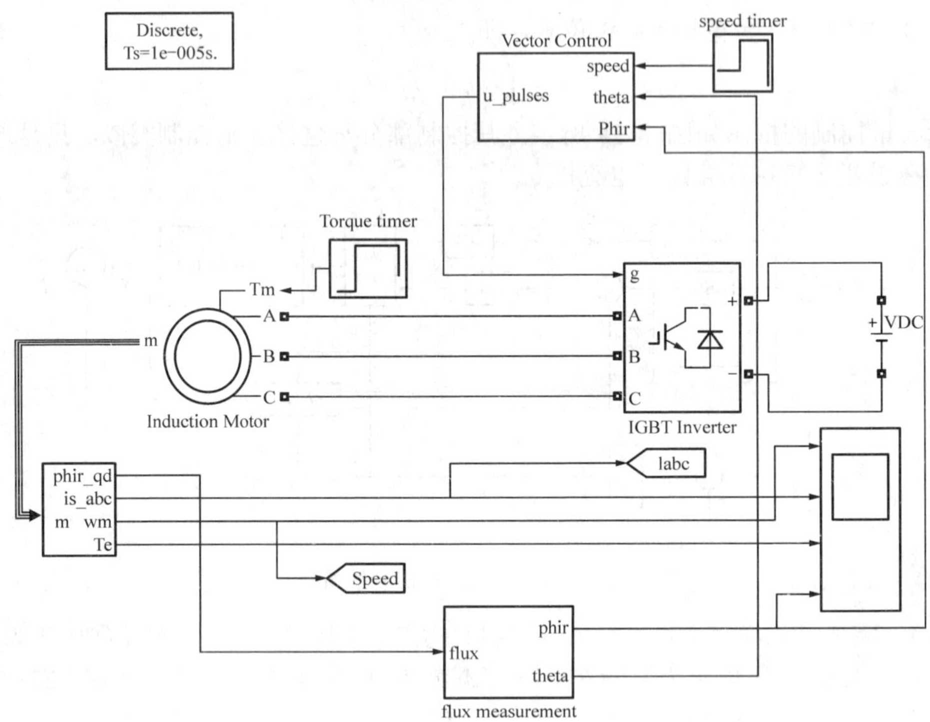

图 8-22　异步电机直接矢量控制仿真模型图

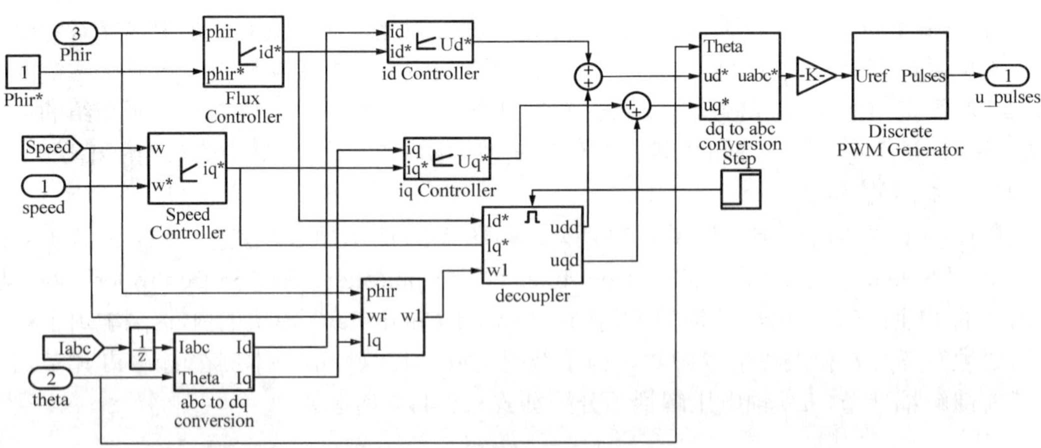

图 8-23　矢量控制模块内部结构图

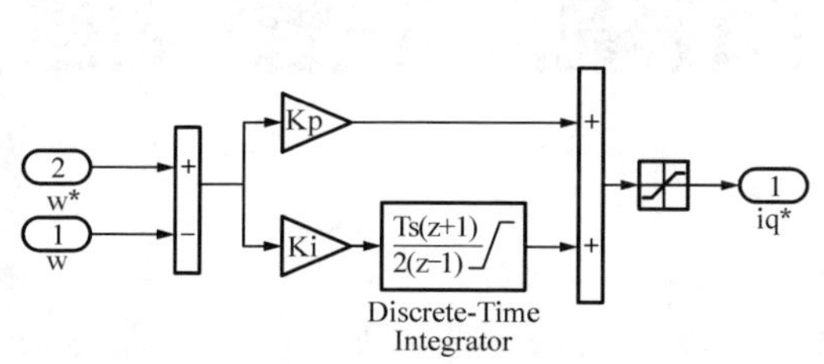

图 8-24 “Speed Controller”模块内部结构图

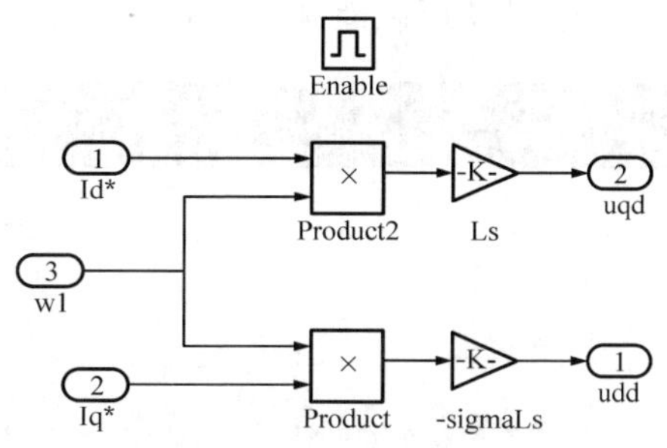

图 8-25 解耦模块内部结构图

2）仿真结果。

利用“Timer”模块设置电机的负载转矩，在 0～0.8s 时电机负载为 100Nm，在 0.8～2.5s 时电机负载为 300Nm，2.5s 之后负载为 50Nm；利用“Timer”设置电机的转速指令，在 0～1.5s 时转速指令为 100rad/s，在 1.5～3.5s 时为 200rad/s，3.5s 后为−100rad/s。在矢量控制模块中将磁链指令设为 1Wb。转速与磁链 PI 调节器的 k_p=300，k_i=2000，限幅为 200；两个电流 PI 调节器的 k_p=1.5，k_i=870，限幅为 500。仿真设为离散仿真模式，周期为 1e-5s。运行后可得仿真结果如图 8-26 所示，图中自上而下依次为转速、定子电流、电磁转矩和转子磁链幅值。异步电机基本以恒转矩方式加速启动，转矩大小主要与控制环节中的限幅值设定有关。达到转速指令后电磁转矩减小，并最终与负载转矩一致。当 0.8s 负载转矩突然增加时，电磁转矩能够迅速产生响应，以维持转速不变。1.5s 转速指令增大后，电机仍然以恒转矩方式加速，直至达到新的转速值。当 3.5s 电机转速指令减小时，电磁转矩变为负值，电机逐渐减速、反向并最终达到指令值。

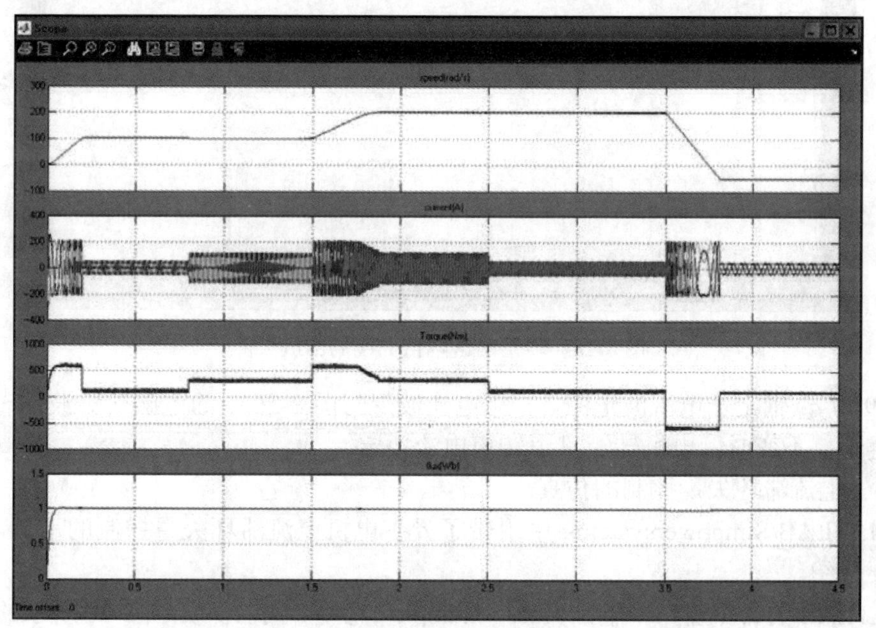

图 8-26 仿真结果图

图 8-27 为局部放大后的电机转速曲线，从图 8-27 中可以看到，电机转速超调量很小，且在突加或突减负载时，电机的转速降落和升高很小，并能够迅速恢复指令值。可见，在矢量

控制下，电机调速性能优良，较开环的V/F控制有了很大提高。

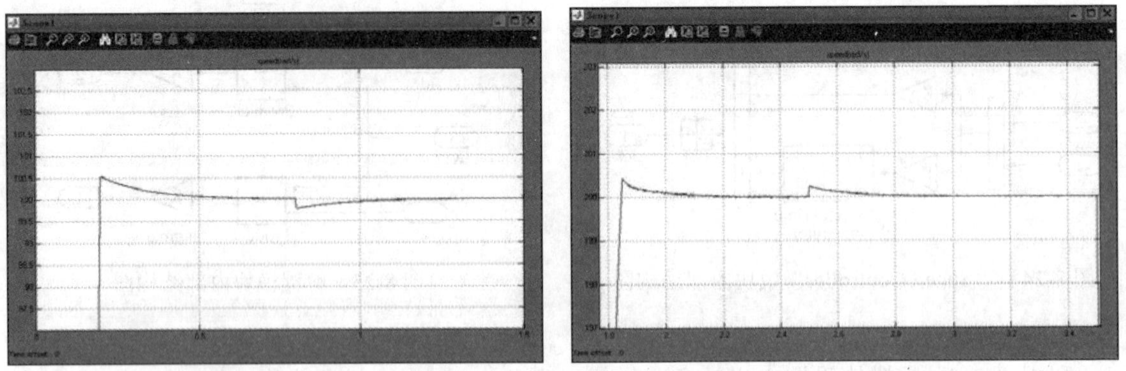

图 8-27　转速曲线局部放大图

图 8-28 为转子磁链幅值的局部放大图。可见，转子磁链能够迅速跟踪指令，并能够在速度变化时保持不变，体现了矢量控制转速与磁链两个子系统解耦的效果。

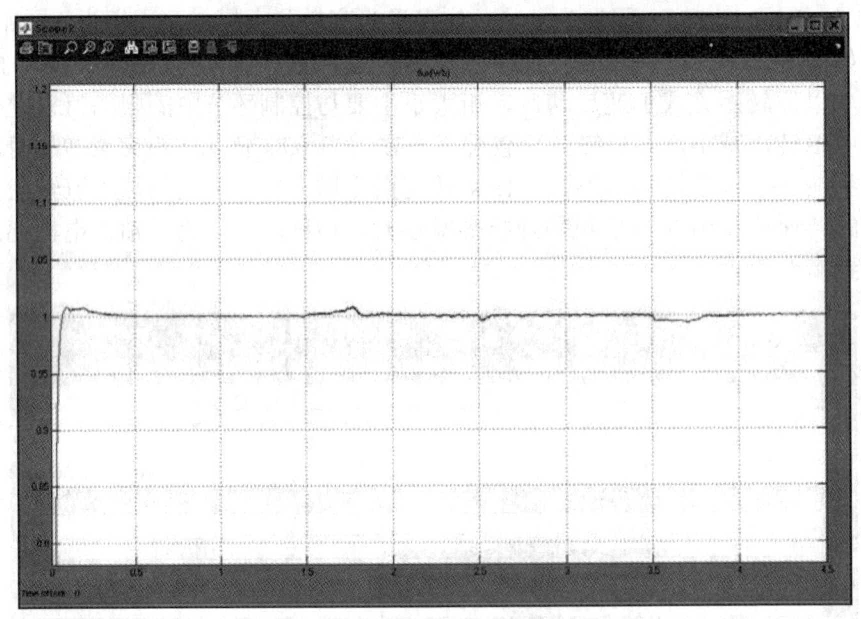

图 8-28　转子磁链幅值曲线局部放大图

图 8-29 为 dq 轴定子电流波形图。转矩电流波形与图 8-26 中的电磁转矩波形一致，可见，在转子磁链维持不变时，电机转矩只由转矩电流决定。

例 8-5　电流滞环矢量控制的仿真。

解　MATLAB/Simpowersystems 中附带了异步电机电流滞环矢量控制的示例，本例将为大家作简要介绍。

在 MATLAB 的命令窗口中输入“ac3_example”命令，可打开如图 8-30 所示的仿真模型。图中左边从上至下依次为转速指令、负载转矩和电源模块。转速指令在 0～1s 时为 500rpm，1s 后为 0rpm；负载转矩最初为 0Nm，在 0.5s 时突增为 792Nm，在 1.5s 时又突变为−792Nm；三相交流电源的线电压为 460V，频率 60Hz。图 8-30 中右侧为测量模块。图中间的“Field-

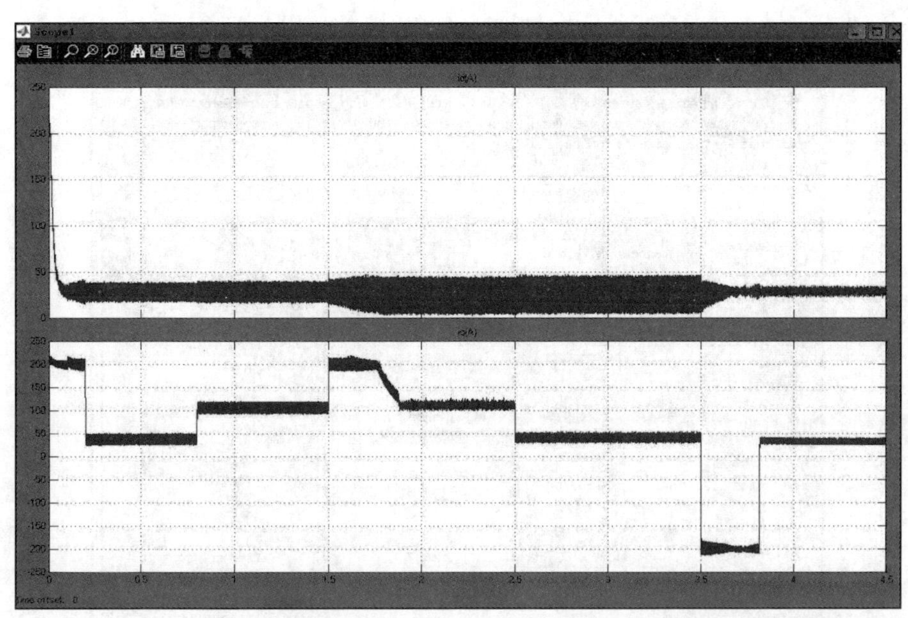

图 8-29　dq 轴定子电流波形图

Oriented Control Induction Motor Drive”为封装好的矢量控制异步电机传动系统模块，双击可打开如图 8-31 所示的对话框。在该对话框中可分别设置电机参数、变流器主电路参数和矢量控制参数。此处电机参数的设置与前文所述的电机模型中的参数设置完全一致，只是界面更加清晰直观。在主电路对话框中可设置二极管整流器、三相逆变器、直流电容以及直流侧制动斩波器的各项参数，其中制动电阻为 8Ω，斩波器频率为 4000Hz，高于 700V 时启动，低于 660V 时不工作。在矢量控制对话框中，可设置加减速曲线斜率、速度环 PI 参数、额定转子磁链、磁链环 PI 参数、电流滞环宽度、滤波器、采样时间等参数，并可选择速度控制模式或转矩控制模式。本例中，速度控制环和电流控制环采用了不同的控制周期，速度控制为 100μs，而电流控制为 20 μs。

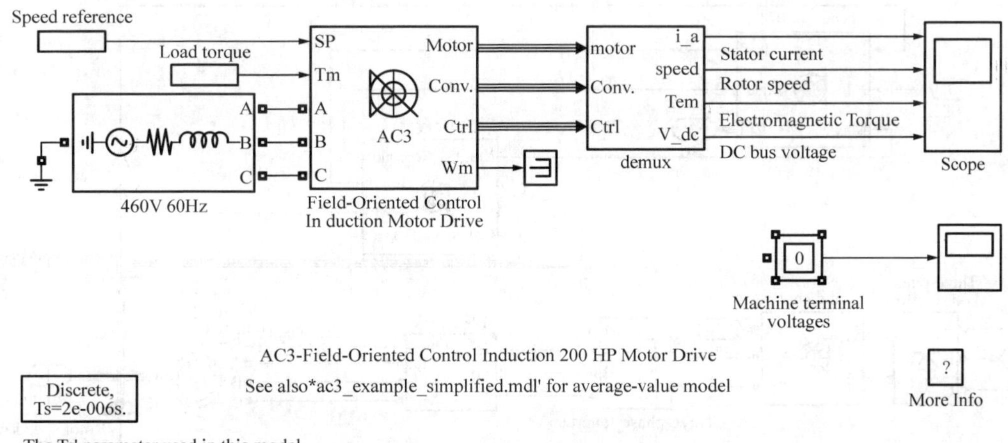

图 8-30　ac3_example 仿真模型图

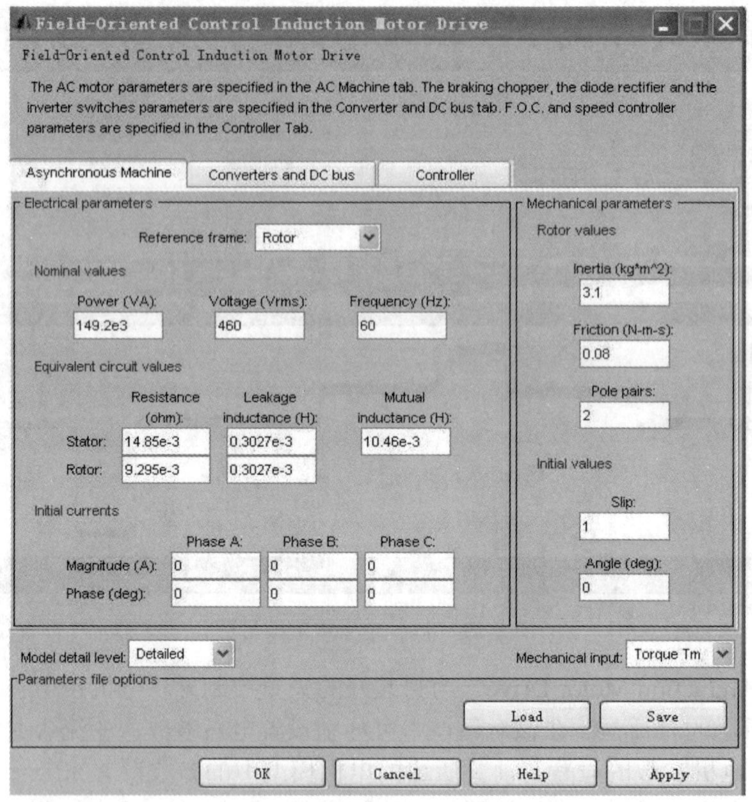

图 8-31　矢量控制异步电机传动系统模块对话框

矢量控制异步电机传动系统模块内部结构如图 8-32 所示。上方两个模块分别为速度控制器和矢量控制模块，下方为传动系统的主电路部分。主电路为“交—直—交”结构，前端为二极管整流器，与电机相连的为三相电压源型逆变器，中间为制动斩波器模块，其内部结构如图 8-33 所示。

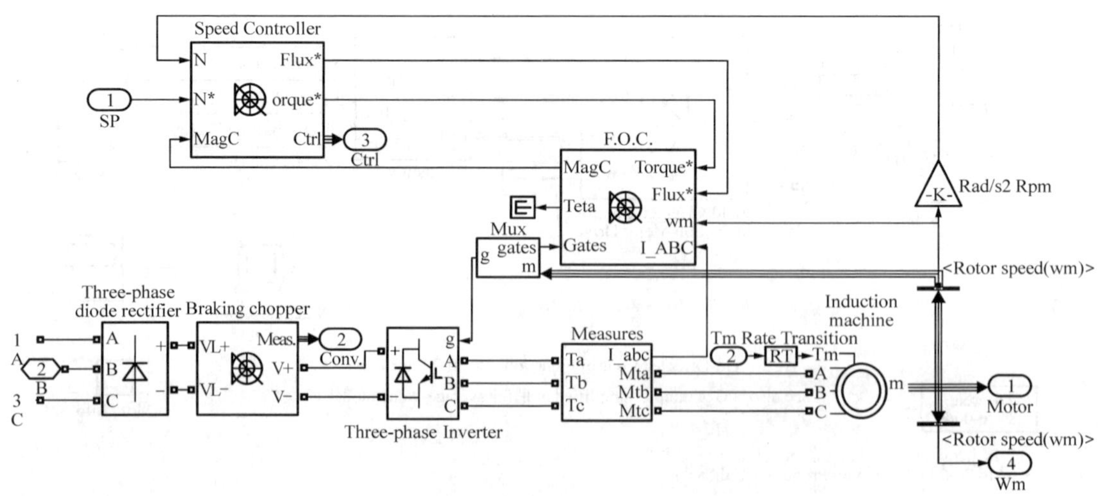

图 8-32　矢量控制异步电机传动系统模块内部结构图

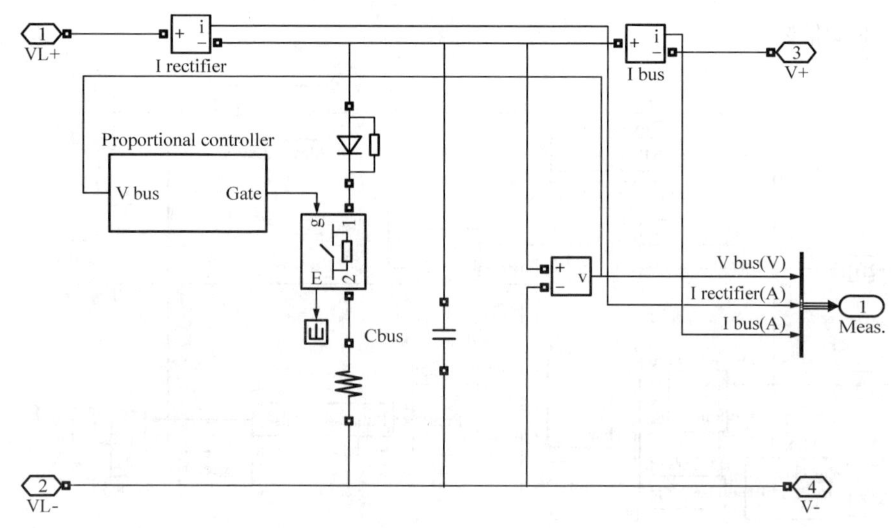

图 8-33　制动斩波器模块内部结构图

制动斩波器主要是由一个开关与制动电阻串联，当电机制动时，制动能量回馈到直流侧。由于前端二极管整流器不能回馈能量，因此会造成直流电压升高。当高过某阈值时开关闭合，制动能量消耗在制动电阻上，直流电压低于阈值时开关断开。制动斩波器的主要作用在电机有制动能量回馈直流侧时，保证直流电压不会过高。在本例中，制动斩波器的控制采用比例控制方式。

图 8-32 中的速度控制器内部结构如图 8-34 所示，与例 8-4 同样使用 PI 控制，PI 调节器输出的为转矩指令。实测的速度信号先经过了低通滤波器进行滤波处理。图 8-34 中最上方为弱磁模块，电机转速低于额定值时，磁链指令为额定值，而电机转速高于额定转速后，磁链指令与转速成反比。“MagC”为一个使能信号，本例中先建立电机磁场，当转子磁链大于某阈值后，“MagC”信号才触发速度控制器工作。

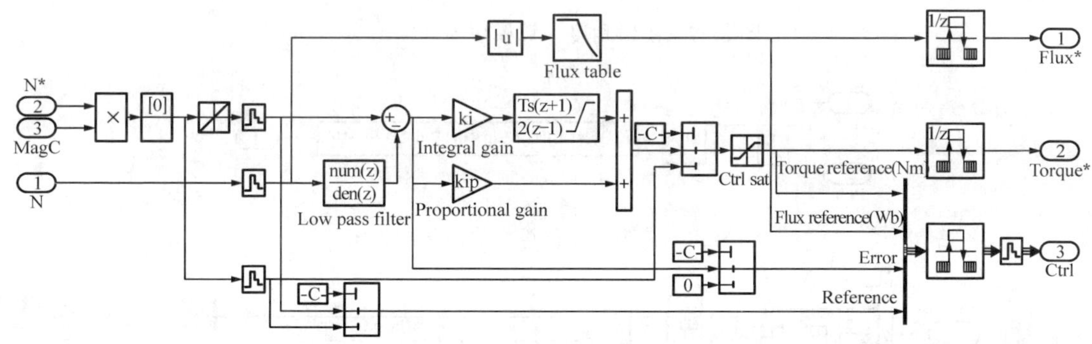

图 8-34　速度控制器内部结构图

矢量控制模块内部结构如图 8-35 所示，其基本原理与图 8-21 所示一致。“Flux Calculation”为磁链计算模块，如图 8-36 所示，根据励磁电流按照式（8-40）计算转子磁链。“Teta Calculation”为磁链角度计算模块，如图 8-37 所示，其原理与式（8-41）和式（8-43）一致，只是此处未采用指令值，而是采用了实际值。转矩电流计算模块如图 8-38 所示，计算公式如式（8-42）所示。此处引入了实际的转子磁链值，可进一步降低转矩与磁链之间的耦合关系。“Current Regulator”模块内部结构如图 8-39 所示，采用的是电流滞环控制，直接得到逆变器的驱动信号。

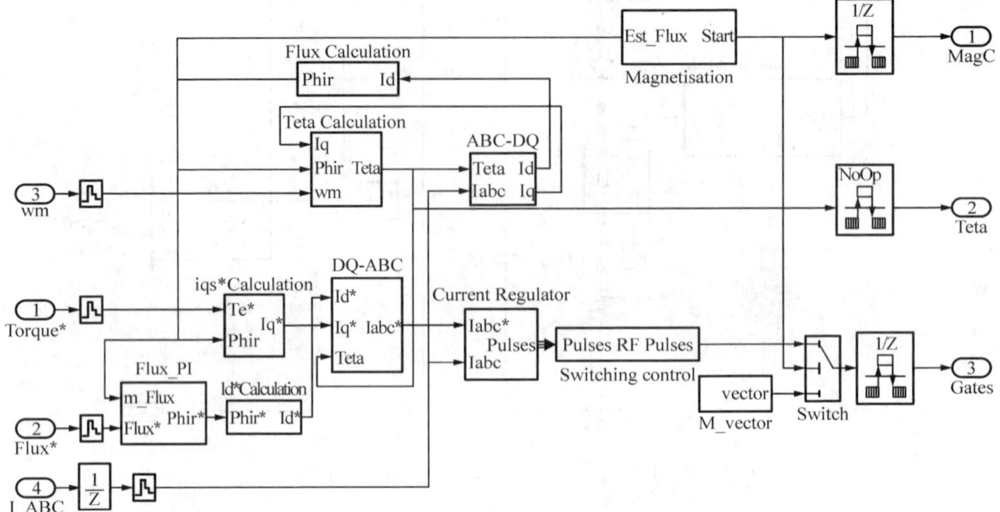

图 8-35 矢量控制模块内部结构图

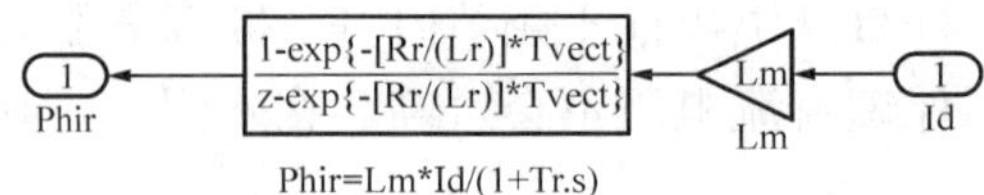

图 8-36 磁链计算模块内部结构图

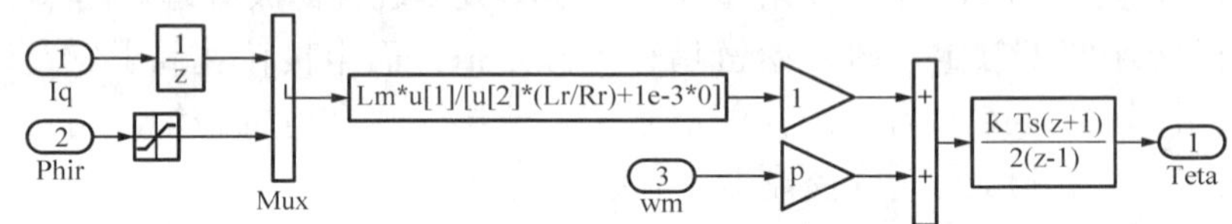

图 8-37 磁链角度计算模块内部结构图

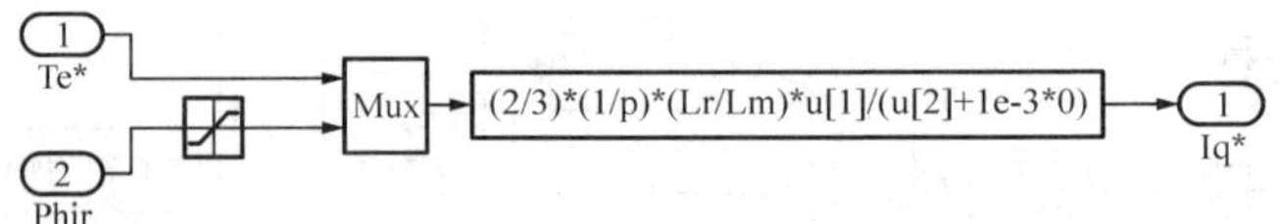

图 8-38 转矩电流计算模块内部结构图

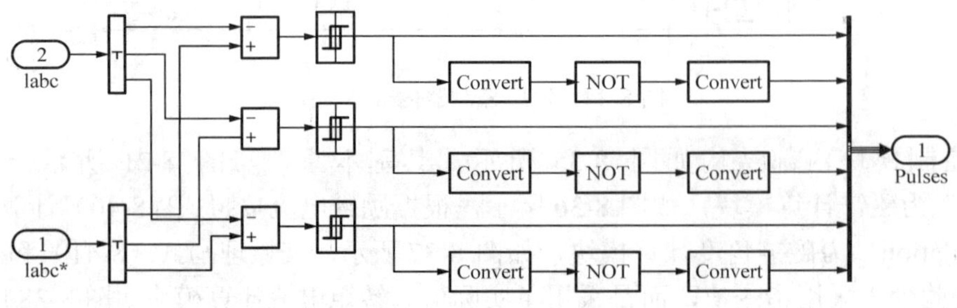

图 8-39 电流滞环控制结构图

运行该示例程序，可得仿真结果如图 8-40 所示，自上至下依次为定子 *a* 相电流、电机转速、电磁转矩和直流电压。可见，电机电磁转矩动态响应快，转速能够迅速跟踪其指令值。1.5s 后，转矩为负，电机进入发电状态，制动斩波器可以维持直流电压保持不变。图 8-41 为转子磁链幅值的波形，图 8-42 为 *dq* 轴定子电流的波形。其转子磁链幅值受转速变化影响很小，解耦效果较好。

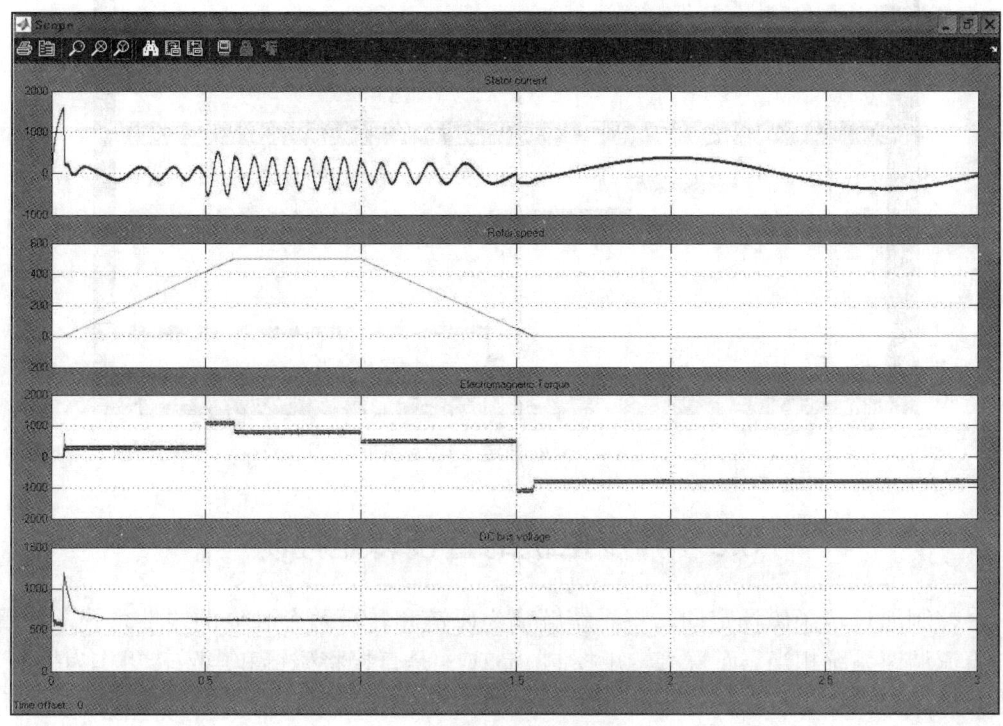

图 8-40　仿真结果图

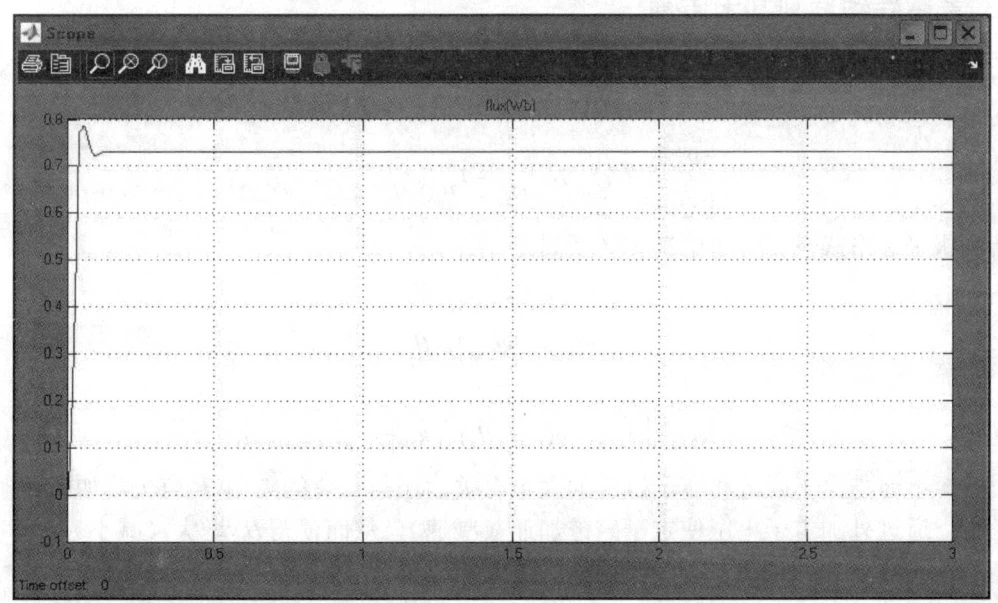

图 8-41　转子磁链幅值波形

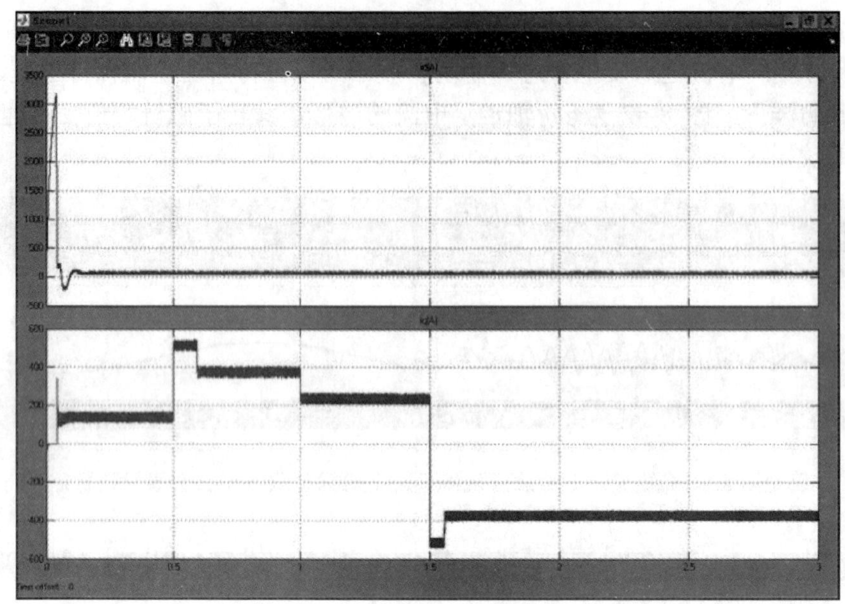

图 8-42　*dq* 轴定子电流波形

8.3　异步电机的直接转矩控制

矢量控制通过转子磁场定向，将系统解耦为磁链和转矩两个独立的线性系统，使得调速性能与直流调速系统相当。而直接转矩控制（DTC）是直接将磁链和电磁转矩作为控制变量，无需进行磁场定向和坐标变换，对转矩的控制更为简便和快速。由于直接转矩控制采用滞环控制，因此存在转矩脉动较大、开关频率不固定等问题。

8.3.1　直接转矩控制基本原理

将式（8-29）表示的磁链方程代入式（8-32）表示的转矩公式，经推导可得以定子磁链和转子磁链表示的转矩表达式

$$T_e = \frac{3n_p L_m}{2\sigma L_s L_r}(\boldsymbol{\psi}_{s\alpha\beta}^{\mathrm{T}} \boldsymbol{J} \boldsymbol{\psi}_{r\alpha\beta}) = k_{Te}(\psi_{s\beta}\psi_{r\alpha} - \psi_{s\alpha}\psi_{r\beta}) \tag{8-45}$$

若用极坐标形式表示定子磁链和转子磁链，

$$\begin{aligned} \boldsymbol{\psi}_{s\alpha\beta} &= \left|\boldsymbol{\psi}_{s\alpha\beta}\right| \angle \theta_s \\ \boldsymbol{\psi}_{r\alpha\beta} &= \left|\boldsymbol{\psi}_{r\alpha\beta}\right| \angle \theta_r \end{aligned} \tag{8-46}$$

则有

$$T_e = k_{Te}\left|\boldsymbol{\psi}_{s\alpha\beta}\right|\left|\boldsymbol{\psi}_{r\alpha\beta}\right|\sin(\theta_s - \theta_r) = k_{Te}\left|\boldsymbol{\psi}_{s\alpha\beta}\right|\left|\boldsymbol{\psi}_{r\alpha\beta}\right|\sin\theta_{sr} \tag{8-47}$$

因此，转矩不但与定子磁链和转子磁链的大小有关，还与二者的夹角 θ_{sr} 有关。如果转子磁链保持不变，通过外加定子电压使定子磁链加速（减速），从而使得 θ_{sr} 增大（减小），就可以控制转矩增大（减小）。实际上，如果定子磁链的幅值发生变化，转子磁链幅值的响应要经过一个惯性环节后才能得到，也即转子磁链幅值的变化要慢于定子磁链幅值的变化。故改变夹角 θ_{sr} 可以达到调节转矩的目的。

由定子回路的电压平衡方程式可得

$$\boldsymbol{\psi}_{s\alpha\beta} = \int(\boldsymbol{u}_{s\alpha\beta} - R_s\boldsymbol{i}_{s\alpha\beta})\mathrm{d}t \tag{8-48}$$

若忽略定子电阻压降，式（8-45）的离散形式为

$$\boldsymbol{\psi}_{s\alpha\beta}(t_{k+1}) = \boldsymbol{\psi}_{s\alpha\beta}(t_k) + \boldsymbol{u}_{s\alpha\beta}(t_k)\Delta t \tag{8-49}$$

式（8-49）表明，在Δt 时间内，定子磁链矢量的顶部沿电压矢量的方向移动。因此，逆变器输出的离散电压直接控制定子磁链的幅值和角度，并进而可以控制转矩。直接转矩控制的本质问题是在逆变器的各输出状态中选择合适的电压矢量，以达到控制目标。

第 5.3.4 节曾经提到三相逆变器可输出 8 个基本电压矢量，由 6 个非零电压矢量和 2 个零矢量组成。根据这 6 个非零矢量，可以将定子磁链空间分为 6 个区域，如图 8-43 所示。每个区域都是 60° 区间，并以相应的电压矢量为中心。

假设某时刻定子磁链矢量位于区域 1 中如图 8-44 所示。施加 6 个非零电压矢量后，定子磁链的移动方向如图 8-44 所示。若定子磁链沿圆周运动，则磁链幅值保持不变。可见，当施加电压矢量 $\boldsymbol{V}_1$、$\boldsymbol{V}_2$和 $\boldsymbol{V}_6$时，定子磁链幅值将增大；而施加电压矢量 $\boldsymbol{V}_3$、$\boldsymbol{V}_4$和 $\boldsymbol{V}_5$时，定子磁链幅值将减小；若加入零矢量，则定子磁链不变。由于选择 $\boldsymbol{V}_1$ 和 $\boldsymbol{V}_4$ 时会使定子磁链幅值急剧变化，不利于控制，因此在区域 1 中可供选择的电压矢量为 $\boldsymbol{V}_2$、$\boldsymbol{V}_3$、$\boldsymbol{V}_5$、$\boldsymbol{V}_6$ 以及两个零矢量。图 8-44 中定子磁链逆时针旋转，因此电压矢量 $\boldsymbol{V}_2$ 和 $\boldsymbol{V}_3$ 将使定子磁链角度增大，即转矩增大；而电压矢量 $\boldsymbol{V}_5$ 和 $\boldsymbol{V}_6$ 将使定子磁链角度减小，即转矩减小。其他 5 个区域也可作类似分析。可见，根据定子磁链所处区域的不同，可以选择合适的电压矢量，使得定子磁链幅值及电磁转矩增大或减小，这就是直接转矩控制的基本原理。

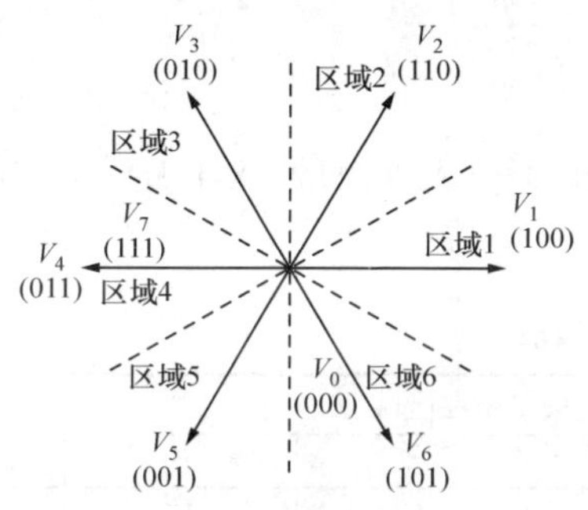

图 8-43　定子电压空间矢量与定子磁链区域

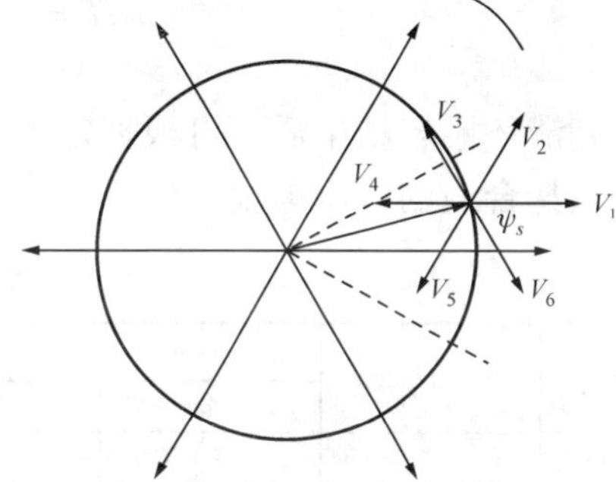

图 8-44　电压矢量作用示意图

8.3.2　直接转矩控制系统

直接转矩控制有多种实现方案，本节将介绍最基本的直接转矩控制系统，其框图如图 8-45 所示。其中速度控制器 ASR 与矢量控制中完全相同。在估计出电机的定子磁链和电磁转矩后，与定子磁链指令及速度控制器给出的转矩指令进行比较，根据需要选择恰当的电压矢量，即可完成控制。

最常见的定子磁链估计方法为电压模型法，即采用式（8-48）利用定子电压和电流估计磁链。通常不需要检测定子电压，而用逆变器开关状态和直流电压来推算。而电磁转矩可用式（8-49）计算，

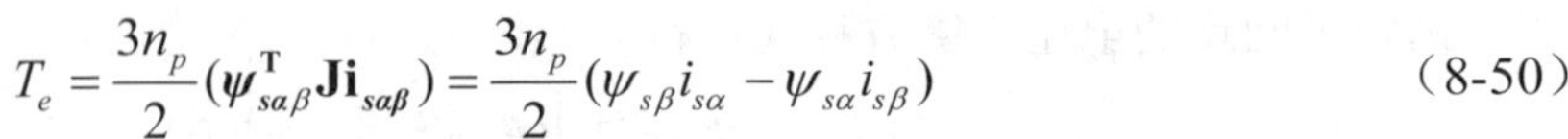

$$T_e = \frac{3n_p}{2}(\boldsymbol{\psi}_{s\alpha\beta}^{\mathrm{T}}\mathbf{J}\mathbf{i}_{s\alpha\beta}) = \frac{3n_p}{2}(\psi_{s\beta}i_{s\alpha} - \psi_{s\alpha}i_{s\beta}) \tag{8-50}$$

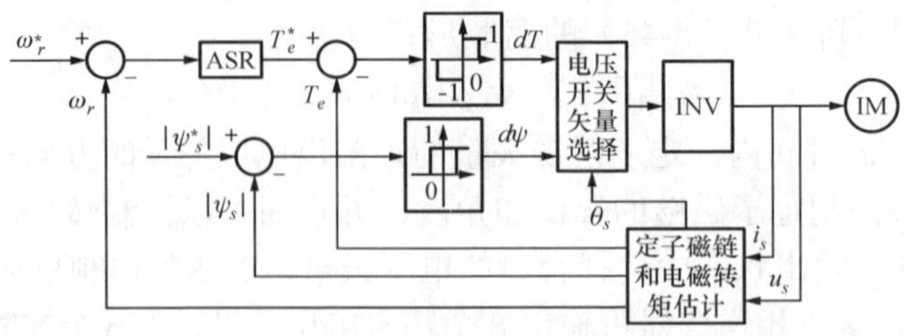

图 8-45　直接转矩控制框图

定子磁链幅值、电磁转矩与各自指令值的差值需要先经过滞环比较器，设磁链和转矩滞环的宽度分别为 ΔT 和 $\Delta\psi$，则滞环比较器的输出 dT 和 $d\psi$ 满足如下关系

$$d\psi = \begin{cases} 1, & if\left|\boldsymbol{\psi}_{\mathbf{s}}\right| \leqslant \left|\boldsymbol{\psi}_s^*\right| - \Delta\psi \\ 0, & if\left|\boldsymbol{\psi}_{\mathbf{s}}\right| \geqslant \left|\boldsymbol{\psi}_s^*\right| + \Delta\psi \end{cases} \tag{8-51}$$

对于转矩误差，当需要定子磁链矢量逆时针旋转时，有

$$dT = \begin{cases} 1, & if\left|T_e\right| \leqslant \left|T_e^*\right| - \Delta T \\ 0, & if\left|T_e\right| \geqslant \left|T_e^*\right| \end{cases} \tag{8-52}$$

当需要定子磁链矢量顺时针旋转时，有

$$dT = \begin{cases} -1, & if\left|T_e\right| \geqslant \left|T_e^*\right| + \Delta T \\ 0, & if\left|T_e\right| \leqslant \left|T_e^*\right| \end{cases} \tag{8-53}$$

得到滞环比较结果后，可根据定子磁链矢量所在的区域，按照如表 8-1 所示的电压开关矢量表选择合适的电压矢量。

表 8-1　电压开关矢量表

$d\psi$	dT	定子磁链矢量所在区域					
		1	2	3	4	5	6
1	1	V_2	V_3	V_4	V_5	V_6	V_1
	0	V_7	V_0	V_7	V_0	V_7	V_0
	–1	V_6	V_1	V_2	V_3	V_4	V_5
0	1	V_3	V_4	V_5	V_6	V_1	V_2
	0	V_0	V_7	V_0	V_7	V_0	V_7
	–1	V_5	V_6	V_1	V_2	V_3	V_4

例 8-6　完成直接转矩控制仿真。

解　MATLAB/Simpowersystems 中附带了异步电机直接转矩控制的示例，本例将为大家作简要介绍。

在 MATLAB 的命令窗口中输入“ac4_example”命令，可打开如图 8-46 所示的仿真模型。其界面与例 8-5 中的矢量控制仿真模型相同。图中间的“DTC Induction Motor Drive”为封装好的直接转矩控制异步电机传动系统模块，双击可打开如图 8-47 所示的对话框。该对话框中电机、变流器主电路参数设置部分与例 8-5 完全相同，只是第三部分为直接转矩控制参数的设置，可设定加减速曲线斜率、速度环 PI 参数、转矩和定子磁链幅值滞环宽度等。

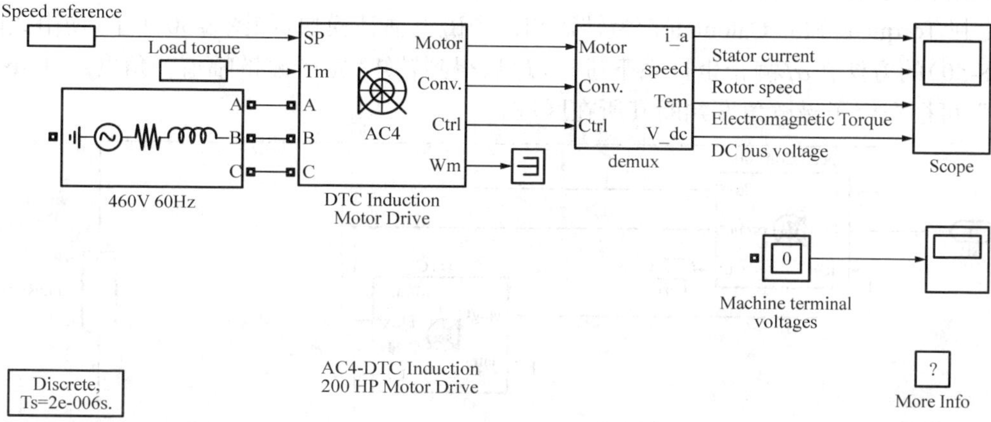

图 8-46　直接转矩控制仿真模型图

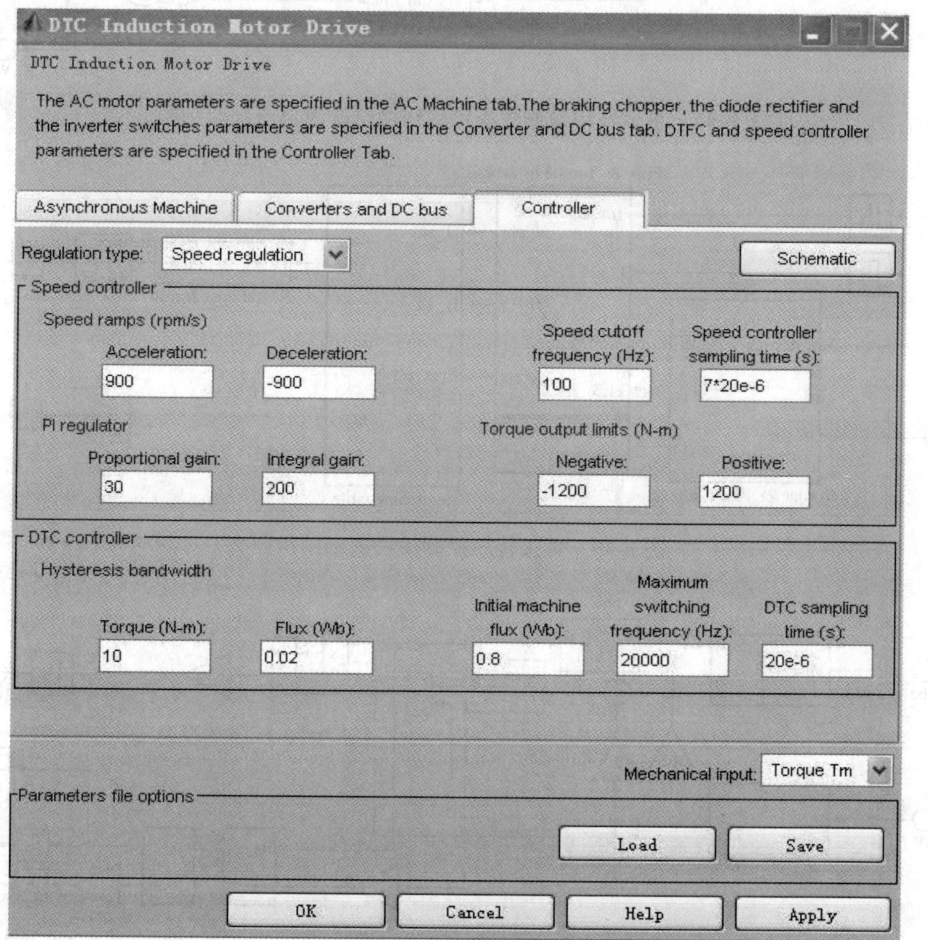

图 8-47　直接转矩控制异步电机传动系统模块对话框

该模块内部结构如图 8-48 所示，主电路及速度控制部分与例 8-5 相同，只是将矢量控制模块替换为直接转矩控制模块。该模块内部结构如图 8-49 所示。

其中“Torque & Flux Calculator”为转矩和定子磁链估计模块，如图 8-50 所示，使用式(8-48)和式(8-50)的方法在$\alpha\beta$静止坐标系下进行，最后得到转矩、定子磁链幅值和角度。“Flux sector seeker” 可根据定子磁链角度判断其所在区域。

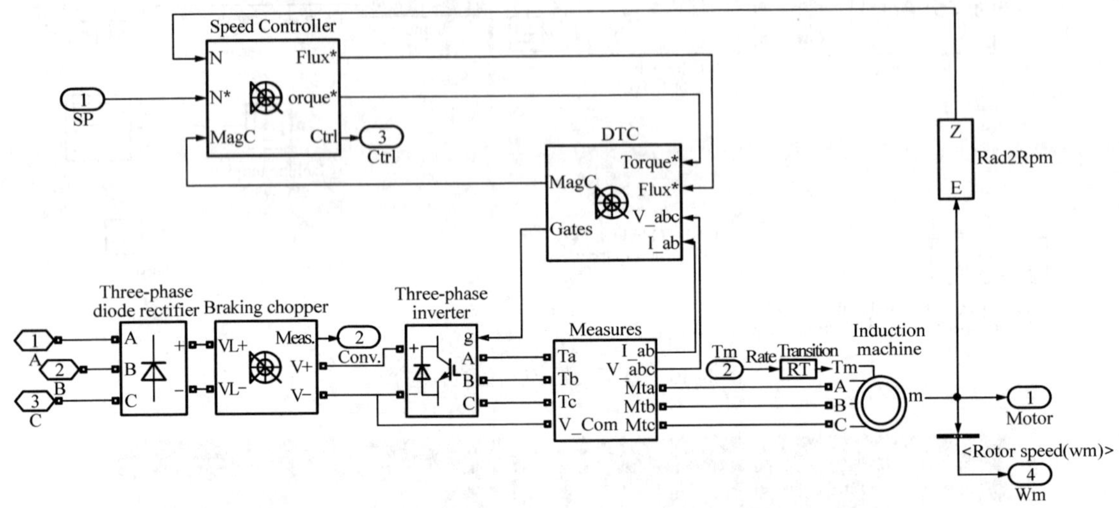

图 8-48 直接转矩控制异步电机传动系统模块内部结构图

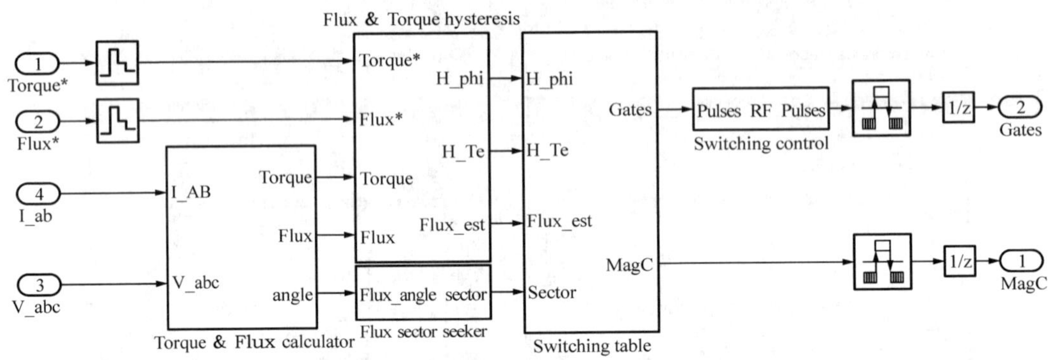

图 8-49 直接转矩控制模块内部结构图

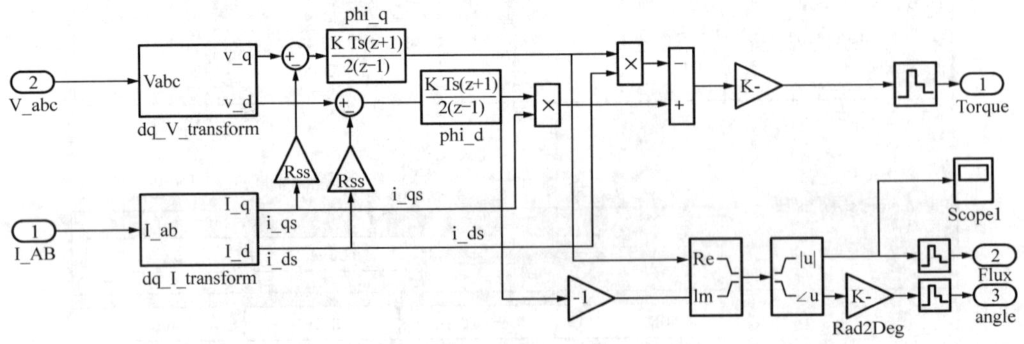

图 8-50 转矩与定子磁链估计模块内部结构图

“Flux & Torque hysteresis”为磁链和转矩滞环比较模块，如图 8-51 所示。根据滞环比较结果及定子磁链区域，“Switching table”模块可选择合适的电压开关矢量，其内部结构如图 8-52 所示。这些模块的基本原理与文中之前所述一致，只是具体实现方式上有所差别。

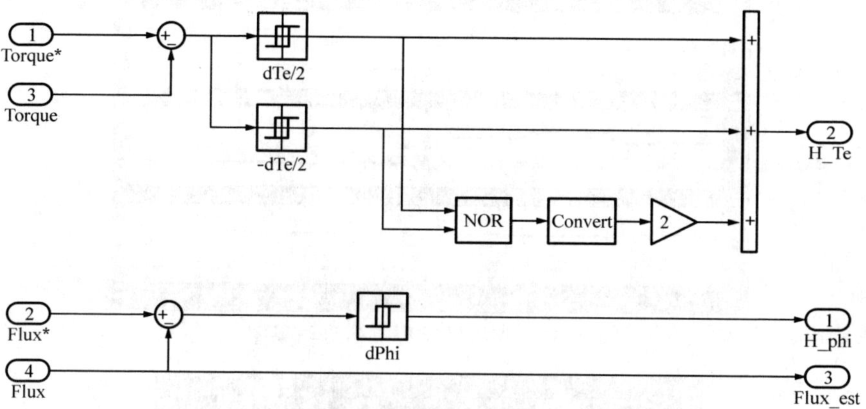

图 8-51　磁链与转矩滞环模块内部结构图

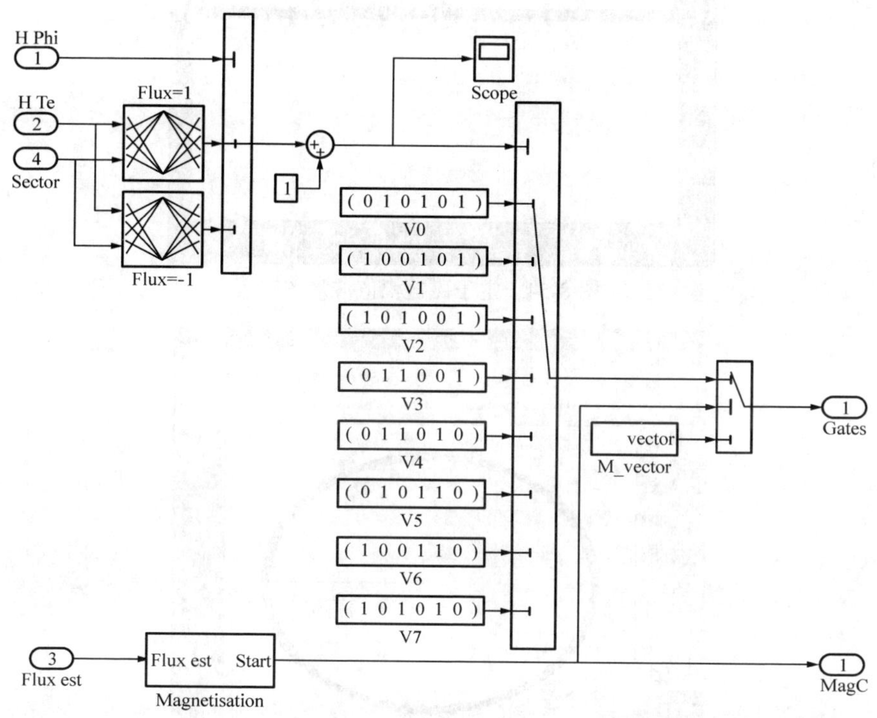

图 8-52　电压开关矢量选择模块内部结构图

运行直接转矩控制仿真程序，可得仿真结果，如图 8-53 所示。自上至下分别为定子 a 相电流、电机转速、电磁转矩和直流电压。与图 8-40 相比，控制性能基本相当，但在负载转矩突变时，转速波动较大。图 8-54 为定子磁链幅值，图 8-55 为定子磁链矢量轨迹图，可见定子磁链轨迹为圆形，在指令值附近波动，不会超出滞环宽度。磁链的波动较矢量控制大，减小滞环宽度可减轻波动，但开关频率会上升。

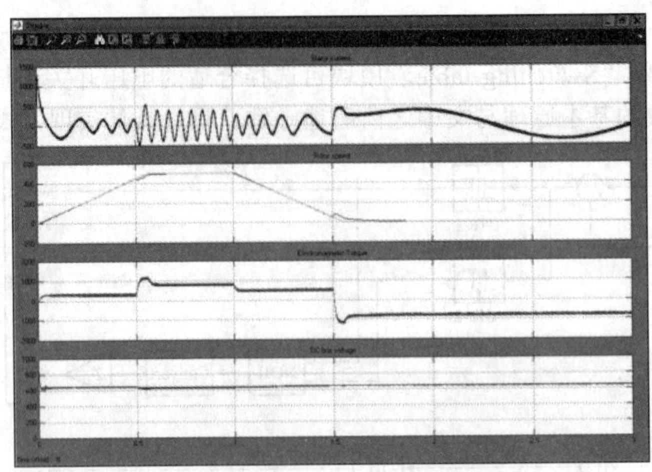

图 8-53　直接转矩控制仿真结果图

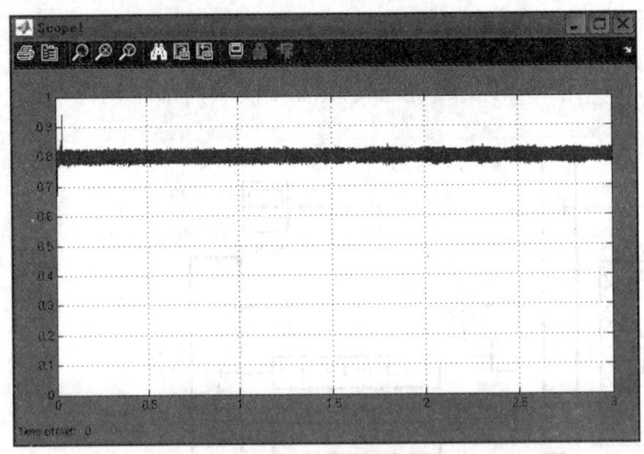

图 8-54　定子磁链幅值波形图

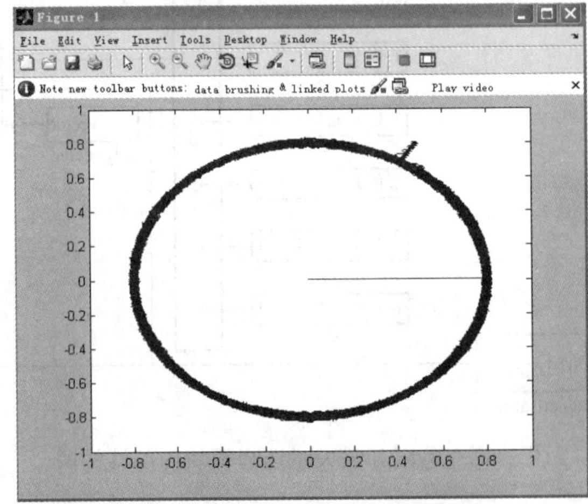

图 8-55　定子磁链轨迹图

8.4　永磁同步电机矢量控制

三相永磁同步电机（PMSM）是由绕线转子同步电机发展而来，它的定子与普通同步电机基本相同，而转子为永磁体。根据永磁体安装形式的不同，PMSM 有面装式、插入式和内装式等种类。为了减少转矩脉动，PMSM 要求尽量产生正弦分布的气隙磁场。

永磁同步电机一般没有阻尼绕组，转子磁链ψ_r由永磁体决定，是恒定不变的。因此只需检测转子位置，便可方便地将两相旋转坐标系的d轴定于转子磁链ψ_r方向上，而无须像异步电机那样估计转子磁链。永磁同步电机在同步旋转坐标系下的电压方程为

$$\begin{aligned} u_d &= R_s i_d + L_d p i_d - \omega_r L_q i_q \\ u_q &= R_s i_q + L_q p i_q + \omega_r L_d i_d + \omega_r \psi_r \end{aligned} \tag{8-54}$$

转矩方程为

$$T_e = \frac{3n_p}{2}[\psi_r i_q + (L_d - L_q) i_d i_q] \tag{8-55}$$

其中，u_d、u_q为定子电压的dq轴分量，i_d、i_q为定子电流的dq轴分量，L_d、L_q为dq轴定子线圈的自感，ω_r为电机同步速。转矩公式中第一项是由定子电流和永磁体磁场相互作用产生的转矩，第二项是由转子凸极效应引起的，又称为磁阻转矩。对于面装式永磁电机，有L_d=L_q，故不存在磁阻转矩，转矩公式更加简化。下面将讨论这种系统的控制方法。

永磁同步电机矢量控制系统框图如图 8-56 所示。与异步电机的矢量控制非常类似，最明显的区别是旋转坐标变换所用的角度信息可以直接检测。因此，转子位置的检测精度对系统的动态性能和低速特性影响很大。

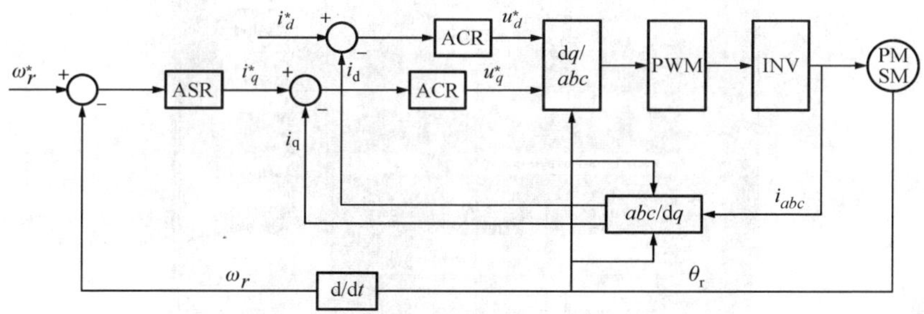

图 8-56　永磁同步电机矢量控制框图

在基频以下恒转矩区工作时，最为简单的控制方案是令d轴电流为零，即i^*_d=0。而在恒功率工作区，需要进行弱磁调速，可令d轴电流小于零，起去磁作用。对于稀土永磁材料的 PMSM，利用定子d轴电流去磁分量弱磁时需要很大的电流值。因此，常规的正弦波永磁同步电机很少运行在弱磁区。

例 8-7　完成永磁同步电机矢量控制仿真。

解　MATLAB/Simpowersystems 中附带了永磁同步电机矢量控制的示例，本例将作简要介绍。

在 MATLAB 的命令窗口中输入“ac6_example”命令，可打开如图 8-57 所示的仿真模型。其界面与前面异步电机仿真模型相同。图中间的“PM Synchronous Motor Drive”为封装好的永磁同步电机传动系统模块，双击可打开如图 8-58 所示的对话框，仍然包括电机、变流器主电路参数和控制参数设置三个部分。在电机参数设置对话框中，可以填入定子电阻、定子dq轴自感、转子磁链、转动惯量等参数。

该模块内部结构如图 8-59 所示，变流器主电路及速度控制部分与前例相同，不同的是电机及矢量控制部分。矢量控制模块“VECT”内部结构如图 8-60 所示，此处i^*_d=0。“Current Regulator”模块为电流控制部分，仍然采用滞环控制方式。

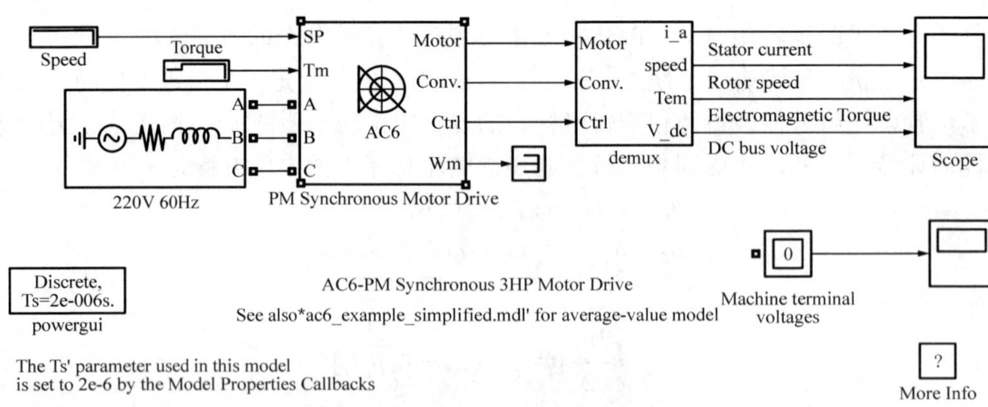

图 8-57　永磁同步电机矢量控制仿真模型图

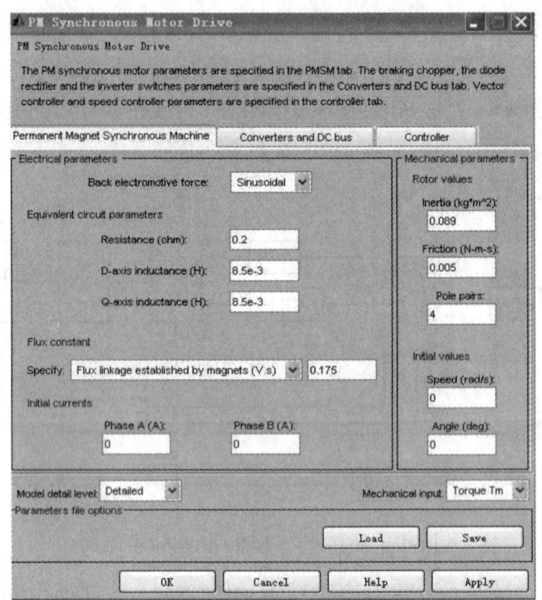

图 8-58　永磁同步电机传动系统模块对话框

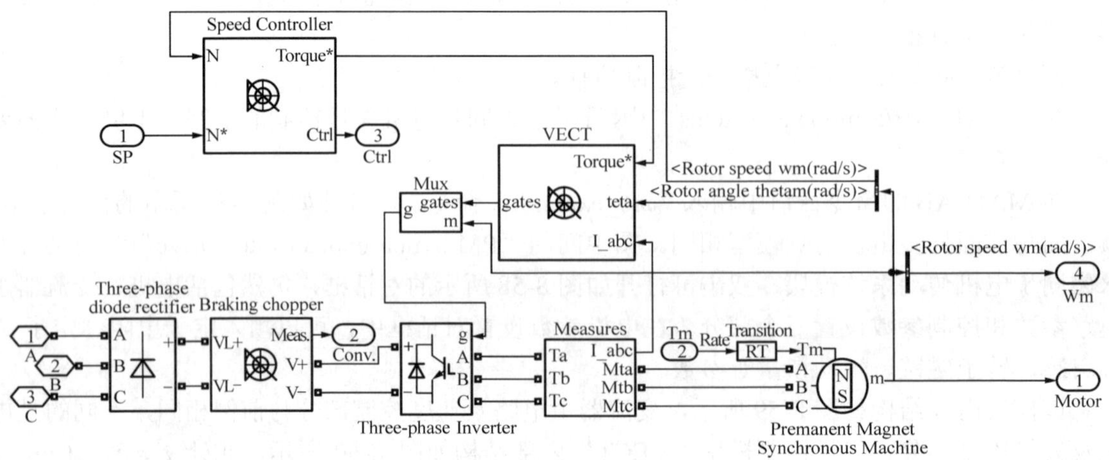

图 8-59　永磁同步电机传动系统模块内部结构图

运行该示例程序，可得仿真结果如图 8-61 所示，自上至下分别为定子 a 相电流、电机转速、电磁转矩和直流电压。

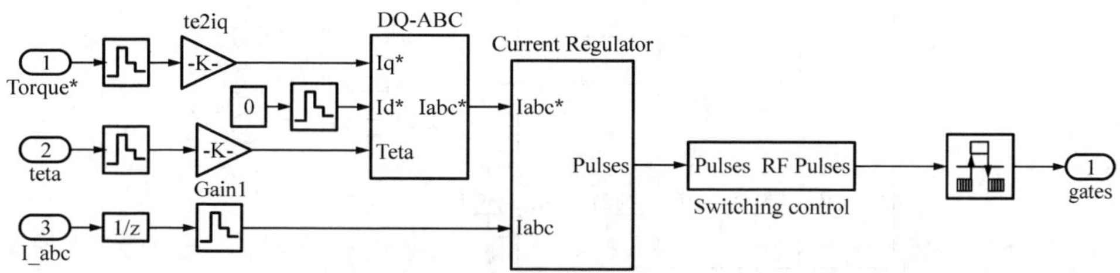

图 8-60　永磁同步电机矢量控制模块内部结构图

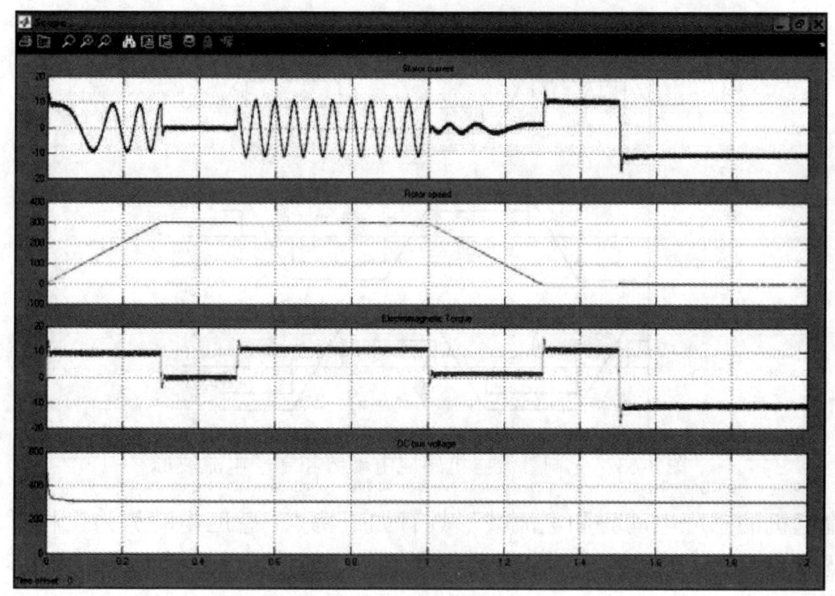

图 8-61　永磁同步电机矢量控制仿真结果图

8.5　无刷直流电机控制

无刷直流电机实质上是一种特殊类型的同步电机。PMSM 为了产生恒定转矩，要求感应电动势和电流均为正弦波，而无刷直流电机为了产生恒定转矩，要求感应电动势为梯形波，电流为方波。对于传统的直流电机，若用装有永磁体的转子取代直流电机的定子磁极，用具有多相绕组的定子取代电枢，用静止逆变器和轴位置检测器组成的电子换相器取代机械换向器和电刷，就得到了无刷直流电机。有刷直流电动机通过机械换向器将电源供给的直流电流转换为近似梯形波电流送入电枢，而无刷直流电机通过电子换相器将电压供给的电流转换为方波电流输入定子多相绕组。因此，无刷直流电机是指永磁电机、逆变器和轴位置传感器的组合。无刷直流电机系统的示意图如图 8-62 所示。

三相逆变器的 6 个开关，任意时刻只有两个导通，而且电机转子每转过 60° 电角度后，就进行一次换相。因此可以得到如图 8-63 所示的无刷直流电机三相感应电动势和定子电流波形。

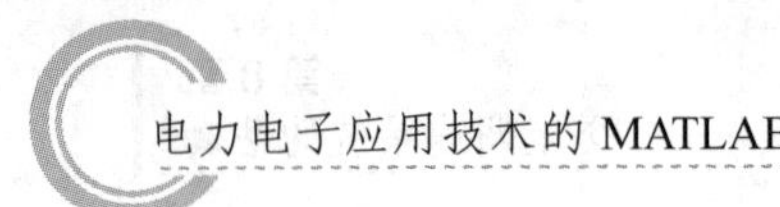

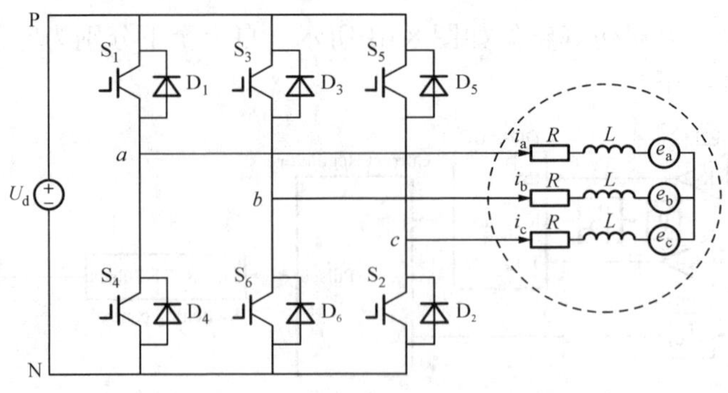

图 8-62　无刷直流电机系统示意图

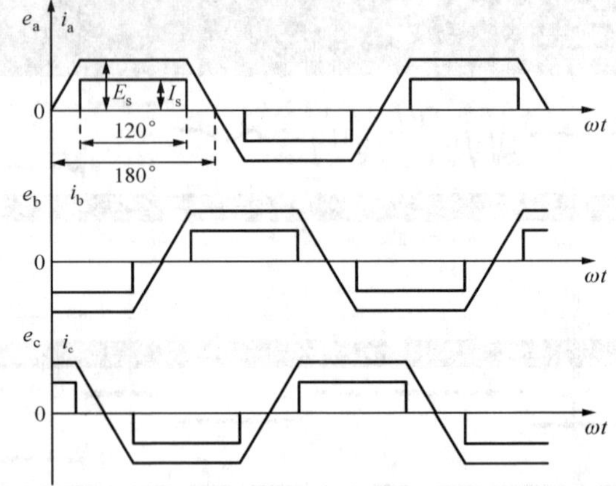

图 8-63　无刷直流电机感应电动势和定子电流波形

无刷直流电机的感应电动势和电流波形具有如下特点：感应电动势为三相对称的梯形波，其波顶部的宽度为 120° 电角度；电流为三相对称的 120° 方波；梯形波感应电动势与方波电流在相位上严格同步，即 120° 方波电流要落在梯形波感应电动势的 120° 平顶区间内。

从图中可以看出，在任意时刻，定子三相中只有两相导通，于是电磁功率为

$$P_e = e_a i_a + e_b i_b + e_c i_c = 2E_s I_s \tag{8-56}$$

故电磁转矩为

$$T_e = \frac{P_e}{\Omega_r} = \frac{2E_s I_s}{\Omega_r} \tag{8-57}$$

由于反电势 E_S 的大小取决于电机转速 Ω_r 和磁通密度 B_f，因此有

$$T_e = K_B B_f I_s \tag{8-58}$$

式中：K_B 为与电机结构有关的常数。

可见，无刷直流电机的转矩公式从形式看与他励直流电机的转矩公式非常相似。对于无刷直流电机来说，由于采用永磁体，因此可认为 B_f 恒定，于是电磁转矩正比于定子电流。通过控制定子电流 I_s 的大小就可以控制转矩。无刷直流电机与他励直流电机一样，具有良好的转矩可控性。

要想获得恒定的电磁转矩，就要使方波电流落在梯形波感应电动势的 120° 平顶区间内，也就是说方波电流中心线与梯形波感应电动势中心线重合。定子电流换相时刻的选择就要保

证这种同步性。为此，需要通过位置传感器获得感应电动势的相位。

例 8-8 完成无刷直流电机的控制仿真。

解 MATLAB/Simpowersystems 中附带了直流无刷电机控制的示例，本例将作介绍。

在 MATLAB 的命令窗口中输入“ac7_example”命令，可打开如图 8-64 所示的仿真模型。其界面与前面异步电机仿真模型相同。图中间的“Brushless DC Motor Drive”为封装好的无刷直流电机传动系统模块，其内部结构如图 8-65 所示。与前面的例子也基本相同，只是电机及电流控制模块作了相应修改。

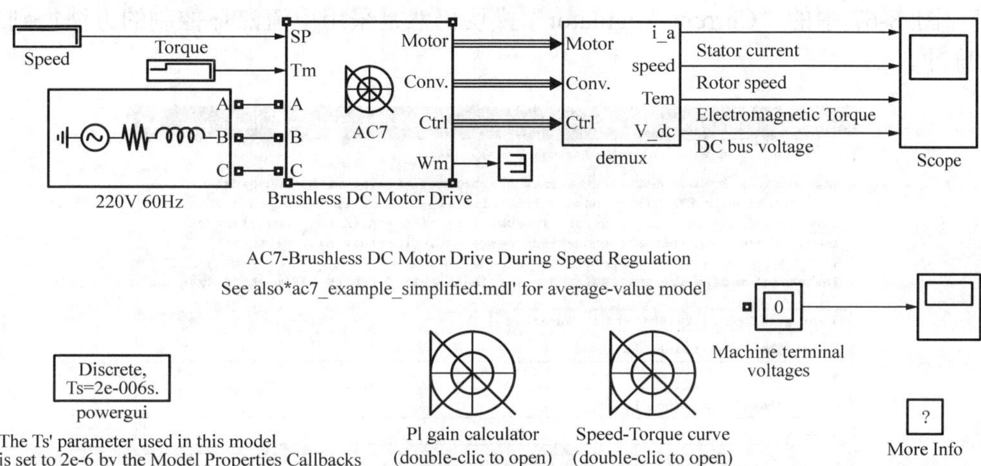

图 8-64 直流无刷电机控制系统仿真模型

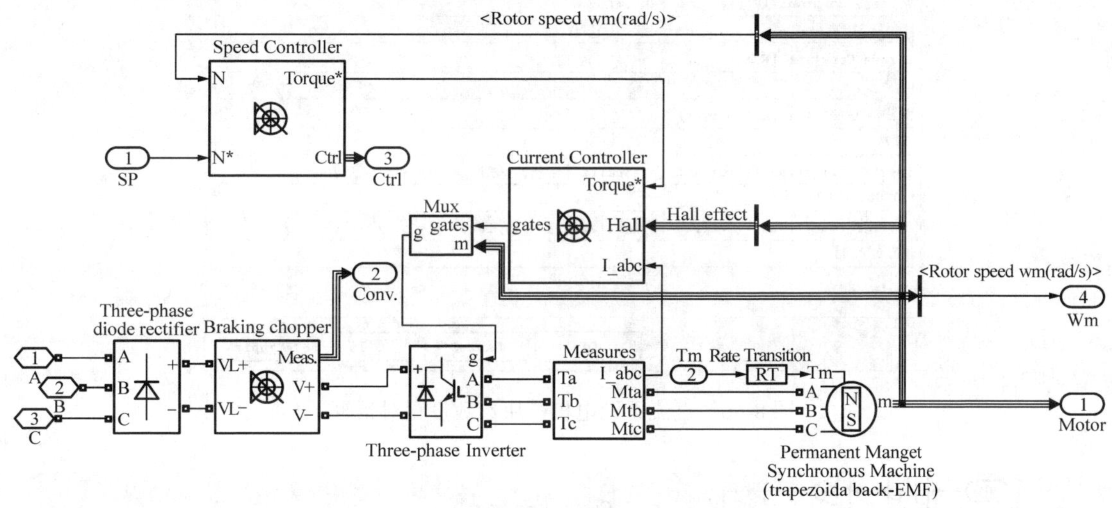

图 8-65 直流无刷电机传动系统内部结构图

图 8-65 中右下角为无刷直流电机模型，它与永磁同步电机为同一模块。双击可打开如图 8-66 所示的对话框。首先要在“Configuration”中选择反电势为“Trapezoidal”，即梯形波模式，则该模块为无刷直流电机；若选择反电势为“Sinusoidal”，即正弦波模式，则该模块就是上例中所用的永磁同步电机。然后在“Parameters”中便可设置无刷直流电机参数，主要包括定子电阻、定子电感、转子磁链、梯形波感应电动势平顶区域的电角度、转动惯量等。

“Current Controller”即电流控制模块内部结构如图 8-67 所示。其中“Torque*”为速度控制器给出的转矩指令，根据式（8-55）可得到所需的电流大小；“I_abc”为检测的三相电流；“Hall”为无刷直流电机模型里提供的模拟的三路霍尔传感器信号。它表示的是三个线电压感应电动势的相位信息，图 8-68 给出了三路霍尔信号与无刷直流电机三个线电压感应电动势及三相感应电动势的关系。图 8-67 中的“Decoder”解码模块，就是将三路霍尔信号转换为对应的三相感应电动势的位置信息。其内部结构如图 8-69 所示，对照可参照右上角的表格及图 8-68 进行分析。“Decoder”模块的输出“Hall_abc”反映的就是与三相感应电动势位置有关的信号，也就是三相方波电流的相位信息。它与电流大小的指令相乘，即得到三相电流指令信号“Iabc*”。图 8-67 中的“Current Regulator”模块仍然是采用电流滞环控制的方法得到逆变器的驱动脉冲。

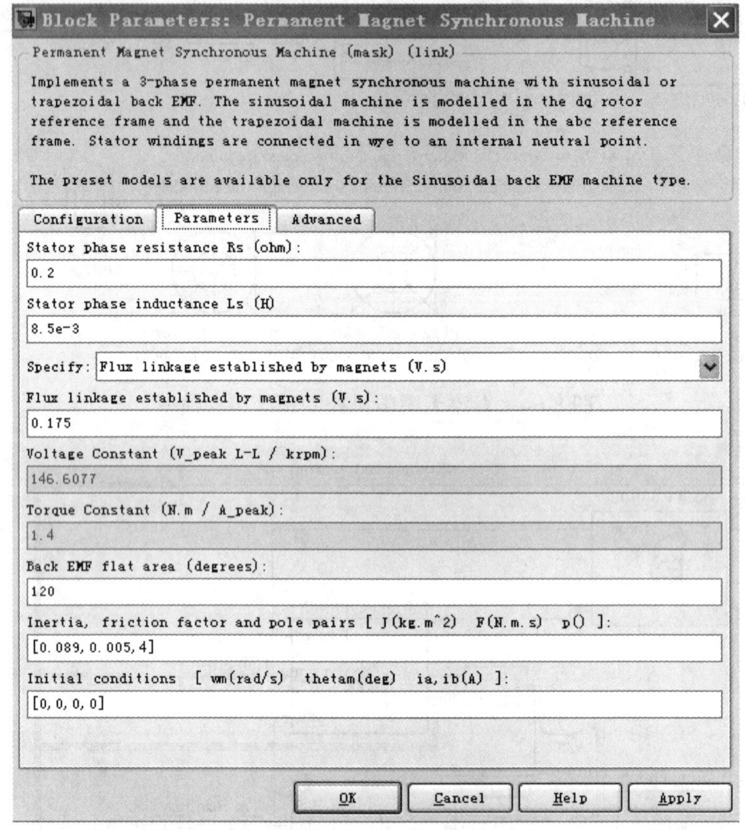

图 8-66 直流无刷电机模块参数设置对话框

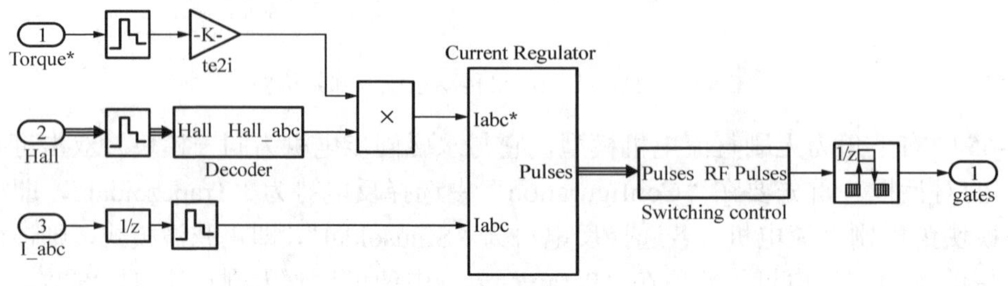

图 8-67 电流控制模块内部结构图

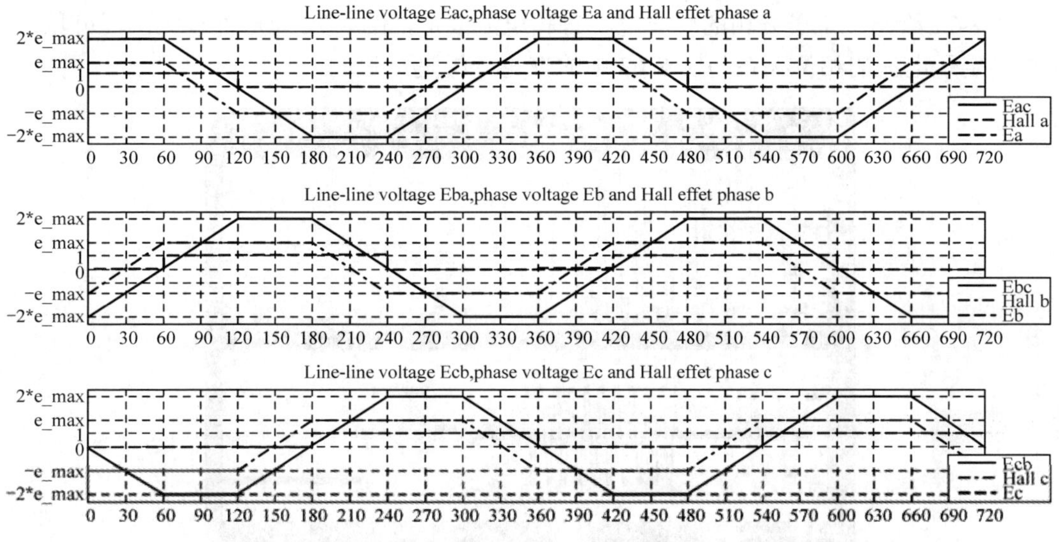

图 8-68 直流无刷电机“Hall”信号与感应电动势波形图

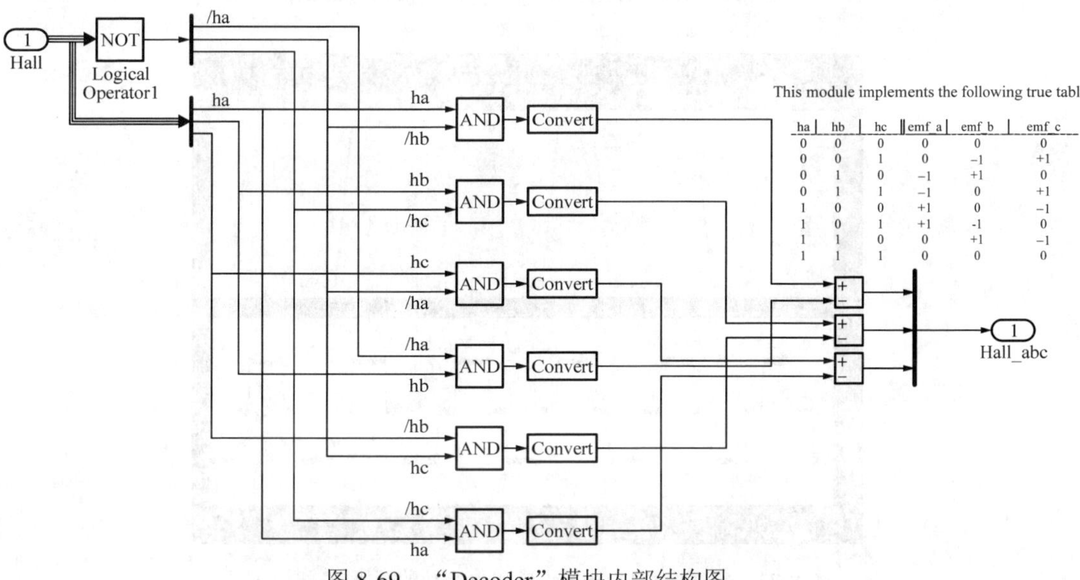

ha	hb	hc	emf_a	emf_b	emf_c
0	0	0	0	0	0
0	0	1	0	−1	+1
0	1	0	−1	+1	0
0	1	1	−1	0	+1
1	0	0	+1	0	−1
1	0	1	+1	-1	0
1	1	0	0	+1	−1
1	1	1	0	0	0

图 8-69 “Decoder”模块内部结构图

运行该示例程序，可得仿真结果如图 8-70 所示，上面为电机转速波形，下面为电机转矩

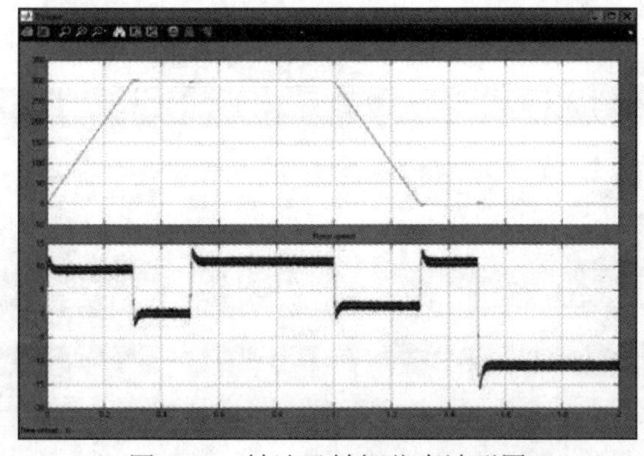

图 8-70 转速及转矩仿真波形图

波形。图 8-71 给出了定子 *a* 相的感应电动势和电流波形，图 8-72 为局部放大图。可见，感应电动势与定子电流的相位关系与图 8-63 中的理论分析是一致的。

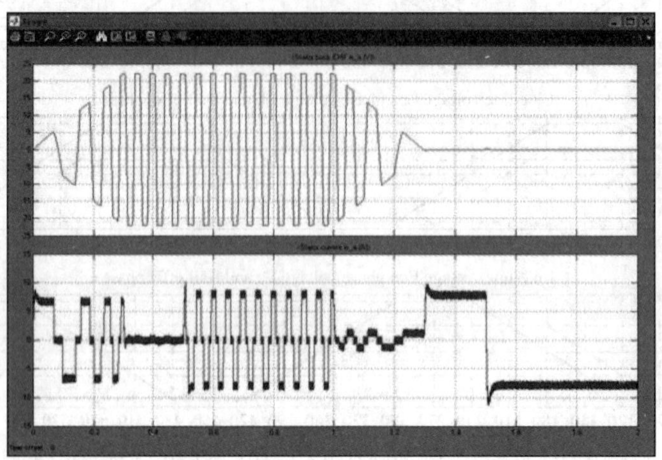

图 8-71　定子 *a* 相感应电动势和电流仿真波形图

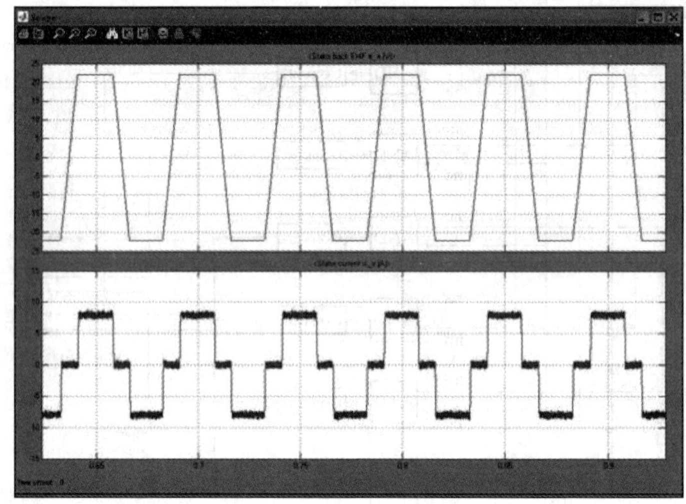

图 8-72　定子 *a* 相感应电动势和电流仿真波形局部放大图

第 9 章

其 他 应 用

MATLAB/SimPowerSystems 提供了丰富的示例程序，展示了电力电子与传动技术在各个领域的重要应用，如电源，直流输电、柔性交流输电，可再生能源，电动汽车等。这些示例程序有简单的有复杂的，充分体现了 MALTAB 软件在电力电子应用技术仿真中的强大功能。本章将介绍几个不同应用领域的示例程序，以利于读者更深入地学习体会 MATLAB/SimPower- Systems 的仿真方法。

9.1 镍氢电池模型

在 MATLABR2007b 版本中，增加了电池模型，内置了镍氢、镍镉、铅酸以及锂离子电池模型，并允许用户通过参数设置自定义电池模型。在 MATLABR2008a 版本中，又新增了燃料电池模型。

在 MATLAB 命令窗口中输入“power_battery”，可打开如图 9-1 所示的镍氢电池充放电示例程序。电池模型的建模原理如图 9-2 所示。

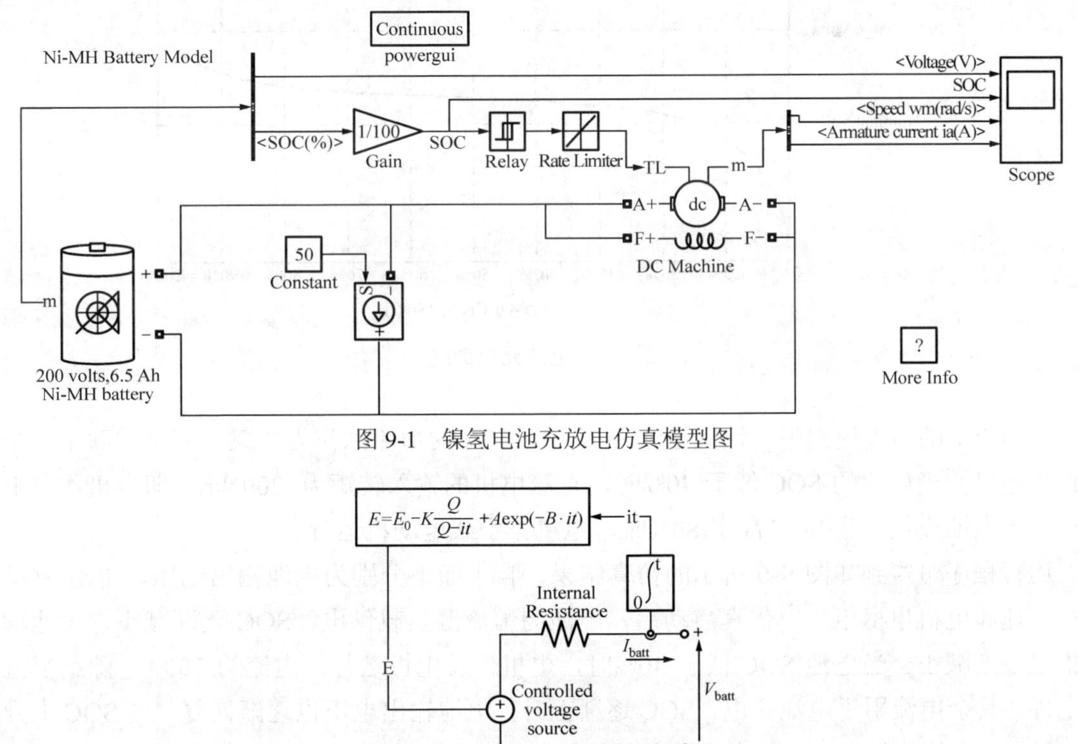

图 9-1 镍氢电池充放电仿真模型图

图 9-2 电池模型原理图

电池模型由可控电压源串联电阻组成，可控电压源的电压与输出电流的关系符合图 9-2 中的公式。典型的放电与充电曲线如图 9-3 和图 9-4 所示。双击电池模型，可打开如图 9-5 所示的对话框。在最上面的下拉菜单中可以选择电池类型；下面的三个对话框中可设定电池额定电压、额定容量和初始的 SOC 值；再下面的对话框中为电池的详细参数，用以确定电池的充放电曲线，MATLAB 的帮助文件中举例说明了如何从电池的技术参数手册中计算这些参数。

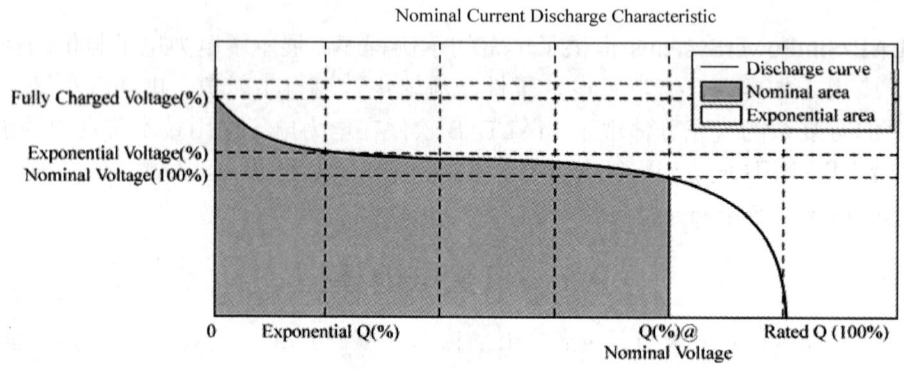

图 9-3　电池放电曲线

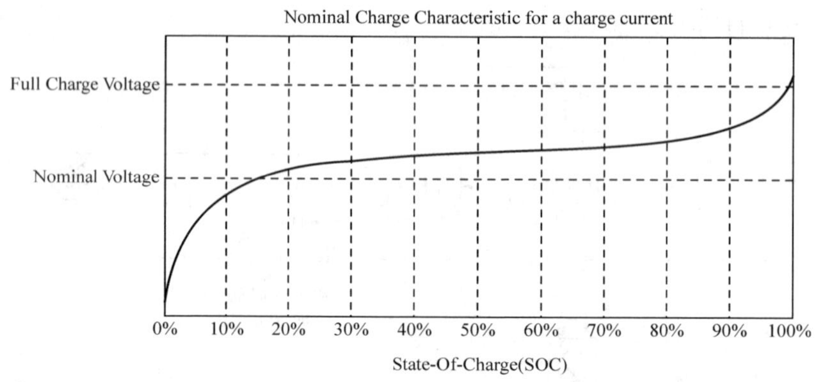

图 9-4　电池充电曲线

在图 9-1 的仿真模型中，镍氢电池外接一个 50A 的恒流源作为负载，同时并联了一个并励直流电机。当电池的 SOC 低于 40%时，直流电机的输入转矩为−200Nm，即电机作发电机运行，为电池充电；当 SOC 高于 80%时，电机作空载电动机运行。

运行程序可得到如图 9-6 所示的仿真结果，自上而下分别为电池输出电压、电池 SOC、电机转速和电机电枢电流。仿真启动后，电池为恒流源负载供电，SOC 逐渐减小，电池输出电压也逐渐减小。当电池 SOC 低于 40%时，电机作发电机运行，电流约 100A，除给恒流源供电外，其余电流用于电池充电，SOC 逐渐上升，电池输出电压也逐渐恢复。当 SOC 上升到 80%后，电机停止供电，又只有电池单独向恒流源放电。

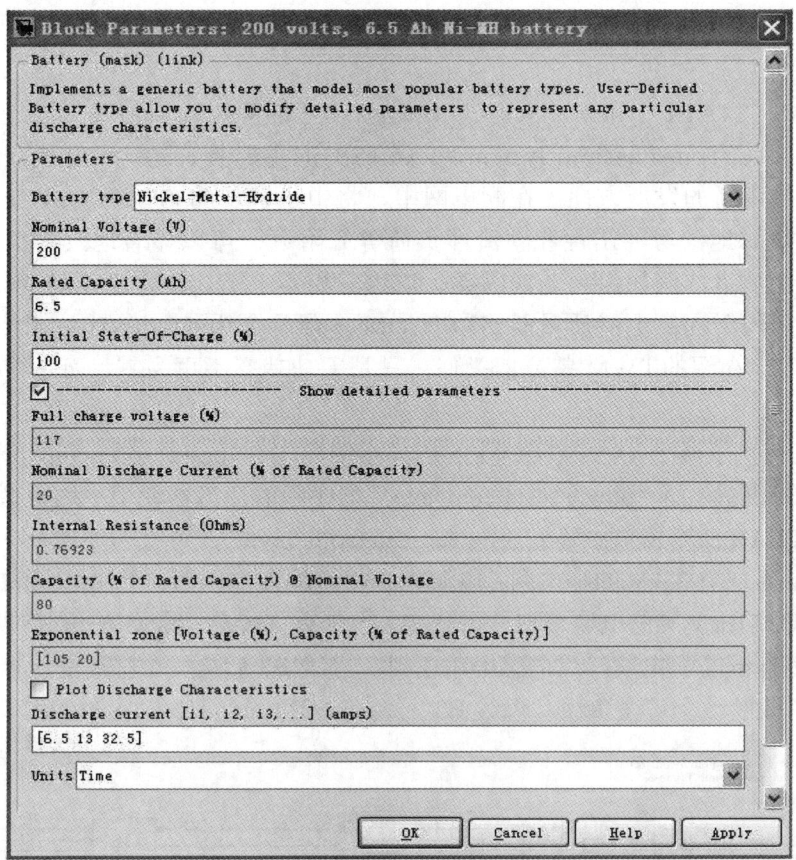

图 9-5　电池参数设置对话框

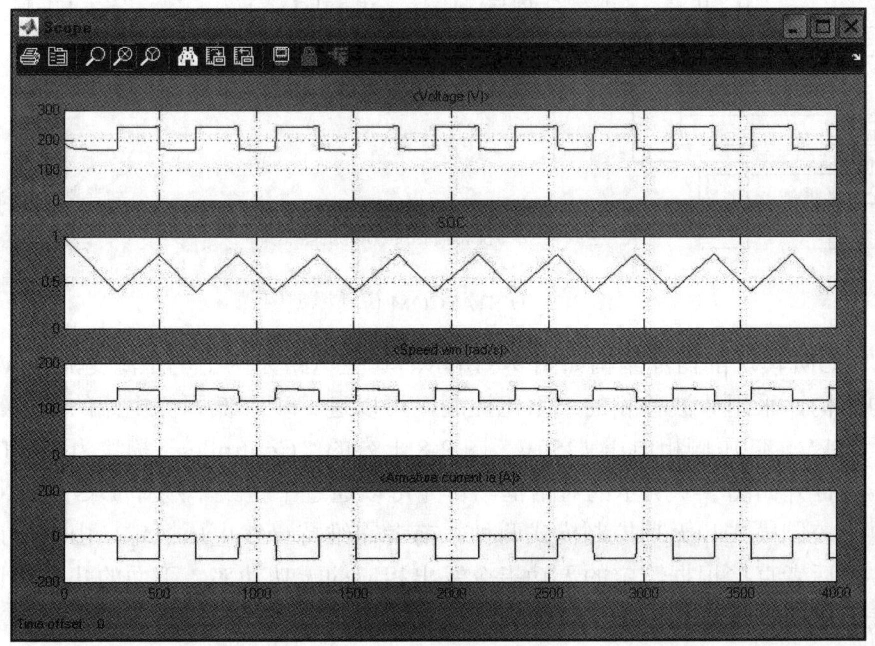

图 9-6　仿真结果

9.2 配网静止同步补偿器

STATCOM（STATic synchronous COMpensator，即静止同步补偿器）是柔性交流输电技术（Flexible AC Transmission System，FACTS）的主要装置之一，它代表着现阶段电力系统无功补偿技术新的发展方向。在配电网中，将中小容量的 STATCOM 安装在某些特殊负荷（如电弧炉、地铁等冲击性和整流性负荷等）附近，可以显著地改善负荷与公共电网连接点处的电能质量，例如提高功率因数、克服三相不平衡、消除电压闪变和电压波动等。这种在配电网中用于提高电能质量的 STATCOM 一般称之为 D-STATCOM。其主电路及控制方式与第 6.4 节介绍的 PWM 整流器类似，只是无功功率不再为零，而是根据指令产生所需的无功功率。

MATLAB 提供了两个 D-STATCOM 的仿真示例程序，“power_dstatcom_pwm”程序中，变流器使用详细模型，而“power_dstatcom_avg”程序中的变流器使用平均模型，以加快仿真速度。在 MATLAB 命令窗口中输入“power_dstatcom_pwm”，可打开如图 9-7 所示的示例程序。图 9-7 所示为一个 25kV 的配电网：电源为三相可编程电压源；母线 B1 和 B2 之间为一段 21km 的配电线，用π型等值电路模拟；母线 B2 上带有 3MW、0.2MVar 的负载；母线 B2 和 B3 之间为一段 2km 的配电线，用电感电路模拟；母线 B3 后接一个降压变压器，然后带一个 1MW 的固定负载及一个可变负载；母线 B3 上装有±3MVar 的 D-STATCOM。

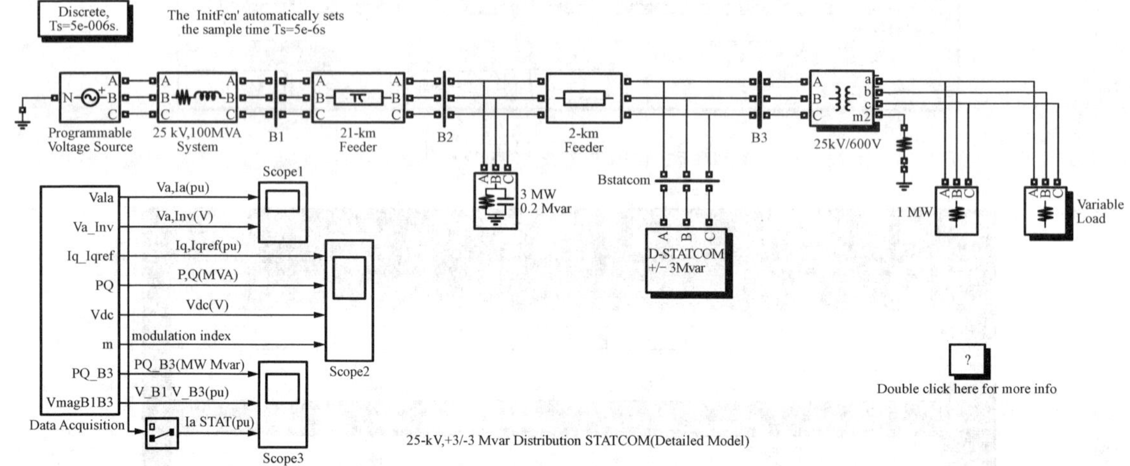

图 9-7 D-STATCOM 仿真模型图

D-STATCOM 模块的内部结构如图 9-8 所示。其主电路为两个电压源变流器(VSC)通过变压器并联的结构，采用载波移相的二重化控制，可以进一步降低网侧电流的谐波。变压器高压侧线电压 25kV，低压侧相电压 1250V。图 9-8 上方的“Controller”模块为 D-STATCOM 控制器。双击可打开如图 9-9 所示的对话框。首先可以通过下拉菜单选择 D-STATCOM 的控制模式，有电压控制模式和无功控制模式两种。前者需维持母线电压恒定，由电压调节器得到无功指令；而后者直接根据给定的无功指令发出相应的无功功率。下面的几个对话框中可分别输入母线电压指令、无功指令、直流电压指令，以及母线电压、直流电压和交流电流三个 PI 调节器的参数。

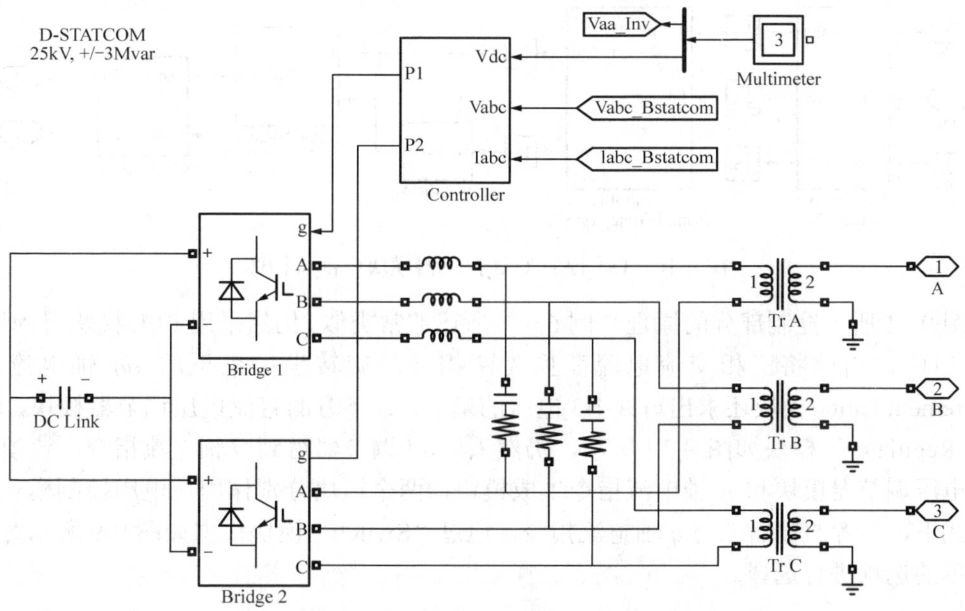

图 9-8　D-STATCOM 模块内部结构图

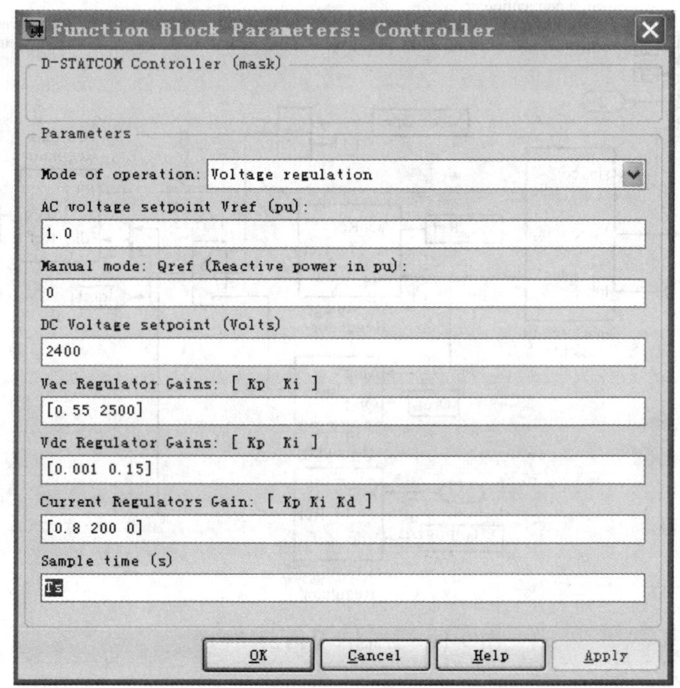

图 9-9　D-STATCOM 模块对话框

如图 9-10 所示为 D-STATCOM 控制器模块的内部结构图。检测到的母线 B3 的电压、D-STATCOM 电流及直流电压首先经过截止频率为 2000Hz 的低通滤波器滤波，然后再经过零阶保持器后送入控制部分。控制部分输出为 VSC 交流侧电压的指令，以调制度和电角速度的形式给出。转化为三相调制波后，送入 PWM 模块，产生驱动脉冲。控制部分内部框图如图 9-11 所示，这是本例的核心模块。

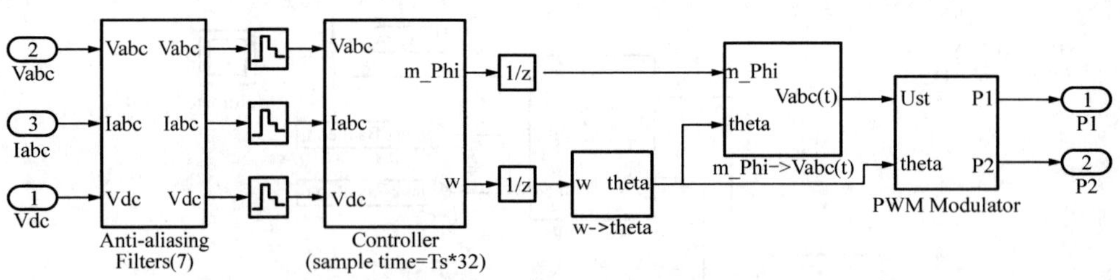

图 9-10　D-STATCOM 控制器模块内部结构图

如图 9-11 所示控制部分的原理与例 6.6 中所述非常类似。仍然采用 PLL 模块得到母线 B3 电压的相位，由此将三相交流电流变换为两相同步旋转坐标系下的 dq 轴电流，同时“Measurement Unit”模块还求出母线 B3 电压的幅值。最下方的直流电压调节器模块，即“DC Voltage Regulator”模块如图 9-12 所示，仍然采用 PI 调节器得到 d 轴电流指令。该模块上方为交流电压调节器模块和 q 轴电流指令生成模块，两个模块分别作用在电压控制模式和无功控制模式下，二者的输出都为 q 轴电流指令，通过“Switch”模块根据如图 9-9 所示对话框中下拉菜单的选项进行选择。

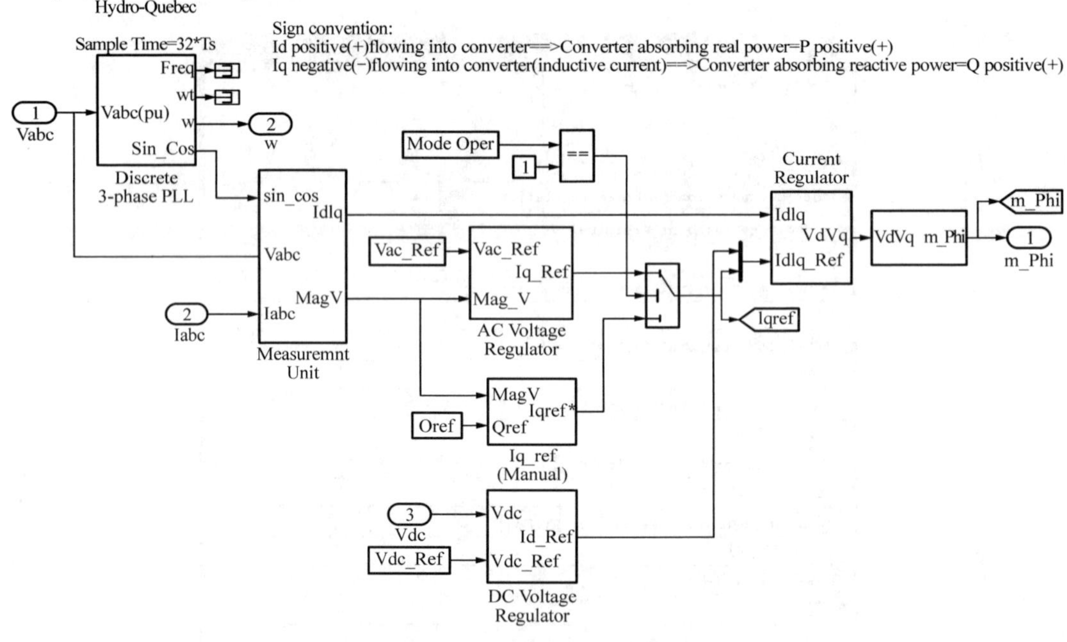

图 9-11　控制部分内部结构图

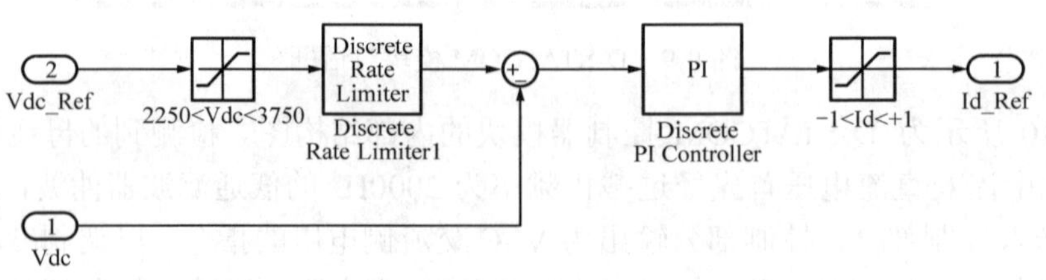

图 9-12　直流电压调节器内部结构图

如图 9-13 和图 9-14 所示分别为 q 轴电流指令生成模块和交流电压调节器模块。前者通过无功功率指令及当前的母线电压计算出 q 轴电流指令；而后者通过 PI 调节器输出 q 轴电流指令。

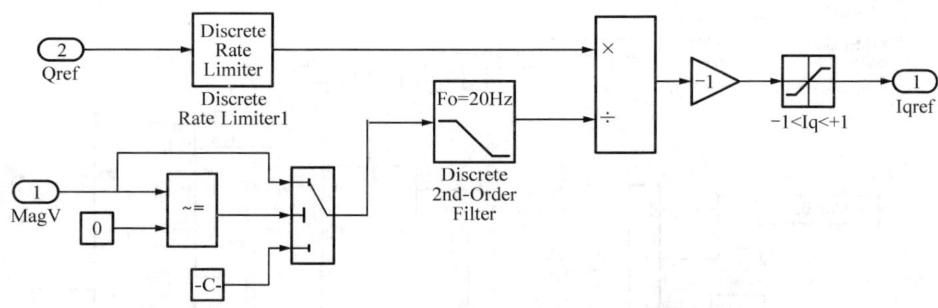

图 9-13　q 轴电流指令生成模块内部结构图

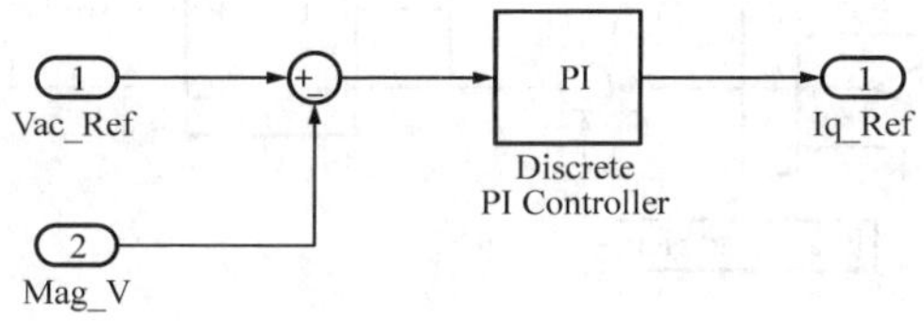

图 9-14　交流电压调节器模块内部结构图

在得到 dq 轴电流指令后，电流调节器模块采用 PI 调节器计算出 VSC 网侧 dq 轴电压指令，如图 9-15 所示。

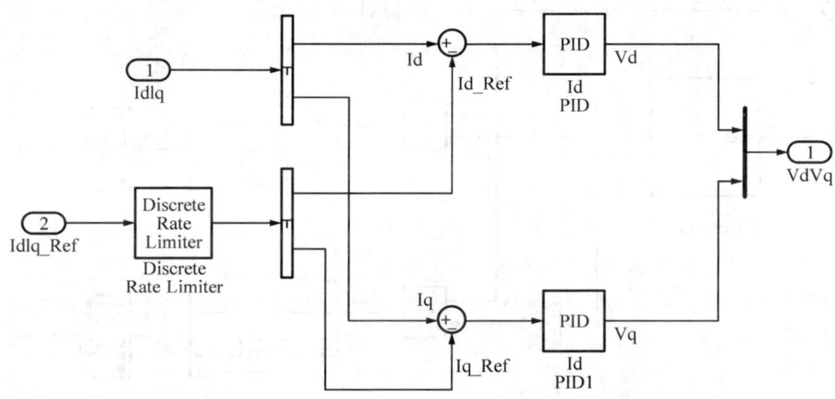

图 9-15　电流调节器模块内部结构图

图 9-10 中的 PWM 模块根据三相电压调制波生成并联二重化运行的 VSC 的驱动脉冲，其内部结构如图 9-16 所示。这是一个两电平和三电平 VSC 通用的 PWM 模块，此处仅用到其中的“2-level Type”模块，如图 9-17 所示。可以看到，该模块通过将第二个 VSC 的载波移相 180°，实现并联二重化运行提高等效开关频率、减小谐波的目的。

至此，D-STATCOM 模块已经介绍完毕，再回到如图 9-7 所示的仿真模型中。双击三相可编程电压源模块，可打开如图 9-18 所示的对话框。在该示例程序中，将设置电压源输出的电压幅值随时间变化，在 0.2s 时变为额定值的 1.06 倍，在 0.3s 时变为额定值的 0.94 倍，在 0.4s 时再恢复到额定值。电源电压的变化必然会引起各母线电压的变化，而示例程序中

D-STATCOM 模块默认工作在电压控制模式，将能够稳定住母线 B3 的电压。在该程序默认状态下，图 9-7 最右边的可变负载模块为恒定负载。

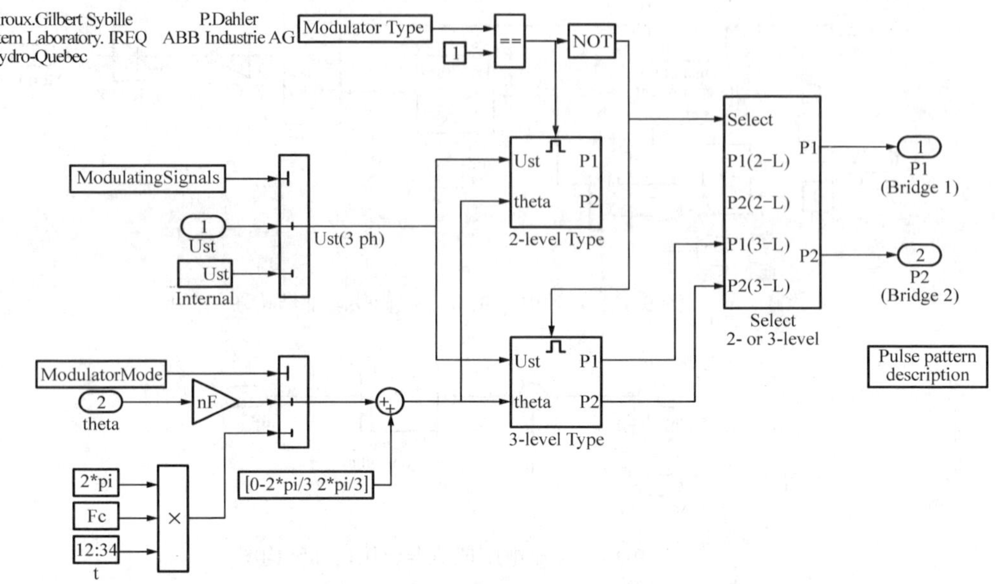

图 9-16　PWM 模块内部结构图

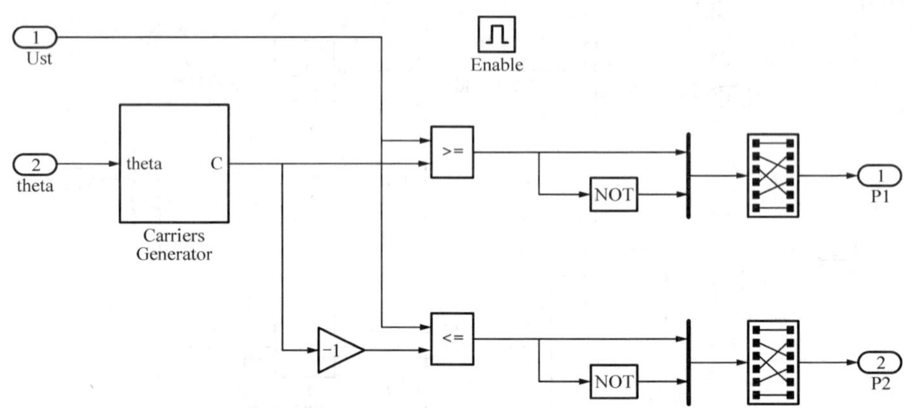

图 9-17　“2-level Type”模块内部结构图

运行该程序，可得到仿真结果。图 9-19 为母线 B1 和母线 B3 电压幅值波形。可见，母线 B1 的电压随电源电压的变化而有较大幅度的变化，而母线 B3 的电压在 D-STATCOM 的作用下，可以基本维持额定电压不变。

如图 9-20 所示为 D-STATCOM 的有功功率和无功功率。有功功率基本维持不变，只是在无功突变时有所波动，显示了良好的解耦控制性能。当电源电压发生波动后，D-STATCOM 迅速做出反应，发出或吸收相应无功功率，从而保证了母线电压维持恒定。图 9-21 为 D-STATCOM 的 a 相电流波形，在正常情况下 D-STATCOM 既不消耗有功也不消耗无功，电流基本为零。而当系统需要无功时，D-STATCOM 可快速发出无功电流。在 0.3s 前后，无功功率流向发生改变，可以看到电流相位能够迅速平稳地发生改变，冲击很小。

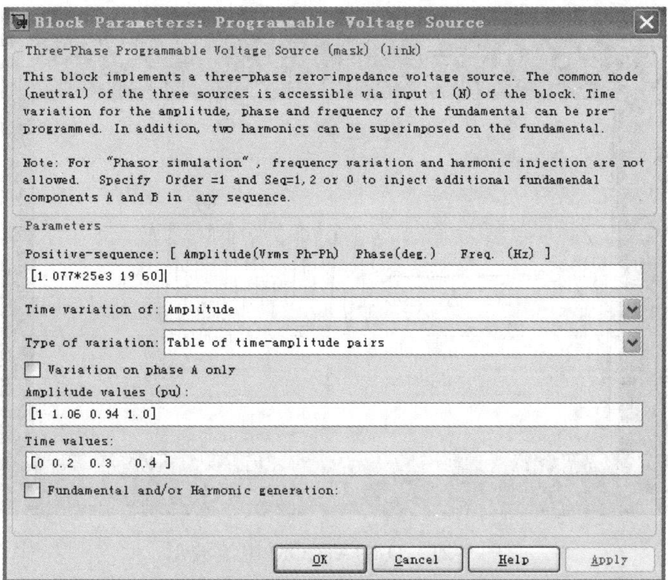

图 9-18　三相可编程电压源模块对话框

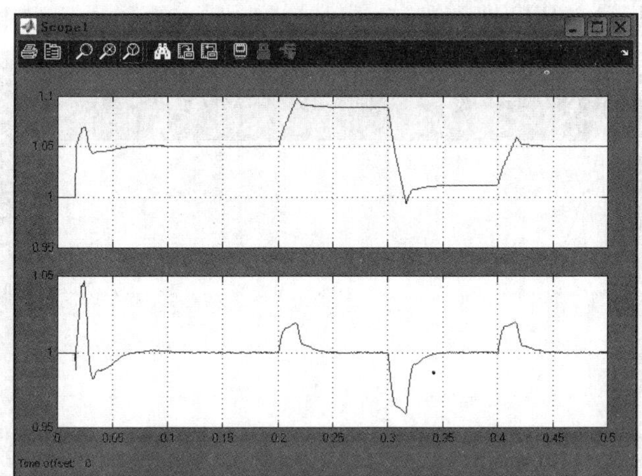

图 9-19　母线 B1 和母线 B3 电压波形

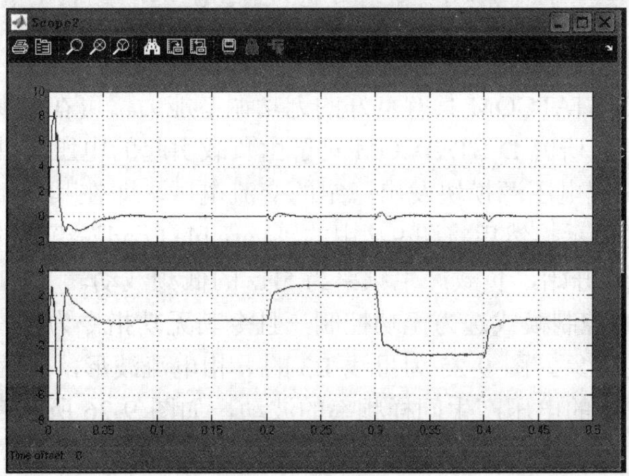

图 9-20　D-STATCOM 的有功和无功波形

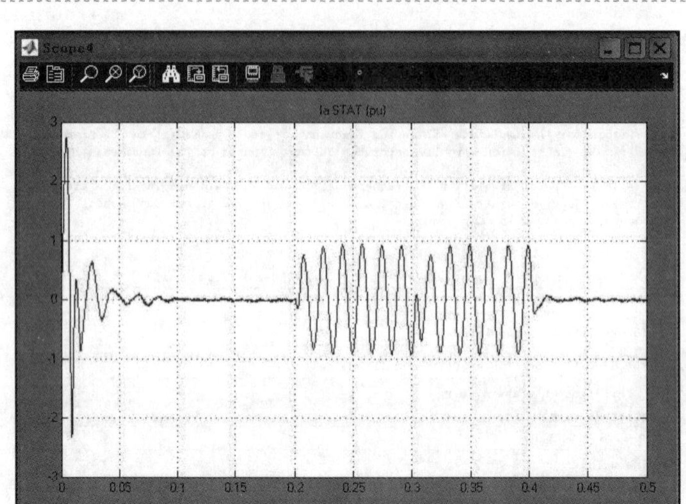

图 9-21　D-STATCOM 电流波形

如图 9-22 所示为 D-STATCOM 的直流电压波形，其变化规律与有功功率一致。直流电压平稳是 D-STATCOM 正常工作的前提条件。

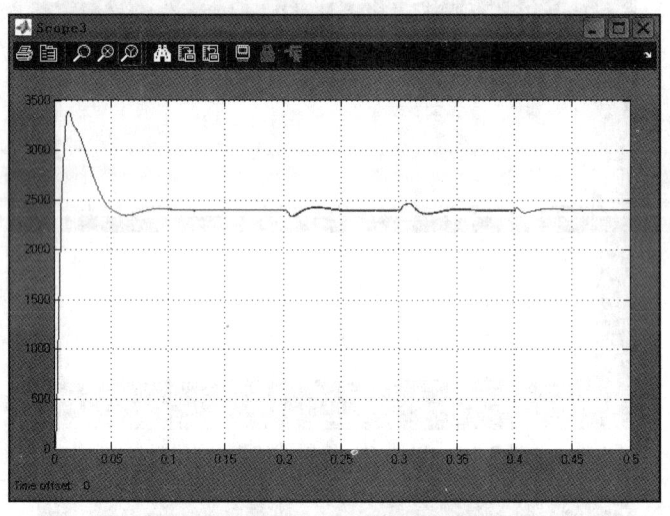

图 9-22　D-STATCOM 直流电压波形

以上的仿真表明 D-STATCOM 具有良好的无功调节能力，可在电源电压突变时维持母线电压恒定。下面的仿真将研究 D-STATCOM 对于由负载引起的电压波动及闪变的抑制效果。

首先，令三相可编程电压源模块发出稳定的交流电压，即在其对话框变化方式一栏中选择“None”，如图 9-23 所示。然后将图 9-7 中的“Variable Load”模块的对话框进行如图 9-24 所示的设置，即在 0.15s 开始，负载产生频率为 5Hz 的低频波动。

将 D-STATCOM 的控制模式选为无功控制，且令其无功指令为零，运行程序，观察没有 D-STATCOM 作用时的现象。图 9-25 为母线 B3 的 a 相电流波形，表明负载发生了 5Hz 的波动。这会造成母线 B3 上的电压产生同样频率的波动，如图 9-26 所示，电压波动幅度达到了 ±4%。

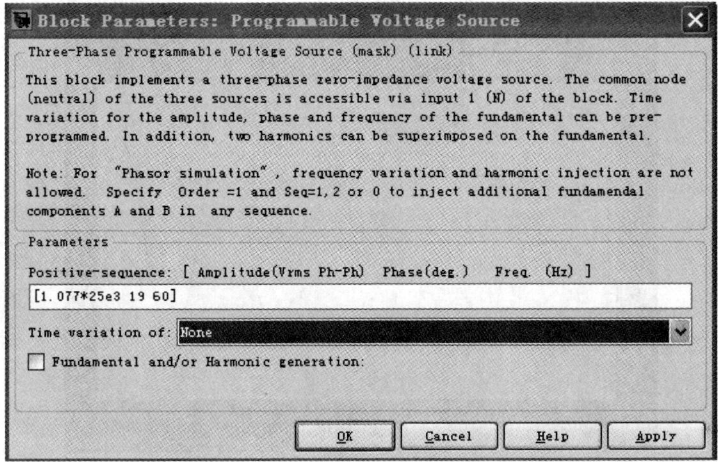

图 9-23　三相可编程电压源模块对话框

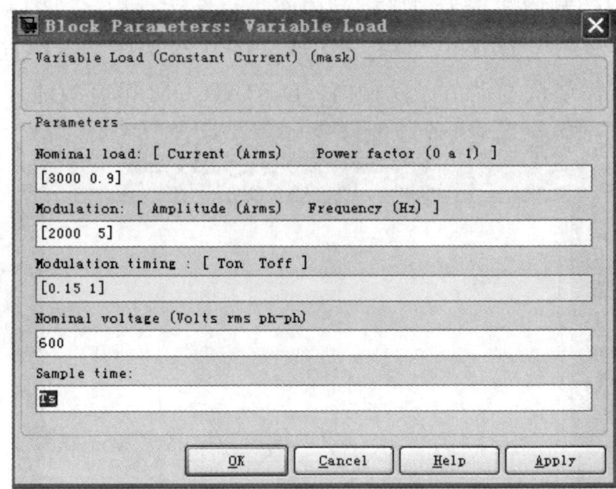

图 9-24　“Variable Load”模块对话框

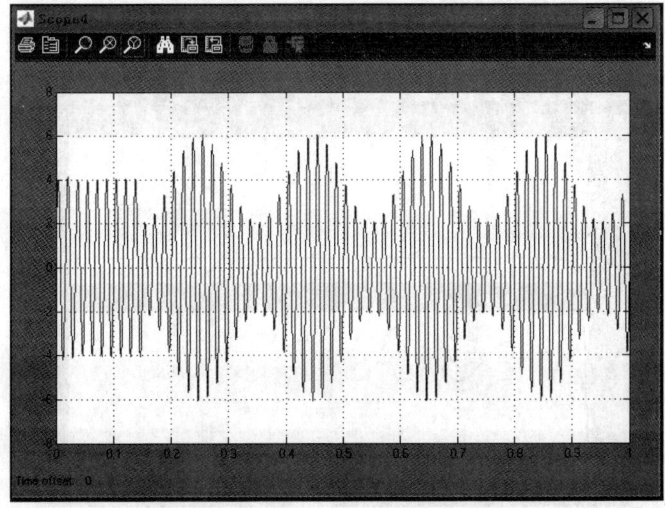

图 9-25　母线 B3 的 *a* 相电流波形

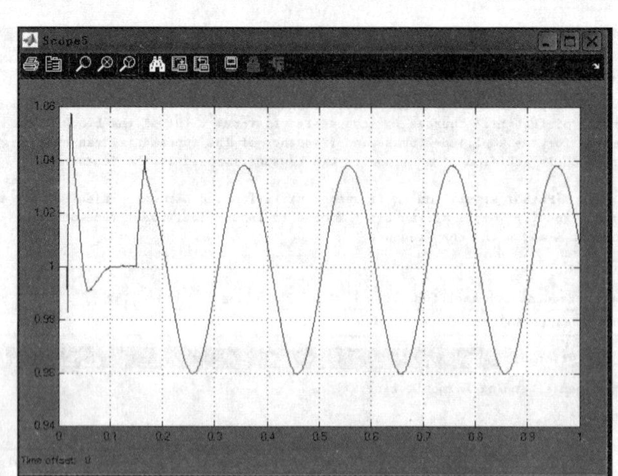

图 9-26 母线 B3 的电压幅值波形

将 D-STATCOM 的控制模式选为电压控制模式，重新运行程序。图 9-27 为母线 B3 的电压幅值波形，可见电压的波动大为减小，只有±0.7%。图 9-28 为图 D-STATCOM 的有功和无功波形，正是由于可以根据需要快速调节无功输出，D-STATCOM 可有效地抑制电压波动及闪变。

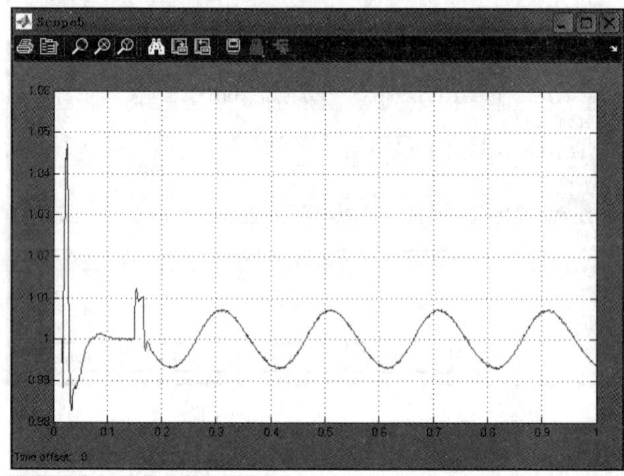

图 9-27 投入 D-STATCOM 后母线 B3 的电压幅值波形

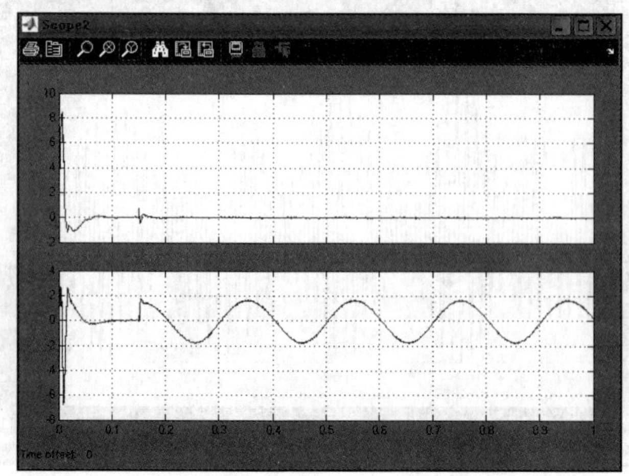

图 9-28 D-STATCOM 的有功和无功波形

9.3 有源电力滤波器

有源电力滤波器（Active Power Filter）有并联型、串联型及混合型等形式，并联型主要适用于谐波电流型负载，而串联型主要适用于谐波电压型负载。并联型有源电力滤波器的主电路结构与第 9.2 节所述的 D-STATCOM 基本相同，只是由于功能不同，所以控制策略有所不同。它通过实时检测负载的谐波电流，控制 VSC 向电网注入与负载谐波电流大小相等但方向相反的电流，则可以实现滤除谐波的功能。

在 MATLAB 命令窗口中输入“power_active_filter”，可打开如图 9-29 所示的示例程序。两个二极管整流器构成电网的非线性负载，它们分别通过△-△和△-Y 变压器与电网相连。前 10个周期只有第一个二极管整流器投入运行，其直流负载为可控电流源，前 5 个周期为 2000A，其后变为 3000A。从第 10 个周期开始，断路器闭合，第二个二极管整流器投入，注入电网的谐波特性会发生变化。图中的“Shunt Active Harmonic Filter”模块即为有源滤波器模块，其内部结构如图 9-30 所示。

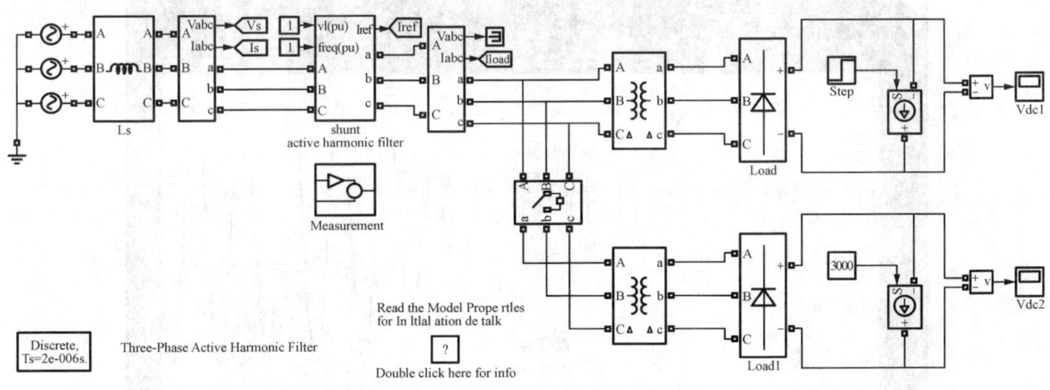

图 9-29 有源电力滤波器仿真程序

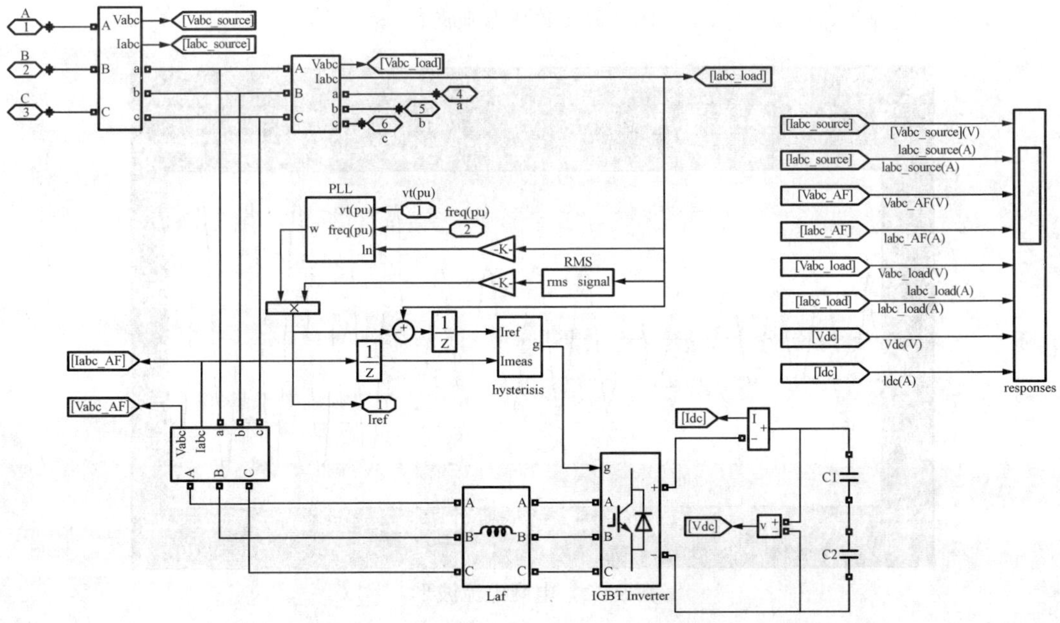

图 9-30 有源电力滤波器模块内部结构图

该模块中的 A、B、C 三点与电源相连，a、b、c 三点与非线性负载相连，因此由图可知该有源滤波器为并联型。图中间就是有源滤波器的控制部分。由检测的含有谐波的负载电流经过 PLL 模块得到基波电流的波形信息，同时求出负载电流的有效值，二者相乘即可得到电网三相电流的指令值，这是一个只含基波且其作用与负载电流等效的正弦电流。有源滤波器的控制目的就是使注入电网的电流等于该指令值。因此，有源滤波器输出电流应为该指令值与负载电流的差。为了达到这个控制目标，示例程序中采用了动态响应较快的滞环电流控制器来实现。

运行该程序，可得负载电流、电网电流和有源滤波器输出电流分别如图 9-31～图 9-33 所示。负载电流波形如前所述，前 10 个周期由于只有一台二极管整流器，因此波形更差，第 5 个周期时负载电流增大。后 10 个周期由于是两台二极管并联运行，因此波形有所改善。从图 9-32 中的电网电流可以看到，经过有源滤波器的补偿，电网电流有了明显改善，基本接近正弦波。图 9-33 即为二者之差，也就是有源滤波器的输出电流。

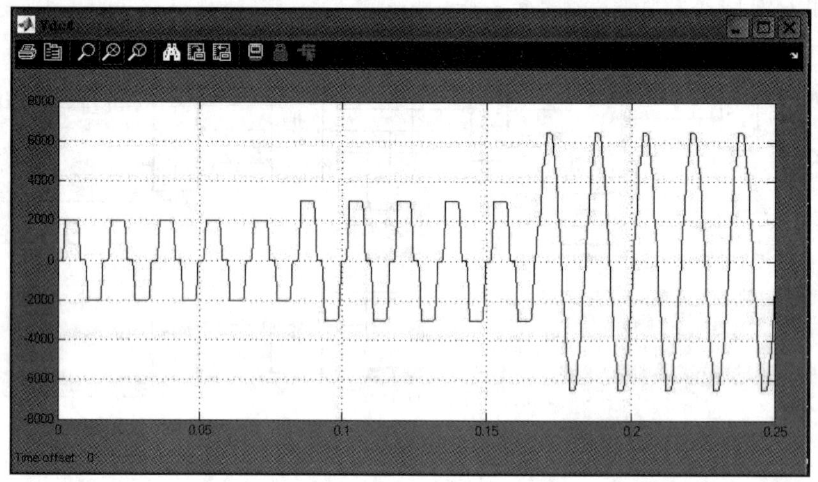

图 9-31　负载电流波形

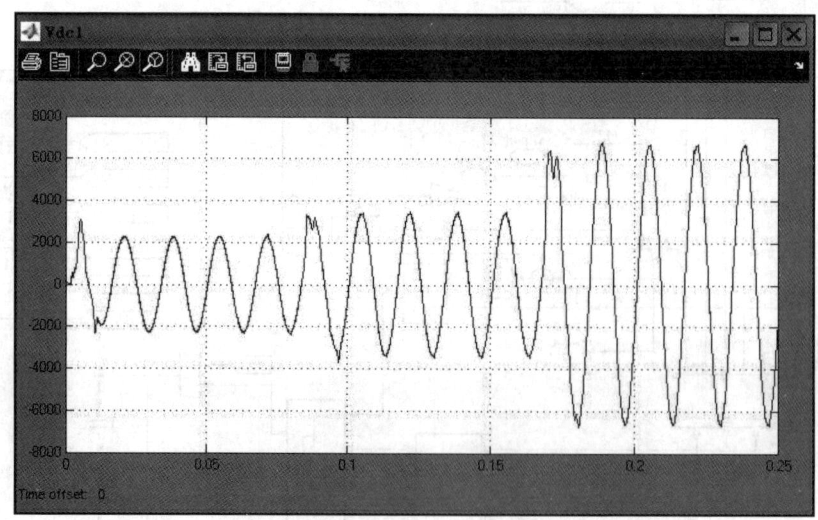

图 9-32　电网电流波形

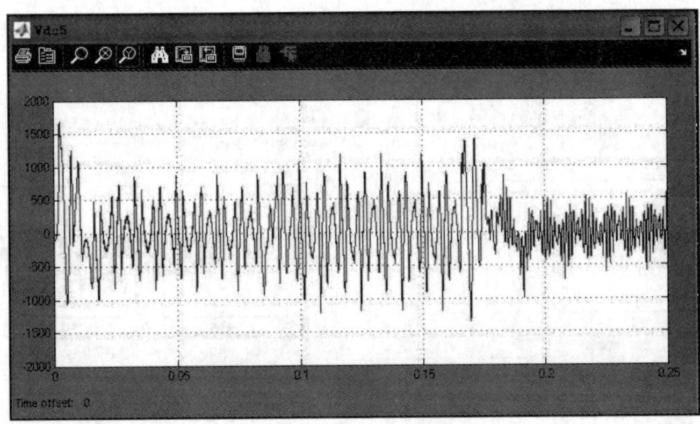

图 9-33　有源滤波器输出电流波形

为了更清楚地分析有源滤波器的效果，对上述电流进行了 FFT 分析，分别如图 9-34～图 9-36 所示。

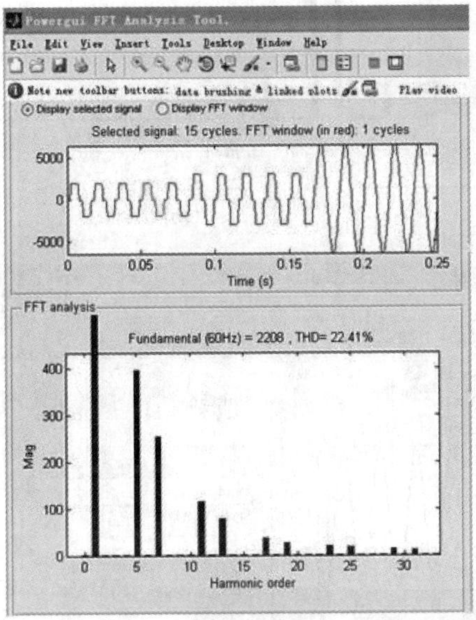

(a) 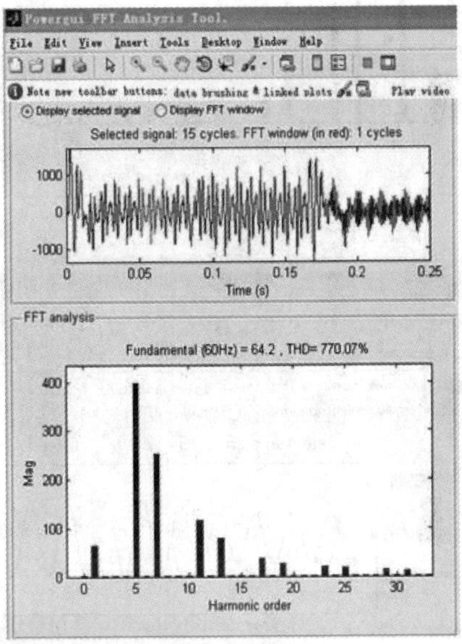　　(b)

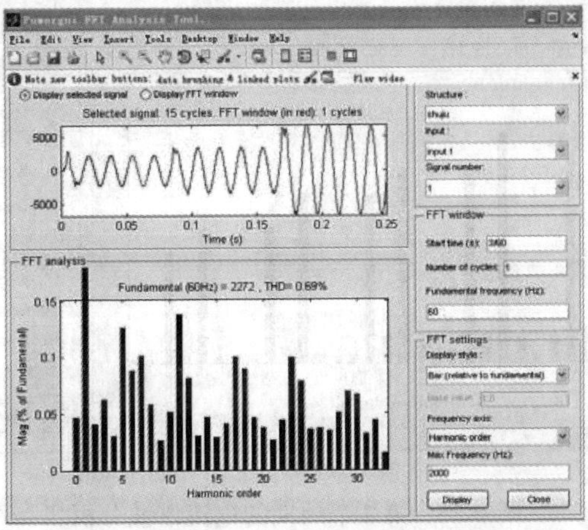

(c)

图 9-34　第 3 个周期的电流谐波分析

(a)负载电流；(b)有源滤波器电流；(c)电网电流

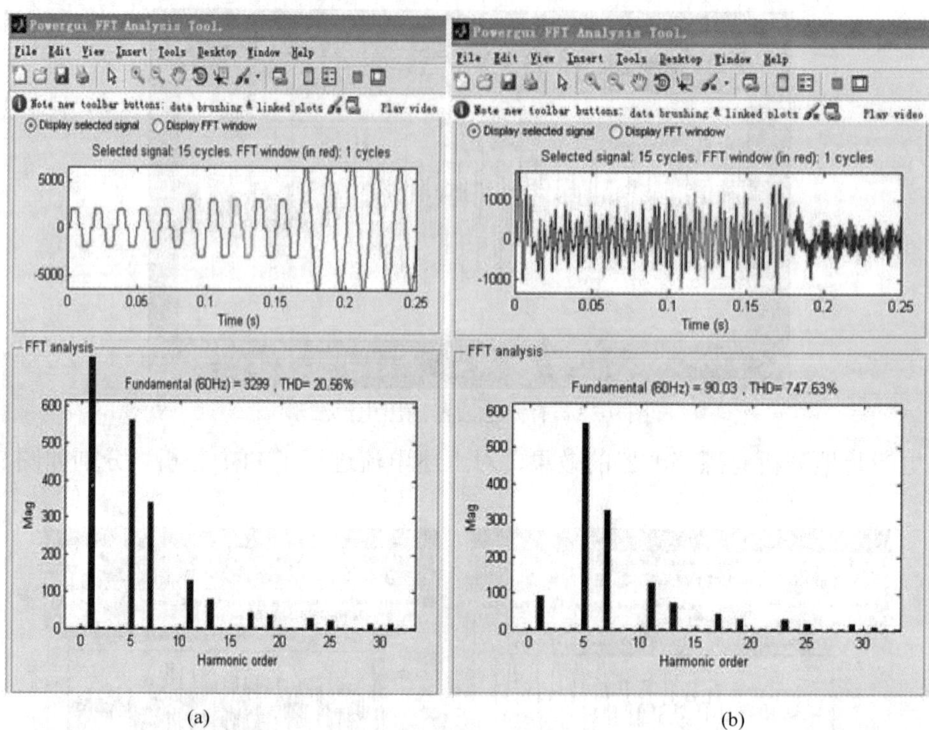

(a) (b)

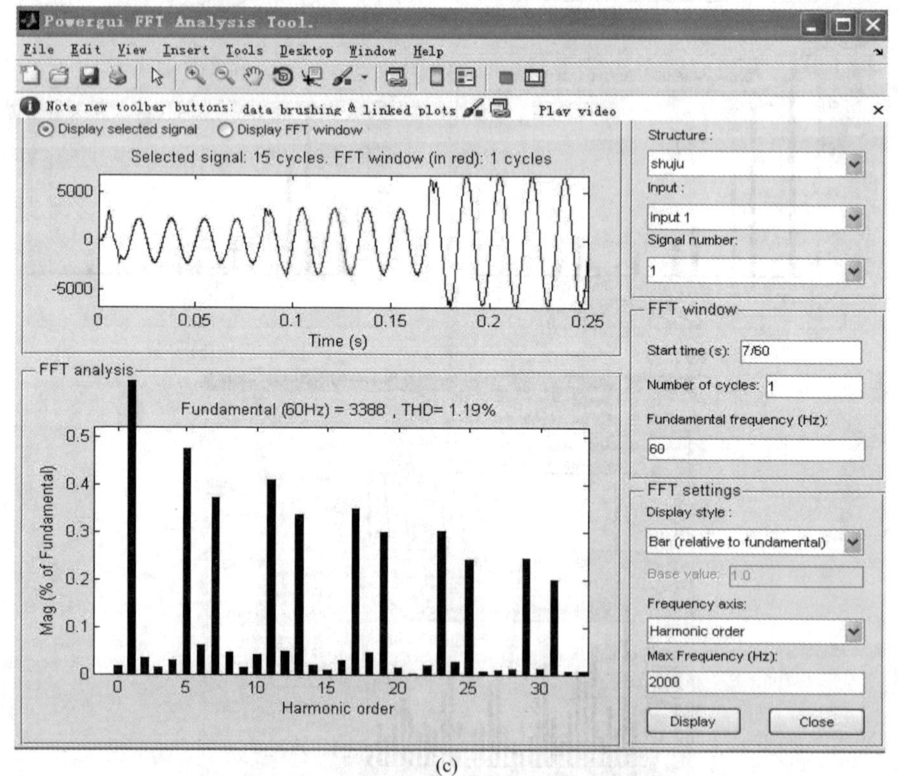

(c)

图 9-35 第 7 个周期的电流谐波分析

(a)负载电流；(b)有源滤波器电流；(c)电网电流

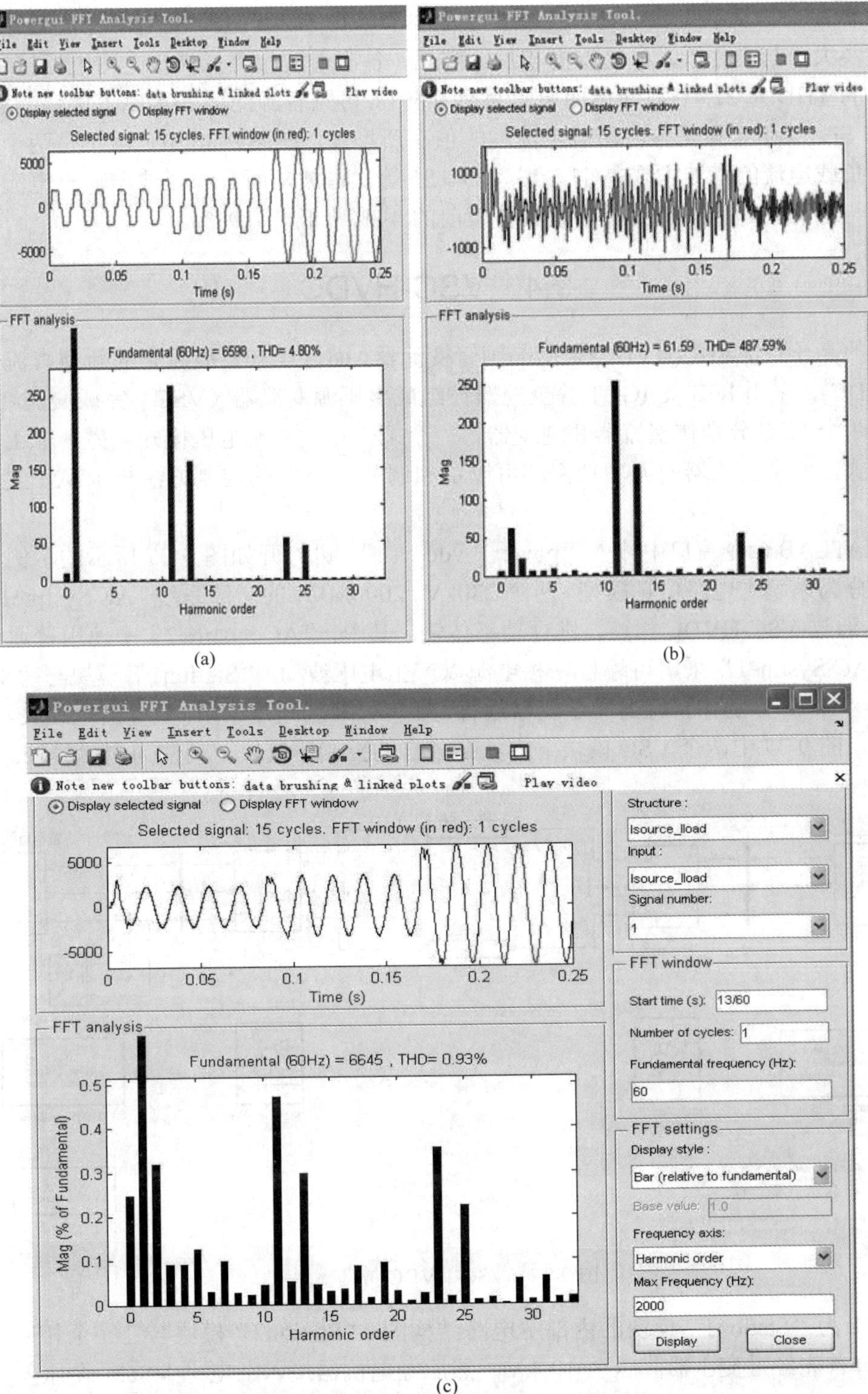

图 9-36　第 13 个周期的电流谐波分析

(a)负载电流；(b)有源滤波器电流；(c)电网电流

在图 9-34 中，负载电流的谐波主要是 5、7、11、13 等次谐波，而有源滤波器输出电流的谐波次数及大小与之相同，只是方向相反。因此，各次谐波相互抵消，电网电流接近正弦波。负载电流的 THD 为 22.41%，而电网电流只有 0.69%，可见有源滤波器实现了优良的滤波效果。在图 9-35 与之类似，只是各次谐波电流的幅值有所增加。在图 9-36 中，由于是两个整流器并联运行，负载电流的谐波主要是 11、13、23、25 等次谐波，而有源滤波器输出电流的次数及大小仍然与之相同。电网电流的谐波由补偿前的 4.8%降低至 0.93%。

9.4 VSC-HVDC

传统的高压直流输电(HVDC)采用晶闸管变流器，而近年来发展起来的新型直流输电技术(VSC-HVDC)，采用 IGBT、IGCT 等全控器件组成电压源变流器（VSC）完成交流-直流-交流的变换。两个 VSC 分别作整流器和逆变器，一个工作在定直流电压模式，另一个工作在定有功功率模式，两个变流器的无功功率都可以单独调节。VSC 的控制方法与 PWM 整流器基本相同。

在 MATLAB 命令窗口中输入“power_hvdc_vsc”，可打开如图 9-37 所示的示例程序。图中上半部分为系统主电路仿真模型。两个 230kV、2000MVA 的交流系统“AC Systme1”和“AC Systme2”通过 VSC-HVDC 相连，进行功率传输。其中，“AC Systme2”中使用普通三相电压源，而“AC Systme1”采用可编程三相电源以产生电压波动。“Station1”模块与“Station2”模块即两个 VSC，分别作整流器和逆变器运行。两个 VSC 之间是采用π型等值电路表示的 75km 直流电缆。图 9-37 中两个 VSC 模块下方就是各自的控制器模块，两侧为测量模块。

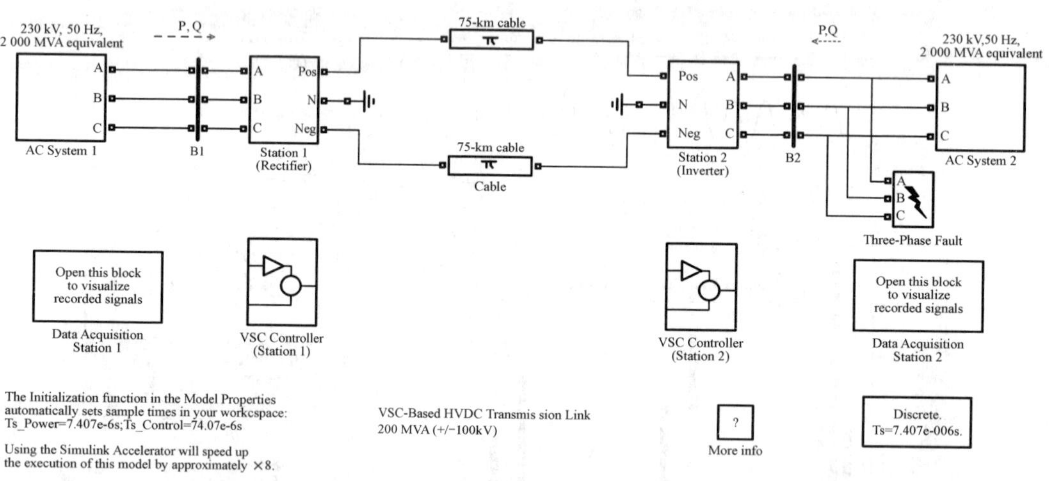

图 9-37 VSC-HVDC 仿真模型

图 9-38 为“Station1”模块的内部主电路结构图，“Station2”模块与之完全相同。主电路交流侧部分首先经过变压器降压至 100kV，然后经电抗器接入三电平 VSC，变压器与电抗器间还装有 27 和 54 次滤波器。直流侧除了直流电容，还有 RLC 滤波器及平波电抗器。

图 9-39 为“Station1”控制器模块的内部结构图。与前几个例子类似，输入信号首先经过低通滤波器进行滤波。再经过零阶采样后送入 VSC 离散控制器模块中，该模块输出为 VSC 交流侧三相电压调制波信号，最后送入三电平 PWM 模块产生驱动脉冲。

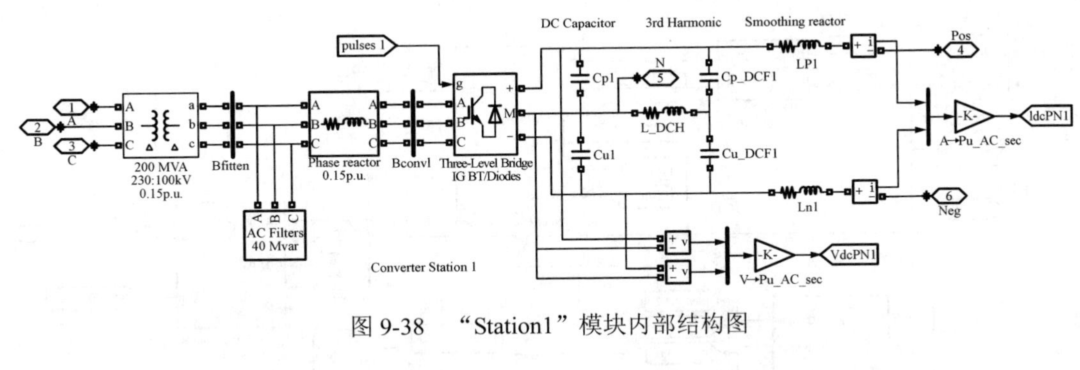

图 9-38 “Station1”模块内部结构图

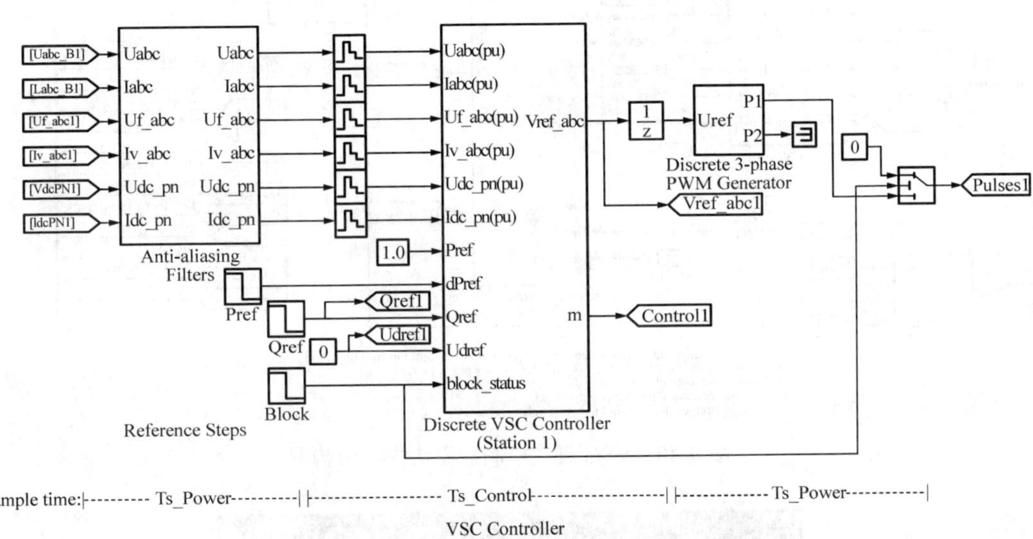

图 9-39 “Station1”控制器模块内部结构图

图 9-39 中的核心为 VSC 离散控制器模块，其内部结构如图 9-40 所示。PLL 锁相环模块获得同步旋转坐标变换所需的网侧电压相位。“Clarke Transformations”和“dq Transformations”模块分别为第 8 章所述的 Clarke 变换与 Park 变换模块，将三相静止坐标系下的电压电流变换到两相同步旋转坐标系下。“Signal Calculations”模块计算输入信号的平均值，供其他控制环节使用。

如图 9-40 所示的 VSC 离散控制器模块仍然采用双闭环控制。外环根据控制目的不同为直流电压环或有功功率环。在本例中，“Station1”为定有功功率控制，“Station2”为定直流电压控制。同时，两个 VSC 控制器均包括无功功率控制环节，与直流电压环或有功功率环一起构成外环，得到 dq 轴电流的指令。控制器内环为电流环。各控制环节均使用 PI 调节器，以实现稳态无差的控制目的。其控制模块内部结构与前几个例子类似，可自行分析研究。由于采用二极管箝位式三电平变流器，因此，图 9-40 中还包括中点电位平衡控制部分。

首先，设置“AC System1”中的三相可编程电源电压无波动，“Station2”与“AC System2”之间无短路故障，研究 VSC 控制系统正常工况下的性能。在 1.5s 时，令“Station1”的有功指令由 1 下降到 0.9，在 2s 时其无功指令由 0 变为−0.1，在 2.5s 时“Station2”的直流电压由 1 降为 0.95，运行程序可得仿真结果如图 9-41～图 9-46 所示，分别为“Station1”和“Station2”的直流电压、有功及无功功率。

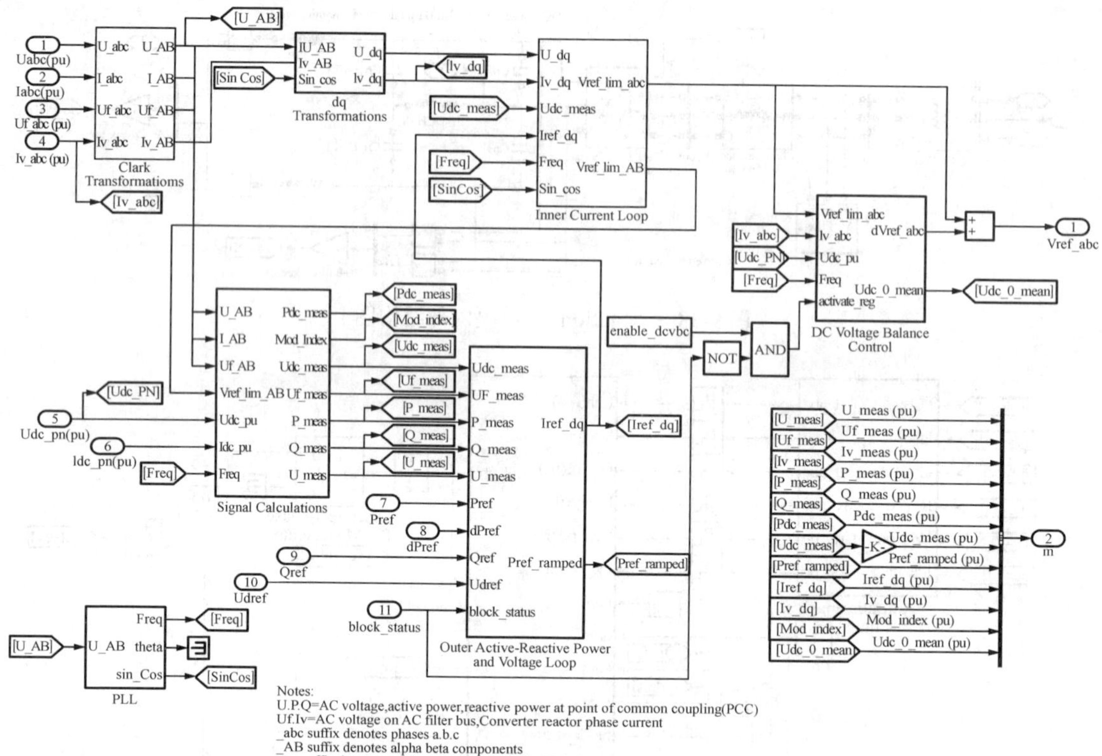

图 9-40 VSC 离散控制器模块内部结构图

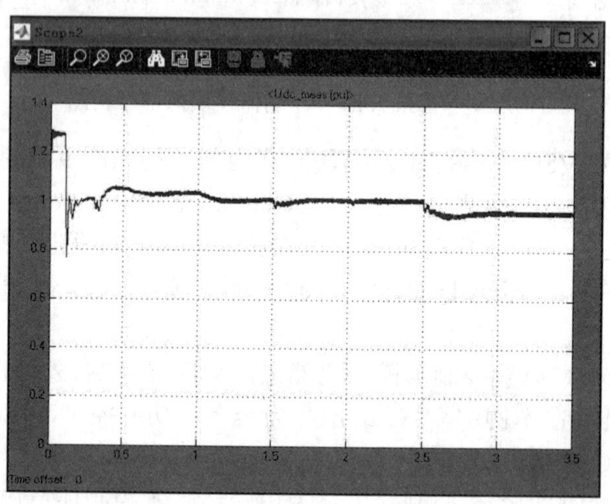

图 9-41 “Station1”直流电压波形

当在 1.5s 时，“Station1”的有功功率指令发生突变后，其实际的有功功率能够迅速跟随指令变化，在 0.3s 内达到稳定，同时“Station2”的有功功率也相应变化。由于“Station1”为定有功功率控制，而“Station2”为定直流电压控制，因此“Station1”的直流电压并不固定，而是与“Station2”的直流电压及直流电阻上的压降有关，将随功率而发生变化。由于本例中直流电阻较小，因此这一趋势并不明显。另一方面，“Station2”的有功功率与“Station1”的有功及线路损耗有关，不受“Station2”自身控制系统的控制。

在 2s 时的“Station1”的无功功率指令突变后，由图 9-43 可见其实际的无功迅速发生相应变化，而对直流电压和有功的影响很小，说明控制系统的解耦性能良好。

在 2.5s 时的“Station2”的直流电压突变后，“Station1”的直流电压将随之发生变化，有功功率在短时波动后很快恢复设定值，无功功率几乎不受其影响。

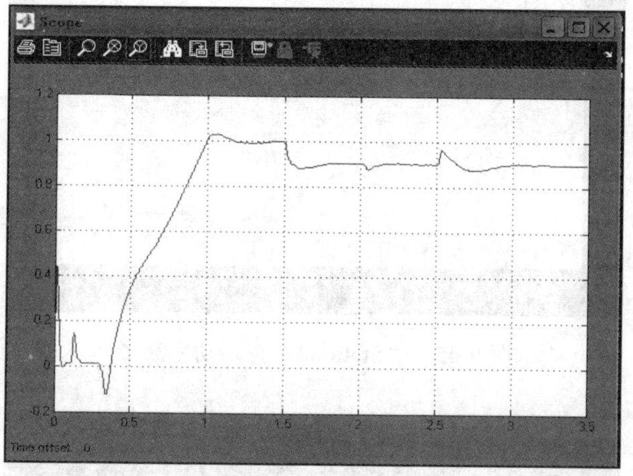

图 9-42 “Station1”有功功率波形

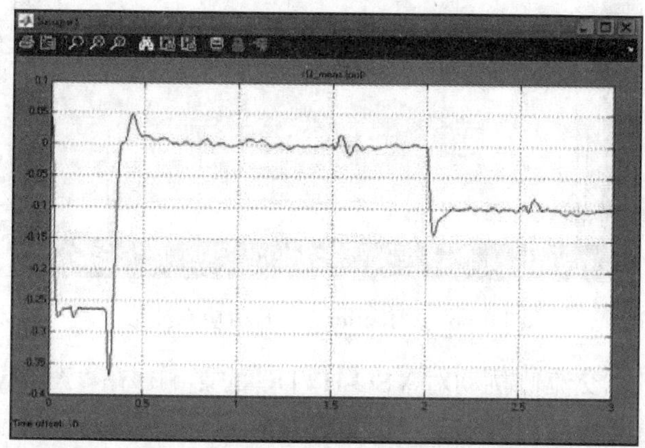

图 9-43 “Station1”无功功率波形

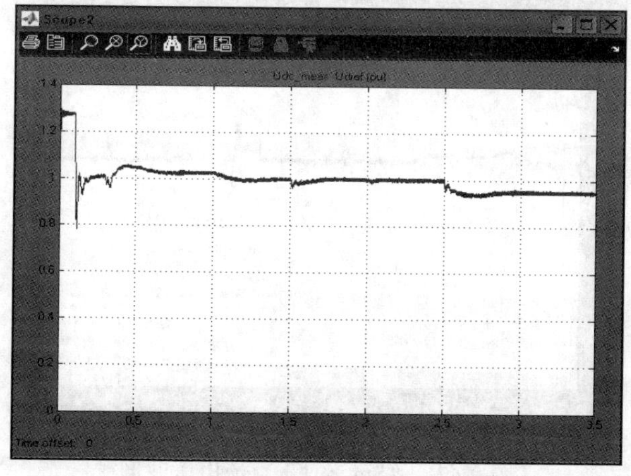

图 9-44 “Station2”直流电压波形

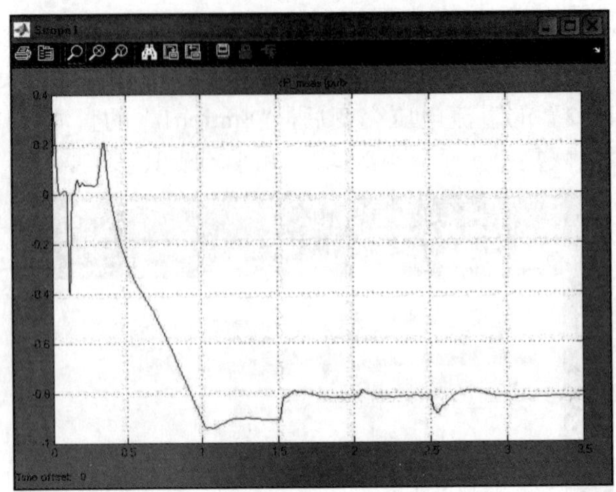

图 9-45 “Station2”有功功率波形

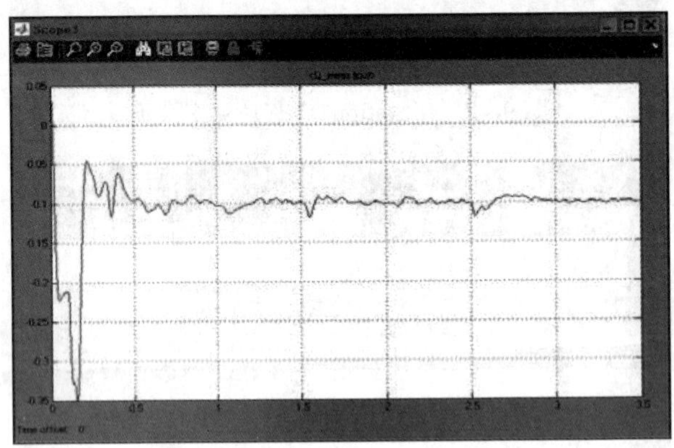

图 9-46 “Station2”无功功率波形

下面将通过仿真研究交流侧扰动对 VSC-HVDC 的影响。在“AC System1”的三相可编程电源中设置其电压幅值在 1.5s 开始减小 10%，持续 7 个周期，并设置三相短路模块在 2.1s 时发生三相短路，持续 6 个周期。运行仿真可得结果如图 9-47～图 9-52 所示。

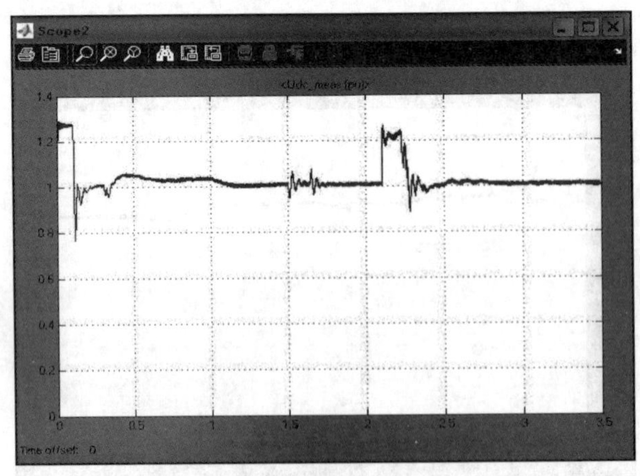

图 9-47 “Station1”直流电压波形

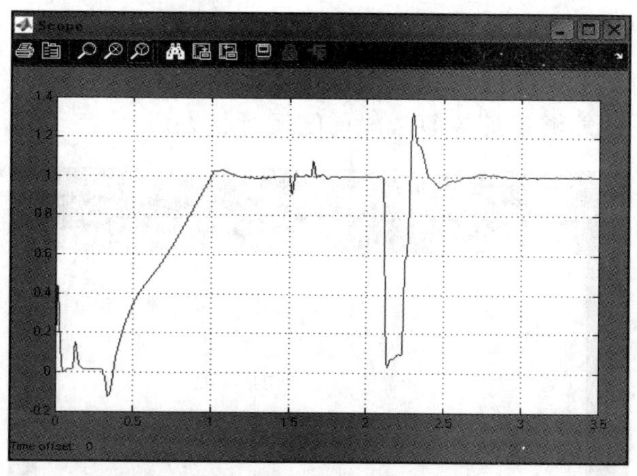

图 9-48 “Station1”有功功率波形

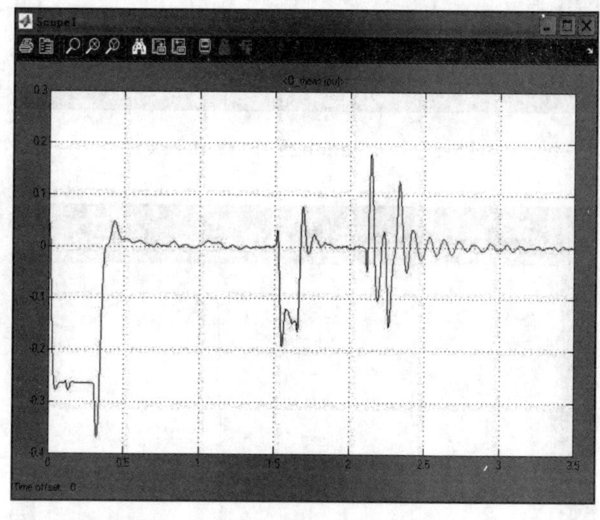

图 9-49 “Station1”无功功率波形

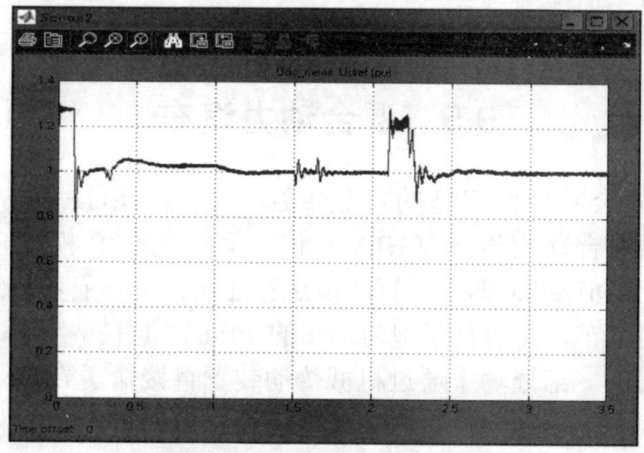

图 9-50 “Station2”直流电压波形

在“AC System1”的电源电压突降后，“Station1”的无功功率会受到较大影响，而其他几个图中所示的物理量变化较小，且能较快的恢复稳态。

而在“Station2”交流侧发生三相短路后，其输出有功基本为零，直流电压将上升，为此“Station1”需将定有功功率控制改为定直流电压控制，以避免两侧功率不平衡造成的电压上升。在故障结束后，系统能够迅速恢复故障前的运行状态。

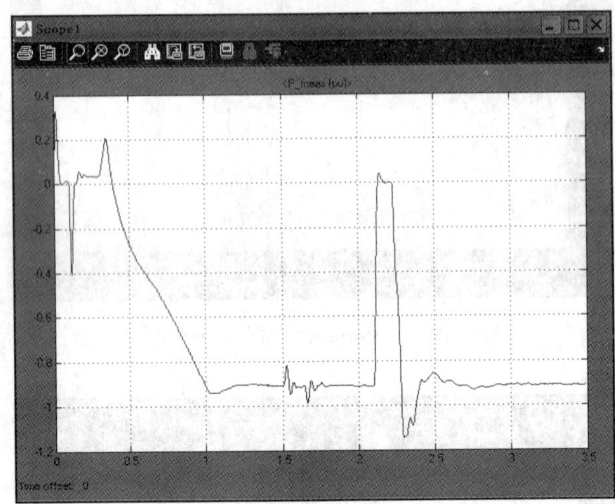

图 9-51 “Station2”有功功率波形

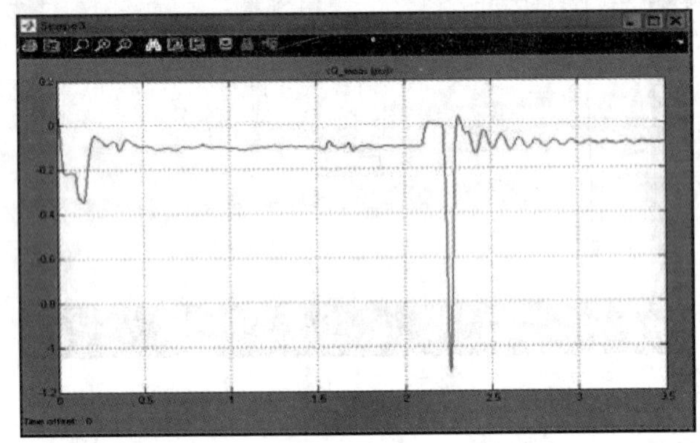

图 9-52 “Station2”无功功率波形

9.5 混合动力汽车

随着能源危机和社会对环保问题的日益重视，电动汽车技术成为各国的研究热点。MATLAB 提供了一个混合动力汽车（HEV）传动系统的仿真模型，它将 Simulink 中的 SimPowerSystems 和 SimDriveline 两个仿真环境进行连接，完成了复杂的机电系统仿真。该模型属于混联型混合动力汽车，其仿真原型为丰田的 Prius。混联型 HEV 综合了串联型与并联型的优点，发动机输出的一部分功率通过机械传动装置直接输送到驱动桥，另一部分则驱动发电机发电。发电机发出的电能输送给电池或电动机，电动机产生的驱动力矩通过动力复合装置传送给驱动桥。能量管理系统根据汽车运行工况，控制各部分协调工作。

在 MATLAB 命令窗口中输入“power_HEV_powertrain”，可打开如图 9-53 所示的示例程序，它包括五个主要部分，能量管理子系统、电气子系统、内燃机、行星齿轮和车体子系统。

此处仅简要介绍其中的电气子系统，其内部结构如图 9-54 所示。电气子系统中主要有电池、DC-DC 变换器、发电机、电动机及控制系统等部分。电池即为 9.1 节介绍的镍氢电池模型，额定电压 200V，而发电机、电动机驱动系统直流侧电压为 500V，因此需要一个 DC-DC 变换器进行电压转换。DC-DC 变换器内部结构如图 9-55 所示，上方为 DC-DC 变换器主电路模型，如图 9-56 所示，下方为直流电压控制系统，如图 9-57 所示。由于整个仿真模型非常复杂，因此此处的主电路采用了开关周期平均值模型，而非第 4 章所介绍的详细模型。采用平均值模型可降低仿真模型复杂度，提高仿真运算速度。发电机和电动机均为永磁同步电机，两个模块内部模型相同，如图 9-58 所示，只是在能量管理系统的控制下其运行方式不同。在图 9-58 中，下方为三相逆变器和永磁同步电机主电路，上方为速度/转矩控制模块和电流控制模块，控制部分与第 8 章中讨论的类似，只是电流控制模块采用滞环电流控制。而三相逆变器部分与 DC-DC 变换器一样，也采用了平均值模型，以加快仿真速度。

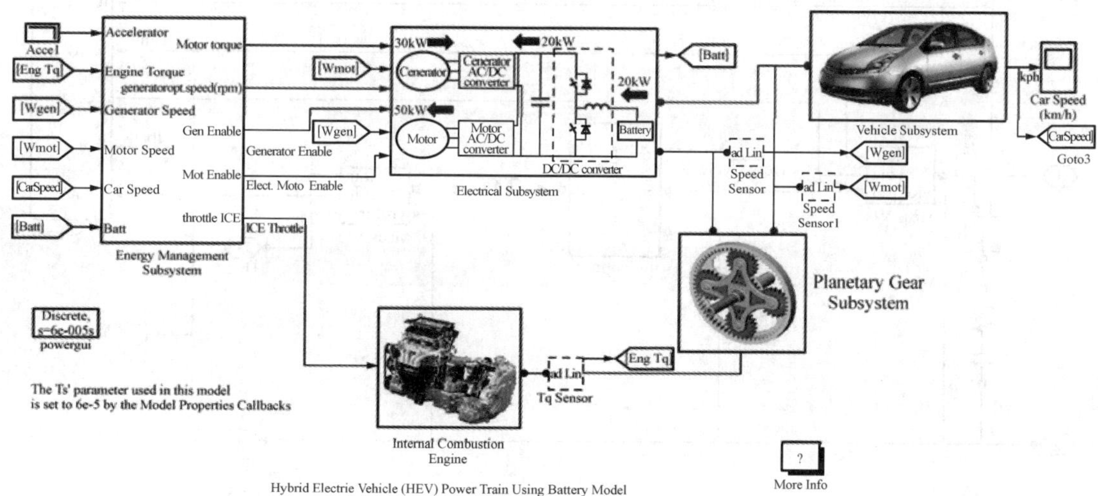

图 9-53　混合动力汽车仿真模型

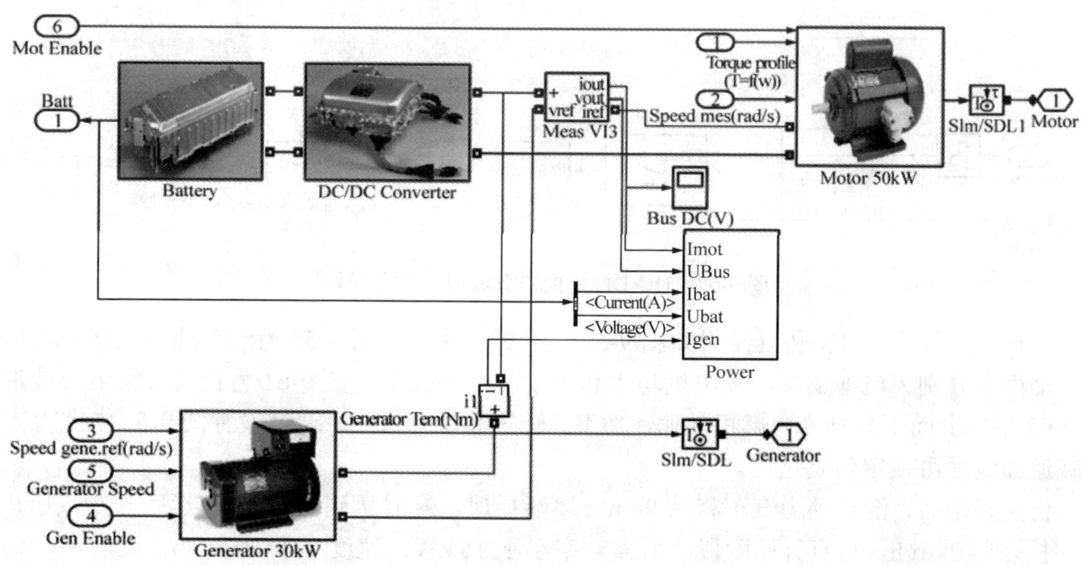

图 9-54　混合动力汽车电气子系统仿真模型

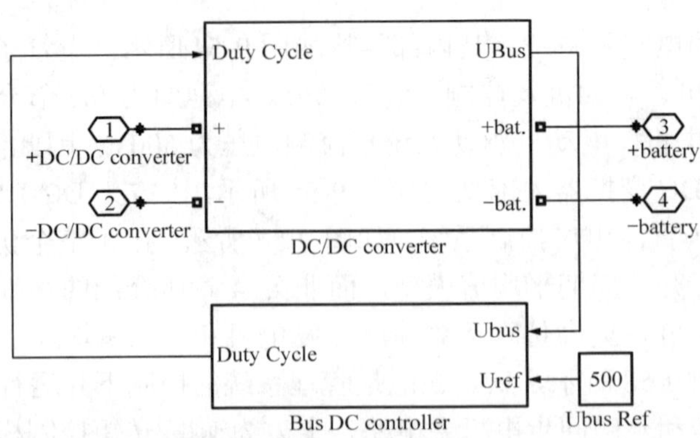

图 9-55　DC-DC 变换器内部结构图

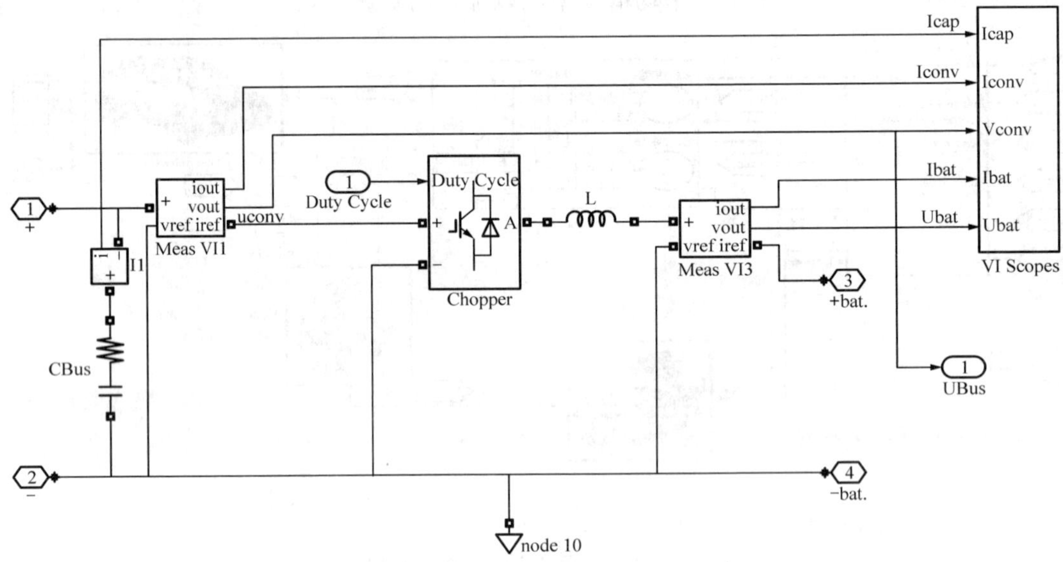

图 9-56　DC/DC 变换器的平均值模型

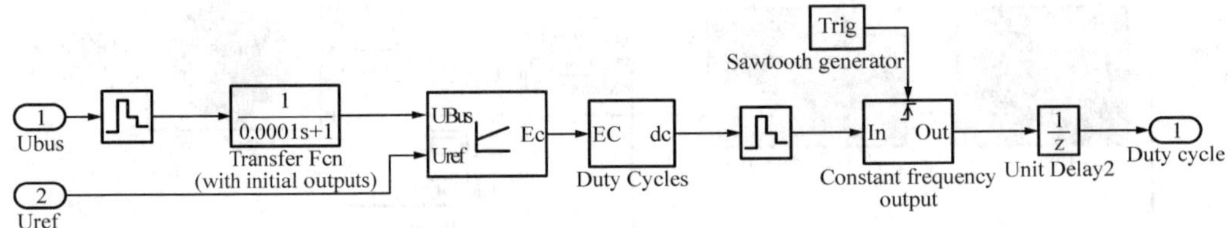

图 9-57　DC-DC 变换器直流电压控制模块

运行仿真程序，可得仿真结果如图 9-59～图 9-62 所示。图 9-59 为汽车速度曲线，图 9-60 中自上而下分别为电池功率、发电机功率和电动机功率波形，图 9-61 为直流母线电压波形，图 9-62 中自上而下分别为内燃机转速、功率、转矩和油门大小。通过设置图 9-53 中左上方的加减速曲线，可设定仿真过程。

仿真开始后，混合动力汽车将从 0km/h 逐渐加速，9s 时达到 60 km/h，然后开始减速，在 14s 时达到 40km/h。仿真开始阶段，所需功率小于 15 kW，速度小于 20 km/h，此时混合动力汽车只由电动机驱动，所需能量由电池提供。在 0.77s 时，所需功率大于 15 kW，能量管理系统启动混合运行模式，能量由内燃机和电池共同提供。内燃机带动发电机与电池一起驱动电动机运转。可以看到发电机启动瞬间功率为负值，此时电机作电动机运行，带动内燃机启动，以达到降低内燃机启动排放的目的。

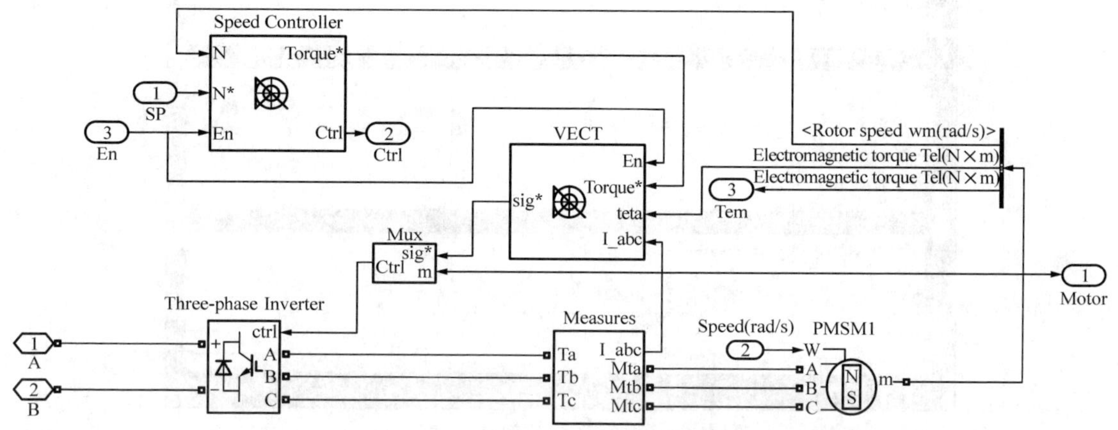

图9-58　永磁电机驱动系统示意图

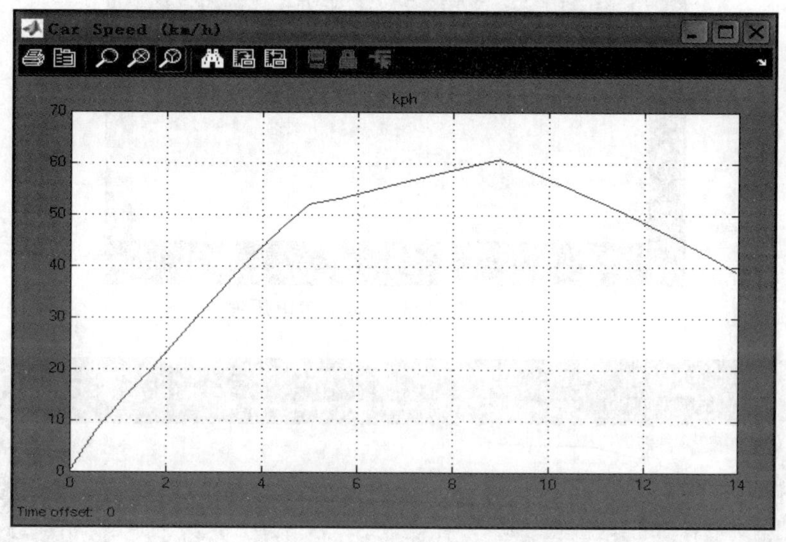

图9-59　混合动力汽车速度曲线

在5s时，电池的SOC降低到40%以下，在能量管理系统控制下，电池停止向电动机供电，而是开始由发电机对其充电。可以看到此时内燃机输送给发电机的功率逐渐增大，发电机将同时为电池和电动机供电。在9s时，HEV开始进入再生制动状态，发电机停止工作，而电动机开始作发电机运行，将制动能量回馈给电池，电池仍然处于充电状态。在整个仿真过程中，直流母线电压基本维持在500V不变，在运行状态变化时直流母线电压略有波动，但能够迅速恢复稳态。

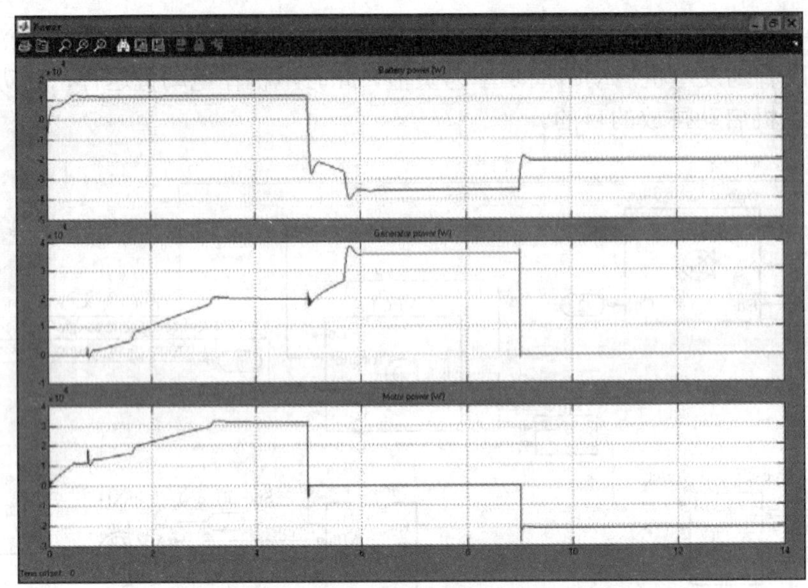

图 9-60　电气系统各部分功率波形

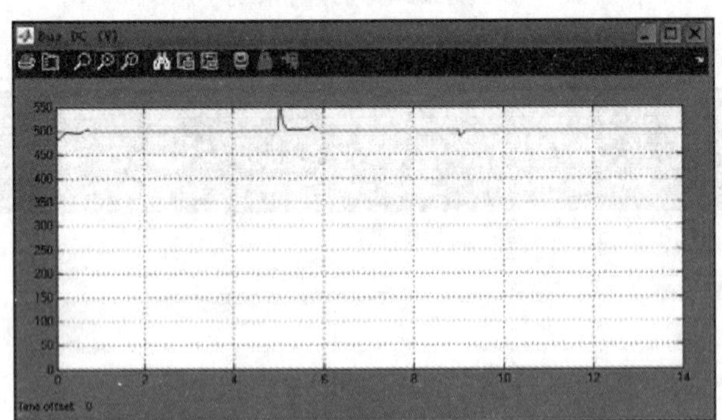

图 9-61　电气系统直流母线电压波形

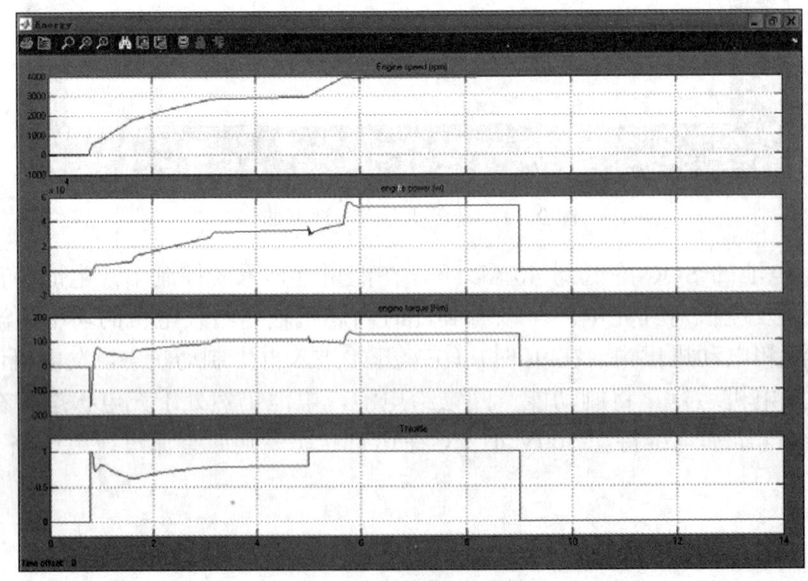

图 9-62　内燃机曲线

9.6 双馈风力发电系统

风力发电是目前各种可再生能源中，最具大规模应用前景的一种能源形式。传统的风力发电系统采用鼠笼式异步电机直接并网，因为频率恒定，所以发电机转速基本不变，对风能的利用效率不高。而且发电机功率因数较低，因此常需要加装无功补偿装置。MATLAB 提供了“power_wind_ig”和“power_windgen”两个示例，分别仿真了并网和离网两种情况下鼠笼式异步风力发电机系统。目前，风力发电机多为变速恒频型，发电机通过交—直—交变流器与恒频电网相连，所以发电机转速可根据风速的变化，在一定范围内调节。目前，变速恒频型风力发电系统多采用永磁同步电机或双馈异步电机。MATLAB 提供了双馈风力发电系统的仿真模型。

在 MATLAB 命令窗口中输入“power_wind_dfig_det”，可打开如图 9-63 所示的示例程序。电网采用三相可编程电源进行模型，电压 120kV，频率 60Hz。中间输电线路模型不再详述，可自行研究。最终与风力发电系统相连的电压等级为 575V。

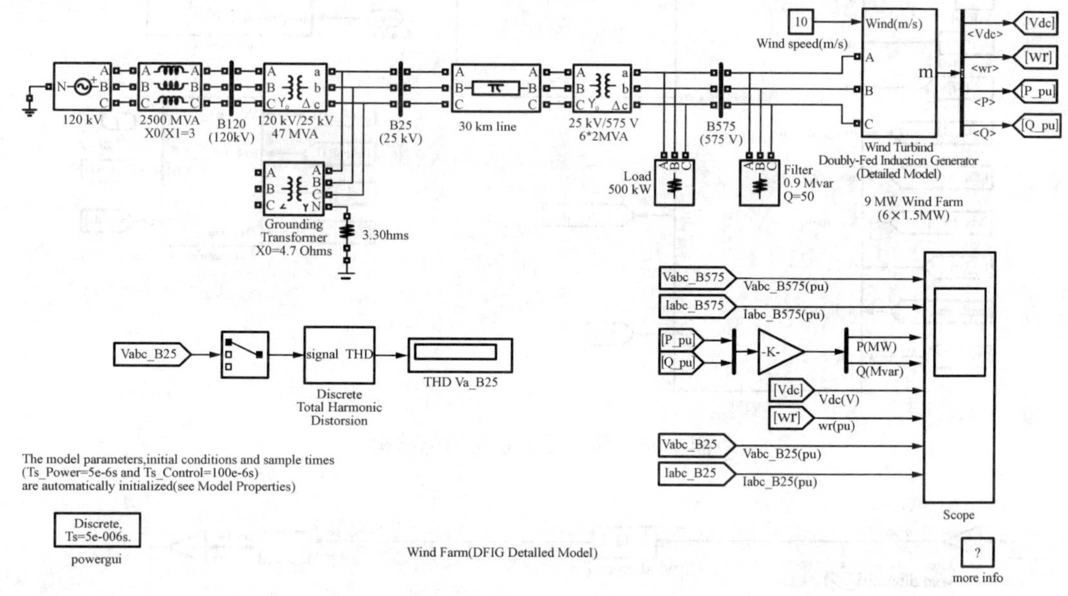

图 9-63 双馈风力发电系统仿真模型

风力发电系统内部结构如图 9-64 所示，上方为主电路部分，下方为控制系统部分。电机为异步电机模型，在对话框中选择转子形式为绕线式，即为双馈异步电机。其定子与三相电网直接相连，而转子通过交-直-交型的双 PWM 变流器与电网相连。网侧变流器即为第 6 章中所述的 PWM 整流器，电机侧变流器采用矢量控制方法控制发电机转速。

风力机模型如图 9-65 所示，按照贝兹公式，根据输入的风速、发电机转速、桨距角参数，通过设定的风能利用系统，可计算出风力机传送到发电机的转矩。该转矩信号即为发电机的驱动转矩输入信号。

双馈风力发电机的控制系统如图 9-66 所示，仍然是先对输入信号进行滤波，然后送入控制器模块，控制器输出的参考电压作为调制波信号送入两个 PWM 模块，即可得到两个变流器的驱动脉冲。两个变流器的控制模块，可参考第 6 章和第 8 章的相关内容，此处不再详述。

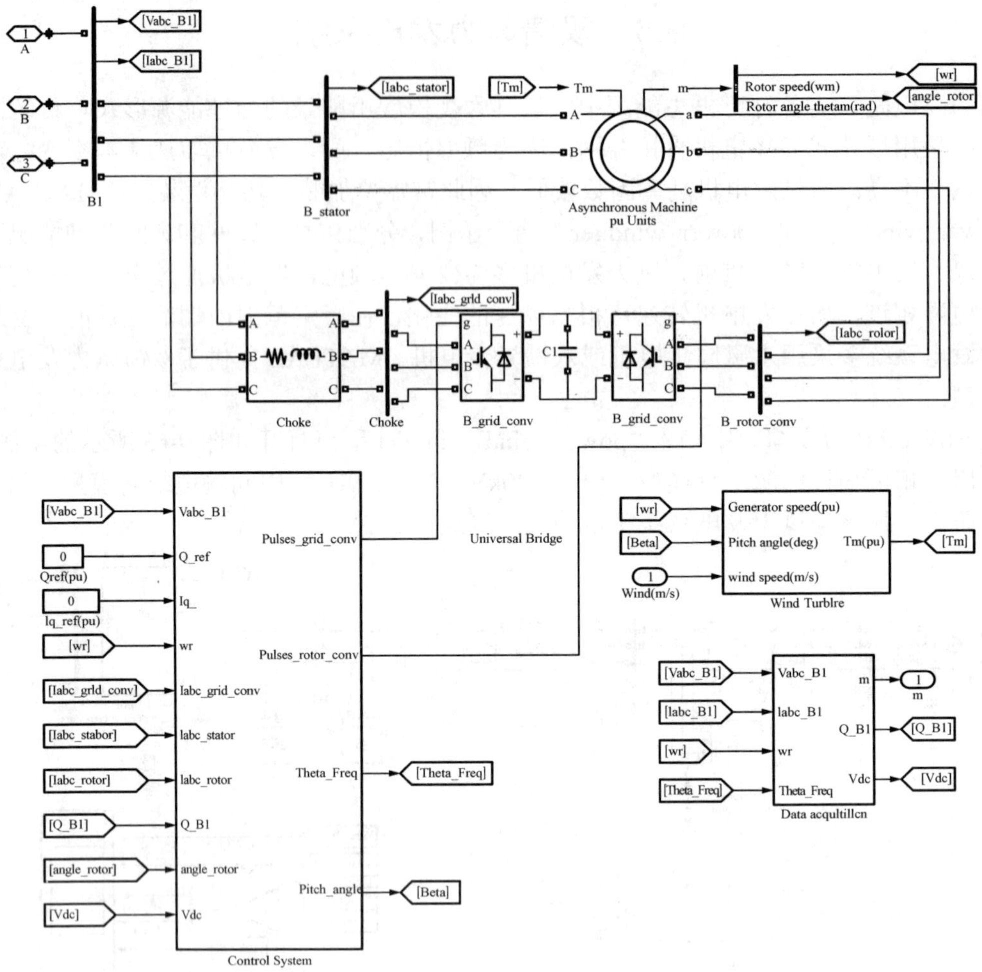

图 9-64　风力发电系统内部结构

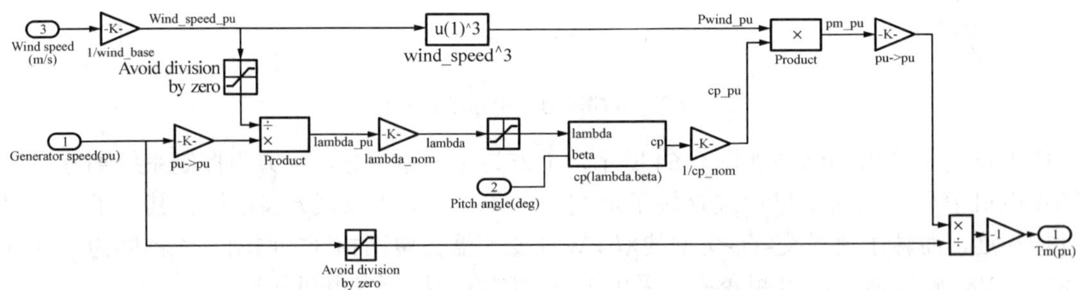

图 9-65　风力机模型

该示例程序主要考查电压跌落对双馈风力发电系统的影响。在仿真运行前，该示例程序首先自动调入“power_wind_dfig_det_xinit.mat”文件进行 初始化，使仿真开始时的各变量即为稳态值。双击三相可编程电源模型，可以看到，在 0.03～0.13s 之间，设置电网电压跌落了 20%。图 9-67 和图 9-68 分别为 25kV 母线和 575V 母线三相电压波形，与设置相符。图 9-69 和图 9-70 分别为两母线上的三相电流波形，当电压发生跌落时，三相电流出现不平衡现象，但在控制作用下可恢复平衡状态。只是由于电压跌落持续时间较短，因此，图 9-69 和图 9-70 中效果不明显。修改三相可编程电源对话框，使电压跌落持续发生，并延长仿真时间，可得 575V 母线电流波形如图 9-71 所示。可见，电流可迅速恢复三相平衡状态。

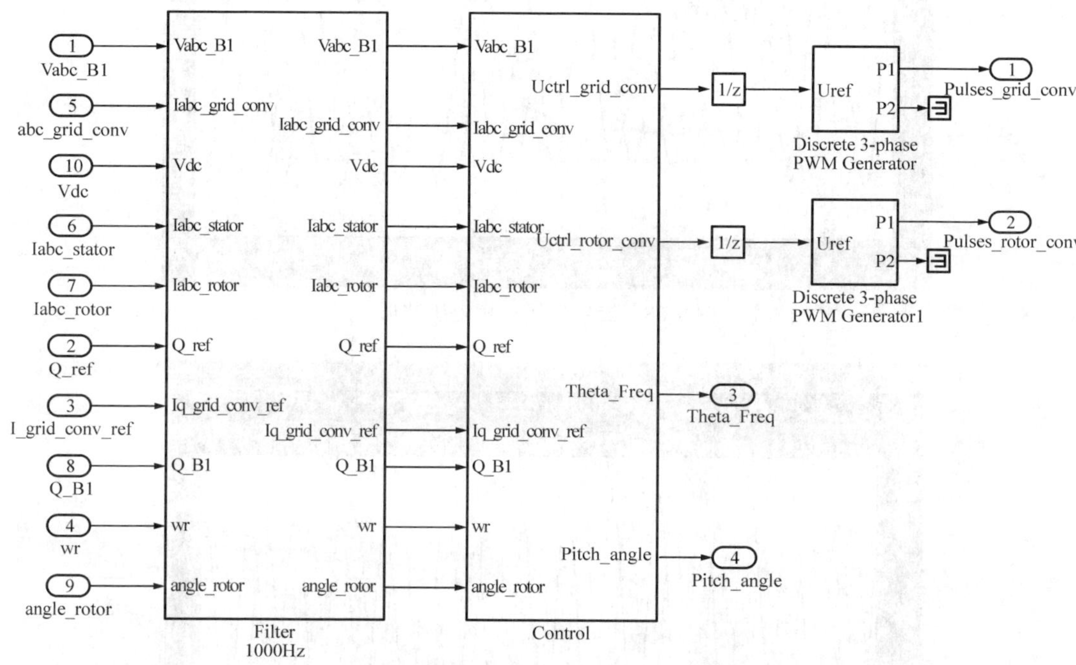

图 9-66　双馈风力发电机控制系统

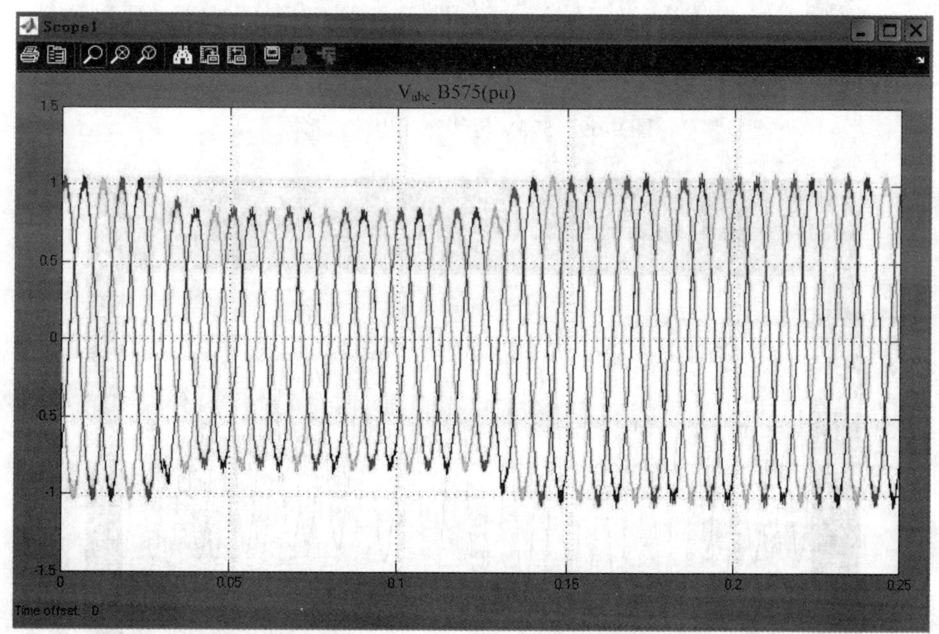

图 9-67　575V 母线三相电压波形

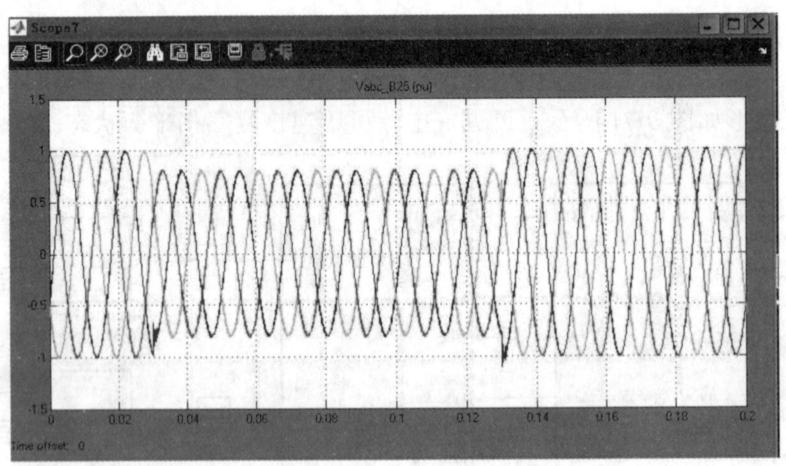

图 9-68　25V 母线三相电压波形

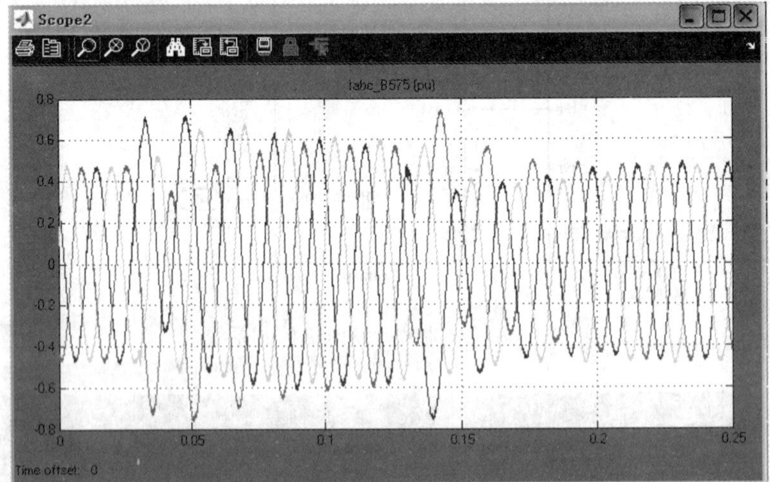

图 9-69　575V 母线三相电流波形

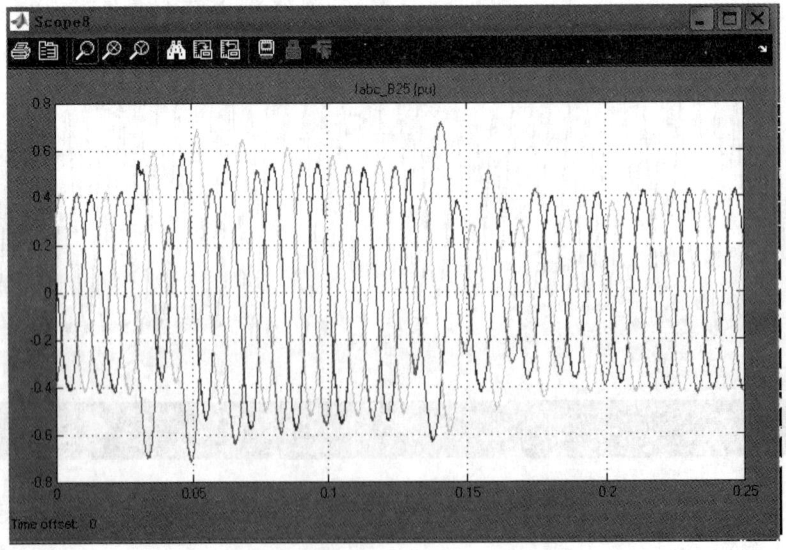

图 9-70　25V 母线三相电流波形

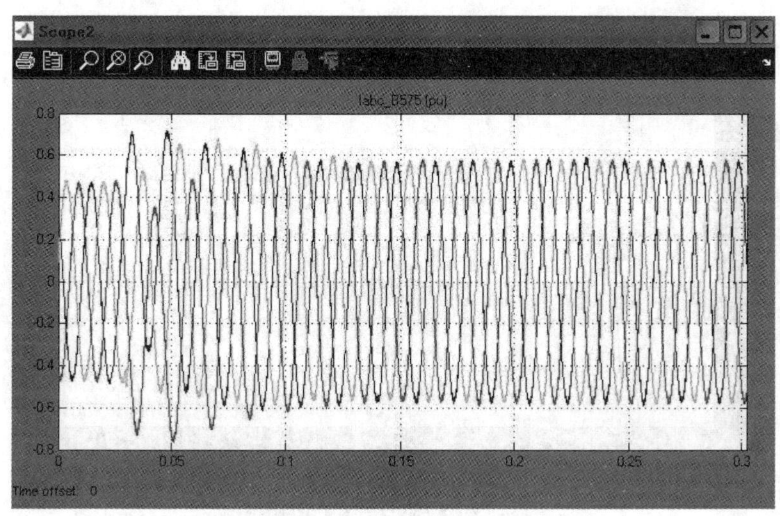

图 9-71 持续电压跌落时 575V 母线三相电流波形

在仿真中，风速为10m/s，发电机转速的标幺值控制在1.09。此时风力机输出功率为4.95MW，除去电气和机械损耗，发电机输出功率为 4.8MW 左右。在仿真中，双馈发电机和网侧变流器的无功功率指令均为零，即 575V 母线上为单位功率因数。风力发电机发出的有功功率和无功功率如图 9-72 和图 9-73 所示，为了显示得更加清楚，此处将示例程序中的仿真程序延长为 1s。电压波动对有功功率产生了一定影响，但能够较快恢复，基本维持恒定，而无功功率的调节时间较长，但最终能够达到给定值。

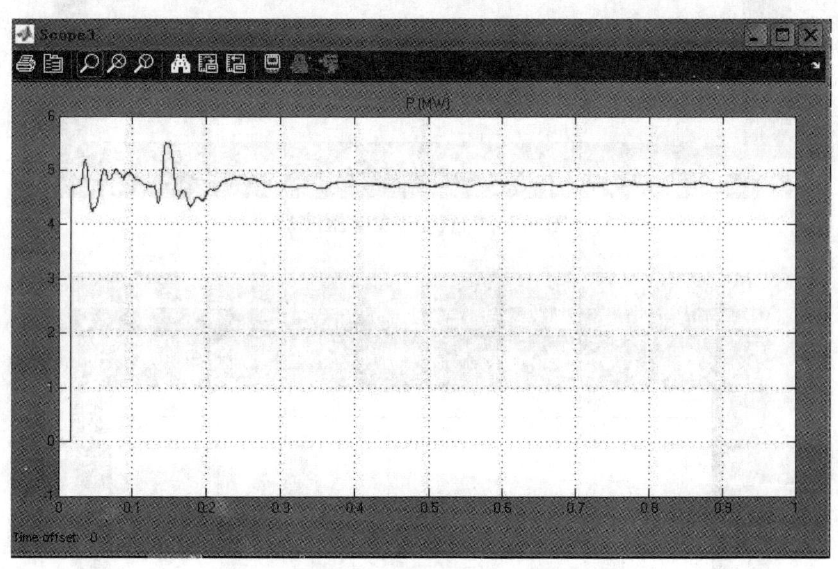

图 9-72 575V 母线有功功率

图 9-74 为直流母线电压波形，网侧变流器控制直流电压稳定在 1200V，交流电压的波动会引起直流电压的波动，但能在几个周期内恢复稳定。

图 9-75 为发电机转速波形，可见调速性能优良，转速一直维持在指令值，从而保证了风能的有效利用。

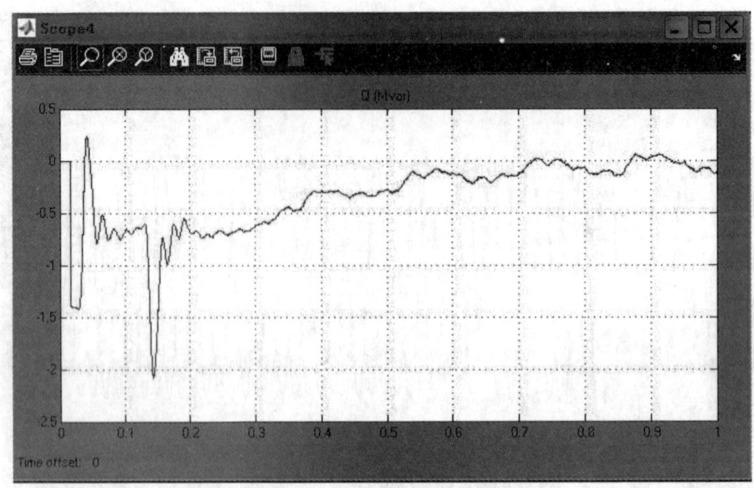

图 9-73　575V 母线无功功率

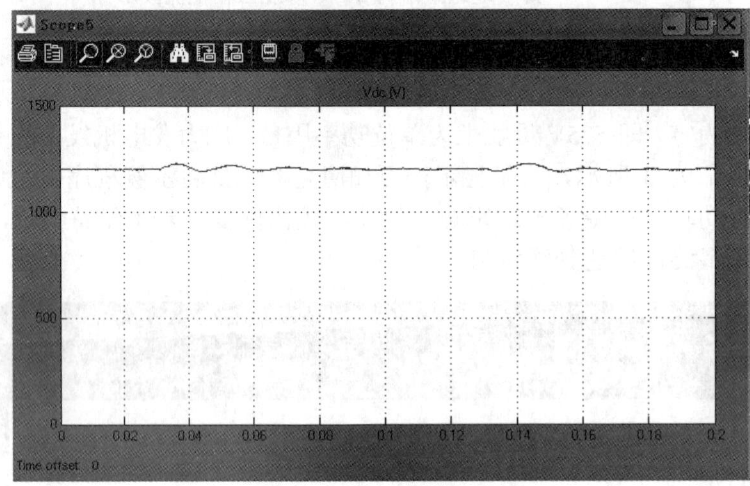

图 9-74　直流母线电压波形

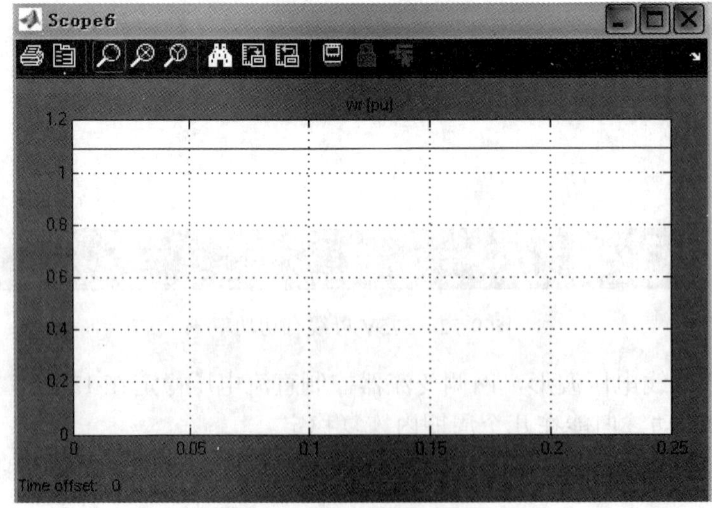

图 9-75　发电机转速波形

参考文献

[1] 叶斌. 电力电子应用技术[M]. 北京：清华大学出版社，2006.
[2] 杨耕，罗应立. 电机与运动控制系统[M]. 北京：清华大学出版社，2006.
[3] 张崇巍，张兴. PWM 整流器及其控制[M]. 北京：机械工业出版社，2003.
[4] 王成元等. 电机现代控制技术[M]. 北京：机械工业出版社，2006.
[5] 陈伯时. 电力拖动自动控制系统-运动控制系统[M]. 北京：机械工业出版社，2007.
[6] 何湘宁，陈阿莲. 多电平变换器的理论和应用技术[M]. 北京：机械工业出版社，2006.
[7] 李永东，肖曦，高跃. 大容量多电平变换器[M]. 北京：机械工业出版社，2005.
[8] 刘凤君. 多电平逆变技术及其应用[M]. 北京：机械工业出版社，2007.
[9] 李永东. 交流电机数字控制系统[M]. 北京：机械工业出版社，2003.
[10] 姜齐荣，谢小荣，陈建业. 电力系统并联补偿-结构、原理、控制与应用[M]. 北京：机械工业出版社，2004.
[11] 罗安. 电网谐波治理和无功补偿技术及装备[M]. 北京：中国电力出版社，2006.
[12] 粟时平，刘桂英. 静止无功功率补偿技术[M]. 北京：中国电力出版社，2006.
[13] 陈坚. 电力电子学[M]. 北京：高等教育出版社，2004.
[14] 陈坚. 电力电子技术及应用[M]. 北京：中国电力出版社，2006.
[15] 华伟，周文定. 现代电力电子器件及其应用[M]. 北京：北方交通大学出版社，2002.
[16] 陈建业，蒋晓华. 电力电子技术在电力系统中的应用[M]. 北京：中国电力出版社，2008.
[17] 徐德鸿，马皓，汪槱生. 电力电子技术[M]. 北京：科学出版社，2006.
[18] 徐德鸿. 电力电子系统建模及控制[M]. 北京：机械工业出版社，2006.
[19] 杨荫福，段善旭，朝泽云. 电力电子装置及系统[M]. 北京：清华大学出版社，2006.
[20] 林渭勋. 现代电力电子技术[M]. 北京：机械工业出版社，2006.
[21] 陈国呈. PWM 逆变技术及应用[M]. 北京：中国电力出版社，2007.
[22] 刘刚. 永磁无刷直流电机控制技术与应用[M]. 北京：机械工业出版社，2008.
[23] 王兆安，杨君，刘进军，王跃. 谐波抑制和无功功率补偿[M]. 北京：机械工业出版社，2006.
[24] 王兆安，黄俊. 电力电子技术[M]. 北京：机械工业出版社，1997.
[25] 陈伯时. 交流调速系统[M]. 北京：机械工业出版社，1998.
[26] 汤蕴璆，张奕黄，范瑜. 交流电机动态分析[M]. 北京：机械工业出版社，2005.
[27] Bin Wu. 大功率变频器及交流传动[M].卫三民，苏位峰，宇文博译. 北京：机械工业出版社，2008.
[28] 李维波. MATLAB 在电气工程中的应用[M]. 北京：中国电力出版社，2007.
[29] 刘慧颖. MATLAB R2007 基础教程[M]. 北京：清华大学出版社，2008.
[30] 黄永安，马路，刘慧敏. MATLAB7.0\Simulink6.0 建模仿真开发与高级工程应用[M]. 北京：清华大学出版社，2005.
[31] 洪乃刚. 电力电子和电力拖动控制系统的 MATLAB 仿真[M]. 北京：机械工业出版社，2006.
[32] 黄永安，李文成，高小科. MATLAB7.0/Simulink6.0 应用实例仿真与高效算法开发[M]. 北京：清华大学

出版社，2008.

[33] 求是科技. MATLAB7.0从入门到精通[M]. 北京：人民邮电出版社，2006.

[34] 苏德. 高电直流输电与柔性交流输电控制装置—静止交流器在电路系统中的应用[M]. 徐政译. 北京：机械工业出版社，2008.

[35] 张卫平. 开关变换器的建模与控制[M]. 北京：中国电力出版社，2006.

[36] 周渊深.电力电子技术与MATLAB仿真[M]. 北京：中国电力出版社，2005.

[37] 陈建业. 电力电子电路的计算机仿真[M]. 北京：清华大学出版社，2003.

[38] 李传琦. 电力电子技术计算机仿真实验[M]. 北京：电子工业出版社，2006.

[39] Wen XY，Lin F. Dynamic Model and Predictive Current Control of Voltage Source Converter Based HVDC [C]. POWERCON，2006.

[40] Bose B K. Modern Power Electronics and AC Drives[M]. 北京：机械工业出版社，2003.

[41] D.G.Holmes, T.A.Lipo. Pulse Width Modulation For Power Converters[M]. Hoboken, N.J: IEEE Press, 2003.

[42] Ned Mohan, Tore M.Undeland, William P.Robbins . Power Electronics: Converters, Applica- tions And Design [M]. 北京：高等教育出版社，2004.

[43] Rashid, M. H. Power Electronics : Circuits, Devices, And Applications[M]. 北京：人民邮电出版社，2007.

[44] Peter Vas. Sensorless vector and direct torque control. New York: Oxford University Press, 1998.

[45] Leonhard, W. Control of Electrical Drives. Springer-Verlag, Berlin, 1996.

[46] M.Depenbrock. Direct self-control (DSC) of inverter-fed induction machine[J]. IEEE Trans. On Power Electron., 1988, 3(4):420-429.